普通高等学校"十四五"规划机械类专业精品教材

顾问　　杨叔子　李培根

机 械 设 计

（第四版）

主　编　汪建晓　　王　为
副主编　魏　兵　　吴景华　　王静平
参　编　魏春梅　　左惟炜　　邓援超
　　　　张立平　　龚建成　　黄　斌
主　审　吴昌林

U0362743

华中科技大学出版社
中国·武汉

内 容 提 要

本书根据教育部高等学校机械基础课程教学指导分委员会 2011 年制定的"机械设计课程教学基本要求",为了适应当前教学改革的发展趋势和培养宽口径机械类专业人才的需要,在总结第三版使用经验的基础上修订而成。

全书共分 4 篇 12 章:第 1 篇为机械设计总论(第 1 章、第 2 章);第 2 篇为连接设计(第 3 章、第 4 章);第 3 篇为机械传动设计(第 5 章至第 7 章);第 4 篇为轴系零部件及弹簧设计(第 8 章至第 12 章)。各章后均配有"本章重点、难点和知识拓展",以及"思考题与习题"。

本书可作为高等学校机械类各专业的教材,也可供其他有关专业的师生和工程技术人员参考。

图书在版编目(CIP)数据

机械设计/汪建晓,王为主编.—4 版.—武汉:华中科技大学出版社,2021.6
ISBN 978-7-5680-7137-6

Ⅰ.①机… Ⅱ.①汪… ②王… Ⅲ.①机械设计-高等学校-教材 Ⅳ.①TH122

中国版本图书馆 CIP 数据核字(2021)第 105693 号

机械设计(第四版)　　　　　　　　　　　　　　　　　　汪建晓　王 为　主编
Jixie Sheji(Di-si Ban)

策划编辑：张少奇
责任编辑：刘 飞
封面设计：原色设计
责任监印：周治超
出版发行：华中科技大学出版社(中国·武汉)　　　电话：(027)81321913
　　　　　武汉市东湖新技术开发区华工科技园　　　邮编：430223
录　排：华中科技大学惠友文印中心
印　刷：武汉科源印刷设计有限公司
开　本：787mm×1092mm　1/16
印　张：20.25
字　数：477 千字
版　次：2021 年 6 月第 4 版第 1 次印刷
定　价：52.80 元

"爆竹一声除旧,桃符万户更新。"在新年伊始,春节伊始,"十一五"规划伊始,来为"普通高等院校机械类精品教材"这套丛书写这个"序",我感到很有意义。

近十年来,我国高等教育取得了历史性的突破,实现了跨越式的发展,毛入学率由低于10%达到了高于20%,高等教育由精英教育而跨入了大众化教育。显然,教育观念必须与时俱进而更新,教育质量观也必须与时俱进而改变,从而教育模式也必须与时俱进而多样化。

以国家需求与社会发展为导向,走多样化人才培养之路是今后高等教育教学改革的一项重要任务。在前几年,教育部高等学校机械学科教学指导委员会对全国高校机械专业提出了机械专业人才培养模式的多样化原则,各有关高校的机械专业都在积极探索适应国家需求与社会发展的办学途径,有的已制定了新的人才培养计划,有的正在考虑深刻变革的培养方案,人才培养模式已呈现百花齐放、各得其所的繁荣局面。精英教育时代规划教材、一致模式、雷同要求的一统天下的局面,显然无法适应大众化教育形势的发展。事实上,多年来,已有许多普通院校采用规划教材,就十分勉强,而又苦于无合适教材可用。

"百年大计,教育为本;教育大计,教师为本;教师大计,教学为本;教学大计,教材为本。"有好的教材,就有章可循,有规可依,有鉴可借,有道可走。师资、设备、资料(首先是教材)是高校的三大教学基本建设。

"山不在高,有仙则名。水不在深,有龙则灵。"教材不在厚薄,内容不在深浅,能切合学生培养目标,能抓住学生应掌握的要言,能做到彼此呼应、相互配套,就行,此即教材要精、课程要精,能精则名、能精则灵、能精则行。

华中科技大学出版社主动邀请了一大批专家,联合了全国几十个应用型机械专业，在全国高校机械学科教学指导委员会的指导下，保证了当前形势下机械学科教学改革的发展方向，交流了各校的教改经验与教材建设计划，确定了一批面向普通高等院校机械学科精品课程的教材编写计划。特别要提出的，教育质量观、教材质量观必须随高等教育大众化而更新。大众化、多样化决不是降低质量，而是要面向、适应与满足人才市场的多样化需求，面向、符合、激活学生个性与能力的多样化特点。"和而不同"，才能生动活泼地繁荣与发展。脱离市场实际的、脱离学生实际的一刀切的质量不仅不是"万应灵丹"，而是"千篇一律"的桎梏。正因为如此，为了真正确保高等教育大众化时代的教学质量，教育主管部门正在对高校进行教学质量评估，各高校正在积极进行教材建设、特别是精品课程、精品教材建设。也因为如此，华中科技大学出版社组织出版普通高等院校应用型机械学科的精品教材，可谓正得其时。

我感谢参与这批精品教材编写的专家们！我感谢出版这批精品教材的华中科技大学出版社的有关同志！我感谢关心、支持与帮助这批精品教材编写与出版的单位与同志们！我深信编写者与出版者一定会同使用者沟通，听取他们的意见与建议，不断提高教材的水平！

特为之序。

中国科学院院士
教育部高等学校机械学科指导委员会主任
杨叔子
2006.1

第四版前言

本书是根据教育部高等学校机械基础课程教学指导分委员会 2011 年制定的"机械设计课程教学基本要求"和教育部《关于深化本科教育教学改革 全面提高人才培养质量的意见》(教高[2019]6 号文)等有关文件精神,为了适应当前教学改革的发展趋势和培养宽口径机械类专业人才的需要,在总结第三版使用经验的基础上修订而成的。

本书自 2007 年 2 月出版第一版(普通高等院校机械类精品教材)以来,承蒙广大读者的厚爱,历经多次改版、重印。考虑到国家对培养创新人才的需求,以及加强本科教育教学质量和教学改革等需要,在保持第三版框架和风格不变的前提下,主要进行了如下修订工作。

(1)突出重点,调整内容,力求表达准确、清晰、完整。例如,对绪论进行了全面改写,增加结构条理性;第 3 章增加了螺栓许用应力幅的计算方法;第 5 章删除了与窄 V 带设计计算相关的内容,增加了 V 带初拉力的测试方法;第 6 章完善了齿轮疲劳强度的计算公式。

(2)统一了全书常用量的名称及其符号。例如,统一了零件材料力学性能指标(屈服强度、抗拉强度等)的名称和符号;修改滑动轴承热平衡计算参数为"热流量",以便与蜗杆传动一致;修改滚动轴承径向力和轴向力的符号,以便与齿轮传动、滑动轴承相一致。

(3)按照最新国家标准,更新了专用名词术语、代号、公式和数据图表。例如,按照GB/T 2889.1—2020,第 9 章使用了"流体动压轴承""流体静压轴承"等名词;按照 GB/T 272—2017,第 10 章修改了滚动轴承的代号。此外,还更新了链传动额定功率计算公式及螺纹连接件性能等级、单根普通 V 带和单排滚子链的额定功率等许多图表。

(4)更新了例题、部分习题和参考文献,更正了第三版文字、插图和计算中的一些疏漏和错误。例如,对第 3 章螺纹连接的例题进行了重新设计和求解,对其他章中的例题都按最新标准进行了修正。

参加本次修订工作的有:佛山科学技术学院汪建晓(绪论、第 6 章),湖北工业大学王为(第 1 章)、魏兵(第 2 章),安徽工程大学龚建成(第 3 章),湖北工业大学邓援超(第 4、11 章),佛山科学技术学院黄斌(第 5 章)、张立平(第 7 章),湖北工业大学魏春梅(第 8 章),安徽工程大学王静平(第 9 章),湖北工业大学左惟炜(第 10 章),湖北理工学院吴景华(第 12 章)。全书由汪建晓、王为担任主编,魏兵、吴景华、王静平担任副主编。汪建晓负责统稿。

由于编者的水平有限,加之时间仓促,书中难免存在疏漏之处,敬请同行专家及广大读者指正。

编　者
2021 年 3 月

目　　录

绪　　论

引言　学习绪论的目的在于了解机器的组成、机械设计与本课程的任务,以便在学习中处于主动地位。机械设计是一门具有浓厚的工程设计特色的技术基础课程,它的内容、体系及其学习方法与学生过去所学的课程有明显的区别。通过本课程的学习,读者能较好地掌握机械设计的一般方法和步骤。

0.1　机器与机械设计在社会发展中的作用

0.1.1　机械设计与机器的概念

机械设计是为了满足机器的某些特定功能要求而进行的创造过程,即应用科学原理、技术信息与想象力,开发创造出新的机器或机械产品,或对现有机器的局部进行创造性的改革,以达到最大的经济性与效率。

机器是工业生产与人民生活中不可缺少的产品,人类已设计、制造出种类繁多的机器,如金属切削机床、运输机、电动机、打印机、包装机、轧钢机、汽车、缝纫机、自行车等。从功能和结构上看,这些机器的差异显著,但都具有许多共同的特征。

从功能上看,机器是执行机械运动的装置,用来变换或传递能量、物料和信息。凡将其他形式的能量变换成机械能的机器统称为原动机,如蒸汽机、内燃机、电动机、液压马达等。凡利用机械能实现能量、物料和信息的变换与传递的机器统称为工作机,例如:发电机、油泵、压气机等可将机械能转换为其他形式的能量;金属切削机床、纺织机、轧钢机、包装机等可改变物料的外形;汽车、飞机、起重机、运输机等可用来传递物料;复印机、打印机、绘图机等可用来处理信息。

0.1.2　机械设计与机械工业的任务

人类社会的进步源于不断创新,设计活动则是创新的策划、起点和关键环节。

机器是人们改造世界和创造现代化生活的重要工具,机器的发明、使用和发展是现代社会发展的一个重要创新过程。在这一创新过程中,人们总结出了机械设计的理论与方法,从而为更高层次的创新与设计奠定了基础。

机械设计的核心任务是设计能满足人们生产与生活需要的、具有市场竞争力的机械产品。因此,在产品设计过程中,设计人员必须全面了解社会需求,综合运用最新科学技术原理、专业知识、实践经验和创造性思维能力,使开发出的产品具有最优的性价比,最大限度地满足社会需求。

机械工业肩负着为国民经济各个部门提供装备和促进技术改造的重任。机械工业的生产水平是一个国家现代化建设水平的重要标志。国家的工业、农业、国防和科学技术的现代化程度都与机械工业的发展程度密切相关。

机器是代替人的体力和部分脑力劳动的工具,机器既能承担人力所不能或不便进行的工作,又能较人工生产获得更好的产品质量,特别是能够大大提高劳动生产率和改善劳动条件。只有使用机器,才能便于实现产品的标准化、系列化和通用化,尤其是便于实现高度的机械化、电气化、自动化和智能化。因此,大量地设计、制造并广泛使用各种先进的机器,可大大促进国民经济的发展,加速我国的现代化建设。

0.2　机器的组成

0.2.1　机器的功能组成

对于机器,可以从功能、机构、制造等不同的角度分析其组成。这里首先从其功能的角度进行讨论。

对于任何一部机器,其功能的实现都需要依靠不同的执行机构或部件,按照工艺要求提供确定的运动,完成有用的机械功。一部机器可以有一个或多个执行部件,例如,鼓风机只有一个执行部件(风扇),而车床需要夹持工件回转的主轴以及夹持车刀移动的刀架。这些完成机器预定功能的执行机构或部件都是机器的执行部分。功能不同的机器,其执行部分也不同。

机器在完成其功能时,必须通过某种方式给执行部分提供动力,如:金属切削机床利用电动机驱动,传统汽车利用内燃机驱动,自行车利用人的蹬踏运动来获得动力。这些驱动其他部分工作的动力源是机器的原动部分。各种原动机是常用的动力源,其中以电动机和内燃机的应用最为普遍。人力、弹簧、重锤、电磁铁、风力、水力、燃烧能等也常作为机器的原动部分。通常一部机器只有一个原动部分,复杂的机器也可能有好几个动力源。

由于机器功能的多种多样,对执行部分的运动与动力的要求也不尽相同。如金属切削机床要求的是转动与直线运动,汽车、自行车要求的是回转运动,包装机的送料装置要求的可能是间歇移动、往复移动或按一定轨迹运动。而常用的原动机主要提供回转运动。即使执行部分要求的是回转运动,但是在要求的转速范围或转矩大小方面也可能与原动机提供的不同。这就要求机器中必须具有传动部分,它的功能是改变原动机输出的运动和动力,从运动形式与动力参数上完全满足执行部分的要求。一部机器的传动部分可以由一个或多个传动装置或系统组成,如自行车的链传动装置、汽车的变速箱和差速器、普通车床的主轴箱、进给箱和溜板箱等。机器的传动部分多使用机械传动系统,有时也可使用液压或电力传动系统等。

绝大多数机器的主体都是由原动部分、传动部分和执行部分组成的。极少数机器直接由原动部分带动执行部分,中间没有传动部分,如鼓风机。

对于运动精度要求较高的机器,要使机器能正常地工作,还需要增加控制部分。控制部分的作用是控制机器各部分的运动,可以采用机械控制(如内燃机中的凸轮机构)、电气控制、计算机控制和气动控制等。对于运动复杂的机器常需要采用计算机测控系统。例如在6轴关节式机器人中,若使末端执行器按一定的路径和速度规律运动,就必须用计算机计算出 6 个伺服电动机的运动规律。要让伺服电动机按给定的运动规律旋转,就需要根据传感器检测机器中运动构件的真实运动情况,将测量结果随时反馈给控制系统,控制系统发出指令对伺服电动机的运动加以调节。

机器除了前述的四个组成部分以外,还按需要增加了一些辅助系统,如显示系统、照明系统、润滑系统等。

现代机器大多是由机械、电气、液压、气动等系统与检测、控制系统有机结合的复杂系统,计算机技术和数控技术的广泛应用,显著地提高了机器的加工质量、自动化程度和生产效率。机器人和数控机床是现代机器的典型代表。现代机械正朝着高速度、高精度、重载、轻量化、自动化与智能化方向发展。

0.2.2　机器的基本组成要素

从机构结构学的角度看,机器的机械系统都是由一些机构组成的,如自行车是由前、后车轮(执行机构),脚踏板(驱动机构),链传动机构(传动机构)等组成。机构是由构件组成的,如自行车的链传动机构是由机架、主动链轮、从动链轮和中间挠性件(链条)所组成。构件是实现机器运动的基本单元,由一个或多个无相对运动的零件固结而成,例如自行车的主动链轮是由链轮齿盘和轴等零件组成的。因此,机器的基本组成要素是机械零件。

从制造的角度看,机器的基本组成要素仍然是机械零件。零件是制造的单元,如单个的齿轮、凸轮、螺栓等。通常,把由一组零件组合起来为实现某一功能而形成的独立装配体称为部件,部件是装配的单元,如联轴器、滚动轴承、减速器等。

概括地说,机器中的零件或部件可分为两大类:一类是通用零部件,在各种机器中经常会用到,如螺钉、直轴、齿轮、轴承、联轴器、弹簧等;另一类是专用零部件,只在特定类型的机器中用到,如直升机的螺旋桨、水泵的叶轮、内燃机的曲轴和活塞等。

因此,机器与零件是密切联系的,机器的性能不但取决于零件的性能,而且取决于各零件之间的配合。机器性能指标的确定必须建立在其零件性能可以实现的基础之上,零件的设计不能脱离机器的要求独立进行。没有一个全局的设计观念,就不可能正确地设计出或选择出任何机器的零部件。

0.3　机械设计课程的任务、内容与学习方法

0.3.1　机械设计课程的任务和内容

机械设计课程是高等工科学校机械工程类专业必修的一门具有设计性质的重要的技术基础课,是学习许多专业课程和从事机械装备设计的基础。

机械设计课程的任务主要体现在以下几个方面:

(1)培养学生逐步树立正确的设计思想,了解国家当前的有关技术经济政策,使学生掌握设计机械所必备的基本知识、基本理论和基本技能,具有初步设计机械传动装置和简单机械的能力;

(2)培养学生运用标准、规范、手册、图册等查阅有关技术资料的能力,使学生掌握典

型机械零件及机械系统的实验方法，获得实验技能的进一步训练；

（3）使学生对机械设计的新发展、机械系统方案设计、现代机械设计理论与方法有所了解，在条件允许时应尽可能在设计中加以应用。

机械设计课程的主要内容是在简要介绍关于整部机器设计基本知识的基础上，重点讨论一般尺寸和参数的通用零部件的设计，包括它们的基本设计理论和方法，以及有关技术资料的应用等。

本书讲述的具体内容如下。

（1）机械设计总论。包括：机械设计的基本要求，机械设计的一般程序，机械零件的主要失效形式和设计准则，机械零件的设计方法与基本原则，机械零件的强度理论，以及摩擦学的基础知识。

（2）连接设计。包括：螺纹连接的设计，键连接的设计，花键连接、销连接和无键连接简介。

（3）机械传动设计。包括：带传动、链传动、齿轮传动、蜗杆传动的设计，螺旋传动简介。

（4）轴系零部件及弹簧设计。包括：轴、滑动轴承、滚动轴承的设计，联轴器、离合器和制动器的基本知识，弹簧的设计。

这里需要特别指出的是，书中虽然涉及了上述一些零部件的设计，但学生绝不是为了只学会这些零部件的设计理论和方法，而是要通过学习这些基本内容去掌握有关的设计方法和技术规范，从而具备设计其他通用零部件或某些专用零部件的能力。

除了本书讲述的内容外，焊接、胶接和铆接也是常用的机械零件连接形式，机架、箱体、导轨、减速器、变速器等也是常用的通用零部件。限于本书篇幅，这些内容在本书中未作介绍，读者可阅读相关书籍。

0.3.2 机械设计课程的学习方法

在从基础理论课学习逐步进入到专业课学习的过程中，本课程起着承上启下的作用。本课程涉及的内容广泛，而且所涉及问题的答案可能不是唯一的，会有多种方案可供选择和判断。因此，有的学生在学习本课程时往往难以适应这一变化。为了使学生尽快适应本课程的特点，特推荐本课程的学习方法如下：

（1）着重基本概念的理解和基本设计方法的掌握，不强调系统的理论分析；

（2）着重理解公式建立的前提、意义和应用，不强调对理论公式的具体推导；

（3）注意密切联系生产实际，努力培养解决工程实际问题的能力；

（4）注意设计的综合性，机械设计问题的解决需要用到力学、摩擦学、材料学、机械制造技术、机械原理、互换性与技术测量、机械制图等多方面的科学技术知识；

（5）在学习了典型机械零部件的设计方法和思路后，应注意总结、体会，以便将这些方法和思路用于其他机械零部件的设计，达到举一反三的目的。

╔══════════════════════════╗
║ 本章重点、难点和知识拓展 ║
╚══════════════════════════╝

　　了解机器与机械设计在社会发展中的作用,了解本课程的任务、内容和学习方法,体会机械设计提出问题的思路、如何满足社会需求、解决问题的方法。

　　对于初学本课程的学生,除认真阅读本教材外,可以阅读一些其他教材和杂志,如《机械设计》《机械工程学报》《中国机械工程》《汽车工程》等,了解所学内容在实际中的应用及当前行业的发展状态与趋势。

思考题与习题

0-1　试比较电梯和自动扶梯的特点,它们各适用于什么场合?

0-2　根据你对某一种汽车的观察,试分析其功能组成。

0-3　试调查 3 个不同结构的立体车库,画出其简图,并评价其优缺点,提出改进措施。

第1篇　机械设计总论

第1章　机械设计概述

引言　在学习本章时,要把它作为一个开始,结合以后的学习逐渐做到:初步建立机械设计概念,逐步深入掌握设计方法,结合实践复习有关课程,学会使用手册查阅资料。

机械设计是从市场需求出发,通过构思、计划和决策,确定机械产品的功能、原理方案、技术参数和结构等,并把设想变为现实的技术实践过程。

机械设计的特点主要表现在以下几个方面。

(1) 在设计中认知过程的渐变性。设计过程是一个由抽象到具体、由粗到精、逐步细化、反复修改、不断完善、精益求精的过程。

(2) 认知设计过程中以市场需求为导向的必要性。产品设计与制造的目的,是为了满足市场需求,因此,用户的满意程度是衡量产品优劣的主要指标。注重市场调查和预测,明确市场需求,确定新产品开发计划。

(3) 认知设计过程中设计管理的复杂性。对整个产品开发过程(从需求分析、概念设计直到完成最终设计)进行组织、协调和控制,并能对每一个阶段所需设备、工具、人员等进行调配、组织和管理。同时,产品开发创新程度、设计方法、可利用资源、组织结构、人员素质、开发经验、信息技术、协作与合作、异地设计等方面的影响,使得设计过程管理既重要又复杂。

(4) 认知设计过程中增强社会环境意识、建立可持续发展观念的必要性。产品开发过程中,对涉及的社会环境问题、资源的合理利用问题等要给予足够的重视。设计应能给社会环境带来效益而不是对社会环境造成不良影响,应能合理利用自然资源而不是浪费自然资源。

由设计过程的特点可以看出,机械设计中值得重视的问题是:设计过程中的创新和优化问题,市场需求和产品成本问题,可持续发展问题等。

1.1　机械设计的基本要求

尽管机器及其零部件的种类繁多,结构和性能差异很大,但机械设计的基本要求大体相同,下面从机器设计和机械零件设计两个角度来分别介绍。

1.1.1　机器设计的基本要求

设计机器的任务是根据生产及生活的需要提出的,一般会有以下的基本要求。

1. 使用功能要求

所谓使用功能是机器需要满足的使用上的特性和能力。机器的使用功能可表达为一个或几个功能指标。这些指标在设计之初就要由用户提出或由设计者与用户协商确定下来,它们是机械设计最基本的出发点。例如,包装机的主要功能指标是每分钟包装产品的数量。而切削机床的功能要求则是多方面的,例如被加工工件的尺寸范围、刀具切削速度、自动化程度等。为了实现机器的功能,必须正确地选择机器的工作原理,正确地设计或选用能够全面实现功能要求的执行机构、传动机构和原动机,以及合理地配置必要的测控系统和辅助系统。

2. 寿命和可靠性要求

机器的可靠性是指机器在规定的使用条件下、在规定的时间内完成规定功能的能力。随着机器的功能愈来愈先进,结构愈来愈复杂,可能发生故障的环节也愈来愈多。机器工作的可靠性受到了愈来愈大的挑战。在这种情况下,除了对机器提出工作寿命的要求外,还有必要对可靠性提出要求。机器可靠性的高低是用可靠度来衡量的。机器的可靠度 R 是指在规定的使用时间(寿命)内和给定的环境条件下机器能够正常工作的概率。在设计时对组成机器的每个零件的可靠性提出要求,采用备用系统,在使用中对机器加强维护和检测都可以提高机器的可靠性。

3. 经济性要求

机器的经济性体现在设计、制造和使用的全过程中,因此设计机器时就要把产品设计、制造及使用三方面作为一个整体综合地进行考虑。设计与制造的经济性表现为机器的成本低;使用经济性表现为高生产率,高效率,较少地消耗能源、原材料和辅助材料,以及低的管理和维护费用等。在产品设计中,必须对市场信息、制造技术、使用与维护信息等进行全面了解,在市场、设计、生产中寻求最佳关系,才能以最快的速度收回投资,获得满意的经济效益。

4. 劳动保护和环境保护要求

机器的工作和人的操作密切相关。设计机器时要按照人机工程学的观点,尽可能减少操作手柄的数量,操作手柄及按钮等应放置在便于操作的位置,合理地规定操作时的驱动力。同时,设置完善的安全防护装置、报警装置、显示装置等,并根据工程美学的原则美化机器的外形及外部色彩,使操作者有一个安全、舒适的环境,不易产生疲劳。

机器可能对环境造成很大影响。必须改善机器及操作者周围的环境条件,如降低机器运转时的噪声水平,防止有毒、有害介质的渗漏及对废水、废气和废液进行有效的治理等,以满足环境保护法规对生产环境提出的要求。

5. 其他专用要求

有些机器由于工作环境和使用要求的不同,对设计提出某些特有要求。如高级轿车的变速箱齿轮有低噪声的要求,机床有长期保持精度的要求,食品、纺织机械有不得污染产品的要求等。

1.1.2 机械零件设计的基本要求

设计机械零件时应满足的要求是从设计机器的要求中引申出来的。一般来讲,大致有以下基本要求。

1. 强度要求

机械零件应满足强度要求，即防止它在工作中发生整体断裂或产生过大的塑性变形或出现疲劳点蚀。机械零件的强度要求是最基本的要求。

提高机械零件的强度是机械零件设计的核心之一，为此可以采用以下几项措施：

(1) 采用强度高的材料；

(2) 使零件的危险截面具有足够的尺寸；

(3) 用热处理方法提高材料的力学性能；

(4) 提高运动零件的制造精度，以降低工作时的动载荷；

(5) 合理布置各零件在机器中的相互位置，减小作用在零件上的载荷等。

2. 刚度要求

机械零件应满足刚度要求，即防止它在工作中产生的弹性变形超过允许的限度。通常只是当零件过大的弹性变形会影响机器的工作性能时，才需要满足刚度要求。一般对机床主轴、导轨等零件需作强度和刚度计算。

提高机械零件的刚度可以采用以下几项措施：

(1) 增大零件的截面尺寸；

(2) 缩短零件的支承跨距；

(3) 采用多点支承结构等。

3. 结构工艺性要求

机械零件应有良好的工艺性，即在一定的生产条件下，以最小劳动量、最少加工费用制成能满足使用要求的零件，并能以最简单的方法在机器中进行装拆与维修。因此，零件的结构工艺性应从毛坯制造、机械加工过程及装配等几个生产环节加以综合考虑。

4. 经济性要求

经济性是机械产品的重要指标之一。从产品设计到产品制造应始终贯彻经济原则。设计中在满足零件使用要求的前提下，可以从以下几个方面考虑零件的经济性：

(1) 采用先进的设计理论和方法，提高设计质量和效率，缩短设计周期，降低设计费用；

(2) 尽可能选用一般材料，以减少材料费用，同时应降低材料消耗，例如多用无切削或少切削加工，减少加工余量等；

(3) 零件结构应简单，尽量采用标准零件，合理选用零件的公差和精度；

(4) 提高机器效率，节约能源，例如尽可能减少运动件、采用适当的润滑装置等，包装与运输费用也应考虑。

5. 减轻质量的要求

机械零件设计应力求减轻质量，这样可以节约材料，减小作用于构件上的惯性载荷，改善机器的动力性能。减轻机械零件质量的措施有：

(1) 从零件上应力较小处去除部分材料，以改善零件受力的均匀性，提高材料的利用率；

(2) 采用轻型薄壁的冲压件或焊接件来代替铸、锻零件；

（3）采用与工作载荷相反方向的预载荷；

（4）减小零件上的工作载荷等。

6. 寿命和可靠性要求

有的零件在工作初期虽然能够满足各种要求，但在工作一定时间后，却可能由于某种（或某些）原因而不能正常工作。这个零件正常工作持续的时间就称为零件的寿命。设计时需根据机械零件的重要程度和经济性，确定零件的预期寿命。

零件可靠度的定义和机器可靠度的定义是相同的，即在规定的使用时间（寿命）内和给定的环境条件下，零件能够正常地完成其功能的概率。对于绝大多数的机械零件来说，其工作条件具有随机性。例如零件所受的载荷、环境温度等都是随机变化的；零件本身的物理及力学性能也是随机变化的。通过大量的试验再利用概率统计的方法找出零件不能正常工作的规律，可得到零件工作的可靠度，从而判断是否满足可靠性的要求。

机械零件的强度、刚度是从设计上保证它能够可靠工作的基础，而零件可靠地工作是保证机器正常工作的基础。零件具有良好的结构工艺性和较轻的质量是机器具有良好经济性的基础。在实际设计中，经常会遇到基本要求不能同时得到满足的情况，这时应根据具体情况，合理地做出选择，保证主要的要求能够得到满足。

1.2　机械设计的一般程序

设计绝不能视为只是计算和绘图，我国设计人员早在 20 世纪 60 年代就总结出全面考虑实验、研究、设计、制造、安装、使用、维护的"七事一贯制"设计方法。机械设计不可能有固定不变的程序，因为设计本身就是一个富有创造性的工作，同时也是一个尽可能多地利用已有成功经验的工作。机械设计的过程是复杂的，它涉及多方面的工作，如市场需求、技术预测、人机工程等，再加上机械的种类繁多，性能差异巨大，所以机械设计的过程并没有一个通用的固定程序，需要根据具体情况进行相应的处理。本书仅就设计机器的技术过程进行讨论，以比较典型的机器设计为例，介绍机械设计的一般程序。

一台新机器从着手设计到制造出来，主要经过以下六个阶段。

1.2.1　制订设计工作计划

根据社会、市场的需求确定所设计机器的功能范围和性能指标；根据现有的技术、资料及研究成果研究其实现的可能性，明确设计中要解决的关键问题；拟订设计工作计划和任务书。

1.2.2　方案设计

按设计任务书的要求，了解并分析同类机器的设计、生产和使用情况以及制造厂的生产技术水平，研究实现机器功能的可能性，提出可能实现机器功能的多种方案。每个方案应该包括原动部分、传动部分和执行部分，对较为复杂的机器还应包括控制部分。然后，在考虑机器的使用要求、现有技术水平和经济性的基础上，综合运用各方面的知识与经验对各个方案进行分析。通过分析确定原动机、选定传动机构、确定执行机构的工作原理及工作参数,绘制工作原理图或机构运动简图,完成机器的方案设计。

在方案设计的过程中,应注意相关学科与技术中新成果的应用,如先进制造技术、现代控制技术、新材料等,这些新技术的发展使得以往不能实现的方案变为可能,这些都为方案设计的创新奠定了基础。

1.2.3　技术设计

对已选定的设计方案进行运动学和动力学的分析,确定机构和零件的功能参数,必要时进行模拟试验、现场测试、参数修改;计算零件的工作能力,确定机器的主要结构尺寸;绘制总装配图、部件装配图和零件工作图。技术设计主要包括以下几项内容。

（1）运动学设计。根据设计方案和执行机构的工作参数,确定原动机的参数,如功率和转速,进行机构设计,确定各构件的尺寸和运动参数。

（2）动力学计算。根据运动学设计的结果,分析、计算出作用在零件上的载荷。

（3）零件设计。根据零件的失效形式,建立相应的设计准则,通过计算、类比或模型试验的方法确定零部件的基本尺寸。

（4）总装配草图的设计。根据零部件的基本尺寸和机构的结构关系,设计总装配草图。在综合考虑零件的装配、调整、润滑、加工工艺等的基础上,完成所有零件的结构与尺寸设计。在确定零件的结构、尺寸和零件间的相互位置关系后,可以较精确地计算出作用在零件上的载荷,分析影响零件工作能力的因素。在此基础上应对主要零件进行校核计算,如对轴进行精确的强度计算,对轴承进行寿命计算等。根据计算结果反复地修改零件的结构尺寸,直到满足设计要求。

（5）总装配图与零件工作图的设计。根据总装配草图确定的零件结构尺寸,完成总装配图与零件工作图的设计。

1.2.4　施工设计

根据技术设计的结果,考虑零件的工作能力和结构工艺性,确定配合件之间的公差。视情况与要求,编写设计计算说明书、使用说明书、标准件明细表、外购件明细表、验收条件等。

1.2.5　试制、试验、鉴定

所设计的机器能否实现预期的功能、满足所提出的要求,其可靠性、经济性如何等,都必须通过试制的样机来加以试验验证。再经过鉴定,以科学的评价确定是否可以投产或进行必要的改进设计。

1.2.6　定型产品设计

经过试验和鉴定,对设计进行必要的修改后,可进行小批量的试生产。经过实际条件下的使用,根据取得的数据和使用的反馈意见,再进一步修改设计,即定型产品的设计,然后正式投产。

实际上整个机械设计的各个阶段是互相联系的,在某个阶段发现问题后,必须返回到前面的有关阶段进行设计的修改,直至问题得到解决。有时,可能整个方案都要推倒重来。因此,整个机械设计过程是一个不断修改、不断完善以至逐步接近最佳结果的过程。

1.3 机械零件的主要失效形式与设计准则

机械零件因某种原因不能正常工作或丧失了工作能力,称为失效。零件出现失效将直接影响机器的正常工作,因此研究机械零件的失效并分析产生失效的原因对机械零件设计具有重要意义。

1.3.1 机械零件的主要失效形式

1. 整体断裂

零件在载荷作用下,危险截面上的应力大于材料的极限应力而引起的断裂称为整体断裂。如螺栓破断、齿轮断齿、轴断裂等。整体断裂分为静强度断裂和疲劳强度断裂。静强度断裂是由于静应力过大产生的,疲劳断裂是由于变应力的反复作用产生的。机械零件整体断裂中80%属于疲劳断裂。断裂是严重的失效,有时会导致严重的人身事故和设备事故。

2. 过大的变形

机械零件受载时将产生弹性变形。当弹性变形量超过许用范围时将使零件或机械不能正常工作。弹性变形量过大,将破坏零件之间的相互位置及配合关系,有时还会引起附加动载荷及振动,如机床主轴的过大弯曲变形不仅产生振动,而且会造成工件加工质量降低。

塑性材料制作的零件,在过大载荷作用下会产生塑性变形,这不仅使零件尺寸和形状发生改变,而且使零件丧失工作能力。

3. 表面破坏

表面破坏是发生在机械零件工作表面上的一种失效。有相对运动的工作表面一旦出现某种表面失效,将破坏表面精度,改变表面尺寸和形貌,使运动性能降低、摩擦加大、能耗增加,严重时导致零件完全不能工作。根据失效机理的不同,表面破坏可分为以下几种情况。

(1)点蚀。如滚动轴承、齿轮等点、线接触的零件,在高接触应力(接触部分受载后产生弹性变形,接触表面产生的压力)及一定工作循环次数作用下可能在局部表面上形成小块的、甚至是片状的麻点或凹坑,进而导致零件失效,这种失效称为点蚀。

(2)胶合。金属表面接触时实际上只有少数凸起的峰顶在接触,因受压力大而产生弹塑性变形,使摩擦表面的吸附膜破裂。同时,因摩擦而产生高温,造成基体金属的"焊接"现象。当摩擦表面相对滑动时,切向力将黏着点切开呈撕脱状态。被撕脱的金属黏在摩擦表面上形成表面凸起,严重时会造成运动副咬死。这种由于黏着作用使材料由一个表面转移到另一个表面的失效称为胶合。

(3)磨粒磨损。不论是摩擦表面的硬凸峰,还是外界掺入的硬质颗粒,在摩擦过程中都会对摩擦表面起切削或辗破作用,引起表面材料的脱落,这种失效称为磨粒磨损。

（4）腐蚀磨损。在摩擦过程中摩擦表面与周围介质发生化学反应或电化学反应的磨损，即腐蚀与磨损同时起作用的磨损称为腐蚀磨损。

4. 破坏正常工作条件引起的失效

有些零件只有在一定的工作条件下才能正常工作，若破坏了这些必备条件则将发生不同类型的失效。例如，V带传动当传递的有效圆周力大于最大摩擦力时产生的打滑失效，受横向工作载荷的普通螺栓连接的松动失效等。

1.3.2 机械零件的设计准则

在设计零件时所依据的准则是与零件的失效形式紧密地联系在一起的。对于一个具体零件，要根据其主要失效形式采用相应的设计准则。现将一些主要准则分述如下。

1. 强度准则

强度准则是针对零件的整体断裂失效（包括静应力作用产生的静强度断裂和变应力作用产生的疲劳断裂）、塑性变形失效和点蚀失效而言的。对于这几种失效，强度准则要求零件的应力分别不超过材料的抗拉强度、零件的疲劳极限、材料的屈服强度和材料的接触疲劳极限。强度准则的一般表达式（应力小于等于许用应力）为

$$\sigma \leqslant \frac{\sigma_{\lim}}{S} \tag{1-1}$$

式中：σ——零件的应力；

$\sigma_{\lim}$——极限应力；

S——安全系数，补偿各种不确定因素和分析不准确对强度的影响。

2. 刚度准则

刚度是零件抵抗弹性变形的能力。刚度准则是针对零件的过大弹性变形失效，它要求零件在载荷作用下产生的弹性变形量不超过机器工作性能允许的值。有些零件，如机床主轴、电动机轴等，其基本尺寸是由刚度条件确定的。对重要的零件要验算刚度是否足够。刚度准则的一般表达式（广义的弹性变形量小于等于许用变形量）为

$$y \leqslant [y], \quad \theta \leqslant [\theta], \quad \phi \leqslant [\phi] \tag{1-2}$$

式中：y、θ、ϕ——零件的挠度、偏转角和扭转角；

$[y]$、$[\theta]$、$[\phi]$——允许的挠度、偏转角和扭转角。

3. 寿命准则

影响零件寿命的主要失效形式有腐蚀、磨损及疲劳，它们产生的机理及发展规律完全不同。迄今为止，关于腐蚀与磨损的寿命计算尚无法进行。关于疲劳寿命计算，通常是求出使用寿命时的疲劳极限来作为计算的依据，这在本书后续的有关章节中再作介绍。

4. 可靠性准则

由于机械零件的工作条件具有随机性，所以机械零部件的失效也具有随机性。为保证机器的可靠性，重要机械零部件在规定的工作期限内要有规定的可靠度。

假定一批零件有 N_0 个，在规定的条件下工作，到规定的工作期限时，有 N_f 个零件失效，则这批零件在该工作条件下的可靠度 R 为

$$R = 1 - N_f/N_0$$

式中：N_f/N_0 为失效概率，它与可靠度的和为1。

按照可靠性理论,机械是零件的串联、并联或混联系统。系统的可靠度取决于零件的可靠度。若各个零件是统计独立的,串联系统的可靠度是各个零件可靠度的乘积,即

$$R_{\mathrm{s}} = \prod_{i=1}^{n} R_i \quad (i = 1, 2, \cdots, n) \tag{1-3}$$

式中:R_{s} 是系统的可靠度;R_i 是各个零件的可靠度。可靠度是个小于 1 的数,故串联系统的可靠度小于任一零件的可靠度。

并联系统的失效概率为各个零件失效概率的乘积,可靠度为

$$R_{\mathrm{s}} = 1 - \prod_{i=1}^{n} (N_{\mathrm{f}}/N_0)_i \quad (i = 1, 2, \cdots, n) \tag{1-4}$$

同理,并联系统的失效概率低于任一零件失效概率,因此,其可靠度高于任一零件的可靠度。

5. 振动稳定性准则

振动稳定性准则主要是针对高速运转的机器中零件出现的振动、振动的稳定性和共振而言的,它要求零件的振动应控制在允许的范围内,而且是稳定的,对于强迫振动,应使零件的固有频率与激振频率错开。高速运转的机械中存在着许多激振源,如齿轮的啮合、滚动轴承的运转、滑动轴承中的油膜振荡、柔性轴的偏心转动等。设计高速运转的机械的运动零件除满足强度准则外,还要满足振动稳定性准则。对于强迫振动,振动稳定性准则的表达式为

$$f_{\mathrm{n}} < 0.85f \quad \text{或} \quad f_{\mathrm{n}} > 1.15f \tag{1-5}$$

式中:f——零件的固有频率;

$\quad\;\; f_{\mathrm{n}}$——激振频率。

1.4 机械零件的设计方法与基本原则

机械零件的设计大体上包括以下两方面工作:一是采用某种设计方法,确定零件的主要尺寸;二是根据确定的主要尺寸,在综合考虑零件的定位、装配、调整、润滑和加工工艺等的基础上,设计零件的结构。在整个设计过程中,需要遵守一些基本原则。

1.4.1 机械零件的设计方法

机械零件的设计方法,可从不同的角度做出不同的分类。目前较为流行的分类方法是把过去长期采用的设计方法(包括理论设计、经验设计、模型实验设计)称为常规(或传统)设计方法,近几十年发展起来的设计方法称为现代设计方法。本教材使用的设计方法属于常规设计方法。

1. 理论设计

按机械零件结构及其工作情况,将它简化成一定的物理模型,运用工程力学、热力学、摩擦学理论或利用这些理论推导出来的设计公式和实验数据进行的设计,称为理论设计。以强度准则为例,由材料力学可知式(1-1)可表示为

$$\sigma = \frac{F}{A} \leqslant \frac{\sigma_{\lim}}{S} = [\sigma] \tag{1-6}$$

式中：F——作用于零件上的广义外载荷，如径向力、轴向力、弯曲力矩、扭转力矩等；

A——零件的广义截面积，如横截面积、抗弯截面系数、抗扭截面系数等；

σ_{lim}——零件材料的极限应力；

S——安全系数；

$[\sigma]$——许用应力。

对式(1-6)的运算过程可有两种不同的处理方法：一是根据外载荷与许用应力，由公式 $A \geqslant \dfrac{F}{[\sigma]}$ 直接求出零件的截面尺寸，这种方法称为设计计算；二是在按其他办法初定零件的截面尺寸后，用公式 $\sigma = \dfrac{F}{A} \leqslant [\sigma]$ 判断设计准则是否得到满足，这种方法称为校核计算。

设计计算多用于能通过简单的力学模型进行设计的零件；校核计算则多用于结构复杂，应力分布较复杂，但又能用现有的应力分析方法（采用强度准则时）或变形分析方法（采用刚度准则时）进行计算的场合。

2．经验设计

根据以往对某类零件的设计和使用实践经验总结出来的经验关系式，或根据设计人员的经验用类比法总结出来的数据进行的设计，称为经验设计。这种方法适用于设计那些结构形状变化不大且已定型的零件，如机器的机架、箱体等结构件的各结构要素。

3．模型实验设计

根据零部件或机器的初步设计结果，按比例做成模型或样机进行试验，通过试验对初步设计结果进行检验与评价，从而进行逐步的修改、调整和完善，这种设计方法称为模型试验设计。此方法适合于尺寸巨大、结构复杂、难以理论分析的重要零部件或机器的设计。

4．现代设计方法

随着科学的发展以及新材料、新工艺、新技术的不断出现，产品的更新换代周期日益缩短，促使机械设计方法和技术现代化，以适应新产品的加速开发。在这种形势下，传统的机械设计方法已不能完全适应需要，产生和发展了以动态、优化、计算机化为核心的现代设计方法，如限元分析、优化设计、可靠性设计、计算机辅助设计、摩擦学设计。除此之外，还有一些新的设计方法，如虚拟设计、概念设计、模块化设计、反求工程设计、面向产品生命周期设计、绿色设计等。这些设计方法使得机械设计学科发生了很大的变化。现仅对可靠性设计、优化设计、计算机辅助设计作简单的介绍。

(1) 可靠性设计。机械零件的可靠性设计又称概率设计，它是将概率论和数理统计理论运用到机械设计中，并将可靠度指标引进机械设计的一种方法。其任务是针对设计对象的失效和防止失效问题，建立设计计算理论和方法，通过设计，解决产品的不可靠性问题，使之具有固有的可靠性。在可靠性设计中，传统的"强度"概念从零件发生"破坏"或"不破坏"这两个极端，转变为"出现破坏的概率"。对零件安全工作能力的评价则表示为"达到预期寿命要求的概率有多大"。机械强度的可靠性设计主要有两方面工作：一是确定设计变量（如载荷、零件尺寸和材料力学性能等）的统计分布；二是建立失效的数学模型和理论，进行可靠性设计和计算。

（2）优化设计。优化设计方法是根据最优化原理和方法并综合各方面的因素，以人机配合的方式或用"自动探索"的方式，借助计算机进行半自动或自动设计，寻求在现有工程条件下最优化设计方案的一种现代设计方法。

优化设计方法建立在最优化数学理论和现代计算技术的基础之上，首先建立优化设计的数学模型，即设计方案的设计变量、目标函数、约束条件，然后选用合适的优化方法，编制相应的优化设计程序，运用计算机自动确定最优设计参数。

优化设计方案中的设计变量是指在优化过程中经过调整或逼近，最后达到最优值的独立参数。目标函数是反映各个设计变量相互关系的数学表达式。约束条件是设计变量间或设计变量本身所受限制条件的数学表达式。

（3）计算机辅助设计。随着计算机技术的发展，在设计过程中出现了由计算机辅助设计计算和绘图的技术——计算机辅助设计（CAD）。计算机辅助设计就是在设计中应用计算机进行设计和信息处理。它包括分析计算和自动绘图两部分功能。CAD系统应支持设计过程的各个阶段，即从方案设计入手，使设计对象模型化；依据提供的设计技术参数进行总体设计和总图设计；通过对结构的静态和动态性能分析，最后确定设计参数。在此基础上，完成详细设计和技术设计。因此，CAD设计应包括二维工程绘图、三维几何造型、有限元分析等方面的技术。

虽然理论上CAD的功能是参与设计的全过程的，但由于一般使用者认为，通常的设计中制图工作量占的比重（50％～60％）较大，因此在应用中，CAD的重点实际上是放在制图自动化方面。目前国际上已有比较成熟的二维和三维CAD绘图软件，最常用的如国外的AutoCAD、UG、Solid Edge等。近几年来，我国也研制和开发了许多具有自主版权的二维和三维CAD支持软件及其应用软件，并得到了较好的推广应用，已能满足我国企业"甩掉图板"的要求。

1.4.2　机械零件的设计步骤

机械零件的设计过程主要可以分为以下几个步骤。

（1）根据机器的原理方案设计结果，确定零件的类型。

（2）根据机器的运动学与动力学设计结果，计算作用在零件上的名义载荷，分析零件的工作情况，确定零件的计算载荷。

（3）分析零件工作时可能出现的失效形式，选择适当的零件材料，确定零件的设计准则，通过设计计算确定出零件的基本尺寸。

（4）按照等强度原则，进行零件的结构设计。设计零件的结构时，一定要考虑工艺性及标准化等原则的要求。

（5）必要时进行详细的校核计算，确保重要零件的设计可靠性。

（6）绘制零件的工作图，在工作图上除标注详细的零件尺寸外，还需对零件的配合尺寸等标注出尺寸公差及必要的形位公差、表面粗糙度及技术条件等。

（7）编写零件的设计计算说明书。

1.4.3　机械零件设计的基本原则

机械零件的种类繁多，不同行业对机器和机械零件的要求也各不相同，但机械零件设计中材料的选择原则和标准化原则是相同的。

1. 材料的选择原则

在掌握材料的力学性能和零件的使用要求的基础上，一般要考虑以下几个方面的问题。

(1) 强度问题。零件承受载荷的状态和应力特性是首先要考虑的问题。在静载荷作用下工作的零件，可以选择脆性材料；在冲击载荷作用下工作的零件，主要采用韧度较高的塑性材料，对于承受弯曲和扭转应力的零件，由于应力在横截面上分布不均匀，可以采用复合热处理，如调质和表面硬化，使零件的表面与心部具有不同的金相组织，提高零件的疲劳强度。当零件承受变应力时，应选择耐疲劳的材料，如组织均匀、韧度较高、夹杂物少的钢材，其疲劳强度都高。

(2) 刚度问题。影响零件刚度的唯一力学性能指标是材料的弹性模量，而各种材料的弹性模量相差不大。因此，改变材料对提高零件的刚度作用并不大，而结构形状对零件的刚度有明显的影响，设计中可通过改变零件的结构形状来调整零件的刚度。

(3) 磨损问题。一般很难简单地说明磨损问题，因为零件表面的磨损是一个非常复杂的过程。本书将在以后的章节中，针对具体零件的磨损介绍材料的选用。一般可将一定条件下摩擦系数小且稳定的耐磨性、跑合性好的材料称为减摩材料。如钢-青铜、钢-轴承合金组成的摩擦副就具有较好的减摩性能。

(4) 制造工艺性问题。当零件在机床上的加工量很大时，应考虑材料的可切削性能，减小刀具磨损，提高生产效率和加工精度。当零件的结构复杂且尺寸较大时，宜采用铸造或焊接件，这就要求材料的铸造性和焊接性能满足要求。采用冷拉工艺制造的零件要考虑材料的延伸率和冷作硬化对材料力学性能的影响。

(5) 材料的经济性问题。根据零件的生产量和使用要求，综合考虑材料本身的价格、材料的加工费用、材料的利用率等来选择材料。有时可将零件设计成组合结构，用两种材料制造，如大尺寸蜗轮的轮毂和齿圈、滑动轴承的轴瓦和轴承衬等，这样可以节省贵重材料。

2. 标准化原则

(1) 标准化的内容。标准化工作包括三方面的内容，即标准化、系列化和通用化。标准化是指对机械零件种类、尺寸、结构要素、材料性质、检验方法、设计方法、公差配合和制图规范等制定出相应的标准，供设计、制造时共同遵照使用。系列化是指产品按大小分档，进行尺寸优选，或成系列地开发新品种，用较少的品种规格来满足多种尺寸和性能指标的要求，例如圆柱齿轮减速器系列。通用化是指同类机型的主要零部件最大限度地相互通用或互换。可见通用化是广义标准化的一部分，因此它既包括已标准化的项目的内容，也包括未标准化的项目的内容。机械产品的系列化、零部件的通用化和标准化，简称为机械产品的"三化"。

(2) 标准化的意义。机械产品"三化"的重要意义主要表现在：①可减少设计工作量，缩短设计周期和降低设计费用，使设计人员将主要精力用于创新，用于多方案优化设计，更有效地提高产品的设计质量，开发更多的新产品；②便于专业化工厂批量生产，以提高标准件（如滚动轴承、螺栓等）的质量，最大限度地降低生产成本，提高经济效益；③便于维修时互换零件。

"三化"是一项重要的设计指标和必须贯彻执行的技术经济法规。设计人员务必在思想上和工作上予以重视。

（3）我国标准的分类。我国现行标准中,有国家标准(GB)、行业标准(如 JB、YB 等)和企业标准。为有利于国际技术交流和进、出口贸易,特别是在我国加入 WTO 之后,现有标准已尽可能靠拢、符合国际标准化组织标准(ISO)。

（4）机械设计中的互换性。上述机械产品"三化"的重要意义之一是便于互换零件,这就对整机设计和制造零件的公差与配合提出了严格的要求。相关内容将在"互换性与测量技术"(也称"公差与技术测量")课程中阐述。

本章重点、难点和知识拓展

本章的特点是:其内容为一些共性的问题,与后面各章有密切的联系。失效分析和计算准则是每一个零件设计的核心内容,而计算模型的建立是一个很重要的能力。这些问题在以后各种零件的设计中都要遇到,在此先作一般的了解,随着课程的逐步展开和深入,应该对这些内容有具体的体会。

在学习这一章时,如果要深入了解机械零件失效的问题,可以阅读本章参考文献[6]。在机械设计中应该选用最新的国家标准。我国的许多标准每过 4～5 年就要更新,因此每年都会出版一部分新国家标准,设计者应注意及时更换机械设计资料。

本章参考文献

[1] 濮良贵,陈国定,吴立言.机械设计[M].10 版.北京:高等教育出版社,2019.
[2] 吴宗泽,高志.机械设计[M].2 版.北京:高等教育出版社,2009.
[3] 张策.机械原理与机械设计(下册)[M].3 版.北京:机械工业出版社,2018.
[4] 吴昌林,张卫国,姜柳林.机械设计[M].3 版.武汉:华中科技大学出版社,2011.
[5] 邱宣怀.机械设计[M].4 版.北京:高等教育出版社,1997.
[6] 涂铭旌,鄢文彬.机械零件失效分析与预防[M].北京:高等教育出版社,1993.

思考题与习题

1-1 典型的机械设计主要有四个阶段:明确任务、方案设计、技术设计和施工设计。各阶段的主要任务和设计结果是什么?

1-2 以设计普通车床为例,说明设计机器时应满足的基本要求。

1-3 对机械零部件有哪些要求?

1-4 什么是机械零件失效?试举出几种常见的机械零件失效形式。

1-5 什么是机械零件的设计准则?常用的机械零件设计准则有哪些?

第 2 章　机械零件的强度与摩擦学基础

引言　机械零件强度计算的首要工作是根据零件的工作情况,确定其应力的性质和大小。而机械零件的工作情况是很复杂的,比如汽车在行驶时,会经历平路与坡路、重载与空载、高速与低速,汽车零件承受的应力是变化不定的。如何对这些情况进行应力分析和计算,是本章要讨论的内容之一。

许多机械零件(如机床导轨)的失效形式通常是磨损,磨损属于机械零件的表面失效形式。关于机械零件的表面失效如何分析计算,摩擦、磨损与润滑的机理和相互关系又是什么,也是本章要讨论的内容。

机械零部件的失效形式主要与载荷和应力有关。因此,在机械设计中,首先要分析零件所受载荷和应力的情况。机器工作时,零件所受的载荷是力或力矩,或由它们组成的联合载荷。作用在机器零部件上的实际载荷一般比较复杂,计算时往往需要进行必要的简化。

强度准则是设计机械零件的最基本准则。通用机械零件的强度分为静应力强度(静强度)和变应力强度(疲劳强度)两个范畴。通常认为在预期寿命期间,应力循环次数小于10^3的通用零件,均可按静应力强度进行设计。利用材料力学的知识,可对零件进行一些基本的静应力强度设计,所以本章对此不再加以讨论。

很多机械零件是在变应力状态下工作的。在多次重复的变应力作用下,当变应力超过极限值时,零件将发生失效,称为疲劳失效。研究表明,疲劳失效的特征明显与静应力下的失效不同,例如一根塑性材料制成的拉杆,在静应力下,当拉应力超过其屈服强度时,拉杆因产生塑性变形而失效。但该拉杆承受变应力时,则会因疲劳而产生断裂——疲劳断裂,且其断裂时的应力极限值远低于屈服强度(见图2-1)。

表面无明显缺陷的金属材料试件的疲劳断裂过程分为三个阶段。第一阶段是疲劳裂纹的产生。在这一阶段中,零件表面应力较大处的材料首先发生剪切滑移,直至微观疲劳裂纹产生,形成疲劳源。初始疲劳裂纹易发生在应力集中处,如零件上的圆角、凹槽及轴毂过盈配合处的两端。材料内部的微孔、晶界处及表面划伤、腐蚀小坑等也易产生初始疲劳裂纹。实际上这一阶段并未开始真正的疲劳过程。第二阶段是疲劳裂纹的扩展。初始疲劳裂纹形成后,裂纹尖端在切应力作用下发生塑性变形,使裂纹进一步扩展,形成宏观裂纹。宏观裂纹形成后,裂纹扩展速度进一步加快。零件的疲劳过程主要是在这一阶段。观察零件疲劳断裂剖面,可见其由光滑的疲劳发展区及粗糙的脆性断裂区所组成,其中光滑的疲劳发展区就是在这一阶段形成的。第三阶段为发生疲劳断裂。当第二阶段宏观疲劳裂纹扩展到一定程度时(多数情况下裂纹长度远大于塑性区),由于零件剖面承受载荷的能力急剧

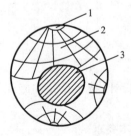

图 2-1　疲劳断裂的裂口
1—开始裂纹；2—光滑的疲劳区；
3—粗糙的脆性断裂区

下降,导致产生突然性的脆性断裂。观察零件断裂剖面可发现:粗糙的脆性断裂区域是在这一阶段形成的。由此可见,疲劳失效的特征和应力极限值与静应力时的不同,其失效机理和强度计算方法相应的也不相同。

机械零件工作时广泛存在着摩擦,会引起零件表面磨损、温度升高、能量损耗等,因此一般都需要润滑。将研究有关摩擦、磨损与润滑的科学与技术统称为摩擦学,并将在机械设计中正确运用摩擦学知识与技术,使之具有良好的摩擦学性能这一过程称为摩擦学设计。

本章主要讨论零件在变应力下的疲劳、接触强度及机械零件的摩擦、磨损和润滑等问题。

2.1 机械零部件设计中的载荷和应力

2.1.1 载荷的简化和力学模型

如图 2-2(a)所示的滑轮轴,用滑动轴承支承。当提升重物时,钢丝绳受力使轴发生弯曲变形(见图 2-2(b)),若忽略轮毂和轴承的变形,则在轮毂和轴承间的轴段所受载荷呈曲线状分布(见图 2-2(c))。计算轴的应力和变形时,这种呈曲线分布的载荷将使计算复杂化。通常可将载荷简化为直线分布(见图 2-2(d)),计算较简单;进一步简化为如图 2-2(e)所示的力学模型,则可按受集中载荷作用的梁进行计算。

2.1.2 载荷的分类

载荷可根据其性质分为静载荷和变载荷。载荷大小或方向不随时间变化或变化极缓慢时,称为静载荷,如自重、匀速转动时的离心力等;载荷的大小或方向随时间有明显的变化时,称为变载荷,如汽车悬架弹簧和自行车链条在工作时所受载荷等。

机械零部件上所受载荷还可分为:工作载荷、名义载荷和计算载荷。工作载荷是指机器正常工作时所受的实际载荷。由于零件在实际工作中,零件还会受到各种附加载荷的作用,所以工作载荷难以确定。当缺乏工作载荷的载荷谱,或难以确定工作载荷时,常用原动机的额定功率,或根据机器在稳定和理想工作条件下的工作阻力求出作用在零件上的载荷,称为名义载荷,用 F 和 T 分别表示力和转矩。若原动机的额定功率为 $P(\mathrm{kW})$、额定转速为 $n(\mathrm{r/}$

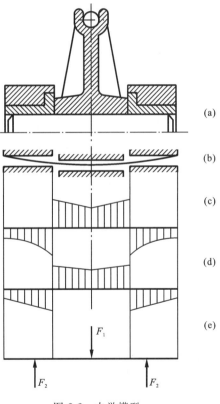

(a)

(b)

(c)

(d)

(e)

图 2-2   力学模型

min)，则零件上的名义转矩 $T(\text{N}\cdot\text{m})$ 为

$$T = 9\,550\,\frac{P\eta i}{n} \tag{2-1}$$

式中：i——由原动机到所计算零件之间的总传动比；

　　　η——由原动机到所计算零件之间传动链的总效率。

为了安全起见，强度计算中的载荷值，应考虑零件在工作中受到的各种附加载荷，如由机械振动、工作阻力变动、载荷在零件上分布不均匀等因素引起的附加载荷。这些附加载荷可通过动力学分析或实测确定。如缺乏资料，可用一个载荷系数 K 对名义载荷进行修正，而得到近似的计算载荷，用 F_{ca} 或 T_{ca} 表示，即

$$F_{\text{ca}} = KF \quad \text{或} \quad T_{\text{ca}} = KT \tag{2-2}$$

机械零件设计时常按计算载荷进行计算。

2.1.3　机械零件的应力

应力可按其随时间变化的情况分为静应力和变应力。不随时间而变化或缓慢变化的应力为静应力，随时间不断变化的应力为变应力。显然，静应力只能在静载荷作用下产生，然而受静载荷作用的零件也可以产生变应力。如图 2-2 所示的滑轮轴，载荷不随时间变化，是静载荷。当轴不转动而滑轮转动时，轴所受的弯曲应力为静应力；但是，当轴与滑轮固定连接（如用键连接）并随滑轮一起转动时，轴的弯曲应力则为变应力。因此，应力与载荷的性质并不全是对应的。当然变载荷必然产生变应力。大多数机械零部件都是在变应力状态下工作的。在变应力作用下，机械零部件的失效与静应力下的完全不同，因而，其强度条件的计算方法也有明显的区别。

变应力有多种形式，且具有不同特点。按应力变化周期 T、应力幅 σ_{a}、平均应力 σ_{m} 随时间变化的规律不同，变应力可分为稳定循环变应力、不稳定循环变应力和随机变应力三类。其中，应力变化周期、应力幅和平均应力均不随时间而变化者，称为稳定循环变应力；应力变化周期、应力幅或平均应力之一随时间而变化者，称为不稳定循环变应力；应力变化不呈周期性而带偶然性者，称为随机变应力。这里只讨论稳定循环变应力。按正弦曲线变化的稳定循环变应力是最典型的变应力，它又可分为非对称循环变应力、脉动循环变应力和对称循环变应力三种基本类型。其变化规律如图 2-3 所示。

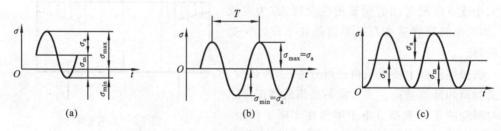

图 2-3　典型的稳定循环变应力

（a）非对称循环变应力；（b）对称循环变应力；（c）脉动循环变应力

图中，σ_{max} 为最大应力，σ_{min} 为最小应力。由图可知这种应力的特征参数及其关系为

$$\left.\begin{aligned}\sigma_{\max} &= \sigma_{m} + \sigma_{a}\\ \sigma_{\min} &= \sigma_{m} - \sigma_{a}\end{aligned}\right\} \qquad (2\text{-}3)$$

$$\left.\begin{aligned}\sigma_{m} &= \frac{\sigma_{\max} + \sigma_{\min}}{2}\\ \sigma_{a} &= \frac{\sigma_{\max} - \sigma_{\min}}{2}\end{aligned}\right\} \qquad (2\text{-}4)$$

最小应力 $\sigma_{\min}$ 与最大应力 $\sigma_{\max}$ 之比,可用来表示变应力变化的情况,称为变应力的循环特性,用 r 表示,即

$$r = \frac{\sigma_{\min}}{\sigma_{\max}} \qquad (2\text{-}5)$$

对于对称循环变应力:$r=-1$,$\sigma_{m}=0$,$\sigma_{a}=\sigma_{\max}=|\sigma_{\min}|$,如图 2-3(b)所示。脉动循环变应力:$r=0$,$\sigma_{\min}=0$,$\sigma_{a}=\sigma_{m}=\sigma_{\max}/2$,如图 2-3(c)所示。当最大应力 $\sigma_{\max}$ 与最小应力 $\sigma_{\min}$ 很接近或相等时,应力幅 σ_{a} 接近或等于零,此时,循环特性 $r=+1$,这种应力即静应力。

2.2　机械零件的疲劳强度

如式(1-6)所示,机械零件的强度准则可用应力形式表达为

$$\sigma \leqslant [\sigma] = \frac{\sigma_{\lim}}{S}$$

也可用安全系数形式表达为

$$S_{ca} = \frac{\sigma_{\lim}}{\sigma} \geqslant [S]$$

式中:S_{ca}——计算安全系数;

$[S]$——许用安全系数。

极限应力 $\sigma_{\lim}$ 的取值应根据零件的应力状态而定。若零件在静应力状态下工作,则 $\sigma_{\lim}$ 为抗拉强度 σ_{b}(脆性材料)或屈服强度 σ_{s}(塑性材料)。对于受变应力作用的零件,其失效形式为疲劳破坏,显然其极限应力既不是 σ_{s},也不是 σ_{b},该极限应力称为疲劳极限。所谓材料的疲劳极限,是指在某循环特性 r 的条件下,经过 N 次循环后,材料不发生疲劳破坏时的最大应力,用 σ_{rN} 表示。

σ_{rN} 可通过材料试验测定,一般是在材料试件上加上 $r=-1$ 的对称循环变应力或 $r=0$ 的脉动循环变应力,通过试验,记录出在不同最大应力下引起试件疲劳破坏所经历的应力循环次数 N。把试验的结果用图 2-4 或图 2-5 来表达,就得到材料的疲劳特性曲线。图 2-4 描述了在一定循环特性 r 下,疲劳极限与应力循环次数 N 的关系曲线,通常称为 $\sigma\text{-}N$ 曲线。图 2-5 描述的是在一定的应力循环次数 N 下,疲劳极限的应力幅值 σ_{a} 与平均应力 σ_{m} 的关系曲线。该曲线实际上反映了在特定寿命条件下,最大应力 $\sigma_{\max}=\sigma_{m}+\sigma_{a}$ 与循环特性 $r=(\sigma_{m}-\sigma_{a})/(\sigma_{m}+\sigma_{a})$ 的关系,故常称其为等寿命曲线或极限应力线图。

2.2.1　$\sigma\text{-}N$ 疲劳曲线

由图 2-4 可见,AB 段曲线($N\leqslant10^{3}$)应力极限值下降很小,所以一般把 $N\leqslant10^{3}$ 的变

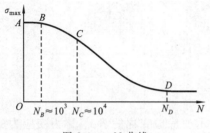

图 2-4 $\sigma\text{-}N$ 曲线

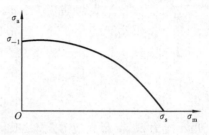

图 2-5 等寿命曲线

应力强度当成静应力强度处理。

图中 BC 段曲线（$N=10^3\sim10^4$），疲劳极限有明显的下降，经检测断口破坏情况，可见材料产生了塑性变形。这一阶段的疲劳，因整个寿命期内应力循环次数仍然较少，称为低周疲劳，低周疲劳时的强度可用应变疲劳理论解释。

图中点 C 以右的线段应力循环次数很多，称为高周疲劳，大多数机械零件都工作在这一阶段。

在 CD 段曲线上，随着应力水平 σ 的降低，发生疲劳破坏前的循环次数 N 增多。或者说，要求工作循环次数 N 增加，对应的疲劳极限 σ_{rN} 将急剧下降。当应力循环次数超过该应力水平对应的曲线值时，疲劳破坏将会发生。因此，CD 段称为试件的有限寿命疲劳阶段，曲线上任意一点所对应的应力值代表了该循环次数下的疲劳极限，称为有限寿命疲劳极限（σ_{rN}）。

到达点 D 后，曲线趋于平缓。由于此时的循环次数很多，因此试件的寿命非常长。换言之，若试件承受的变应力很小时，则可以近似地认为作用的应力可以无限次地循环下去，而试件不会破坏。故点 D 以后的线段表示试件无限寿命疲劳阶段，其疲劳极限称为持久疲劳极限，记为 $\sigma_{r\infty}$。持久疲劳极限 $\sigma_{r\infty}$ 可通过疲劳试验测定。实际上由于点 D 所对应的循环次数 N_D 往往很大，在做试验时，常规定一个接近 N_D 的循环次数 N_0，测得其疲劳极限 σ_{rN_0}（简记 σ_r），用 σ_r 近似代替 $\sigma_{r\infty}$，N_0 称为循环基数。

如果在某一工况下，材料的疲劳极限 σ_r 已得到，则通过有限寿命疲劳区间给定的任一循环次数 N，可以求得对应有限疲劳极限 σ_{rN}。把 CD 段曲线对数线性化处理，可表示成如下方程，即

$$\sigma_{rN}^m \cdot N = \sigma_r^m \cdot N_0 = C \qquad (2\text{-}6)$$

从式（2-6）可求得对应于循环次数 N 的疲劳极限为

$$\sigma_{rN} = \sqrt[m]{\frac{N_0}{N}}\sigma_r = K_N\sigma_r \qquad (2\text{-}7)$$

式中：K_N——寿命系数，$K_N=\sqrt[m]{\dfrac{N_0}{N}}$，当 $N\geqslant N_0$ 时，取 $K_N=1$；

m——与材料性能和应力状态有关的特性系数，例如对受弯钢制零件，$m=9$。

2.2.2 材料的极限应力图

利用 $\sigma\text{-}N$ 疲劳曲线可以得到材料在循环特性 r 一定、循环次数 N 各不相同时的疲劳极限。而要得到材料在一定循环次数 N 下，循环特性 r 各不相同时的疲劳极限，则需借

助于极限应力图。

由图 2-5 可知,等寿命疲劳特性曲线为二次曲线。在工程应用中,常将其以直线来近似替代,如图 2-6 所示。其简化的方法如下。

在做材料疲劳试验时,通常可求出对称循环及脉动循环时的疲劳极限 σ_{-1} 及 σ_0。由于对称循环变应力的 $\sigma_m = 0$,$\sigma_a = \sigma_{max}$,所以对称循环疲劳极限在图 2-6 中以纵坐标轴上的点 A' 来表示。脉动循环变应力的 $\sigma_a = \sigma_m = \sigma_{max}/2$,所以,脉动循环疲劳极限以由原点 O

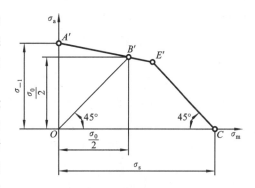

图 2-6　材料的极限应力图

所做 45°射线上的点 B' 来表示,连接 A'、B' 得直线 $A'B'$。直线 $A'B'$ 上任何一点都代表了一定循环特性 r 时的疲劳极限 σ_r。横轴上任何一点都代表应力幅等于零的应力,即静应力。取点 C 的坐标值等于材料的屈服强度 σ_s,并自点 C 做一直线与直线 CO 成 45°的夹角,交 $A'B'$ 的延长线于点 E',则 CE' 上任何一点均代表 $\sigma_r = \sigma_s$ 的变应力状况。

于是,材料的极限应力图即为折线 $A'B'E'C$。材料中发生的应力若处于 $OA'E'C$ 区域以内,则表示不会发生破坏;若在此区域以外,则表示一定要发生破坏;若正好处于折线上,则表示工作应力状况正好达到极限状态。

折线 $A'E'C$ 上任意一点表示某一循环特性下的极限应力点,若已知其坐标值(σ'_m,σ'_a),可求得其疲劳极限 $\sigma_r = \sigma'_{max} = \sigma'_m + \sigma'_a$。

图 2-6 中直线 $A'E'$ 及 $E'C$ 的方程分别可由两点坐标求得,即

$A'E'$ 段 $\qquad\qquad\qquad\qquad \sigma_{-1} = \sigma'_a + \psi_\sigma \sigma'_m$ $\qquad\qquad$ (2-8a)

$E'C$ 段 $\qquad\qquad\qquad\qquad \sigma_s = \sigma'_a + \sigma'_m$ $\qquad\qquad$ (2-8b)

式中:ψ_σ——材料试件受循环弯曲应力时的材料常数,其值可由试验及式(2-9)确定,即

$$\psi_\sigma = \frac{2\sigma_{-1} - \sigma_0}{\sigma_0} \qquad\qquad (2-9)$$

根据试验,对碳钢,$\psi_\sigma = 0.1 \sim 0.2$;对合金钢,$\psi_\sigma = 0.2 \sim 0.3$。

2.2.3　零件的极限应力图

由于零件尺寸及几何形状变化、加工质量及强化因素等的影响,使得零件的疲劳极限 σ_{re} 要小于材料试件的疲劳极限 σ_r。因而,必须对材料的极限应力图进行修正,得到零件的极限应力图。

1. 影响零件疲劳强度的主要因素

影响零件疲劳强度的主要因素,除了材料的性能、应力循环特征和循环次数之外,主要还有以下三种因素。

1) 应力集中的影响

在零件上的尺寸突然变化处(如圆角、孔、凹槽、键槽、螺纹等),会使零件受载时产生应力集中,可用有效应力集中系数 K_σ 或 K_τ 来表示其疲劳强度的真正降低程度。另外,$K_\sigma(K_\tau)$ 不仅与应力集中源有关,还与零件的材料有关。一般来说,材料的抗拉强度越高,

对应力集中的敏感性也越高,故在选用高强度钢材时,需特别注意减少应力集中的影响,否则就无法充分体现出高强度材料的优点。

若零件的同一剖面上有几个不同的应力集中源,则零件的疲劳强度由各个 $K_\sigma(K_\tau)$ 中的最大值决定。

2) 尺寸大小的影响

其他条件相同时,零件的剖面尺寸越大,其疲劳强度越低。这是由于尺寸大时,材料晶粒粗,出现缺陷的概率大,机加工后表面冷作硬化层相对较薄,疲劳裂纹容易形成。剖面绝对尺寸对疲劳极限的影响,可用绝对尺寸系数 $\varepsilon_\sigma(\varepsilon_\tau)$ 来考虑。

3) 表面状态的影响

在其他条件相同时,提高零件表面光滑程度或经过各种表面强化处理(如喷丸、表面热处理或表面化学处理等),可以提高零件的疲劳强度。表面状态对疲劳强度的影响,可用表面质量系数 β 来考虑。

一般,铸铁对于加工后的表面状态不敏感,故常取 $\beta=1.0$。

上述因素的综合影响,可用综合影响系数 $(K_\sigma)_D$ 或 $(K_\tau)_D$ 来表示,即

$$\left.\begin{array}{l} (K_\sigma)_D = \dfrac{K_\sigma}{\varepsilon_\sigma \beta} \\[3mm] (K_\tau)_D = \dfrac{K_\tau}{\varepsilon_\tau \beta} \end{array}\right\} \tag{2-10}$$

由试验可知,应力集中、尺寸效应和表面状态只对变应力的应力幅部分有影响,对平均应力没有影响,故计算时,只需用综合影响系数对变应力的应力幅部分进行修正。

2. 零件的极限应力图

对于有应力集中、尺寸效应和表面状态影响的零件,在求解疲劳极限应力时,必须考虑有效应力集中系数 $K_\sigma(K_\tau)$、绝对尺寸系数 $\varepsilon_\sigma(\varepsilon_\tau)$ 及表面状态系数 β 的影响。因而,图 2-6 所示的材料极限应力图的纵坐标上的 σ_{-1} 和 σ_0,须除以 $(K_\sigma)_D$ 进行修正,修正后即为零件的极限应力图,如图 2-7 所示。

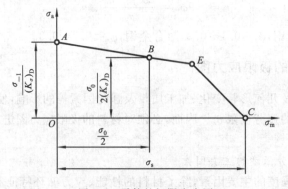

图 2-7　零件的极限应力图

2.2.4　稳定变应力下零件的疲劳强度计算

进行疲劳强度计算时,常用的方法是安全系数法,即求出零件危险剖面处的计算安全系数,判断该安全系数值是否大于或等于许用安全系数。

计算安全系数有两种表达方法,一种是以零件的极限应力 σ_{re} 与最大工作应力 σ_{max} 之比表示,则强度条件为

$$S_{ca} = \frac{\sigma_{lim}}{\sigma} = \frac{\sigma_{re}}{\sigma_{max}} \geqslant [S]$$

另一种是以零件的极限应力幅 σ'_{ae} 与工作应力幅 σ_a 之比表示,则强度条件为

$$S_{ca} = \frac{\sigma_{lim}}{\sigma} = \frac{\sigma'_{ae}}{\sigma_a} \geqslant [S]$$

至于采用上述两种方法中的哪一种,需视不同零件而选用。

1. 单向应力状态下机械零件的疲劳强度计算

在进行机械零件的疲劳强度计算时,首先要根据零件的受载求出危险剖面上的最大应力 σ_{max} 及最小应力 σ_{min},并据此计算出平均应力 σ_m 及应力幅 σ_a,然后在零件极限应力图的坐标上标出相应于 σ_m 与 σ_a 的工作应力点 N 或点 M(见图2-8)。

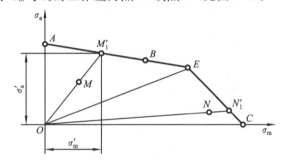

图2-8 $r=c$ 时的极限应力

显然,强度计算时所用的极限应力应是零件的极限应力图(AEC)上的某一个点所代表的应力。到底用哪一个点来表示极限应力才算合适,这要根据零件中应力可能发生的变化规律来决定。根据零件载荷的变化规律及零件与相邻零件互相约束情况的不同,可能发生的典型的应力变化规律通常有下述三种:第一,变应力的循环特性保持不变,即 $r=c$(如绝大多数转轴中的应力状态);第二,变应力的平均应力保持不变,即 $\sigma_m=c$(如振动着的受载弹簧中的应力状态);第三,变应力的最小应力保持不变,即 $\sigma_{min}=c$(如紧螺栓连接中螺栓受轴向变载荷时的应力状态)。以下分别讨论这三种情况。

1)$r=c$ 的情况

当 $r=c$ 时,需找一个循环特性与零件工作应力的循环特性相同的极限应力值。因为

$$\frac{\sigma_a}{\sigma_m} = \frac{\sigma_{max}-\sigma_{min}}{\sigma_{max}+\sigma_{min}} = \frac{1-r}{1+r} = c'$$

可见,在 r 为常数时,σ_a 和 σ_m 按相同比例增长。在图2-8中,从坐标原点引射线通过工作应力点 M、交极限应力图于 M'_1 点,M'_1 点即为所求的极限应力点。

根据直线 OM 和直线 AE 的方程式,可求出 $M'_1(\sigma'_{me},\sigma'_{ae})$,则零件的疲劳极限为

$$\sigma_{re} = \sigma'_{me} + \sigma'_{ae} = \frac{\sigma_{-1}\sigma_{max}}{(K_\sigma)_D\sigma_a + \psi_\sigma\sigma_m} \tag{2-11}$$

计算安全系数及强度条件为

$$S_{ca} = \frac{\sigma_{re}}{\sigma_{max}} = \frac{\sigma_{-1}}{(K_\sigma)_D\sigma_a + \psi_\sigma\sigma_m} \geqslant [S] \tag{2-12}$$

若工作应力点位于图 2-8 所示的点 N，同理可得其极限应力点 N_1'，疲劳极限 $\sigma_{re} = \sigma_{me}' + \sigma_{ae}' = \sigma_s$，这就表示，工作应力为点 N 时，可能发生的屈服失效，故只需进行静强度计算，其强度公式为

$$S_{ca} = \frac{\sigma_{re}}{\sigma_{max}} = \frac{\sigma_s}{\sigma_{max}} \geqslant [S] \tag{2-13}$$

分析图 2-8 得知，在 $r = c$ 时，凡是工作应力点位于 OAE 区域内时，极限应力等于极限应力点的横坐标和纵坐标之和；凡是工作应力点位于 OEC 区域内时，极限应力均为屈服强度。

2）$\sigma_m = c$ 的情况

如图 2-9 所示，过点 M 作与纵轴平行的直线，与 AE 的交点 M_2' 即为极限应力点。根据直线 MM_2' 和直线 AE 的方程式，可求出 M_2' $(\sigma_{me}', \sigma_{ae}')$，则零件的疲劳极限

$$\sigma_{re} = \sigma_{me}' + \sigma_{ae}' = \frac{\sigma_{-1} + [(K_\sigma)_D - \psi_\sigma]\sigma_m}{(K_\sigma)_D} \tag{2-14}$$

计算安全系数及强度条件为

$$S_{ca} = \frac{\sigma_{re}}{\sigma_{max}} = \frac{\sigma_{-1} + [(K_\sigma)_D - \psi_\sigma]\sigma_m}{(K_\sigma)_D(\sigma_m + \sigma_a)} \geqslant [S] \tag{2-15}$$

也可按极限应力幅来求计算安全系数，即

$$S_{ca} = \frac{\sigma_{ae}'}{\sigma_a} = \frac{\sigma_{-1} - \psi_\sigma \sigma_m}{(K_\sigma)_D \sigma_a} \geqslant [S] \tag{2-16}$$

对应于点 N 的极限应力由点 N_2' 表示，点 N_2' 位于直线 CE 上，故仍只需按式（2-13）进行静强度计算。

分析图 2-9 得知，在 $\sigma_m = c$ 时，凡是工作应力点位于 $OAEH$ 区域内时，极限应力等于极限应力点的横坐标和纵坐标之和；凡是工作应力点位于 HEC 区域内时，极限应力均为屈服强度。

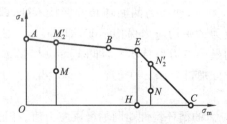

图 2-9　$\sigma_m = c$ 时的极限应力

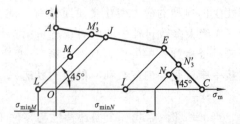

图 2-10　$\sigma_{min} = c$ 时的极限应力

3）$\sigma_{min} = c$ 的情况

$\sigma_{min} = c$，即 $\sigma_m - \sigma_a = c$，如图 2-10 所示，过工作应力点 M（或点 N）作与横轴成 45°的直线，交直线 AE（或 EC）于点 M_3'（或 N_3'），点 M_3'（或点 N_3'）即为所求的极限应力点。根据两直线的方程式，可求出点 M_3'（或 N_3'）的坐标值$(\sigma_{me}', \sigma_{ae}')$，则计算安全系数及强度条件为

$$S_{ca} = \frac{\sigma_{re}}{\sigma_{max}} = \frac{2\sigma_{-1} + [(K_\sigma)_D - \psi_\sigma]\sigma_{min}}{[(K_\sigma)_D + \psi_\sigma](2\sigma_a + \sigma_{min})} \geqslant [S] \tag{2-17}$$

也可按极限应力幅来求计算安全系数，即

$$S_{ca} = \frac{\sigma'_a}{\sigma_a} = \frac{\sigma_{-1} - \psi_\sigma \sigma_{min}}{[(K_\sigma)_D + \psi_\sigma]\sigma_a} \geqslant [S]$$ (2-18)

分析图 2-10 得知,在 $\sigma_{min} = c$ 时,当工作应力点位于 OAJ 区域内时,最小应力均为负值,这在实际机械结构中极为罕见,所以不予讨论;当工作应力点位于 $OJEI$ 区域内时,极限应力等于极限应力点的横坐标和纵坐标之和;当工作应力点位于 IEC 区域内时,极限应力均为屈服强度。

上述三种情况下的公式也同样适用于切应力的情况,只需用 τ 代替各式中的 σ 即可。

具体设计零件时,如果难以确定其应力的变化规律,一般可采用 $r = c$ 时的公式。

2. 复合应力状态下机械零件的疲劳强度计算

很多零件(如转轴),工作时其危险剖面上同时受有正应力(σ)及切应力(τ)的复合作用。复合应力的变化规律是多种多样的。经理论分析和试验研究,目前只有对称循环时的计算方法,且两种应力是同相位同周期变化的。对于非对称循环的复合应力,研究工作还很不完善,只能借用对称循环的计算方法进行近似计算。

在零件上同时作用有同周期同相位的对称循环正应力(σ)和切应力(τ)时,根据试验及理论分析,可导出对称循环弯扭复合应力状态下的计算安全系数为

$$S_{ca} = \frac{S_\sigma S_\tau}{\sqrt{S_\sigma^2 + S_\tau^2}}$$ (2-19)

式中:S_σ 和 S_τ 的计算公式为

$$S_\sigma = \frac{\sigma_{-1}}{(K_\sigma)_D \sigma_a}, \quad S_\tau = \frac{\tau_{-1}}{(K_\tau)_D \tau_a}$$ (2-20)

对于受非对称循环弯扭复合变应力作用的零件,计算安全系数 S_{ca} 仍按式(2-19)确定,但 S_σ 和 S_τ 应分别按式(2-12)计算。

2.3　机械零件的接触疲劳强度

有些机械零件(如齿轮、滚动轴承等),在理论上分析时都将力的作用看成是点或线接触的。而实际上,零件工作时受载,在接触部分要产生局部的弹性变形,形成面接触。产生这种接触的面积很小,但产生的局部应力却很大,将此种局部应力称为接触应力,这时零件强度称为接触强度。

实际工作中遇到的接触应力多为变应力,产生的失效属于接触疲劳破坏。

接触疲劳破坏产生的特点是:零件接触应力在载荷反复作用下,先在表面或表层内 $15 \sim 25~\mu m$ 处产生初始疲劳裂纹,然后在不断接触的过程中,由于润滑油被挤进裂纹内形成很高的压力,使裂纹加速扩展,当裂纹扩展到一定深度以后,导致零件表面的小片状金属剥落下来,使金属零件表面形成一个个小坑(见图 2-11),这种现象称为疲劳点蚀。发生疲劳点蚀后,减少了接触面积,破坏了零件的光滑表面,因而也降低了承载能力,并引起振动,出现噪声。齿轮、滚动轴承就常易发生疲劳点蚀这种失效形式。

如图 2-12(a)所示,两个曲率半径为 ρ_1、ρ_2 的圆柱体相接触,在力 F_n 作用下,其接触线变为一狭长的矩形接触面,按照弹性力学的理论,最大接触应力发生在接触区中线的各点上,其值为

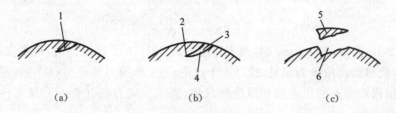

图 2-11 疲劳点蚀

1—初始疲劳裂纹；2—断裂；3—油；4—扩展的裂纹；5—剥落的金属；6—小坑

$$\sigma_{H} = \sqrt{\frac{F_{n}}{\pi L} \cdot \frac{\frac{1}{\rho_{1}} \pm \frac{1}{\rho_{2}}}{\frac{1-\mu_{1}^{2}}{E_{1}} + \frac{1-\mu_{2}^{2}}{E_{2}}}} \qquad (2\text{-}21)$$

式(2-21)称为赫兹公式。式中的"+"号用于外接触（见图 2-12(a)），"−"号用于内接触（见图 2-12(b)），L 表示初始接触线长度，E_1、E_2 和 μ_1、μ_2 分别为两圆柱体材料的弹性模量和泊松比。

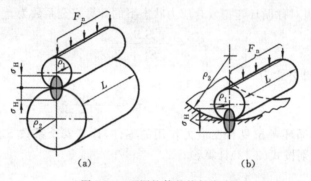

图 2-12 两圆柱体的接触应力

影响疲劳点蚀的主要因素是接触应力的大小，因此，接触应力作用下的强度条件是最大接触应力不超过其许用值，即

$$\sigma_{H} \leqslant [\sigma_{H}] \qquad (2\text{-}22)$$

式中：$[\sigma_H]$——材料的许用接触应力。

2.4 机械零件中的摩擦、磨损和润滑

2.4.1 机械零件中的摩擦

1. 摩擦的分类

在外力作用下，两个接触表面做相对运动或有相对运动趋势时，沿运动方向产生阻力的现象，称为摩擦。机械中的摩擦可分为两大类：一类是发生在物质内部，阻碍分子间相对运动的内摩擦；另一类是在物体接触表面上产生的阻碍其相对运动的外摩擦。根据摩擦副的运动状态可分为静摩擦和动摩擦；根据摩擦副运动形式的不同，动摩擦可分为滑动摩擦和滚动摩擦；本节只重点讨论金属表面间的滑动摩擦。根据摩擦副的表面润滑状态

的不同,滑动摩擦又可分为干摩擦、边界摩擦、流体摩擦和混合摩擦,如图 2-13 所示。

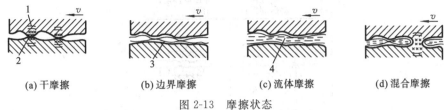

(a) 干摩擦 (b) 边界摩擦 (c) 流体摩擦 (d) 混合摩擦

图 2-13 摩擦状态

1—弹性变形;2—塑性变形;3—边界膜;4—流体

  干摩擦是指表面间无任何润滑剂或保护膜的纯金属接触时的摩擦。在工程实际中,并不存在真正的干摩擦。因为任何零件的表面不仅会因氧化而形成氧化膜,而且多少也会被含有润滑剂分子的气体所湿润或受到"油污"。在机械设计中,通常把这种未经人为润滑的摩擦状态当作干摩擦处理(见图 2-13(a))。

  当运动副的两摩擦表面被人为引入的极薄的润滑膜所隔开,其摩擦性质与润滑剂的黏度无关而取决于两表面的特性和润滑油油性的摩擦,称为边界摩擦(见图 2-13(b))。

  机器刚开始运转时,两相对运动零件的工作表面之间不能形成流体润滑,其凸出部分不免有接触,因而处于边界摩擦状态。其中起润滑作用的膜称为边界膜。边界膜极薄,仅为 $0.02~\mu m$ 左右,比两摩擦表面的粗糙度之和小得多,故边界摩擦时磨损是不可避免的。合理选择摩擦副材料和润滑剂,降低表面粗糙度值,在润滑剂中加入适量的油性添加剂和极压添加剂,都能提高边界膜的强度,改善润滑状况。

  当运动副的摩擦表面被流体膜完全隔开,摩擦性质取决于流体内部分子间黏性阻力的摩擦称为流体摩擦(见图 2-13(c))。此时的摩擦是在流体内部的分子之间进行的,所以摩擦系数极小(油润滑时为 $0.001\sim0.008$),而且不会有磨损产生,是理想的摩擦状态。关于流体摩擦的问题将在滑动轴承设计这一章中另做介绍。

  当摩擦状态处于边界摩擦及流体摩擦的混合状态时称为混合摩擦(见图 2-13(d))。混合摩擦时,如流体润滑膜的厚度增大,表面轮廓峰直接接触的数量就要减小,润滑膜的承载比例也随之增加。所以在一定条件下,混合摩擦能有效地降低摩擦阻力,其摩擦系数要比边界摩擦时小得多。但因表面间仍有轮廓峰的直接接触,所以不可避免地仍有磨损存在。

  边界摩擦、混合摩擦及流体摩擦都必须具备一定的润滑条件,所以,相应的润滑状态也常分别称为边界润滑、混合润滑及流体润滑。

  实践证明,对具有一定粗糙度的表面,随着油的黏度 η、单位宽度上的载荷 p 和相对滑动速度 v 等工况参数的改变,将导致润滑状态的转化。图 2-14 所示为从滑动轴承实验得到的润滑状态转化曲线,称为摩擦特性曲线,即摩擦系数 f 随着 $\eta v/p$ 的变化而改变。由图可知,摩擦系数能反映该轴承的润滑状态,若加大摩擦,润滑状态从流体润滑向混合润滑转化;随着载荷的增加,进而转化为边界润滑,摩擦系数显著增大;摩擦继续增加,边界膜破裂,出现明显的黏着现象,磨损率增大,表面温度升高,最后可能出现黏着咬死。

  2. 影响摩擦的主要因素

  摩擦是一个很复杂的现象,其大小(用摩擦系数的大小来表示)与摩擦副材料的表面

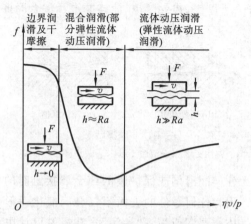

图 2-14　摩擦特性曲线

h—间隙，Ra—二零件表面粗糙度之和

性质、表面形貌、周围介质、环境温度、实际工作条件等有关。设计时，需要充分考虑摩擦的影响，将其控制在许用的约束条件范围之内。影响摩擦的主要因素有下面几点。

（1）金属的表面膜　大多数金属的表面在大气中会自然生成与表面结合强度相当高的氧化膜或其他污染膜。也可以人为地用某种方法在金属表面上形成一层很薄的膜，如硫化膜、氧化膜来降低摩擦系数。

（2）摩擦副的材料性质　金属材料摩擦副的摩擦系数随着材料副性质的不同而不同。一般，互溶性较大的金属摩擦副，其表面较易黏着，摩擦系数较大；反之，摩擦系数较小。表 2-1 所示的是几种金属元素之间摩擦副的互溶性。材料经过热处理后也可改变它的摩擦系数。

表 2-1　几种金属元素之间摩擦副的互溶性

金属元素	Mo	Ni	Cu
Cu	无互溶性	部分互溶	完全互溶
Ni	完全互溶	完全互溶	部分互溶
Mo	完全互溶	完全互溶	无互溶性

（3）摩擦副的表面粗糙度　摩擦副在塑性接触的情况下，其干摩擦系数为一定值，不受表面粗糙度的影响。而在弹性或弹塑性接触情况下，干摩擦系数则随表面粗糙度数值的减小而增加；如果在摩擦副间加入润滑油，使之处于混合摩擦状态，此时，如果表面粗糙度数值减小，则油膜的覆盖面积增大，摩擦系数将减小。

（4）摩擦表面间的润滑情况　在摩擦表面间加入润滑油时，将会大大降低摩擦表面间的摩擦系数，但润滑的情况不同、摩擦副的摩擦状态不同时，其摩擦系数的大小不同。在一般情况下，干摩擦的摩擦系数最大，$f>0.1$；边界摩擦、混合摩擦次之，$f=0.01\sim0.1$；流体摩擦的摩擦系数最小，$f=0.001\sim0.008$。两表面间的相对滑动速度增加且润滑油的供应较充分时，容易获得混合摩擦或流体摩擦，因而，摩擦系数将随着滑动速度的增加而减小。

2.4.2　机械零件中的磨损

运动副之间的摩擦将导致零件表面材料的逐渐丧失或迁移,即形成磨损。磨损会影响机器的效率,降低工作的可靠性,甚至促使机器提前报废。因此,在设计时预先考虑如何避免或减轻磨损,以保证机器达到设计寿命,就具有很大的现实意义。磨损并非总有害,工程上也有不少利用磨损作用的场合,如精加工中的磨削及抛光,机器的"磨合"过程等都是磨损的有用方面。

1. 磨损的分类

磨损产生的原因和表现形式是非常复杂的,可以从不同的角度对其进行分类。磨损大体上可概括为两种:一种是根据磨损结果而着重对磨损表面外观的描述,如点蚀磨损、胶合磨损、擦伤磨损等;另一种则是根据磨损机理来分类,如黏着磨损、磨粒磨损、表面接触疲劳磨损、流体侵蚀磨损、机械化学磨损等,如表 2-2 所示。

表 2-2　磨损的分类

类型	基本概念	磨损特点	实　例
黏着磨损	两相对运动的表面,由于黏着作用(包括"冷焊"和"热黏着"),使材料由一表面转移到另一表面所引起的磨损	黏结点剪切破坏是渐近性的,它造成两表面凹凸不平,可表现为轻微划伤、胶合与咬死等损坏形式	活塞与气缸壁的磨损
磨粒磨损	在摩擦过程中,由硬颗粒或硬凸起的材料破坏分离出磨屑或形成划伤的磨损	磨粒对摩擦表面进行微观切削,表面有犁沟或划痕齿的磨损	犁铧和挖掘机铲齿的磨损
表面接触疲劳磨损	摩擦表面材料的微观体积受循环变应力作用,产生重复变形而导致表面疲劳裂纹形成,并分离出微片或颗粒的磨损	应力超过材料的疲劳极限。在一定循环次数后,出现疲劳破坏,表面呈麻坑状	润滑良好的齿轮传动和滚动轴承的疲劳点蚀
腐蚀磨损	在摩擦过程中金属与周围介质发生化学或电化学反应而引起的磨损	表面腐蚀破坏	金属的表面生锈和化工、石油设备零件的腐蚀

2. 磨损的过程

磨损过程大致可分为三个阶段,即跑合磨损阶段、稳定磨损阶段及剧烈磨损阶段,如图 2-15 所示。

(1) 跑合磨损阶段(初期磨损阶段)　新的摩擦副表面较粗糙,真实接触面积较小,压强较大,在开始的较短时间内,磨损速度很快,磨损量较大。经跑合后,表面凸峰高度降低,接触面积增大,磨损速度减慢并趋向稳定。实践表明,初期跑合是一种有益的磨损,可利用它来改善表面性能,提高使用寿命。

(2) 稳定磨损阶段(正常磨损阶段)　表面经跑合后,磨损速度缓慢,处于稳定状态。

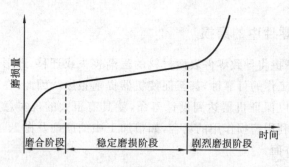

图 2-15　磨损过程

此时机件以平稳缓慢的速度磨损,这个阶段的长短就代表机件使用寿命的长短。稳定磨损阶段是摩擦副的正常工作阶段。

(3) 剧烈磨损阶段(耗损磨损阶段)　经过较长时间的稳定磨损后,精度降低、间隙增大,从而产生冲击、振动和噪声,磨损加剧,温度升高,短时间内使零件迅速报废。

3．影响磨损的因素

磨损是机械设备失效的重要原因。为了延长机器的使用寿命和提高机器的可靠性,设计时必须重视有关磨损的问题,尽量延长稳定磨损阶段,推迟剧烈磨损阶段。

影响磨损的因素很多,其中主要的有表面压强或表面接触应力的大小、相对滑动速度、摩擦副的材料、摩擦表面间的润滑情况等(见表 2-3)。因此,在机械设计中,控制磨损的实质主要是控制摩擦表面间的压强(或接触应力)、相对运动速度等不超过许用值。除此以外,还应采取适当的措施,尽可能地减少机械中的磨损。

表 2-3　磨损的影响因素

类　　型	磨损的影响因素
黏着磨损	①同类摩擦副材料比异类摩擦副材料容易黏着; ②脆性材料比塑性材料的抗黏着能力高,在一定范围的表面粗糙度愈低,抗黏着能力愈强; ③黏着磨损还与润滑剂、摩擦表面温度及压强有关
表面接触疲劳磨损	摩擦副材料组合、表面粗糙度、润滑油黏度以及表面硬度等
磨粒磨损	与摩擦材料的硬度、磨粒的硬度有关。一半以上的磨损损失是由磨粒磨损造成的
腐蚀磨损	周围介质、零件表面的氧化膜性质及环境温度等。磨损可使腐蚀率提高 2～3 个数量级

4．减少磨损的措施

(1) 正确选用材料　正确选用摩擦副的配对材料,是减少磨损的主要措施:当以黏着磨损为主时,应选用互溶性小的材料;当以磨粒磨损为主时,则应选用硬度高的材料,或设法提高所选材料的硬度,也可选用抗磨粒磨损的材料;如果是以疲劳磨损为主,除应选用硬度高的材料或设法提高所选材料的硬度之外,还应减少钢中的非金属夹杂物,特别是脆性的带有尖角的氧化物,容易引起应力集中,产生微裂纹,对疲劳磨损影响甚大。

(2) 进行有效的润滑　润滑是减少磨损的重要措施,根据不同的工况条件,正确选用润滑剂,使摩擦表面尽可能在流体摩擦或混合摩擦的状态下工作。

(3)采用适当的表面处理 为了降低磨损,提高摩擦副的耐磨性,可采用各种表面处理。如刷镀 $0.1\sim0.5~\mu m$ 的六方晶格的软金属(如 Cd)膜层,可使黏着磨损减少约三个数量级,也可采用 CVD 处理(化学气相沉积处理),在零件摩擦表面上沉积 $10\sim1~000~\mu m$ 的高硬度的 TiC 涂层,可大大降低磨粒磨损。

(4)改进结构设计,提高加工和装配精度 正确的配套结构设计,可以减少摩擦磨损。例如,轴与轴承的结构,应该有利于表面膜的形成与恢复,压力的分布应当是均匀的,而且,还应有利于散热和磨屑的排出等。

(5)正确的使用、维修与保养 例如,新机器使用之前的正确"磨合",可以延长机器的使用寿命。经常检查润滑系统的油压、油面密封情况,对轴承等部位定期润滑,定期更换润滑油和滤油器芯,以阻止外来磨粒的进入,对减少磨损等都十分重要。

2.4.3 机械零件中的润滑

润滑是减少摩擦和磨损的有效措施之一。所谓润滑,就是向承载的两个摩擦表面之间引入润滑剂,以改善摩擦、减少磨损,降低工作表面的温度。另外,润滑剂还能起减震、防锈、密封、传递动力、清除污物等作用。

常用的润滑剂有液体、半固体、固体和气体四种基本类型。在液体润滑剂中应用最广泛的是润滑油,包括矿物油、动植物油、合成油和各种乳剂。半固体润滑剂主要是指各种润滑脂,它是润滑油和稠化剂的稳定混合物。固体润滑剂是任何可以形成固体膜以减少摩擦阻力的物质,如石墨、二硫化钼、聚四氟乙烯等。任何气体都可作为气体润滑剂,其中用得最多的是空气,它主要用在气体轴承中。下面仅对润滑油及润滑脂做些介绍。

1. 润滑油

用作润滑剂的油类主要可概括为三类:一是有机油,通常是动、植物油;二是矿物油,主要是石油产品;三是化学合成油。其中因矿物油来源充足,成本低廉,适用范围广,而且稳定性好,故应用最多。动植物油中因含有较多的硬脂酸,在边界润滑时有很好的润滑性能,但因其稳定性差而且来源有限,所以使用不多。化学合成油是通过化学合成方法制成的新型润滑油,它能满足矿物油所不能满足的某些特性要求,如高温、低温、高速、重载和其他条件。由于它多是针对某种特定需要而制,适用面较窄,成本又很高,故一般机器应用较少。近年来,由于环境保护的需要,一种具有生物可降解特性的润滑油——绿色润滑油也在一些特殊行业和场合中得到使用。无论哪类润滑油,若从润滑角度考虑,评判其优劣的主要性能指标如下。

1)黏度

润滑油的黏度即润滑油抵抗变形的能力,它表征润滑油内摩擦阻力的大小,是润滑油最重要的性能之一。

(1)动力黏度 η 牛顿在 1687 年提出了黏性液的摩擦定律(简称黏性定律),即在流体中任意点处的切应力均与该处流体的速度梯度成正比。若用数学形式表示这一定律,即

$$\tau = -\eta \frac{\partial u}{\partial y} \tag{2-23}$$

式中：τ——流体单位面积上的剪切阻力，即切应力；

u——流体的流动速度；

$\partial u/\partial y$——流体沿垂直于运动方向（即流体膜厚度方向）的速度梯度，式中的"－"号表示 u 随 y（流体膜厚度方向的坐标）的增大而减小；

η——流体的动力黏度。

摩擦学中把凡是服从这个黏性定律的流体都称为牛顿流体。

国际单位制（SI）下的动力黏度单位为 1 Pa·s（帕·秒）。在绝对单位制（CGS）中，把动力黏度的单位定为 1 dyn·s/cm，称为 1 P（泊），百分之一泊称为 cP（厘泊），即 1 P＝100 cP。

P 和 cP 与 Pa·s 的换算关系可取为：

$$1\text{ P}=0.1\text{ Pa·s}, \quad 1\text{ cP}=0.001\text{ Pa·s}$$

（2）运动黏度 ν　工业上常将润滑油的动力黏度 η 与同温度下该流体密度 ρ 的比值称为运动黏度 ν，即

$$\nu=\frac{\eta}{\rho} \tag{2-24}$$

在绝对单位制（CGS）中，运动黏度的单位是 St（斯），1 St＝1 cm²/s。百分之一斯称为 cSt（厘斯），它们之间的换算关系为

$$1\text{ St}=1\text{ cm}^2/\text{s}=100\text{ cSt}=10^{-4}\text{ m}^2/\text{s}, \quad 1\text{ cSt}=10^{-6}\text{ m}^2/\text{s}=1\text{ mm}^2/\text{s}$$

（3）相对黏度（条件黏度）　除了运动黏度以外，还经常用比较法测定黏度。我国用恩氏黏度作为相对黏度单位，即 200 cm³ 试验油在规定温度下（一般为 20 ℃、50 ℃、100 ℃）流过恩氏黏度计的小孔所需时间（s）与同体积蒸馏水在 20 ℃流过同一小孔所需时间（s）的比值，以符号 $°E_t$ 表示，其中脚注"t"表示测定时的温度。美国常用赛氏通用秒（符号 SUS），英国常用雷氏秒（符号为 R_1、R_2）作为相对黏度单位。

各种黏度在数值上的对应关系和换算关系可参阅有关手册和资料。

各种流体的黏度，特别是润滑油的黏度，随温度而变化的情况十分明显，温度越高，则黏度越低。GB/T 3141—1994 规定采用润滑油在 40 ℃时的运动黏度 ν_{40}（单位为 cSt）的中心数值作为润滑油的黏度等级。润滑油实际黏度在相应中心黏度值的 ±10％偏差以内。图 2-16 所示为几种全损耗系统用油的黏-温曲线图。图中产品代号由类别代号（L 代表润滑剂）、品种代号（其中 A 为组别代号，其应用场合为全损耗系统）、黏度等级（数字）组成。全损耗系统用油是一种通用的润滑油，仅用来润滑安装在室内、工作温度在 50～60 ℃以下的各种轻负荷机械，如纺织机械、机床、水压机等。润滑油黏度受温度影响的程度可用黏度指数（VI）表示。黏度指数越大，表明黏度随温度的变化越小，即黏-温性能越好。

除此之外，压力对流体的黏度也会有影响。在压力超过 20 MPa 时，黏度随压力的增高而增大，高压时则更为显著。例如在齿轮传动中，啮合处的局部压力可高达 4 000 MPa，因此，分析齿轮、滚动轴承等高副接触零件的润滑状态时，不能忽视高压下润滑油黏度的变化。

润滑油黏度的大小不仅直接影响摩擦副的运动阻力，而且对润滑油膜的形成及承载

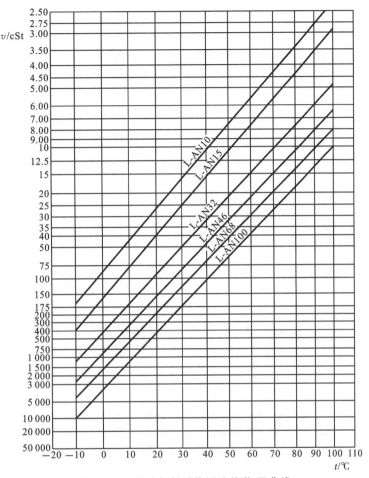

图 2-16 几种全损耗系统用油的黏-温曲线

能力有决定性作用。这是流体润滑中一个极为重要的因素。

2）润滑性（油性）

润滑性是指润滑油中极性分子与金属表面吸附形成一层边界油膜，以减小摩擦和磨损的性能，润滑性愈好，油膜与金属表面的吸附能力愈强。对于那些低速、重载或润滑不充分的场合，润滑性具有特别重要的意义。

3）极压性

极压性是在润滑油中加入含硫、氯、磷的有机极性化合物后，油中极性分子在金属表面生成抗磨、耐高压的化学反应边界膜的性能。它在重载、高速、高温条件下，可改善边界润滑性能。

4）闪点

当油在标准仪器中加热所蒸发出的油气，一遇火焰即能发出闪光时的最低温度，称为油的闪点，这是衡量油的易燃性的一种尺度，对于高温下工作的机器，这是一个十分重要的指标。通常应使工作温度比油的闪点低 30～40 ℃ 。

5）凝点

这是指润滑油在规定条件下，不能再自由流动时所达到的最高温度。它是润滑油在低温下工作的一个重要指标,直接影响到机器在低温下的启动性能和磨损情况。

6) 氧化稳定性

从化学意义上讲,矿物油是很不活泼的,但当它们暴露在高温气体中时,也会发生氧化并生成硫、氯、磷的酸性化合物。这是一些胶状沉积物,不但会腐蚀金属,而且会加剧零件的磨损。

2. 润滑脂

这是除润滑油外应用最多的一类润滑剂。它是润滑油与稠化剂(如钙、锂、钠的金属皂等)的膏状混合物。根据调制润滑脂所用皂基之不同,润滑脂主要分为钙基润滑脂、钠基润滑脂、锂基润滑脂和铝基润滑脂等几类。

润滑脂的主要质量指标有以下两项。

(1) 锥入度(或稠度) 这是指一个重 1.5 N 的标准锥体,于 25 ℃恒温下,由润滑脂表面经 5 s 后刺入的深度(以 0.1 mm 计)。它标志着润滑脂内阻力的大小和流动性的强弱。锥入度愈小表明润滑脂愈稠。锥入度是润滑脂的一项主要指标。GB/T 7631.8—1990 将润滑脂的锥入度从大到小分为 9 个稠度等级,分别是 000,00,0,1,2,3,4,5,6,其稠度则从小到大。润滑脂的产品型号就是按照该润滑脂的稠度等级进行编号的。

(2) 滴点 在规定的加热条件下,润滑脂从标准测量杯的孔口滴下第一滴时的温度称为润滑脂的滴点。润滑脂的滴点决定了它的工作温度。润滑脂的工作温度至少应低于滴点 20 ℃。

常用润滑脂的名称、型号、性能和主要用途等见表 2-4。

表 2-4 常用润滑脂的名称、型号、性能和主要用途

名 称	型号	锥入度(25 ℃)/(1/10 mm)	滴点/℃	使用温度/℃	主 要 用 途
钙基润滑脂	1 号	310～340	80	−10～60	用于负荷轻和有自动给脂系统的轴承及小型机械润滑
	2 号	265～295	85		用于轻负荷、中小型滚动轴承及轻负荷、高速机械的摩擦部位润滑
	3 号	220～250	90		用于中型电机的滚动轴承、发电机及其他中等负荷、中转速摩擦部位润滑
	4 号	175～205	95		用于重负荷、低速的机械与轴承润滑
钠基润滑脂	2 号	265～295	160	−10～110	耐高温,但不抗水,适用于各种类型的电动机、发电机、汽车、拖拉机和其他机械设备的高温轴承润滑
	3 号	220～250	160		
通用锂基润滑脂	1 号	310～340	170	−20～120	是一种多用途的润滑脂,适用于各种机械设备的滚动和滑动摩擦部位的润滑
	2 号	265～295	175		
	3 号	220～250	180		

3. 添加剂

普通润滑油、润滑脂在一些十分恶劣的工作条件下(如高温、低温、重载、真空等)会很快劣化变质,失去润滑能力。为了提高油的品质和使用性能,常加入某些分量虽少(从百分之几到百万分之几)但对润滑剂性能改善起巨大作用的物质,这些物质称为添加剂。

添加剂的作用如下:

(1)提高润滑剂的油性、极压性和在极端工作条件下更有效工作的能力;

(2)推迟润滑剂的老化变质,延长其正常使用寿命;

(3)改善润滑剂的物理性能,如降低凝点、消除泡沫、提高黏度、改进其黏-温特性等。

添加剂的种类很多,有油性添加剂、极压添加剂、分散净化剂、消泡添加剂、抗氧化添加剂、降凝剂、增黏剂等。为了有效地提高边界膜的强度,简单而行之有效的方法是在润滑油中添加一定量的油性添加剂或极压添加剂。

4. 润滑剂的选用

在生产设备事故中,由于润滑剂不当而引起的事故占很大的比重,因润滑不良造成的设备精度降级也较严重。因此,正确选用润滑剂是十分重要的。一般润滑剂的选择原则如下。

(1)类型选择 润滑油的润滑及散热效果好,应用最广;润滑脂易保持在润滑部位,润滑系统简单,密封性好;固体润滑剂的摩擦系数较高,散热性差,但使用寿命长,能在极高或极低温度、腐蚀、真空、辐射等特殊条件下工作。

(2)工作条件 高温、重载、低速条件下,宜选黏度高的润滑油或基础油黏度高的润滑脂,以利于形成油膜;当承受重载、间断或冲击载荷时,润滑油或润滑脂中要加入油性剂或极压添加剂,以提高边界膜和极压膜的承载能力;一般润滑油的工作温度最好不超过60 ℃,而润滑脂的工作温度应低于其滴点 20~30 ℃。

(3)结构特点及环境条件 当被润滑物体垂直润滑面的开式齿轮、链条等时应采用高黏度油、润滑脂或固体润滑剂以保持较好的附着性。多尘、潮湿环境下,宜采用抗水的钙基、锂基或铝基润滑脂,在酸碱化学介质环境及真空、辐射条件下,常选用固体润滑剂。

一台设备中用油种类应尽量少,且应首先满足主要零部件的需要,如精密机床主轴箱中要润滑的零部件有齿轮、滚动轴承、电磁离合器等,可统一选用全损耗系统用油进行润滑,且在选用润滑油的黏度等级时,首先应满足主轴轴承的要求。

5. 润滑方法

润滑油或润滑脂的供应方法在设计中是很重要的,尤其是油润滑时的供应方法与零件在工作时所处润滑状态有着密切的关系。

1)油润滑

向摩擦表面施加润滑油的方法可分为间歇式和连续式两种。手工用油壶或油枪向注油杯内注油,只能做到间歇润滑。图 2-17 所示为压配式注油杯,图 2-18 所示为旋套式注油杯。这些只可用于小型、低速或间歇运动的轴承。对于重要的轴承,必须采用连续供油的方法。

(1)滴油润滑 如图 2-19 及图 2-20 所示的针阀油杯和油芯油杯都可做到连续滴油润滑。针阀油杯可调节滴油速度来改变供油量,并且停车时可扳动油杯上端的手柄以关闭针阀而停止供油。油芯油杯在停车时则仍继续滴油,引起无用的消耗。

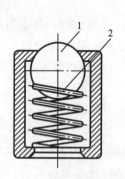

图 2-17　压配式注油杯
1—钢球；2—弹簧

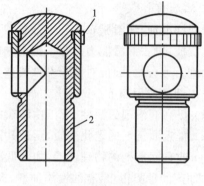

图 2-18　旋套式注油杯
1—旋套；2—杯体

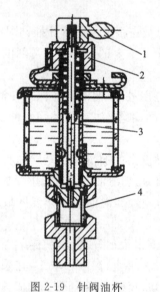

图 2-19　针阀油杯
1—手柄；2—调节螺母；3—针阀；4—观察孔

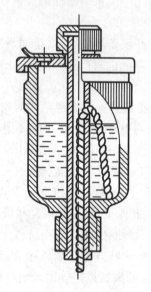

图 2-20　油芯油杯

（2）油环润滑　图 2-21 所示为油环润滑的结构示意图。油环套在轴颈上，下部浸在油中。当轴颈转动时带动油环转动，将油带到轴颈表面进行润滑。轴颈速度过高或者过低，油环带的油量都会不足，通常用于转速不低于 50～60 r/min 的场合。油环润滑的轴承，其轴线应水平布置。

（3）飞溅润滑　利用转动件（例如齿轮）或曲轴的曲柄等将润滑油溅成油星以润滑轴承。

（4）压力循环润滑　用油泵进行压力供油润滑，可保证供油充分，这种润滑方法多用于高速、重载轴承或齿轮传动上。

2）脂润滑

脂润滑只能间歇供应润滑脂。旋盖式油脂杯（见图 2-22）是应用得最广的脂润滑装置。杯中装满润滑脂后，旋动上盖即可将润滑脂挤入轴承中。有的也使用油枪向轴承补充润滑脂。

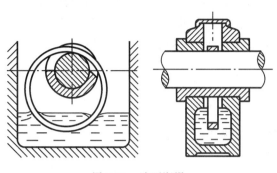

图 2-21　油环润滑

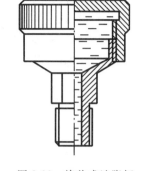

图 2-22　旋盖式油脂杯

本章重点、难点和知识拓展

　　本章主要介绍了机械设计中零部件疲劳强度的条件与计算方法,要求掌握影响机械零件疲劳强度的主要因素;对机械零件的表面接触强度产生的特点应有一定的了解;掌握影响摩擦、磨损的主要因素和减少磨损的主要措施。

　　摩擦、磨损和润滑在机械设计中占有很重要的地位。摩擦是造成能量损失的主要原因,据估计,在全世界工业部门所使用的能源中,有 1/3～1/2 最终以各种形式损耗在摩擦上。摩擦会导致磨损,而磨损所造成的损失更是惊人。据统计,磨损造成的损失是摩擦损失的 12 倍。在失效的机械零件中,大约有 80% 是由于各种形式的磨损所造成的。据美国 1977 年的估计,磨损造成的损失相当于全年国民经济总产值的 12%,即约为 2 000 亿美元。由此可见,摩擦所引起的能量损耗和磨损所引起的材料损耗,在经济上造成了巨大的损失。实践证明,在机械设计中若能很好地运用已有的研究成果,正确处理好摩擦、磨损和润滑中的各种问题,所产生的经济效益必将是巨大的。

　　由于现代机械产品在向高速、高精度、重载和轻量化的方向发展,因此在其设计阶段中就应该把控制摩擦和防止磨损的一切因素都尽量考虑进去,并应用摩擦和磨损的有关理论知识和抗磨技术去指导设计、制造、运行和维修,以解决机械设计中的有关问题。

　　在学习第 2 章时,如果要深入了解疲劳强度设计方面的知识,可以阅读徐灏教授的著作,见本章参考文献[1]、[2]。如果从事疲劳强度方面的设计工作需要查取数据,则可查看有关手册,如本章参考文献[4]、文献[5]第 2 卷的有关章。如果要深入了解机械零件失效问题,可以查阅本章参考文献[3]。

本章参考文献

[1]　徐灏.疲劳强度设计[M].北京:机械工业出版社,1981.
[2]　徐灏.疲劳强度[M].北京:高等教育出版社,1988.

[3]　涂铭旌,鄢文彬.机械零件失效分析与预防[M].北京:高等教育出版社,1993.

[4]　徐灏.机械设计手册(第1、3、4卷)[M].2版.北京:机械工业出版社,2000.

[5]　中国机械工程学会中国机械设计大典编委会.中国机械设计大典(第1～6卷)[M].
南昌:江西科学技术出版社,2002.

思考题与习题

问答题

2-1　机械设计中的主要强度设计准则有哪些?

2-2　按摩擦状态的不同,滑动摩擦分为哪几种类型? 说明每种类型的特点。

2-3　润滑油和润滑脂的主要性能指标有哪些?

2-4　何谓磨损? 零件的正常磨损主要分为哪几个阶段? 每个阶段有何特点? 如何防止和减轻磨损?

设计计算题

2-5　已知某钢制零件其材料的疲劳极限 $\sigma_r = 112$ MPa,若取疲劳曲线表达式中的指数 $m=9$,循环基数 $N_0 = 5 \times 10^6$。试求相应于寿命分别为 6×10^3、5×10^4、8×10^5 次循环时的条件疲劳极限 σ_{rN} 的值。

2-6　已知某钢制零件受弯曲变应力的作用,其中,最大工作应力 $\sigma_{max} = 200$ MPa,最小工作应力 $\sigma_{min} = -50$ MPa,危险截面上的应力集中系数 $K_\sigma = 1.2$,尺寸系数 $\varepsilon_\sigma = 0.85$,表面状态系数 $\beta = 1$。材料的 $\sigma_s = 750$ MPa,$\sigma_0 = 580$ MPa,$\sigma_{-1} = 350$ MPa。试求:

(1)绘制材料的简化极限应力图,并在图中标出工作应力点的位置;

(2)求材料在该应力状态下的疲劳极限应力 σ_r;

(3)绘制零件的简化极限应力图,求零件的疲劳极限应力 σ_{re},并按疲劳极限应力和安全系数分别校核此零件是否安全(取[S]=1.5)。

实践题

2-7　了解设计制造和使用机器的部门对于受到摩擦、磨损的零件表面采取的对策。

2-8　注意新装配完毕的机器或部件是否进行磨合(跑合)运转,磨合时的工况和目的是什么?

2-9　观察磨损报废的零件,了解有关工况及改善或修复的办法,以及有无备用件。

2-10　了解两台机器使用的润滑油或润滑脂的牌号,其性能指标怎样,另外是否添加了添加剂,用了什么添加剂? 起什么作用?

2-11　上述机器怎样供油或加脂? 用了什么润滑装置? 多长时间更换润滑油? 用过的润滑剂是否需要回收和处理?

第2篇 连 接 设 计

第3章 螺纹连接和螺旋传动

引言 螺纹连接是应用最广的连接形式之一,如桥梁、厂房使用的普通螺栓连接,管道使用的管接头螺纹连接,设备与地面固定使用的地脚螺栓连接等。螺纹连接的种类很多,如何正确地进行螺纹连接设计和合理地选用螺纹连接零件是本章要讨论的内容。

将旋转运动转变成直线运动的机械传动方式之一是螺旋传动,应用实例有螺旋压榨机和螺旋千斤顶等,螺旋传动的基本知识是本章要学习的另一个内容。

3.1 螺 纹

3.1.1 螺纹的类型和应用

螺纹有外螺纹和内螺纹之分,它们共同组成螺旋副。其中,加工在轴的外表面的称为外螺纹,加工在孔的内表面的称为内螺纹。

按照螺纹的作用,可将其分为两类:起连接作用的螺纹称为连接螺纹,起传动作用的螺纹称为传动螺纹。

按照螺纹的计量单位,可分为米制和英制(螺距以每英寸牙数表示)两类。我国除了将管螺纹保留英制外,其余都采用米制螺纹。

此外,按螺纹牙的截面形状分,有三角形螺纹、圆螺纹、矩形螺纹、梯形螺纹和锯齿形螺纹。前两种主要用于连接,后三种主要用于传动。其中除了矩形螺纹外,都已标准化。标准螺纹的基本尺寸,可查阅有关标准。

3.1.2 螺纹的主要参数

以普通圆柱外螺纹为例说明螺纹的主要几何参数(见图3-1)。

(1)大径d——螺纹的最大直径,即与螺纹牙顶相重合的假想圆柱面的直径,在标准中定为公称直径。

(2)小径d_1——螺纹中的最小直径,即与螺纹牙底相重合的假想圆柱面的直径,在强度计算中常作为螺纹杆危险截面的计算直径。

(3)中径d_2——通过螺纹轴向截面内牙型上的沟槽和凸起宽度相等处的假想圆柱面的直径,近似等于螺纹的平均直径,$d_2 \approx 0.5(d+d_1)$。中径是确定螺纹几何参数和配

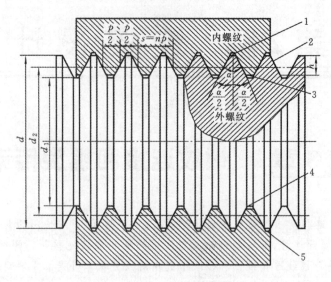

图 3-1　螺纹的主要几何参数

1—牙顶(外螺纹)；2—牙侧；3—牙顶(内螺纹)；4—牙底(外螺纹)；5—牙底(内螺纹)

合性质的直径。

（4）牙型——轴向截面内，螺纹牙的轮廓形状。

（5）牙型角 α——螺纹牙型上，相邻两牙侧间的夹角。

（6）线数 n——螺纹的螺旋线数目。沿一根螺旋线形成的螺纹称为单线螺纹；沿两根以上的等距螺旋线形成的螺纹称为多线螺纹，见图 3-2。常用的连接螺纹要求自锁性，故多用单线螺纹；传动螺纹要求效率高，故多用多线螺纹。

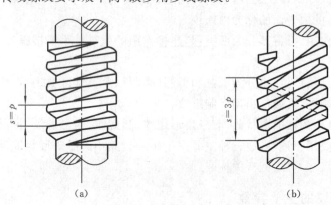

图 3-2　单线螺纹和多线螺纹

(a) $n=1$；(b) $n=3$

（7）螺距 p——螺纹相邻两个牙型上对应点间的轴向距离。

（8）导程 s——同一螺旋线上相邻两个牙型上对应点间的轴向距离，单线螺纹 $s=p$，多线螺纹 $s=np$，见图 3-2。

（9）螺纹升角 ψ——螺旋线的切线与垂直于螺纹轴线的平面间的夹角。在螺纹的不同直径处，螺纹升角不同。通常按螺纹中径 d_2 处计算。

（10）接触高度 h——内外螺纹旋合后的接触面的径向高度。

（11）螺纹旋向——分为左旋和右旋。

3.2　螺纹连接

3.2.1　螺纹连接的基本类型

1. 螺栓连接

常见的普通螺栓连接如图 3-3 所示,当被连接件不太厚时,在被连接件上开通孔,插入螺栓后在螺栓的另一端拧上螺母。这种连接,孔壁上不制作螺纹,所以结构简单,装拆方便,通孔加工精度要求低,因此应用极广。

铰制孔螺栓连接如图 3-4 所示,螺栓杆和孔之间多采用基孔制过渡配合（H7/m6、H7/n6）。这种连接能精确固定被连接件的相对位置,并能承受横向载荷,但对孔的加工精度要求较高。

2. 双头螺柱连接

如图 3-5 所示,这种连接适用于结构上不能采用螺栓连接的场合,例如,被连接件之一太厚不宜制成通孔且需要经常装拆时,往往采用双头螺柱连接。

3. 螺钉连接

如图 3-6 所示,这种连接的主要特点是螺栓或螺钉直接拧入被连接件的螺纹孔中,不用螺母,在结构上比双头螺柱连接更简单、紧凑。其应用场合与双头螺柱连接相似,但如经常装拆,易使螺纹孔磨损,可能导致被连接件报废,故多用于受力不大,或不需要经常装拆的场合。

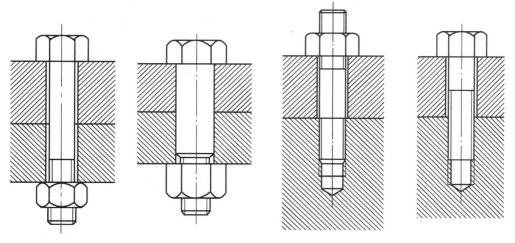

图 3-3　普通螺栓连接　　图 3-4　铰制孔螺栓连接　　图 3-5　双头螺柱连接　　图 3-6　螺钉连接

4. 紧定螺钉连接

如图 3-7 所示,利用拧入零件螺纹孔中的螺钉末端顶住另一零件表面或旋入零件相应的缺口中以固定零件的相对位置,可传递不大的轴向力或转矩。

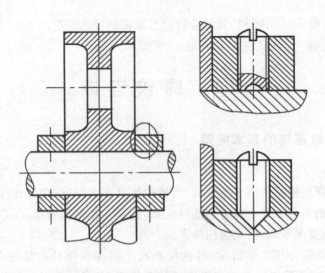

图 3-7　紧定螺钉连接

螺钉除了作为连接和紧定用外，还可用于调整零件位置。

除上述四种基本螺纹连接形式外，还有一些特殊结构的连接。例如，专门用于将基座或机架固定在地基上的地脚螺栓连接（见图 3-8），装在机器或大型零部件的顶盖或外壳便于起吊用的吊环螺钉连接（见图 3-9），用于工装设备中的 T 形槽螺栓连接等。

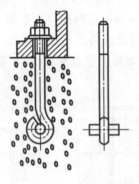

图 3-8　地脚螺栓连接

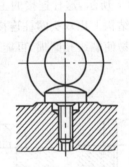

图 3-9　吊环螺钉连接

3.2.2　标准螺纹连接件

螺纹连接件的形式有很多，在机械制造中常见的螺纹连接件有螺栓、双头螺柱、螺钉、螺母和垫圈等。这些零件的结构形式和尺寸都已经标准化，设计时可根据有关标准选用。

1. 螺栓

螺栓是应用最广的螺纹连接件，它是一端有头，另一端有螺纹的柱形零件（见图 3-10）。按制造精度从高到低分为 A、B、C 三级，通用机械中多用 C 级，其尺寸如图 3-10 所示。螺杆部可以制造出一段螺纹或全螺纹，螺纹可用粗牙或细牙。

2. 双头螺柱

双头螺柱没有钉头，它的两端都有螺纹（见图 3-11）。适用于被连接件之一太厚不宜加工通孔的场合,一端常用于旋入铸铁或有色金属的螺纹孔中,旋入后即不拆卸,另一端则用于安装螺母固定被连接零件。

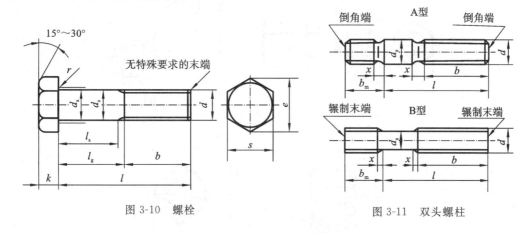

图 3-10 螺栓   图 3-11 双头螺柱

3. 螺钉

螺钉结构与螺栓大体相同,但头部形状较多,以适应扳手、螺丝刀的形状。它可分为连接螺钉(见图 3-12(a))和紧定螺钉(见图 3-12(b))两种。适用场合与双头螺柱类似,但不易经常装拆。

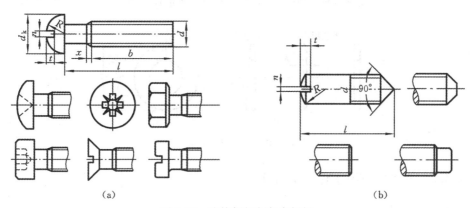

(a)   (b)

图 3-12 连接螺钉与紧定螺钉
(a)连接螺钉;(b)紧定螺钉

4. 螺母

螺母有各种不同的形状,以六角螺母应用最广。按螺母的厚度不同,分为标准螺母、薄螺母和高螺母三种(见图 3-13(a))。薄螺母常用于受剪切力的螺栓或空间尺寸受限制的场合。高螺母一般用于经常拆卸的连接中。

在需要快速装拆的地方,可采用蝶形螺母(见图 3-13(b))。开槽螺母(见图 3-13(c))则用于防松装置中。

5. 垫圈

垫圈的作用是保护零件不被擦伤,增大螺母与被连接件之间的接触面积,防止螺母松脱等(见图 3-14),为了适应零件表面的斜度,可以使用斜垫圈。

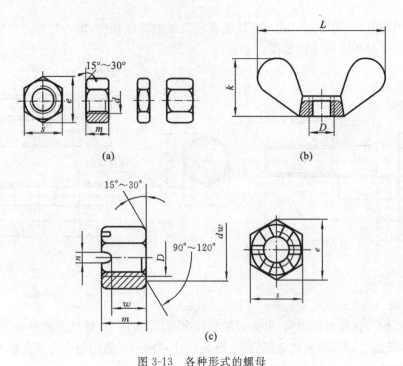

图 3-13　各种形式的螺母

（a）标准螺母、薄螺母和高螺母；（b）蝶形螺母；（c）开槽螺母

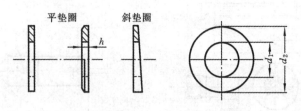

图 3-14　垫圈

3.2.3　螺纹连接的预紧和防松

1. 螺纹连接的预紧

在机器中使用的螺纹连接，绝大多数都需要拧紧。此时螺栓所受的轴向拉力称为预紧力 F_0。预紧使被连接件的结合面之间压力增大，因此提高了连接的紧密性和可靠性。但预紧力过大会导致整个连接的结构尺寸增大，也会使连接件在装配或偶然过载时被拉断，因此为保证所需预紧力又不使螺纹连接件过载，对重要的螺纹连接，在装配时要设法控制预紧力。

通常规定，拧紧后螺纹连接件的预紧力不得超过其材料的屈服强度 σ_s 的 80%。对于一般连接用的钢制螺栓的预紧力 F_0，推荐用下列关系确定。

$$
\left.
\begin{array}{ll}
\text{碳钢：} & F_0 = (0.6 \sim 0.7)\sigma_s A_1 \\
\text{合金钢：} & F_0 = (0.5 \sim 0.6)\sigma_s A_1
\end{array}
\right\}
\tag{3-1}
$$

式中：A_1——螺栓危险截面的面积，近似取 $A_1 = \dfrac{1}{4}\pi d_1^2 (\mathrm{mm}^2)$；

σ_s——螺栓材料的屈服强度(MPa)。

控制预紧力的办法很多,通常是借助定力矩扳手或测力矩扳手。定力矩扳手(见图3-15)的原理是当拧紧力矩超过规定值时,弹簧被压缩,扳手卡盘与圆柱销之间打滑,卡盘无法继续转动。测力矩扳手(见图3-16)的原理是利用扳手上的弹性元件在拧紧力的作用下所产生的弹性变形的大小来指示拧紧力矩的大小。

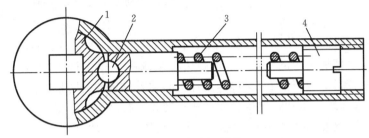

图 3-15　定力矩扳手

1—扳手卡盘；2—圆柱销；3—弹簧；4—调节螺钉

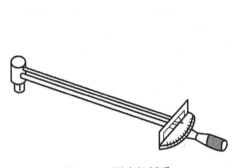

图 3-16　测力矩扳手

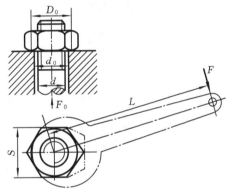

图 3-17　螺旋副的拧紧力矩

如上所述,装配时预紧力的大小是通过拧紧力矩来控制的。因此,应该从理论上找出预紧力和拧紧力矩之间的关系。

如图 3-17 所示,在拧紧螺母时,其拧紧力矩为

$$T = FL$$

式中:F——作用在手柄上的力;

L——力臂长度。

力矩 T 用于克服螺旋副的摩擦阻力矩 T_1 和螺母环形端面与被连接件(或垫圈)支承面间的摩擦力矩 T_2,即

$$T = T_1 + T_2 = \frac{1}{2}F_0\left[d_2\tan(\dot{\psi} + \varphi_v) + \frac{2}{3}f_c\left(\frac{D_0^3 - d_0^3}{D_0^2 - d_0^2}\right)\right] \tag{3-2}$$

对于常用的 M10～M68 粗牙普通螺纹的钢制螺栓,螺纹升角 $\psi = 1°42'～3°2'$;螺纹中径 $d_2 \approx 0.9d$;螺旋副的当量摩擦角 $\varphi_v \approx \arctan(1.155f)$($f$ 为摩擦系数,无润滑时 $f = 0.1～0.2$);螺栓孔直径 $d_0 = 1.1d$;螺母环形支承面的外径 $D_0 = 1.5d$;螺母与支承面间的摩擦系数 $f_c = 0.15$。将上述各参数代入式(3-2)整理后可得

$$T \approx 0.2F_0d$$

当需精确控制预紧力或预紧大型的螺栓时，可采用测量预紧前后螺栓的伸长量或测量应变的方法控制预紧力。

2. 螺纹连接的防松

螺纹连接件一般采用单线普通螺纹。螺纹升角 $\psi = 1°42' \sim 3°2'$，小于螺旋副的当量摩擦角 $\varphi_v = 6.5° \sim 10.5°$。因此，连接螺纹都能满足自锁条件 $\psi < \rho_v$。但在冲击、振动或变载荷的作用下，螺旋副间的摩擦力可能减小或瞬间消失。这种现象多次重复后，就会使连接松脱。在高温或温度变化较大的情况下，由于螺纹连接件和被连接件的材料发生蠕变和应力松弛，也会使连接中的预紧力和摩擦力逐渐减小，最终将导致连接失效。因此，为了防止连接的松脱，保证连接安全可靠，设计时必须采取有效的防松方法。

防松的根本问题在于防止螺旋副发生相对转动。防松的方法按其工作原理可分为摩擦防松、机械防松以及铆冲防松等。螺纹连接常用的防松方法见表 3-1。

表 3-1　螺纹连接常用的防松方法

防松方法		结　构　形　式	防松原理和应用
摩擦防松	对顶螺母	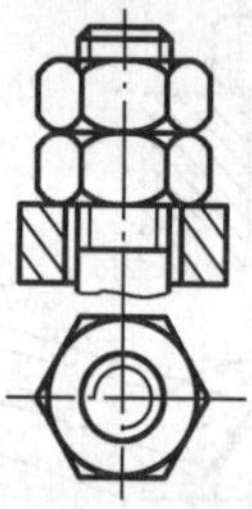	两螺母对顶拧紧后，旋合螺纹间始终受到附加的压力和摩擦力的作用。工作载荷向左、右变动时，该摩擦力仍然存在。但螺纹牙存在比较严重的受载不均的现象。 结构简单，适用于平稳、低速和重载的固定装置上的连接
	弹簧垫圈	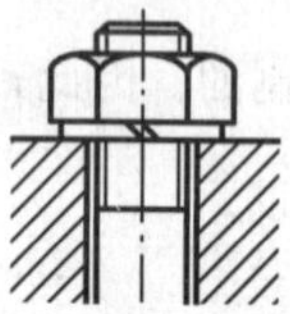	螺母拧紧后，靠垫圈压平面产生的弹性反力使旋合螺纹间压紧。同时垫圈斜口的尖端抵住螺母与被连接件的支承面也有防松作用。 结构简单，使用方便，但由于垫圈的弹力不均，在冲击、振动的工作条件下，其防松效果较差，一般用于不太重要的连接
	自锁螺母	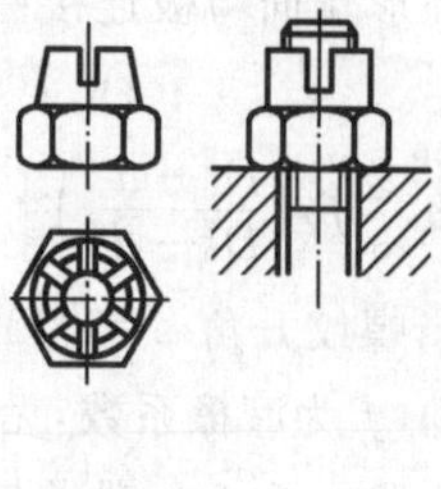	螺母一端制成非圆形收口或开缝后径向收口。当螺母拧紧后，收口胀开，利用收口的弹力使旋合螺纹间压紧。 结构简单，防松可靠，可以多次装拆而不降低防松性能

防松方法	结 构 形 式	防松原理和应用
机械防松 开口销与六角开槽螺母		六角开槽螺母拧紧后,将开口销穿入螺栓尾部小孔和螺母的槽内,并将开口销尾掰开与螺母侧面贴紧,也可用普通螺母代替六角开槽螺母,但须拧紧螺母后再配钻销孔。 适用于较大冲击、振动的高速机械中运动部件的连接
止动垫圈		螺母拧紧后,将单耳或双耳止动垫圈分别向螺母和被连接件的侧面折弯贴紧,即可将螺母锁住。若两个螺栓需要双联锁紧时,可采用双联止动垫圈,使两个螺母相互制动。 结构简单,使用方便,防松可靠
串联钢丝	 (a)正确 (b)不正确	用低碳钢钢丝穿入各螺钉头部的孔内,将各螺钉串联起来,使其相互止动,使用时必须注意钢丝的穿入方向(图(a)正确,图(b)错误)。 适用于螺栓组连接,防松可靠,但装拆不便

3.3　单个螺栓连接的强度计算

螺栓的受力因螺栓连接类型不同,可分为两类,即普通螺栓连接和铰制孔用螺栓连接,它们分别直接承受轴向载荷或横向载荷,因此也分别称为受拉螺栓连接和受剪螺栓连接。

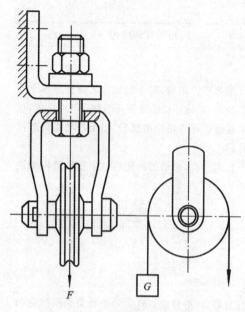

图 3-18　受拉松螺栓连接

3.3.1　普通螺栓连接

受拉螺栓连接的失效形式有：螺栓杆断裂、螺栓或螺母的螺纹牙被剪断、螺栓头被剪断、螺栓头或螺母支承面被压坏等。用于螺栓连接的紧固件都是标准件，制定其标准尺寸时考虑了等强度条件，因此，在计算螺栓连接强度时只需考虑螺栓杆强度即可。

1. 松螺栓连接

松螺栓连接是螺栓在工作之前螺母不需要拧紧。图 3-18 所示为松螺栓应用实例，图中螺栓不预紧，只在工作时受滑轮传来的轴向工作载荷 F，螺栓的强度计算条件为

$$\sigma = \frac{F}{\frac{\pi}{4}d_1^2} \leqslant [\sigma] \tag{3-3}$$

式中：$[\sigma]$——松螺栓连接许用应力，对钢螺栓，$[\sigma]=\sigma_s/S$，σ_s 为螺栓材料屈服强度，安全系数一般可取 $S=1.2\sim1.7$。

设计公式为

$$d_1 \geqslant \sqrt{\frac{4F}{\pi[\sigma]}} \tag{3-4}$$

根据式(3-4)求得 d_1 后，按国家标准查出螺纹大径并确定其他有关尺寸。

2. 只受预紧力作用的紧螺栓连接

紧螺栓连接装配时，螺母需要拧紧。在拧紧力矩作用下，螺栓受预紧力 F_0 作用产生的拉力和螺纹力矩作用产生的扭转切应力的联合作用。

螺栓危险截面的拉应力为

$$\sigma = \frac{F_0}{\frac{\pi}{4}d_1^2}$$

螺栓危险截面的扭转切应力为

$$\tau = \frac{F_0\tan(\psi+\rho_v)\frac{d_2}{2}}{\frac{\pi}{16}d_1^3} = \frac{2d_2}{d_1}\cdot\frac{F_0}{\frac{\pi}{4}d_1^2}\tan(\psi+\rho_v)$$

对于 M10~M68 钢制普通螺纹螺栓，取 $\psi=2°30'$，$\rho_v=10°30'$，$d_2/d_1=1.04\sim1.08$，则由上式可以得出 $\tau\approx0.49\sigma$。根据塑性材料的第四强度理论，当量应力 $\sigma_e=\sqrt{\sigma^2+3\tau^2}\approx 1.3\sigma$，故螺栓的强度条件为

$$\sigma_e = \frac{1.3F_0}{\frac{\pi}{4}d_1^2} \leqslant [\sigma] \tag{3-5}$$

由此可见,对于 M10~M68 普通钢制紧螺栓连接,在拧紧时虽同时承受拉伸和扭转的联合作用,但计算时可以只按拉伸强度计算,并将所受的拉力(预紧力)增大 30% 来考虑扭转切应力的影响。

当普通螺栓连接承受横向载荷时,由于预紧力的作用.将在接合面间产生摩擦力来抵抗工作载荷(见图 3-19(a))。这时,螺栓仅承受预紧力的作用,而且预紧力不受工作载荷的影响,在连接承受工作载荷后仍保持不变。预紧力 F_0 的大小根据接合面不产生滑移的条件确定,将在螺栓组连接的受力分析中论述。

这种靠摩擦力抵抗工作载荷的紧螺栓连接,要求保持较大的预紧力,会使螺栓的结构尺寸增加。此外,在振动、冲击或变载荷下,由于摩擦系数的变动将使可靠性降低,有可能出现松脱。为避免上述缺陷,可用各种减载零件来承受横向工作载荷(见图 3-19(b)~(d)),此时其连接强度按减载零件的剪切、挤压强度条件计算,而螺栓只起连接作用,不再承受工作载荷,因此,预紧力不必很大。

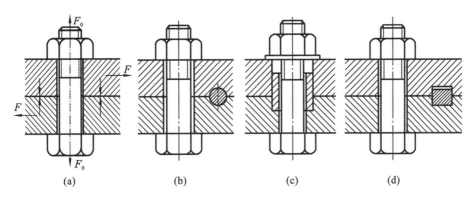

图 3-19　承受横向载荷的减载零件

(a) 受力状况;(b) 减载销;(c) 减载套筒;(d) 减载键

3. 承受预紧力和工作载荷的紧螺栓连接

这种受力形式在紧螺栓连接中比较常见,因而也是最重要的一种。这种紧螺栓连接承受轴向拉伸工作载荷后,由于螺栓和被连接件的弹性变形,螺栓所受的总拉力并不等于预紧力和工作拉力之和。根据理论分析,螺栓的总拉力除了和预紧力 F_0、工作拉力 F 有关外,还受到螺栓刚度 c_b 及被连接件刚度 c_m 等因素的影响。因此,应从分析螺栓连接的受力和变形的关系入手,找出螺栓总拉力的大小。

图 3-20 所示为单个螺栓连接在承受轴向工作载荷前后的受力及变形情况。

图 3-20(a)是螺母刚好拧到和被连接件相接触,但尚未拧紧。此时螺栓和被连接件都不受力,因而也不产生变形。

图 3-20(b)是螺母已拧紧,但尚未承受工作载荷。此时,螺栓受预紧力 F_0 的拉伸作用,其伸长量为 λ_b。相反,被连接件则在 F_0 的压缩作用下,其压缩量为 λ_m。

图 3-20(c)是承受工作载荷时的情况。此时,若螺栓和被连接件的材料在弹性变形的范围内,则两者的受力及变形关系符合胡克定律。当螺栓承受工作拉力 F 后,其伸长量增加 $\Delta\lambda$,总伸长量为 $\lambda_b+\Delta\lambda$。与此同时,原来被压缩的被连接件,因螺栓伸长而被放松,其压缩量也随着减小。根据连接的变形协调条件,被连接件压缩变形的减少量应等于螺

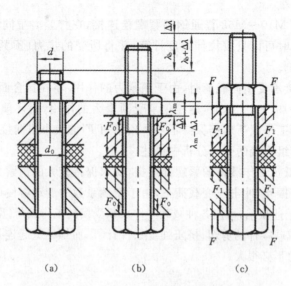

图 3-20　承受预紧力和工作载荷的紧螺栓连接
(a) 未拧紧时；(b) 已拧紧未承受工作载荷时；(c) 承受工作载荷时

栓拉伸变形的增加量 $\Delta\lambda$。因此，总的压缩量为 $\lambda_m - \Delta\lambda$。被连接件的压缩力由 F_0 减至 F_1，F_1 称为残余预紧力。

　　显然，连接受载后，由于预紧力的变化，螺栓的总拉力 F_2 并不等于预紧力 F_0 与工作拉力 F 之和，而等于残余预紧力 F_1 与工作拉力 F 之和。

　　上述的螺栓与被连接件的受力与变形关系，还可以用线图表示。如图 3-21 所示，图中纵坐标代表力，横坐标代表变形。图 3-21(a)、(b)分别代表螺栓和被连接件的受力与变形的关系。由图可见，在连接件尚未承受工作拉力 F 时，螺栓的拉力和被连接件的压缩力都等于预紧力 F_0。因此，为分析方便可将图 3-21(a)、(b)合并成图 3-21(c)。

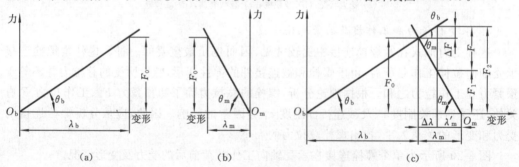

图 3-21　单个紧螺栓连接受力与变形线图
(a) 螺栓的受力与变形关系；(b) 被连接件的受力与变形关系；(c) 图(a)与图(b)合并

　　如图 3-21(c)所示，当连接承受工作载荷 F 时，螺栓的总拉力为 F_2，相应的总伸长量为 $\lambda_b + \Delta\lambda$，被连接件的压缩力等于残余预紧力 F_1，相应的总压缩量为 $\lambda_m - \Delta\lambda$。由图可见，螺栓的总拉力 F_2 等于残余预紧力 F_1 与工作拉力 F 之和，即

$$F_2 = F_1 + F \tag{3-6a}$$

　　螺栓的预紧力 F_0 与残余预紧力、总拉力之间的关系，可由图 3-21 中的几何关系推

出。可得

$$F_0 = F_1 + (F - \Delta F) \tag{3-6b}$$

又

$$\frac{\Delta F}{F - \Delta F} = \frac{\Delta\lambda\tan\theta_b}{\Delta\lambda\tan\theta_m} = \frac{c_b}{c_m}$$

或

$$\Delta F = \frac{c_b}{c_m + c_b}F \tag{3-6c}$$

式中：c_b、c_m——螺栓的刚度和被连接件的刚度，均为定值。可由图3-21中的几何关系推出

$$c_b = \tan\theta_b = \frac{F_0}{\lambda_b}$$

$$c_m = \tan\theta_m = \frac{F_0}{\lambda_m}$$

将式(3-6c)代入式(3-6b)得螺栓的预紧力为

$$F_0 = F_1 + \left(1 - \frac{c_b}{c_m + c_b}\right)F = F_1 + \frac{c_m}{c_m + c_b}F \tag{3-7}$$

螺栓的总拉力为

$$F_2 = F_0 + \Delta F = F_0 + \frac{c_b}{c_m + c_b}F \tag{3-8}$$

式(3-6)和式(3-8)是螺栓总拉力的两种表达形式，计算时根据设计要求、工作条件、已知参数等选用。

用式(3-6)计算螺栓总拉力时，为保证连接的紧密性，以防止受载后接合面产生缝隙，应使$F_1 > 0$。推荐的残余预紧力的取值为：对于有紧密性要求的连接，$F_1 = (1.5\sim1.8)F$；对于一般连接，工作载荷稳定时，$F_1 = (0.2\sim0.6)F$；工作载荷不稳定时，$F_1 = (0.6\sim1.0)F$；载荷有冲击时，$F_1 = (1.0\sim1.5)F$；对于地脚螺栓连接，$F_1 \geqslant F$。

在式(3-8)中，$\dfrac{c_b}{c_m + c_b}$称为螺栓的相对刚度，其大小与螺栓和被连接件的结构尺寸、材料以及垫片、工作载荷的位置等因素有关，其值在0~1之间变化。为降低螺栓的受力、提高螺栓连接的承载能力，应使$\dfrac{c_b}{c_m + c_b}$尽量小一些。一般设计时可根据表3-2推荐的数据选取。

表3-2　螺栓的相对刚度 $c_b/(c_m + c_b)$

被连接钢板间所用垫片类别	$c_b/(c_m + c_b)$
金属垫片或无垫片	0.2~0.3
皮革垫片	0.7
铜皮石棉垫片	0.8
橡胶垫片	0.9

求得螺栓的总拉力F_2后即可进行螺栓的强度计算。考虑到螺栓在总拉力的作用下可能需要补充拧紧，须计入扭转切应力的影响，按式(3-5)可得

$$\sigma_e = \frac{1.3F_2}{\frac{\pi}{4}d_1^2} \leqslant [\sigma] \tag{3-9}$$

$$d_1 \geqslant \sqrt{\frac{4 \times 1.3 F_2}{\pi [\sigma]}} \qquad (3\text{-}10)$$

对于受轴向变载荷的重要连接（如内燃机气缸盖螺栓连接等），除按式（3-9）或式（3-10）作静强度计算外，还应根据下述方法对螺栓的疲劳强度作精确校核。

如图 3-22 所示，当工作拉力在 $0 \sim F$ 之间变化时，螺栓所受的总拉力将在 $F_0 \sim F_2$ 之间变化，如果不考虑螺纹摩擦力矩的扭转作用，则螺纹危险截面的最大拉应力 $\sigma_{max} = F_2/(\pi d_1^2/4)$，而最小拉应力为 $\sigma_{min} = F_0/(\pi d_1^2/4)$。受变载荷的螺栓大多为疲劳破坏，而应力幅 σ_a 是影响疲劳强度的主要因素，故螺栓的疲劳强度条件为

$$\sigma_a = \frac{\sigma_{max} - \sigma_{min}}{2} = \frac{c_b}{c_m + c_b} \cdot \frac{2F}{\pi d_1^2} \leqslant [\sigma_a] \qquad (3\text{-}11)$$

式中：$[\sigma_a]$ 为许用应力幅。

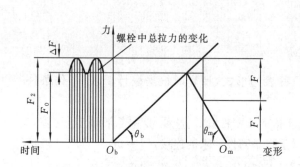

图 3-22　承受轴向变载荷的紧螺栓连接

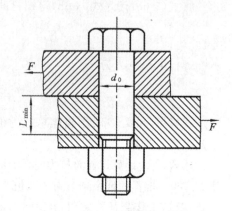

图 3-23　铰制孔螺栓连接

3.3.2　铰制孔螺栓连接

铰制孔螺栓靠侧面直接承受横向载荷（见图 3-23），连接的主要失效形式是：螺栓被剪断及螺栓或孔壁被压溃。因此计算

剪切强度
$$\tau = \frac{F}{m \dfrac{\pi}{4} d_0^2} \leqslant [\tau] \qquad (3\text{-}12)$$

挤压强度
$$\sigma_{bs} = \frac{F}{d_0 L_{min}} \leqslant [\sigma_{bs}] \qquad (3\text{-}13)$$

式中：F——单个螺栓的工作剪力（N）；

　　　d_0——铰孔直径（mm）；

　　　m——螺栓的剪切工作面数目；

　　　L_{min}——螺栓与孔壁间的最小接触长度（mm），建议 $L_{min} \geqslant 1.25 d_0$；

　　　$[\tau]$、$[\sigma_{bs}]$——螺栓材料的许用切应力、螺栓或孔壁的许用挤压应力（MPa）。

3.4　螺栓组连接的设计计算

螺栓连接一般是由几个螺栓（或螺钉、螺柱）组成螺栓组使用的。螺栓组连接设计的

一般顺序是:先进行结构设计,即确定结合面的形状、螺栓数目及其布置方式;然后按螺栓组所受载荷进行受力分析和计算,找出受力最大的螺栓,求出其所受力的大小和方向;再按照单个螺栓进行强度计算,确定螺栓尺寸;最后选用连接附件和防松装置。应注意螺栓、螺母、垫圈等各种紧固件都要尽量选用标准件。有时也可以参考类似的设备或结构,参照其螺栓组的布置方式和尺寸,按类比法确定,必要时再作强度校核。

3.4.1　螺栓组连接的结构设计

螺栓组连接结构设计的主要目的是合理地确定连接结合面的几何形状和螺栓的布置形式,力求各螺栓和连接接合面间受力均匀,便于加工和装配。为此,应综合考虑以下几方面的问题。

(1)连接接合面的几何形状要合理,通常选成轴对称的形状(见图 3-24);接合接触面合理,最好有两个相互垂直的对称轴,便于加工制造。同一圆周上的螺栓数目一般取为4、6、8、12 等,便于加工时分度。同一组螺栓的材料、直径和长度应尽量相同。通常采用环状或条状接合面(图 3-24 下排图),以减少加工量和接合面不平度的影响,还可以提高连接刚度。

(2)螺栓组的形心与接合面形心尽量重合,从而保证连接接合面受力均匀。

(3)螺栓的位置应该使受力合理,应使螺栓靠近接合面边缘,以减少螺栓受力。如果螺栓同时承受较大轴向及横向载荷时,可采用销、套筒或键等零件来承受横向载荷。受横向载荷的螺栓组,沿力方向布置的螺栓不宜超过 6～8 个,以免螺栓受力严重不均匀。

(4)各螺栓中心间的最小距离应不小于扳手空间的最小尺寸(见图 3-25),最大距离应按连接用途及结构尺寸大小而定。对于压力容器等紧密性要求较高的重要连接,螺栓的间距不得大于表 3-3 推荐的数值。

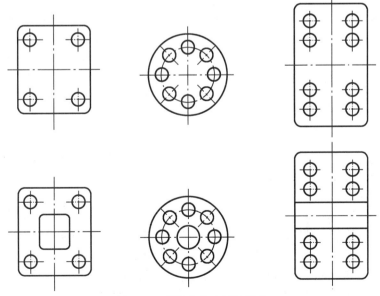

图 3-24　螺栓组接合面的形状

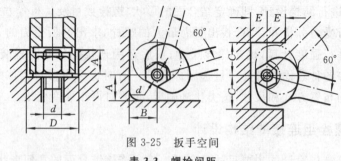

图 3-25　扳手空间

表 3-3　螺栓间距

	工作压力/MPa					
	$\leqslant 1.6$	$>1.6\sim4$	$>4\sim10$	$>10\sim16$	$>16\sim20$	$>20\sim30$
	l_0/mm					
	$7d$	$5.5d$	$4.5d$	$4d$	$3.5d$	$3d$

注：表中 d 为螺纹公称直径。

3.4.2　螺栓组连接的受力分析

进行螺栓组连接受力分析的目的是根据连接的结构和受载情况，求出受力最大的螺栓及其所受的力，以便进行螺栓连接的强度计算。分析时常做如下假设：①所有的螺栓的材料、直径、长度和预紧力均相同；②螺栓组的对称中心与连接接合面的形心重合；③被连接件为刚体，即受载前后接合面保持为平面；④螺栓为弹性体，螺栓的应力不超过屈服强度。下面针对几种典型的受载情况，分别加以讨论。

1. 受横向载荷的螺栓组连接

图 3-26 所示为一受横向力的螺栓组连接，载荷 F_Σ 与螺栓轴线垂直，并通过螺栓组的对称中心。可承受这种横向力的螺栓有两种结构，即普通螺栓连接和铰制孔用螺栓连接。

由于这两种螺栓连接的结构不同，因此承受横向载荷的原理不同，需分别计算螺栓的受力。

1）普通螺栓连接

采用普通螺栓连接时，应保证连接预紧后，接合面间产生的最大摩擦力必须大于或等于横向载荷。

假设各螺栓所需的预紧力均为 F_0，则有

$$fF_0zi\geqslant K_sF_\Sigma \quad 或 \quad F_0\geqslant\frac{K_sF_\Sigma}{fzi} \quad (3-14)$$

式中：f——接合面的摩擦系数，见表 3-4；

z——螺栓的数目；

i——接合面数；

K_s——防滑系数，按载荷是否平稳和工作要求决定，$K_s=1.1\sim1.3$。

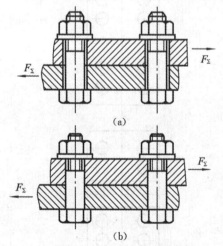

（a）

（b）

图 3-26　受横向载荷的螺栓组
（a）普通螺栓连接；（b）铰制孔螺栓连接

表 3-4 连接接合面的摩擦系数

被连接件	接合面的表面形态	摩擦系数 f
钢或铸铁零件	干燥的加工表面	0.15～0.16
	有油的加工表面	0.06～0.10
钢结构件	轧制表面、钢丝刷清理浮锈	0.30～0.35
	涂富锌漆	0.35～0.40
	喷砂处理	0.45～0.55
铸铁对砖料、混凝土或木材	干燥表面	0.40～0.50

2）铰制孔螺栓连接

这种连接是靠螺栓杆的侧面直接承受横向载荷。假设每个螺栓所承受的横向载荷是相同的，由此可得每个螺栓的工作剪力为

$$F = F_{\Sigma}/z \qquad (3\text{-}15)$$

这种结构的螺栓拧紧力矩一般不大，所以预紧力和摩擦力在强度计算中可以不予考虑。

2. 受转矩的螺栓组连接

如图 3-27 所示，转矩 T 作用在连接接合面内，在转矩 T 的作用下，底板将绕通过螺栓组对称中心 O 并与接合面相垂直的轴线转动。为了防止底板转动，可采用普通螺栓连接，也可采用铰制孔螺栓连接。其传力方式和受横向载荷的螺栓组连接相同。

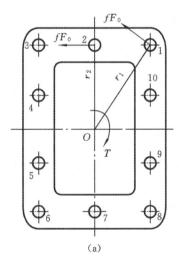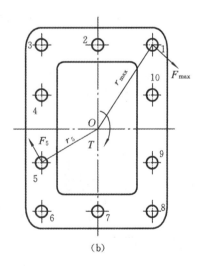

(a)   (b)

图 3-27 受转矩的螺栓组连接

(a) 普通螺栓连接；(b) 铰制孔螺栓连接

1）普通螺栓连接

采用普通螺栓连接时，靠连接预紧后在接合面间产生的摩擦力矩来抵抗转矩 T（见图 3-27(a)）。假设各螺栓连接处的摩擦力相等，并集中作用在螺栓中心处，为阻止接合面间发生相对转动，各摩擦力应与各对应螺栓的轴线到螺栓组对称中心 O 的连线（即

力臂 r_i)相垂直。根据底板静力矩平衡条件,应有

$$fF_0 r_1 + fF_0 r_2 + \cdots + fF_0 r_z \geqslant K_s T$$

由上式可得各螺栓所需的预紧力为

$$F_0 \geqslant \frac{K_s T}{f(r_1 + r_2 + \cdots + r_z)} = \frac{K_s T}{f \sum\limits_{i=1}^{z} r_i} \qquad (3-16)$$

式中:f——接合面的摩擦系数,见表3-4;

　　　r_i——第 i 个螺栓的轴线到螺栓组对称中心的距离;

　　　z——螺栓数目;

　　　K_s——防滑系数,同前。

2) 铰制孔螺栓连接

如图 3-27(b)所示,在转矩 T 作用下,螺栓靠侧面直接承受横向载荷,即工作剪力。按前面的假设,底座为刚体,因而底座受力矩 T,由于螺栓弹性变形,底座有一微小转角。各螺栓的中心与底板中心连线转角相同,而各螺栓的剪切变形量与该螺栓至转动中心 O 的距离成正比。由于各螺栓的剪切刚度是相同的,因而螺栓的剪切变形与其所受横向载荷 F 成正比。由此可得

$$\frac{F_{max}}{r_{max}} = \frac{F_i}{r_i} \quad 或 \quad F_i = F_{max}\frac{r_i}{r_{max}}$$

再根据作用在底板上的力矩平衡条件可得

$$\sum_{i=1}^{z} F_i r_i = T$$

联立解上两式,可求得受力最大的螺栓的工作剪力为

$$F_{max} = \frac{T r_{max}}{\sum\limits_{i=1}^{z} r_i^2} \qquad (3-17)$$

3. 受轴向载荷的螺栓组连接

图 3-28 所示为一受轴向载荷 F_Σ 的气缸盖螺栓组连接,F_Σ 的作用线与螺栓轴线平行,并通过螺栓组的对称中心。计算时可认为各螺栓受载均匀,则每个螺栓所受的工作载荷为

$$F = F_\Sigma / z \qquad (3-18)$$

式中:z——螺栓数目;

F_Σ——轴向载荷,$F_\Sigma = \frac{\pi}{4}D^2 p$,$D$ 为气缸直径(mm),p 为气体压力(MPa)。

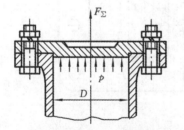

图 3-28 受轴向载荷的螺栓组连接

4. 受倾覆力矩的螺栓组连接

图 3-29 所示的基座用 8 个螺栓固定在地面上,在机座的中间平面内作用着倾覆力矩 M,按前面的假设,机座为刚体,在力矩 M 的作用下机座底板与地面的接合面仍保持为平面,并且有绕对称轴 O—O 翻转的趋势。每个螺栓的预紧力为 F_0,M 作用后,O—O 左侧的螺栓拉力增大,右侧的螺栓预紧力减少,而地面的压力增大。左侧拉力的增加等于右侧

地面压力的增加。根据静力平衡条件,有

$$M = \sum_{i=1}^{z} F_i L_i$$

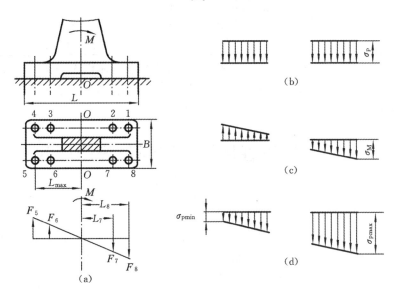

图 3-29 受倾覆力矩的螺栓组连接

由于机座的底板在工作载荷作用下保持平面,各螺栓的变形与其到 O—O 的距离成正比,又因各螺栓的刚度相同,所以螺栓及地面所受工作载荷与该螺栓至中心 O—O 的距离成正比,即

$$F_i = F_{\max} \frac{L_i}{L_{\max}} \tag{3-19}$$

则可得

$$M = F_{\max} \sum_{i=1}^{z} \frac{L_i^2}{L_{\max}} \quad 或 \quad F_{\max} = \frac{M L_{\max}}{\sum\limits_{i=1}^{z} L_i^2} \tag{3-20}$$

式中:$F_{\max}$——最大的工作载荷;

  z——螺栓总数;

  L_i——各螺栓轴线到底板轴线 O—O 的距离;

  $L_{\max}$——L_i 中的最大值。

在确定受倾覆力矩螺栓组的预紧力时应考虑接合面的受力情况,图 3-29 中接合面的左侧边缘不应出现缝隙,右侧边缘处的挤压应力不应超过支承面材料的许用挤压应力,即

$$\sigma_{bsmin} = \frac{z F_0}{A} - \frac{M}{W} > 0 \tag{3-21}$$

$$\sigma_{bsmax} = \frac{z F_0}{A} + \frac{M}{W} \leqslant [\sigma_{bs}] \tag{3-22}$$

式中:A——接合面间的接触面积;

  W——底座接合面的抗弯截面系数;

[σ_{bs}]——接合面材料的许用挤压应力,可由表 3-5 确定。

表 3-5　接合面材料的许用挤压应力[σ_{bs}]　　　　　　　　　　（MPa）

接合面材料	砖（白灰砂浆）	砖（水泥砂浆）	混凝土	木材	铸铁	钢
[σ_{bs}]	0.8～1.2	1.5～2	2～3	2～4	0.4～0.5σ_b	0.8σ_s

在实际应用中,作用于螺栓组的载荷往往是以上四种基本情况的某种组合,对各种组合载荷都可按单一基本情况求出每个螺栓受力,再按力的叠加原理分别把螺栓所受的轴向力和横向力进行矢量叠加,求出螺栓的实际受力。

3.5　螺纹连接件的材料及许用应力

国家标准规定螺纹连接件按材料的力学性能分出等级,并以此来衡量其内在质量(简示于表 3-6、表 3-7,详见 GB/T 3098.1—2010 和 GB/T 3098.2—2015)。螺栓、螺钉和螺柱的性能等级分为 9 级,从 4.6 至 12.9。性能等级的代号是由点隔开的两部分数字组成,点左边的数字表示公称抗拉强度的 1/100(σ_b/100),点右边的数字表示屈服强度或规定非比例延伸 0.2% 的公称应力(σ_s 或 $\sigma_{p0.2}$)与公称抗拉强度(σ_b)之比值(屈强比)的 10 倍($10\sigma_s/\sigma_b$)。例如性能等级 4.6,其中 4 表示紧固件的公称抗拉强度为 400 MPa,6 表示屈服强度与公称抗拉强度之比为 0.6。标准螺母(1 型)和高螺母(2 型)性能等级代号由数字组成,它相当于可与其搭配使用的螺栓、螺钉或螺柱的最高性能等级标记中左边的数字。

表 3-6　螺栓、螺钉和螺柱的性能等级

性　能　等　级		4.6	4.8	5.6	5.8	6.8	8.8 ($d{\leqslant}16$ mm)	8.8 ($d{>}16$ mm)	9.8	10.9	12.9
抗拉强度 σ_b/MPa	公称值	400		500		600	800		900	1 000	1 200
	最小值	400	420	500	520	600	800	830	900	1 040	1 220
屈服强度 σ_s(或 $\sigma_{p0.2}$) /MPa	公称值	240	320	300	400	480	640	640	720	900	1 080
	最小值	240	340	300	420	480	640	660	720	940	1 100
布氏硬度 /HBW	最小值	114	124	147	152	181	245	250	286	316	380
推荐材料		碳钢或添加元素的碳钢					碳钢、添加元素的碳钢或 合金钢淬火并回火				

表 3-7 标准螺母(1 型)和高螺母(2 型)的性能等级

性能等级	5	6	8	9	10	12
螺母最小保证应力 $\sigma_{\min}$/MPa	500	600	800	900	1 040	1 150
相配螺栓的最高性能级别	3.6,4.6,4.8 ($d \leqslant 16$);5.6,5.8	6.8	8.8	9.8	10.9	12.9

注:① 均指粗牙螺纹螺母;

② 性能等级为 10、12 的硬度最大值为 38 HRC,其余性能等级的硬度最大值为 30 HRC。

常用的螺纹连接件的材料有低碳钢(Q215、Q235、15 钢)和中碳钢(35 钢、45 钢)。对于承受冲击、振动或变载荷的螺纹连接件,可采用低合金钢、合金钢,如 15Cr、40Cr、30CrMnSi 等。国家标准规定 8.8 级及以上的中碳钢、低碳或中碳合金钢都须经淬火并回火处理。对于特殊用途(如防锈蚀、防磁、导电或耐高温等)的螺纹连接件,可采用特种钢或铜合金、铝合金等,并经表面处理(如氧化、镀锌钝化、磷化、镀镉等)。

普通垫圈的材料,推荐采用 Q235、15 钢、35 钢,弹簧垫圈用 65Mn 制造,并经热处理和表面处理。

螺纹连接件的许用应力与材料及热处理工艺、结构尺寸、载荷性质、工作温度、加工装配质量、使用条件等因素有关。许用拉应力、许用剪应力和许用挤压应力按下列各式计算:

$$[\sigma] = \frac{\sigma_s}{S} \tag{3-23}$$

$$[\tau] = \frac{\sigma_s}{S_\tau} \tag{3-24}$$

对于钢
$$[\sigma_{bs}] = \frac{\sigma_s}{S_{bs}} \tag{3-25}$$

对于铸铁
$$[\sigma_{bs}] = \frac{\sigma_b}{S_{bs}} \tag{3-26}$$

式中安全系数 S 见表 3-8。

表 3-8 螺栓连接的安全系数 S

受载类型				静 载 荷			变 载 荷		
松螺栓连接				1.2~1.7					
紧螺栓连接	受轴向及横向载荷的普通螺栓连接	不控制预紧力的计算		M6~M16	M16~M30	M30~M60	M6~M16	M16~M30	M30~M60
			碳钢	5~4	4~2.5	2.5~2	碳钢 12.5~8.5	8.5	8.5~12.5
			合金钢	5.7~5	5~3.4	3.4~3	合金钢 10~6.8	6.8	6.8~10
		控制预紧力的计算		1.2~1.5			1.2~1.5		
	铰制孔用螺栓连接			钢:S_τ=2.5,S_{bs}=1.25 铸铁:S_{bs}=2.0~2.5			钢:S_τ=3.5~5,S_{bs}=1.5 铸铁:S_{bs}=2.5~3.0		

变载荷作用下疲劳强度的许用应力幅由下式计算。

$$[\sigma_a] = \frac{\varepsilon_\sigma \sigma_{-1}}{K_\sigma S_a} \tag{3-27}$$

式中：σ_{-1}——螺栓材料在对称循环下的疲劳极限，可近似取 $\sigma_{-1}=0.32\sigma_b$；

ε_σ——螺栓的尺寸系数，见表 3-9；

K_σ——螺纹的有效应力集中系数，见表 3-10；

S_a——应力幅安全因数，不控制预紧力，取 $S_a=2.5\sim5$，控制预紧力取 $S_a=1.5\sim2.5$。

表 3-9   螺栓的尺寸系数

螺栓直径 d/mm	≤12	16	20	24	30	36	42
螺栓的尺寸系数 ε_σ	1.0	0.87	0.80	0.74	0.65	0.64	0.6

表 3-10   螺纹的有效应力集中系数

螺栓材料的抗拉强度 σ_b/MPa		400	600	800	1000
螺纹的有效应力 集中系数 K_σ	车制螺纹	3	3.9	4.8	5.2
	滚压螺纹	按上值减少 20%～30%			

3.6   提高螺纹连接件强度的措施

影响螺栓强度的因素很多，主要涉及螺纹牙的载荷分配、应力变化幅度、应力集中、附加应力、材料的力学性能和制造工艺等几个方面。下面分析各种因素对螺栓强度的影响并介绍提高强度的相应措施。

1. 改善螺纹牙间载荷分配不均现象

即使是制造和装配精确的螺栓和螺母，传力时其各圈螺纹牙的受力也是不均匀的，如图 3-30 所示，有 10 圈螺纹的螺母，最下圈受力为总轴向载荷的 34%，以上各圈受力递减，最上圈螺纹只占 1.5%。这是由于图 3-31 中的螺栓受拉力而螺母受压力，二者变形不能协调，采用加高螺母以增加旋合圈数，并不能提高连接的强度。

为了使螺纹牙受力比较均匀，可用以下方法改进螺母的结构（见图 3-32）。

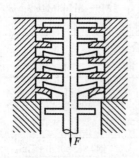

图 3-30   旋合螺纹的变形示意图

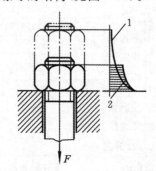

图 3-31   螺纹牙受力分配
1—用加高螺母时；2—用普通螺母时

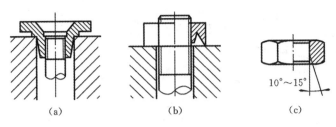

图 3-32 使螺纹牙受载比较均匀的几种螺母结构

(a) 悬置螺母;(b) 环槽螺母;(c) 内斜螺母

图 3-32(a)是悬置螺母,螺母与螺杆同受拉力,使其变形协调,载荷分布趋于均匀。

图 3-32(b)是环槽螺母,其工作原理与图 3-32(a)相近。

图 3-32(c)是内斜螺母,螺母旋入端有 $10°\sim15°$ 的内斜角,原受力较大的下面几圈螺纹牙受力点外移,使刚度降低,受载后易变形,载荷向上面的几圈螺纹转移,使各圈螺纹的载荷分布趋于均匀。

2. 降低影响螺栓疲劳强度的应力幅

螺栓的最大应力一定时,应力幅越小,疲劳强度越高。在工作载荷和残余预紧力不变的情况下,减小螺栓刚度或增大被连接件刚度都能达到减小应力幅的目的,但预紧力应相应增大,见图 3-33。

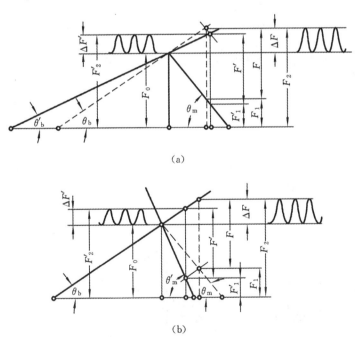

图 3-33 提高螺栓连接变应力强度的措施

(a) 降低螺栓的刚度($c'_b<c_b$,即 $\theta'_b<\theta_b$);

(b) 增大被连接件的刚度($c'_m>c_m$,即 $\theta'_m>\theta_m$);

(c) 同时采用以上两种措施并增大预紧力($F'_0>F_0$,$c'_b<c_b$,$c'_m>c_m$)

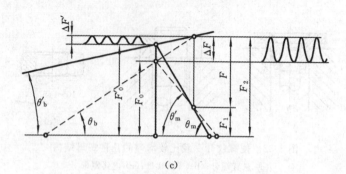

(c)

续图 3-33

图 3-33(a)、(b)、(c)分别表示单独降低螺栓刚度、单独增大被连接件刚度，以及把这两种措施与增大预紧力同时并用时，螺栓连接载荷变化情况。

减小螺栓刚度的措施有：适当增大螺栓的长度，部分减小螺杆的直径或做成中空的结构——柔性螺栓（见图 3-34），或在螺母下面安装弹性元件（见图 3-35）。

为增大被连接件的刚度，不宜采用刚度小的垫片。图 3-36 所示的紧密连接，就以用密封圈为佳。

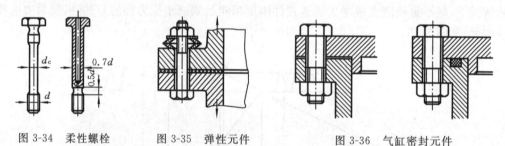

图 3-34 柔性螺栓   图 3-35 弹性元件   图 3-36 气缸密封元件

3. 减小应力集中

螺纹的牙根部、螺纹收尾处、杆截面变化处、杆与头连接处等都有应力集中。为了减小应力集中，可加大螺纹根部圆角半径，或加大螺栓头过渡部分圆角（见图 3-37（a）），或切制卸载槽（见图 3-37（b）），或采用卸载过渡圆弧（见图 3-37（c）），或在螺纹收尾处采用退刀槽等。

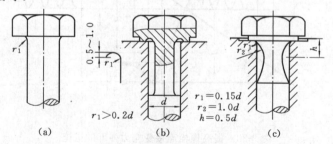

图 3-37 减小螺栓的应力集中

(a) 加大圆角；(b) 切制卸载槽；(c) 卸载过渡圆弧

4. 避免附加应力

由于制造误差、支承表面不平或被连接件刚度小等原因,将在螺栓中产生附加应力(见图 3-38)。图 3-38(d)所示的钩头螺栓连接,在预紧力 F 作用下,除产生拉应力外,还可以产生附加的弯曲应力,对螺栓强度有较大影响,因而以上各种情况均应尽量避免。

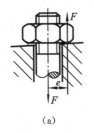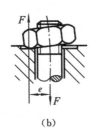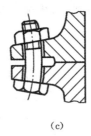

(a)　　　　　　　　(b)　　　　　　　　(c)　　　　　　　　(d)

图 3-38　螺栓的附加应力

(a) 支承面不平;(b) 螺母孔不正;(c) 被连接件刚度小;(d) 钩头螺栓连接

为减小或避免附加应力的影响,常采用下列几种措施。

(1) 螺栓头、螺母与被连接件支承面均应加工。为减小被连接件加工面,可做成凸台或沉头座(鱼眼坑),见图 3-39。

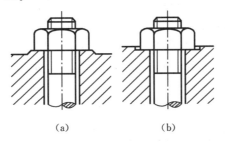

(a)　　　　　　　　(b)

图 3-39　凸台和沉头座

(a) 凸台;(b) 沉头座

(2) 设计时避免采用斜支承面,如果采用槽钢翼缘等,可配置斜垫圈(见图 3-40(a))。为防止螺栓轴线偏斜,也可采用球面垫圈(见图 3-40(b))或环腰螺栓(见图 3-40(c))。

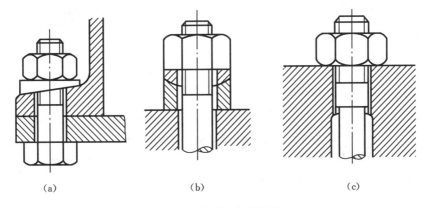

(a)　　　　　　　　　　(b)　　　　　　　　　　(c)

图 3-40　避免附加应力的影响

(a) 斜垫圈;(b) 球面垫圈;(c) 环腰螺栓

（3）增加被连接件的刚度，如增加凸缘厚度或采取其他相应措施。此外，提高装配精度，增大螺纹预留长度，采用细长螺栓等，均可减小附加应力。

5. 采用合理的制造工艺

制造工艺对螺栓的疲劳强度也会产生很大影响，采用合理的制造方法和加工方法控制螺纹表层的物理-力学性质（冷作硬化程度、残余应力等）均可提高螺栓的疲劳强度。

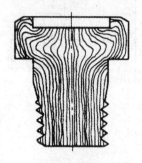

图 3-41　冷镦与滚压加工螺纹中的金属流线

目前应用较多的滚压螺纹工艺，比车制螺纹工艺好，螺纹表面的纤维分布合理（见图 3-41）。一般车制螺纹多采用钢棒料，无论是轧制棒料或拉制棒料，一般表面层质量均较好（晶体拉长）。但车制时将质量较好的材料车去，这种工艺不太合理。此外，车制螺纹时金属纤维被切断，而滚压螺纹工艺是利用材料的塑性成形，金属纤维连续，而且滚压加工时材料冷作硬化，滚压后金属组织紧密，螺纹工作时力流方向与材料纤维方向一致。因此滚压螺纹较之车制螺纹可提高疲劳强度 $40\% \sim 95\%$。如果热处理后再滚压螺纹，其疲劳强度可提高 $70\% \sim 100\%$。这种工艺还具有材料利用率高、生产效率高和制造成本低等优点。

对螺纹表面进行渗碳、碳氮共渗等表面硬化处理工艺，也可以提高螺栓的疲劳强度。

例 3-1　如图 3-42(a)所示，由 6 个铰制孔用螺栓固定于立柱的钢板，受力 $F = 6\,000$ N，钢板和立柱的材料均为 Q235 钢，连接部分的厚度分别为 20 mm 和 38 mm，试设计该螺栓组连接。

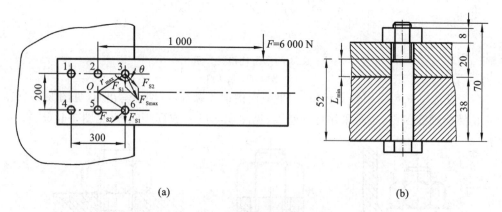

(a)　　　　　　　　　　　　　　(b)

图 3-42　普通螺栓组连接钢板

解　该题的设计计算项目、计算与说明及其主要结果如表 3-11 所示。

表 3-11　普通螺栓连接钢板设计计算步骤

设计计算项目	计算与说明	主 要 结 果
1. 螺栓组结构设计	如图 3-42(a)所示	——

设计计算项目	计算与说明	主 要 结 果
2. 螺栓组受力分析	将外力 F 向螺栓组对称中心 O 点简化,螺栓组受外载荷:横向力 $F=6\,000$ N,转矩 $T=FL=(6\,000\times1\,000)$ N·mm$=6.0\times10^6$ N·mm,转向为顺时针	$F=6\,000$ N,$T=6\times10^6$ N·mm,顺时针
3. 确定单个螺栓的最大工作剪力	(1) 横向力 F 作用下各螺栓所受工作剪力分量的方向与 F 相同,即铅垂向下,大小为 $$F_{S1}=F/z=(6\,000/6)\text{ N}=1\,000\text{ N}$$ (2) 转矩 T 引起的螺栓工作剪力 各螺栓中心至螺栓组对称中心 O 的最大距离 $$r_{max}=\sqrt{150^2+100^2}\text{ mm}=180.3\text{ mm}$$ 在转矩作用下,各螺栓所受工作剪力分量的方向垂直于螺栓中心与螺栓组对称中心 O 的连线,受力最大的螺栓的工作剪力分量为 $$F_{S2}=\dfrac{Tr_{max}}{\sum\limits_{i=1}^{z}r_i^2}=\dfrac{6.0\times10^6\times180.3}{4\times180.3^2+2\times100^2}\text{ N}=7\,210\text{ N}$$ (3) 螺栓组中所受最大工作剪力 各螺栓的工作剪力为上述两个工作剪力分量的矢量合成。由图 3-42(a)可知 $$\theta=\arctan(100/150)=33.69°$$ 螺栓组中受力最大的螺栓为 3 和 6,其所受最大工作剪力 $$F_{Smax}=\sqrt{F_{S1}^2+F_{S2}^2+2F_{S1}F_{S2}\cos\theta}$$ $$=\sqrt{1\,000^2+7\,210^2+2\times1\,000\times7\,210\times\cos33.69°}\text{ N}$$ $$=8\,070\text{ N}$$	单个螺栓的最大工作剪力 $F_{Smax}=8070$ N
4. 按剪切强度计算螺栓直径	(1) 计算许用切应力 选 4.6 级螺栓,查表 3-6 得 $\sigma_s=240$ MPa,查表 3-8 取 $S_\tau=2.5$,则 $$[\tau]=\dfrac{\sigma_s}{S_\tau}=\dfrac{240}{2.5}\text{ MPa}=96\text{ MPa}$$ (2) 确定螺栓尺寸 剪切工作面数目 $m=1$,螺栓杆直径为 $$d_0\geqslant\sqrt{\dfrac{4F_{Smax}}{\pi m[\tau]}}=\sqrt{\dfrac{4\times8070}{\pi\times1\times96}}\text{ mm}=10.34\text{ mm}$$ 初步选 $d=10$ mm,$d_0=11$ mm 的六角头铰制孔用螺栓(GB/T 27—2013),螺母选 M10(GB/T 6170—2015),其高度为 8 mm。根据机架、钢板及螺母的厚度,选用螺栓的公称长度 $l=70$ mm、无螺纹部分杆长 $l_3=52$ mm。结构尺寸见图 3-42(b)	4.6 级 $\sigma_s=240$ MPa,$S_\tau=2.5$ $[\tau]=96$ MPa,$d_0\geqslant10.34$ mm M10,$d_0=11$ mm,$l=70$ mm,$l_3=52$ mm

续表

设计计算项目	计算与说明	主 要 结 果
5. 按挤压强度校核	(1) 计算许用挤压应力 螺栓的 $\sigma_s = 240$ MPa，钢板和立柱的材料均为 Q235 钢，查机械设计手册，得 Q235 钢的 $\sigma_s = 225$ MPa。因此钢板和立柱的许用挤压应力较低。查表 3-8 取 $S_{bs} = 1.25$，则 $$[\sigma_{bs}] = \frac{\sigma_s}{S_{bs}} = \frac{225}{1.25} \text{ MPa} = 180 \text{ MPa}$$ (2) 校核挤压强度 钢板与螺栓间的接触长度最小，$L_{min} = (52-38) \text{ mm} = 14 \text{ mm}$，可得 $$\sigma_{bs\,max} = \frac{F_{Smax}}{d_0 L_{min}} = \frac{8070}{11 \times 14} \text{ MPa} = 52.40 \text{ MPa} < [\sigma_{bs}]$$ 因此，决定选用 6 个铰制孔用螺栓 M10×70(GB/T 27—2013)	$S_{bs} = 1.25$，$[\sigma_{bs}] = 180$ MPa $\sigma_{bs\,max} < [\sigma_{bs}]$ 铰制孔用螺栓 M10 × 70（GB/T 27—2013）

例 3-2　图 3-43 所示铸铁支架用四个普通螺栓固定在钢立柱上，已知支架承受的总载荷 $F = 8\,000$ N，$b = 300$ mm，$L = 500$ mm，试设计该螺栓组连接。

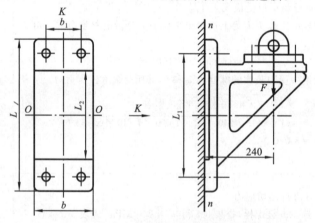

图 3-43　普通螺栓连接支架

解　该题的设计计算项目、计算与说明及主要结果如表 3-12 所示。

表 3-12　普通螺栓连接支架设计计算步骤

设计计算项目	计算与说明	主 要 结 果
1. 螺栓组结构设计	取 $b_1 = 200$ mm，$L_1 = 400$ mm，$L_2 = 300$ mm，如图 3-43 所示	—
2. 螺栓组受力分析	将外力 F 向接合面 $n—n$ 平移，得附加倾覆力矩 $M = F \times 240 = 1.92 \times 10^6$ N·mm，方向为顺时针	$F = 8000$ N $M = 1.92 \times 10^6$ N·mm

设计计算项目	计算与说明	主要结果
3. 确定单个螺栓的总拉力	(1) 力 F 作用下各螺栓所需预紧力 螺栓的数目 $z=4$,接合面数 $i=1$,查表 3-4,取摩擦系数 $f=0.3$,防滑系数 K_s 取 1.1,则单个螺栓预紧力 $$F_0 \geqslant K_s F/(fzi) = [1.1 \times 8\,000/(0.3 \times 4 \times 1)]\ \text{N} = 7\,333\ \text{N}$$ (2) 倾覆力矩 M 引起的螺栓工作拉力 在倾覆力矩作用下,上端螺栓所受工作拉力 $$F_a = \dfrac{ML_{\max}}{\sum_{i=1}^{z} L_i^2} = [1.92 \times 10^6 \times 200/(4 \times 200^2)]\ \text{N} = 2\,400\ \text{N}$$ (3) 上端螺栓所受总拉力 F_2 查表 3-2,取相对刚度 $c_b/(c_m+c_b)=0.3$ $$F_2 = F_0 + \dfrac{c_b}{c_m+c_b} F_a = (7\,333 + 0.3 \times 2\,400)\ \text{N} = 8\,063\ \text{N}$$	预紧力 $F_0 = 7\,333$ N 工作拉力 $F_a = 2\,400$ N 总拉力 $F_2 = 8\,063$ N
4. 强度计算	(1) 计算许用拉应力 $[\sigma]$ 选 4.8 级螺栓,查表 3-6,$\sigma_s = 340$ MPa,考虑到不需严格控制预紧力,初估 $d=16 \sim 30$ mm,查表 3-8,取 $S=4$ $$[\sigma] = \sigma_s/4 = 85\ \text{MPa}$$ (2) 计算螺栓直径 $$d_1 \geqslant \sqrt{\dfrac{4 \times 1.3 F_2}{\pi[\sigma]}} \sqrt{\dfrac{4 \times 1.3 \times 8\,063}{85\pi}}\ \text{mm} = 12.53\ \text{mm}$$ 查国标知,M16 螺栓的 $d_1 = 13.835$ mm,选 M16,强度满足要求	4.8 级 $\sigma_s = 340$ MPa $S = 4$ $[\sigma] = 85$ MPa $d_1 \geqslant 12.53$ mm M16 $d_1 = 13.835$ mm
5. 校核接合面上的挤压应力	要求上端接合面间不出现缝隙,下端接合面不被压溃 (1) 计算接合面面积 A 和抗弯截面系数 W $$A = b(L-L_2) = 300 \times (500-300)\ \text{mm}^2 = 6 \times 10^4\ \text{mm}^2$$ $$W = \dfrac{b}{12 \times L/2}(L^3 - L_2^3)$$ $$= \dfrac{300}{12 \times 500/2}(500^3 - 300^3)\ \text{mm}^3 = 9.8 \times 10^6\ \text{mm}^3$$ (2) 接合面下端不被压溃 设支架材料为 HT250,$\sigma_b = 250$ MPa,由表 3-5 查得许用挤压应力	$A = 6 \times 10^4$ mm^2 $W = 9.8 \times 10^6$ mm^3

续表

设计计算项目	计算与说明	主 要 结 果
5. 校核接合面上的挤压应力	$[\sigma_{bs}]=0.5\sigma_b=0.5\times250$ MPa$=125$ MPa $\sigma_{bs\,max}=zF_0/A+M/W$ 　　　$=[4\times7\,333/(6\times10^4)+1.92\times10^6/(9.8\times10^6)]$ 　　　MPa 　　　$=0.685$ MPa$<[\sigma_{bs}]$ （3）接合面上端不开缝 　$\sigma_{bsmin}=zF_0/A-M/W$ 　　　$=[4\times7\,333/(6\times10^4)-1.92\times10^6/(9.8\times10^6)]$ MPa 　　　$=0.293$ MPa>0	$[\sigma_{bs}]=125$ MPa $\sigma_{bsmax}=0.685$ MPa $<[\sigma_{bs}]$ $\sigma_{bsmin}=0.293$ MPa >0

3.7　螺旋传动

3.7.1　螺旋传动的类型

螺旋传动是利用螺杆和螺母组成的螺旋副来实现传动的要求的。它主要用于将回转运动转变为直线运动，同时传递运动和动力。

按螺杆和螺母的运动情况，螺旋传动有四种结构，如图 3-44 所示，它们的相对运动关系是相同的。

（1）螺母固定不动，螺杆转动并往复移动。

螺杆在螺母中运动，螺母起支承作用，结构简单，工作时，螺杆在螺母左、右两个极限位置所占据的长度尺寸大于螺杆行程的两倍。因此这种结构占据空间较大，不适用于行程较大的传动，常用于螺旋千斤顶和外径百分尺（见图 3-44(a)）。

（2）螺杆转动，螺母做直线运动。

这种结构占据空间尺寸小，适用于长行程运动的螺杆。螺杆两端由轴承支承（有的只有一端有支承），螺母有防转机构，结构比较复杂。车床丝杠、刀架移动机构多采用这种结构（见图 3-44(b)）。

（3）螺母旋转并沿直线移动，螺杆固定不动。

螺母在其上转动并移动，结构简单，但精度不高。常用于某些钻床工作台沿立柱上下移动的机构（见图 3-44(c)）。

（4）螺母转动，螺杆沿直线移动。

螺母要有轴承支承，螺杆应有防转机构，因而结构复杂，而且螺杆相对螺母左右移动占据空间位置大。这种结构已很少应用（见图 3-44(d)）。

螺旋传动按其用途不同，可分为以下三种类型。

（1）传力螺旋。它以传递动力为主，要求以较小的转矩产生较大的轴向推力，用以克服工作阻力，如各种起重或加压装置的螺旋。这种传力螺旋主要承受很大的轴向力，一般为间歇性工作，每次的工作时间较短，工作速度也不高，而且通常需具有自锁能力。

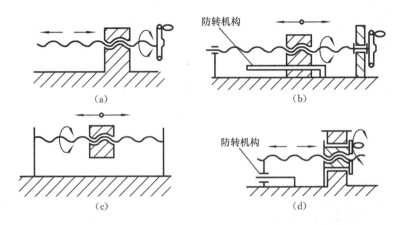

图 3-44　螺旋传动的运动形式
(a) 螺母固定不动,螺杆转动并往复移动;(b) 螺杆转动,螺母做直线运动;
(c) 螺母旋转并沿直线移动,螺杆固定不动;(d) 螺母转动,螺杆沿直线移动

（2）传导螺旋。它以传递运动为主,有时也承受较大的轴向载荷,如机床进给机构的螺旋等。传导螺旋常需在较长的时间内连续工作,工作速度较高,因此要求具有较高的传动精度。

（3）调整螺旋。它用以调整、固定零件的相对位置,如机床、仪器及测试装置中的微调机构的螺旋。调整螺旋不经常转动,一般在空载下工作。

螺旋传动按其螺旋副的摩擦性质不同,又可分为以下三种情况。

（1）滑动螺旋(滑动摩擦)。滑动螺旋结构简单,易于制造,传力较大,能够实现自锁要求,应用广泛。主要缺点是容易磨损、效率低(一般为 30%～40%)。螺旋千斤顶、夹紧装置、机床的进给装置常采用此类螺旋传动。

（2）滚动螺旋(滚动摩擦)。由于采用滚动摩擦代替了滑动摩擦,因此阻力小,传动效率高(可达 90%以上)。

（3）静压螺旋(流体摩擦)。静压螺旋传动效率高(可达 90%以上),但需要配备供油系统。

滚动螺旋和静压螺旋,由于结构比较复杂,要求精度高,制造成本较高,常用在高精度、高效率的重要传动中,如数控机床进给机构、汽车转向机构等。目前滚动螺旋已作为标准部件由专门工厂批量生产,价格也逐渐降低,应用日益广泛。

螺旋传动的设计和计算可参阅有关文献。

3.7.2　滚动螺旋传动简介

滚动螺旋可分为滚珠螺旋和滚子螺旋两大类。

滚珠螺旋又可分为总循环式(全部滚珠一起循环)和分循环式(滚珠分组循环),还可以按循环回路的位置分为内循环式(滚珠在螺母体内循环)和外循环式(在螺母的圆柱面上开出滚道加盖或另插管子作为滚珠循环回路)。总循环式的内循环滚珠螺旋由图 3-45中的 4、5、6 等零件组成,即在由螺母和螺杆的近似半圆形螺旋凹槽拼合而成的滚道中装入适量的滚珠,并用螺母上制出的通路及导向辅助件构成闭合回路,以备滚珠连续循环。

图示的螺母两端支承在机架 7 的滚动轴承上，以螺母作为螺旋副的主动件，当外加的转矩驱动齿轮 1 而带动螺母旋转时，螺杆即做轴向移动。外循环式及分循环式的滚珠螺旋可参看有关资料。

滚子螺旋可分为自转滚子式和行星滚子式，自转滚子式按滚子形状又可分为圆柱滚子（对应矩形螺纹的螺杆）和圆锥滚子（对应梯形螺纹的螺杆）。自转圆锥滚子式滚子螺旋的示意图如图 3-46 所示，即在套筒形螺母内沿螺纹线装上约三圈滚子（可用销轴及滚针支承）代替螺纹牙进行传动。

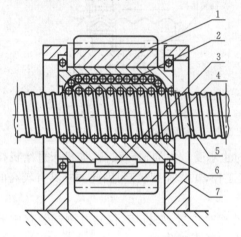
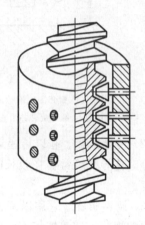

图 3-45　滚珠螺旋的工作原理　　　　　图 3-46　圆锥滚子螺旋示意图
1—齿轮；2—返回滚道；3—键；4—滚珠；
5—螺杆；6—螺母；7—机架

滚动螺旋具有传动效率高、启动力矩小、传动灵敏平稳、工作寿命长等优点，故目前在机床、汽车、拖拉机、航空、航天及武器等制造业中应用很广。缺点是制造工艺比较复杂，特别是长螺杆更难保证热处理及磨削工艺质量，刚性和抗震性能较差。

3.7.3　静压螺旋传动简介

为了降低螺旋传动的摩擦，提高传动效率，并增加螺旋传动的刚度和减振性能，可以将静压原理应用于螺旋传动中，制成静压螺旋。

如图 3-47 所示，在静压螺旋中，螺杆仍为一个具有梯形螺纹的普通螺杆，但在螺母每圈螺纹牙两个侧面的中径处，各开有 3～4 个油腔，压力油通过节流器进入油腔，产生一定的油腔压力。

当螺杆未受载荷时，螺杆的螺纹牙位于螺母螺纹牙的中间位置，处于平衡状态。此时，螺杆螺纹牙的两侧间隙相等，经螺纹牙两侧流出的油的流量相等。因此，油腔压力也相等。

当螺杆受轴向载荷时，螺杆沿受载方向产生一位移，螺纹牙一侧的间隙减小，另一侧的间隙增大。由于节流器的调节作用，使间隙减小一侧的油腔压力增高，而另一侧的油腔压力降低。于是两侧油腔便形成了压力差，从而使螺杆重新处于平衡状态。

当螺杆承受径向载荷或倾覆力矩时，其工作情况与上述的相同。

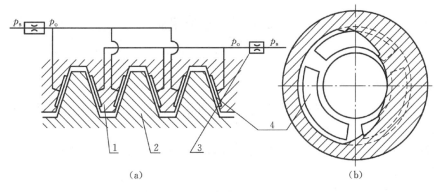

图 3-47　静压螺旋传动示意图

(a)原理图；(b)螺母轴向剖视图

1—螺母；2—螺杆；3—节流器；4—油腔

本章重点、难点和知识拓展

　　本章的重点是螺栓组受力分析及单个螺栓的强度计算,尤其是受预紧力和轴向工作载荷的紧螺栓连接的强度计算。本章的难点是受预紧力和轴向工作载荷紧螺栓连接总拉力的确定,多种受力状态组合的螺栓组连接的设计计算。

　　在学习本章时,可以阅读机械设计手册中的螺纹、螺纹连接件的有关内容,作为学习本章的参考。若要进一步深入学习,可以参考本章参考文献[1],此书对螺纹连接的知识作了比较全面的介绍,参考了大量的中、英、日、俄文资料,适合大学生阅读,也可作为相关科学研究的入门书。关于螺纹连接,一般的手册中主要介绍有关的国家标准,而理论分析和如何使用标准的知识较少。本章参考文献[2]、[3]对于这方面有所补充。本章参考文献[4]中有一些内容是从编写国家标准的角度介绍的,可以参考。本章参考文献[7]中有对螺纹连接讲述比较深入的资料,但是没有该书的中文译本,本章参考文献[10]收录了其中的一些内容。

　　目前新型螺栓连接、锁紧方法等层出不穷,各有特色,设计者应经常关注。如高强度螺栓连接可见本章参考文献[9]、自攻螺栓连接可见本章参考文献[11]等。我国已有高强度螺栓连接的国家标准,许多手册中已经收录,但对其详细介绍的仅见于本章参考文献[9]。

　　本章仅简要介绍了螺旋传动的类型、滚动螺旋、静压螺旋等内容,在结构设计、材料和热处理、精度要求等方面还有许多内容未作介绍,设计时应参阅有关文献,如本章参考文献[7]、[8]。

本章参考文献

[1] 卜炎.螺纹连接设计与计算[M].北京:高等教育出版社,1995.

[2] 山本晃.螺纹连接的理论与计算[M].郭可谦,等译.上海:上海科学技术文献出版社,1984.

[3] 《紧固件连接设计手册》编写委员会.紧固件连接设计手册[S].北京:国防工业出版社,1990.

[4] 《机械工程标准手册》编委会.机械工程标准手册·螺纹连接卷[S].北京:中国标准出版社,2003.

[5] SPOLTS M F,SHOUP T E.机械零件设计(第7版)[M].英文版.北京:机械工业出版社,2002.

[6] ROTHBART H A. Mechanical Design and Systems Handbook[M]. Second edition. New York:McGraw-Hill Book Company, 1985.

[7] SCHLOTTMAN D. Konstruktionslehre Grundlagen[M]. Berlin:Springer-Vedag, 1979.

[8] 《机床设计手册》编写组.机床设计手册(第2册)[M].上册.北京:机械工业出版社,1979.

[9] 日本钢构造协会接合小委员会.高强度螺栓接合[M].王玉春,等译.北京:中国铁道出版社,1984.

[10] 吴宗泽.高等机械设计[M].北京:清华大学出版社,1991.

[11] 吴宗泽.机械设计师手册[M].北京:机械工业出版社,2002.

思考题与习题

问答题

3-1 三角形螺纹常用于连接,而矩形螺纹常用于传动,这是为什么?

3-2 在保证螺栓连接紧密性要求和静强度要求的前提下,要提高螺栓连接的疲劳强度,应如何改变螺栓和被连接件的刚度及预紧力的大小?试通过受力与变形线图来说明。

3-3 螺纹线数大小的选择依据是什么?举出实例来说明。

3-4 普通螺栓连接和铰制孔用螺栓连接的失效形式有哪些?怎样进行针对性设计?

设计计算题

3-5 在题 3-5 图所示螺栓连接中采用两个 M20 的螺栓,其许用拉应力为 $[\sigma]=160$ MPa,被连接件结合面的摩擦系数 $f=0.2$。若考虑摩擦传力的防滑系数 $K_s=1.2$,

试计算该连接允许传递的静载荷 F。

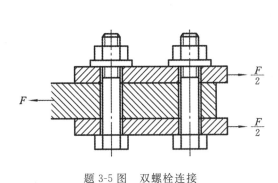

题 3-5 图　双螺栓连接　　　　题 3-6 图　单螺栓连接

3-6　设题 3-6 图所示螺栓刚度为 c_b，被连接件刚度为 c_m，若 $\dfrac{c_m}{c_b}=4$，预紧力 $F_0=$ 1 500 N，轴向外载荷 $F=1\,800$ N，试求作用在螺栓上的总拉力 F_2 和残余预紧力 F_1。

3-7　在题 3-7 图所示的气缸盖连接中，已知：气缸中的压力在 0～1.5 MPa 间变化，气缸内径 $D=250$ mm，螺栓分布圆直径 $D_0=346$ mm，两凸缘与橡胶垫片厚度之和为 50 mm。为保证气密性要求，螺栓间距不得大于 120 mm。试选择螺栓材料，并确定螺栓数目和尺寸。

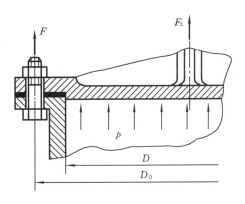

题 3-7 图　气缸盖连接

3-8　题 3-8 图所示的支座用 4 个普通螺栓固定于机架上。试分析螺栓组连接的受力情况，判断哪个螺栓受力最大，并列出保证连接正常工作的计算式。

3-9　一箱体盖板用 4 个 M16 的普通螺栓组成连接，在盖板中心吊环上作用轴向载荷 $F=20$ kN，盖板尺寸如题 3-9 图所示。由于制造误差，吊环中心偏移一个距离 e，$e=5$ mm。螺栓性能等级为 5.6，要求残余预紧力等于工作拉力的 0.6。试确定受力最大螺栓所受的力，并验算其强度。

3-10　题 3-10 图所示为龙门起重机的导轨托架。托架由两块边板和一块承重板焊成，两块边板各用 4 个螺栓与立柱相连接。设托架所承受的最大载荷为 20 kN，试问：

（1）此螺栓连接是采用普通螺栓连接还是铰制孔用螺栓连接为宜？为什么？

（2）当用铰制孔螺栓时，螺栓的公称直径应该取为多大？

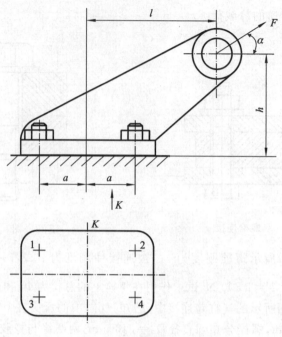

题 3-8 图　支座螺栓连接

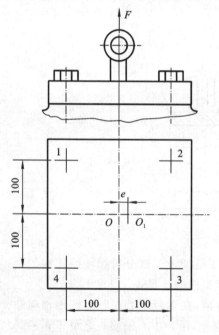

题 3-9 图　箱体盖板螺栓连接

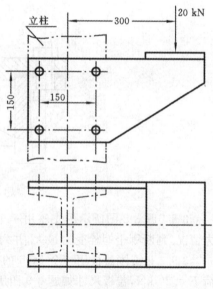

题 3-10 图　导轨托架

第4章 键连接及其他连接

引言 轴与轴上零件的固定方式很多,古时候人们就知道用木楔将车子的车轴与车轮或车架楔紧固定,现代的简易手推车则靠轴承与车轴、车轮的过盈配合进行定位固定,而自行车的脚踏杆与前链轮轴的固定则使用的是定位销。如何选用这些不同的固定方式就是本章要讨论的内容。

4.1 键 连 接

轴上的零件与轴应有可靠的定位和固定,这样才能传递运动和动力。轴上的零件与轴的定位和固定分为轴向和周向两个方面:轴向的定位和固定常使用轴肩、套筒等;周向定位和固定则常使用键、花键和销及一些其他的连接方式,但总的来说,轴上的零件与轴的周向定位和固定方法分为下列两种。

(1)靠零件的几何形状连接固定,包括键连接、花键连接、销连接和成形轴连接。

(2)靠摩擦锁合连接固定,包括过盈配合连接、利用辅助零件夹紧连接和圆锥面过盈连接。

键连接是在轴的外圆上和零件的内孔中分别开键槽,利用键作为连接过渡零件传递运动和动力。键是标准零件,分为平键、半圆键、楔键和切向键。平键和半圆键为松键连接,楔键和切向键为紧键连接。

4.1.1 键连接的特点和类型

1. 平键的类型

平键按用途分为普通平键、导向平键和滑键三种。平键的两侧面是工作面,靠侧面周向定位和传递转矩。键的上表面和轮毂槽底之间留有间隙,如图 4-1(a)所示。

在轴与轴上零件的周向固定中,平键连接是结构最简单的一种,它能传递较大的扭矩,且加工容易、装拆方便,故平键连接得到了极为广泛的应用。但平键连接中键槽对轴的强度有所削弱,同时又不能实现轴上零件的轴向固定,这是平键的缺点。

1) 平键

平键分为普通平键和薄型平键。平键属于松键连接,同时又属于静连接。松键连接是指平键的表面与轴和轮毂键槽的表面有间隙,静连接的含义是指轴与轮毂间无轴向相对移动,即轴在运转过程中,轴与轴上的零件在轴向方向是静止不动的。

普通平键按端部形状不同分为圆头(A 型)、平头(B 型)、单圆头(C 型)三种(见图 4-1(b)～(d))。圆头普通平键的轴上键槽用指状铣刀加工,键槽的形状与键的形状相同,这种键在键槽中固定良好,但轴上键槽端部的应力集中较大。平头普通平键的轴上键槽用盘形铣刀加工,轴上键槽的应力集中小,但对于尺寸大的键容易松动,有时需用紧定螺钉将键固定在轴上键槽中。单圆头普通平键主要用在轴的端部。

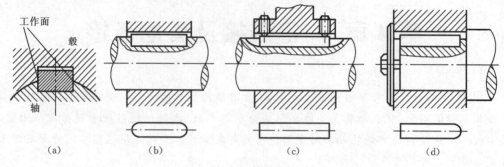

图 4-1　普通平键
(a) 横截面图；(b) 圆头；(c) 平头；(d) 单圆头

薄型平键的结构形式与普通平键基本相同,也有双圆头、平头、单圆头三种。不同的是薄型平键的高度大约只有普通平键的 2/3。薄型平键传递的转矩较小,主要用于薄壁结构。

如果轴与轴上的零件之间传递的转矩很大,又不能增加键的长度时,可用两个普通平键,通常两个键沿轴的周向方向相隔 180°,目的是使轴与轮毂对中良好,同时有利于达到平衡。如果传递的转矩再增大,就要考虑使用花键连接或其他连接了。

2) 导向平键和滑键

导向平键和滑键属于松键连接,但它们又属于动连接,即轴与轴上的零件之间有轴向相对移动的连接。参见图 4-2、图 4-3。导向平键是一种较长的普通平键,它被螺钉固定在轴的键槽上,轴上零件可以沿键作轴向滑移。滑键的作用与导向平键相同,只不过滑键是固定在轮毂上而不是轴上,轴上的零件带着滑键在轴上的键槽中作轴向滑移,所以轴上要铣出较长的键槽。滑键分双钩头滑键和单圆头滑键两种。导向平键适用于轴上零件轴向位移量不大的场合,滑键适用于轴上零件轴向移动量较大的场合。

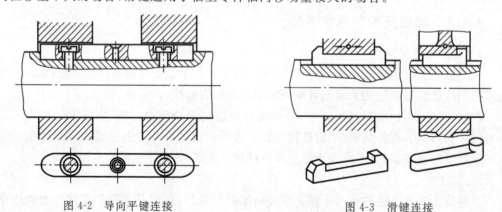

图 4-2　导向平键连接　　　　　　　　　　图 4-3　滑键连接

2. 半圆键

半圆键属于松键连接,同时又属于静连接。同平键一样,键的工作面为侧面。半圆键用钢切制或冲压形成,轴上键槽用尺寸与半圆键相同的半圆键槽盘状铣刀铣出,所以半圆键对中良好,装配方便(见图 4-4)。由于半圆键能在槽中摆动,它特别适合锥形轴与轮毂的连接。缺点是键槽较深,从而对轴的强度削弱较大,所以半圆键只用于轻载场合。

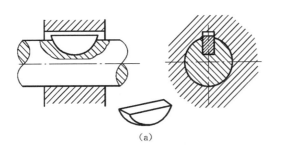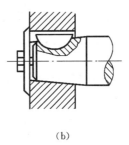

图 4-4 半圆键连接

(a) 圆柱轴；(b) 圆锥轴

3. 楔键

楔键属于紧键连接，只能用于静连接。楔键的工作面是上下表面，楔键的下表面没有斜度，楔键的上表面具有 1∶100 的斜度，与它相配合的轮毂键槽底面也有 1∶100 的斜度（见图4-5），所以装配时需加外力压入。工作时，楔键靠键的楔紧作用传递运动和转矩，同时能承受单方向的轴向载荷。但由于楔键打入时，在轴和轮毂之间产生很大的挤压力，会使轴和轮毂孔产生弹性变形，从而使轴和轮毂产生偏心，因此楔键主要用于定心精度要求不高、载荷平稳和低速的场合。当需要两个楔键时，其安装位置最好相隔 90°～120°。

楔键分为普通楔键和钩头楔键两种。钩头楔键的钩头是为了便于拆卸，楔键一般用于轴端。

4. 切向键

切向键由两个斜键组成，斜键的斜度为 1∶100，所以切向键实际上就是两个普通楔键（见图 4-6）。在安装时，两个楔键的斜面上相互接触，这样两个楔键组合体上下表面便形成了相互平行的两个平面，这两个平面便是工作面。切向键是安装在轴和轮毂孔的切线方向，工作时，靠工作面上的挤压力和轴与轮毂间的摩擦力来传递转矩，因而能传递很大转矩。用一个切向键，只能单向转动；要求正反两个方向转动时，就必须用两个切向键。两个切向键最好沿圆周方向分布成 120°～130°，这样就不会很严重地削弱轴和轮毂的强度。由于切向键的键槽对轴的削弱较大，常用于较大的轴径中，所以切向键多用于对中要

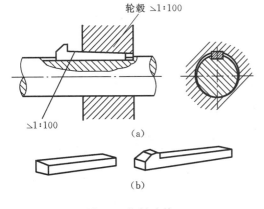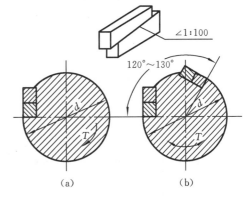

图 4-5 楔键连接

(a) 安装示意图；(b) 外形图

图 4-6 切向键连接

(a) 单切向键；(b) 双切向键

求不高而载荷较大的重型机械。

4.1.2　键的选用和强度校核

键的选用包括类型的选用和规格尺寸的选用。类型的选用可根据轴和轮毂的结构特点、使用要求和工作条件来确定。键的规格尺寸的选用则根据轴的直径 d 按标准确定键宽 b，由于键是标准零件，键宽 b 确定以后键高 h 也随之确定了。键的长度 L 则根据轮毂长度确定，L 等于或略小于轮毂长度，导向键按轮毂长度及其滑动距离而定，滑键主要根据轮毂长度来确定。在国家标准中，键的长度有规定的长度系列，L 的选择要尽量符合国家标准中的规定。

键的材料一般为碳素钢，常用的有 45 钢等。

平键连接主要有以下两种失效形式。

（1）对于静连接：一般是键、轴或轮毂中较弱的零件的工作面被压溃，严重过载时可能被剪断。

（2）对于动连接：键、轴或轮毂中较弱的零件的工作面的磨损。

所以，压溃和磨损是平键连接的主要失效形式，通常只进行键连接的挤压强度或耐磨性计算。

假设工作压力沿键的长度和高度均匀分布，则它们的强度条件分别为

静连接
$$\sigma_{bs} = \frac{2T/d}{lk} = \frac{2T}{dlk} \leqslant [\sigma_{bs}] \tag{4-1}$$

动连接
$$p = \frac{2T/d}{lk} = \frac{2T}{dlk} \leqslant [p] \tag{4-2}$$

式中：σ_{bs}——键连接工作表面的挤压应力（MPa）；

p——键连接工作表面的压强（MPa）；

T——转矩（N·mm）；

d——轴的直径（mm）；

l——键的工作长度（mm），圆头平键 $l = L - b$，平头平键 $l = L$，单圆头平键 $l = L - b$，这里 L 为平键的公称长度（mm），b 为键的宽度（mm）；

k——键与轮毂接触高度（mm），$k \approx h/2$，此处 h 为键的高度（mm）；

$[\sigma_{bs}]$——许用挤压应力（MPa）；

$[p]$——许用压强（MPa）。

键连接的许用挤压应力和许用压强见表 4-1。

表 4-1　键连接的许用挤压应力和许用压强

许用值	连接方式	连接中较弱零件的材料	载荷性质		
			静载荷	轻微冲击	冲击
$[\sigma_{bs}]$/MPa	静连接	钢	120~150	100~120	60~90
		铸铁	70~80	50~60	30~45
$[p]$/MPa	动连接	钢	50	40	30

<h1>4.2 花 键 连 接</h1>

<h2>4.2.1 花键连接的特点</h2>

花键连接是由轴和毂孔上的多个键齿和键槽组成,工作面为齿侧面,可用于静连接或动连接。花键连接在结构上可以近似看成多个均布的平键连接,只不过键与轴毂是做成一体的。此外,与平键连接相比,花键连接的齿槽较浅,对轴和轮毂的强度削弱较小,应力集中小。花键连接具有对中性好和导向性好的特点。花键连接由内花键和外花键组成(见图 4-7),外花键可以用铣床或齿轮加工机床进行加工,需要专用的加工设备、刀具和量具,所以花键连接成本较高。它适用于承受重载荷或变载荷及定心精度高的静、动连接。

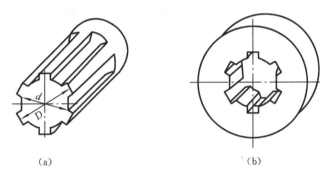

(a)　　　　　　　　　(b)

图 4-7　花键连接组成

(a) 外花键;(b) 内花键

<h2>4.2.2 类型选择</h2>

花键连接有矩形花键连接和渐开线花键连接两种。

1. 矩形花键连接

图 4-8(a)所示为矩形花键连接,矩形花键的齿廓为矩形,键齿两侧为平面。矩形花键形状简单,加工方便。矩形花键连接定心方式为小径定心,即外花键和内花键的小径为配

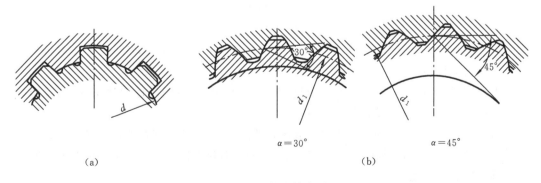

$\alpha = 30°$　　　　　　　$\alpha = 45°$

(a)　　　　　　　　　(b)

图 4-8　花键连接类型

(a)矩形花键;(b)渐开线花键

合面,由于外花键和内花键的小径易于磨削,故矩形花键连接的定心精度较高。国家标准 GB/T 1144—2001 矩形花键规格中规定,矩形花键的表示方法为 $N \times d \times D \times B$,代表键齿数×小径×大径×键齿宽。根据花键齿高的不同,矩形花键的齿形尺寸分为轻、中两个系列。轻系列一般用于轻载或静连接,中系列一般用于重载或动连接。花键通常要进行热处理,表面硬度一般应高于 40 HRC。

2. 渐开线花键连接

图 4-8(b)所示为渐开线花键连接。渐开线花键的齿廓为渐开线,可以利用渐开线齿轮切制的加工方法来加工,工艺性较好。按分度圆压力角进行分类,渐开线花键分为 30°压力角和 45°压力角渐开线花键(又称三角形花键)两种。压力角为 45°的渐开线花键与压力角为 30°的渐开线花键相比,齿数多、模数小、齿形短,对连接件强度的削弱小,但承载能力也较低,多用于轻载和直径小的静连接,特别适用于轴与薄壁零件的连接。

渐开线花键与渐开线齿轮相比,其齿廓均为渐开线,区别是压力角不同和齿高不同,渐开线花键的齿高较短,也因齿高较短,渐开线花键不产生根切的齿数也较少。

4.3　销　连　接

常用的销连接一般用来连接零件并传递不大的载荷,定位销的用途是在组合装置中定位,安全销用作安全装置中的过载剪断元件。

销的类型很多,且销均已标准化,在实际工作中以圆柱销和圆锥销应用最多(见图 4-9)。

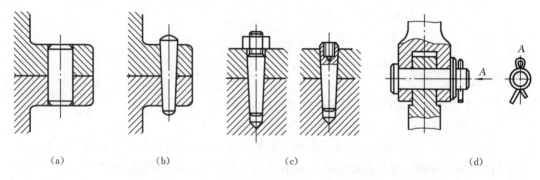

图 4-9　销连接
(a) 普通圆柱销;(b) 普通圆锥销;(c) 带螺纹圆锥销;(d) 开尾销

普通圆柱销:多用于定位,靠过盈配合固定在销孔中,配合精度较高,经多次装拆后定位精度的可靠性会降低。

普通圆锥销:具有 1∶50 的锥度,安装方便,可自锁,定位精度比圆柱销高,多次装拆对定位精度的影响也较小,应用广泛。

带螺纹圆柱槽的圆锥销:在销的一端带有螺纹,常用于盲孔或拆卸困难的场合。

开尾圆锥销:在圆锥销的尾部开有一个槽,安装时槽会产生弹性变形,常用于有冲击、振动和高速运行的场合。

圆柱槽销或圆锥槽销:常用于有振动、变载荷和经常装拆的场合,在很多情况下可代替键连接和螺栓连接。

弹性圆柱销:用弹簧钢带卷制而成且在纵向留有缝的管状销,这种连接依靠销的弹性变形使其紧固在销孔中,用于有冲击载荷的场合。

4.4　无键连接

无键连接通常有过盈配合连接、膨胀连接和型面连接三种。

4.4.1　过盈配合连接

利用两个被连接零件间的过盈配合来实现的连接称为过盈配合连接(见图 4-10)。

组成连接的两个零件一个为包容件,另一个为被包容件。它们装配后,在结合处由于过盈量 δ 的存在而使材料产生弹性变形,从而在配合表面间产生很大的正压力,工作时依靠正压力产生的摩擦力来传递载荷。载荷可以是轴向力、转矩或弯矩。过盈配合连接分为圆柱面过盈配合连接和圆锥面过盈配合连接两种,其配合表面分别为圆柱面和圆锥面。

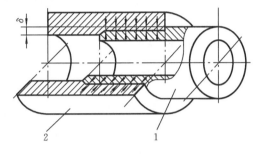

图 4-10　过盈配合连接
1—被包容件;2—包容件;δ—过盈量

过盈配合连接的优点是结构简单,定心性好,承载能力高,承受变载荷和冲击的性能好。主要缺点是配合面的加工精度要求较高,且装配困难。过盈配合常用于机车车轮的轮毂与轮心的连接,齿轮、蜗轮的齿圈与轮心的连接等。

过盈配合连接的装配采用压入法和温差法等。拆卸时一般因需要很大的外力而常常使零件被破坏,因此这种连接一般是不可拆连接,但圆锥面过盈连接、胀紧连接常常是可拆卸的。对于功率大、过盈量大的圆锥面过盈连接,可利用液压的装拆方法。

过盈连接的承载能力取决于连接件配合表面间产生的正压力的大小。在选择配合时,要使连接件配合表面间产生的正压力足够大以保证在载荷作用下不发生相对滑动,同时又要注意被连接件的强度,让零件在装配应力下不致被破坏。

4.4.2　膨胀连接

膨胀连接又称弹性环连接,是利用装在轴毂之间的以锥面贴合的一对内、外弹性钢环,在对钢环施加外力后从而使轴毂被挤紧的一种连接。如图 4-11 所示,当拧紧螺母时,在轴向压力作用下,两个弹性钢环压紧,内环缩小而箍紧轴,外环胀大而撑紧毂,于是轴与内环、内环与外环、外环与毂在接触面间产生很大的正压力,利用此压力所引起的摩擦力矩来传递载荷。

膨胀连接中的弹性钢环又称胀套,可以是一对,也可以是数对。当采用多对弹性环时,由于摩擦力的作用,轴向压紧力传到后面的弹性环时会有所降低,从而使在接触面间产生的正压力降低,进而减小接触面的摩擦力。所以,膨胀连接中的弹性钢环对数不宜太多,一般以 3～4 对为宜。

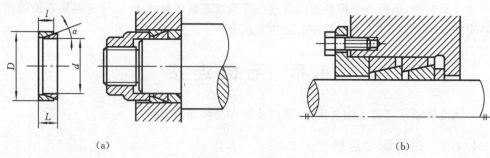

图 4-11　膨胀连接
(a) 单对弹性钢环；(b) 多对弹性钢环

膨胀连接主要特点是：定心性能好、装拆方便、应力集中小、承载能力大等。但由于要在轴与毂之间安装弹性环，受轴与毂之间的尺寸影响，其应用受到一定的限制。

4.4.3　型面连接

型面连接是利用非圆截面的轴与非圆截面的毂孔构成的连接。沿轴向方向看去，轴与轮毂孔可以做成柱面(见图 4-12(a))，也可以做成锥面(见图 4-12(b))。这两种表面都能传递转矩。除此之外，前者还可以形成沿轴向移动的动连接，后者则能承受单方向的轴向力。

型面连接的优点是装拆方便、定心性好、没有应力集中源、承载能力大。但它的加工工艺比较复杂，特别是为了保证配合精度，非圆截面轴先经车削或铣削，毂孔先经钻镗或拉削，最后工序一般都要在专用机床上进行磨削加工，故目前型面连接的应用还不广泛。

型面连接常用的型面曲线有摆线和等距曲线两种。另外，型面连接还有方形、正六边形及带切口的非圆形截面形状等。

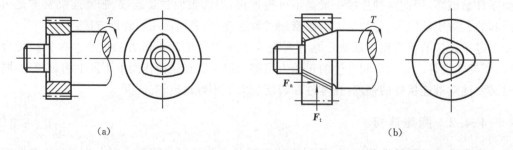

图 4-12　型面连接
(a) 柱面；(b) 锥面

本章重点、难点和知识拓展

本章重点是熟悉各种键连接的工作原理、结构形式和选用方法，了解其加工过程；熟悉销连接的类型、选用方法。难点是掌握平键和花键连接的失效形式和强度校核方法。

轴毂连接的种类很多，应用场合各不相同，同一场合也可以应用不同的连接方式。学习本章的关键是合理选用轴毂连接类型,要达到熟练而合理的选用,应注意对日常生活中的所见机械进行观察,分析其所选择的轴毂连接类型的原因。有条件时可深入工厂进行学习,了解现有的成熟的机械的轴毂连接方式,以提高自己的感性认识。除此之外,了解各种轴毂连接方式的加工和安装过程,对于连接方式的选用是十分重要的。

本章参考文献

[1] 彭文生,李志明,黄华梁. 机械设计[M]. 北京:高等教育出版社,2002.
[2] 徐锦康. 机械设计[M]. 北京:高等教育出版社,2004.
[3] 吴宗泽. 机械设计[M]. 北京:高等教育出版社,2001.
[4] 钟毅芳,吴昌林,唐增宝. 机械设计[M]. 2版. 武汉:华中科技大学出版社,2001.
[5] 王中发. 实用机械设计[M]. 北京:北京理工大学出版社,1998.
[6] 陈国定. 机械设计基础[M]. 北京:机械工业出版社,2005.

思考题与习题

问答题

4-1 普通平键、花键连接有哪些特点?

4-2 简要回答各种键连接适用于哪些场合。

4-3 简要回答平键连接的失效形式和强度校核方法。

4-4 如何选择普通平键的尺寸?其公称长度与工作长度之间有什么关系?

4-5 矩形花键根据哪一个直径定心?为什么?

4-6 销连接通常用于什么场合?当销用作定位元件时有哪些要求?

4-7 查阅有关手册,列出8~10种销的用途。

设计计算题

4-8 某机械的轴与套筒联轴器采用平键连接,已知轴径 $d=60$ mm,轴与联轴器的配合长度为110 mm,联轴器材料为铸铁,轴材料为45钢。试选择键的规格尺寸,并计算该连接所能传递的最大转矩。

第3篇 机械传动设计

第5章 带传动与链传动设计

引言 在机械设备和日常生活中经常用到带传动和链传动,它们都适用于中心距较大的运动和动力的传递。为什么洗衣机中用带传动而不用链传动,而自行车和摩托车用链传动而不用带传动呢? 如何进行带传动、链传动的设计? 这是本章将讨论和介绍的内容。

5.1 概 述

5.1.1 带传动的特点、类型及应用

1. 带传动的特点和类型

如图 5-1 所示,带传动主要由主动轮 1、从动轮 2 和带 3 组成。带传动可分为摩擦传动和啮合传动两大类。平带、V 带和特殊带(如圆形带、多楔带)等都是借助于带与带轮接触面间的摩擦力来传递运动和动力的,而同步齿形带则是靠带内表面上的凸齿与带轮外缘上的轮齿相啮合来传动的。

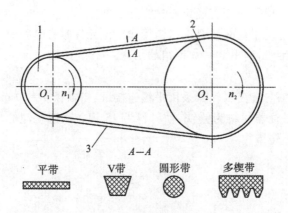

图 5-1 带传动的组成

1—主动轮;2—从动轮;3—带

带传动的类型和特点如表 5-1 所示。

表 5-1 带传动的类型和特点

类型	传动形式	简 图	特 点	类型	简 图	特 点
平带传动	开口式	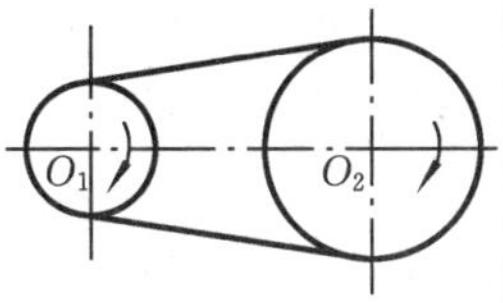	带横截面为扁平矩形,传动结构最简单,带轮制造容易。多用于中心距较大的场合。一般用的平带是有接头的橡胶布带,运转不平稳,不适于高速。高速机械中常用无接头的高速环形胶带、丝织带、锦纶编织带等	V带传动	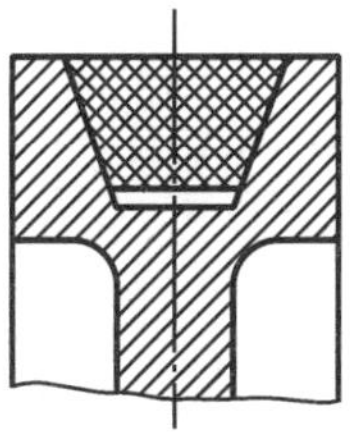	带横截面为等腰梯形,带轮上需制出相应的环形沟槽。V带无接头,传动平稳。工作时带和轮槽两侧面接触,传动能力约为平带的三倍,应用最广
	交叉式	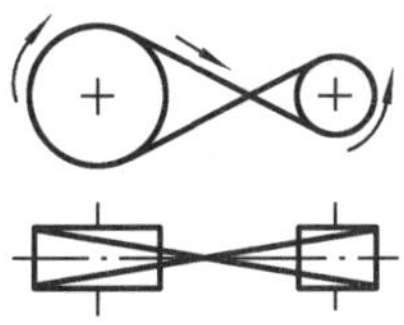		圆带传动	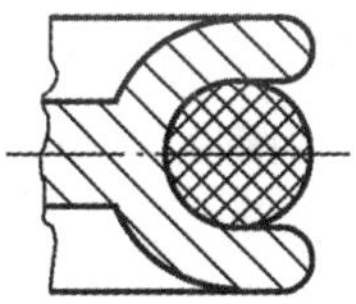	带横截面为圆形,仅用于功率较小的轻工、仪表中,如缝纫机、真空吸尘器、磁带盘的机械传动
	半交叉式	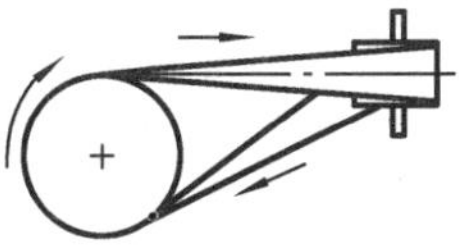		多楔带传动	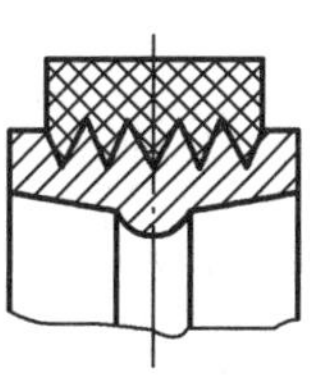	多楔带兼有平带与V带的优点,柔性好,摩擦力大,主要用于传递较大功率、结构要求紧凑的场合
	角度传动	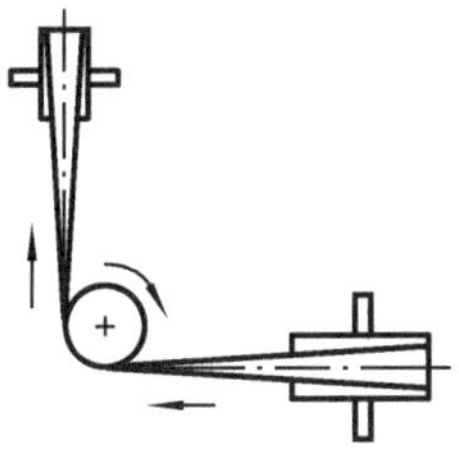		齿形带传动	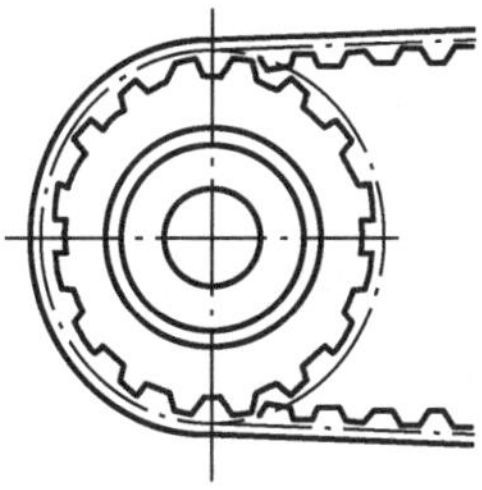	属啮合传动,主、从动轮能达到同步传动,具有准确的传动,结构紧凑,带的张紧力小,适用于高速传动

带传动的主要优点是:①传动的中心距较大;②传动带是弹性体,能缓冲、吸振,传动平稳,噪声小;③结构简单,成本较低,装拆方便;④过载时,带在带轮上打滑,可防止其他零件损坏。

带传动的主要缺点是:①外廓尺寸较大,不紧凑;②由于带的弹性滑动,不能保证准确的传动比;③传动带需要张紧,支承带轮的轴及轴承受力较大;④传动效率低,带的使用寿命短;⑤不宜用于高速、易燃等场所。

平带以其内面为工作面,带轮结构简单,容易制造,在传递中心距较大的场合应用较多。如图 5-2(a)所示,F_p 为带对带轮的正压力,工作时带与带轮间的摩擦力为

$$F_f = fF_N = fF_p \tag{5-1}$$

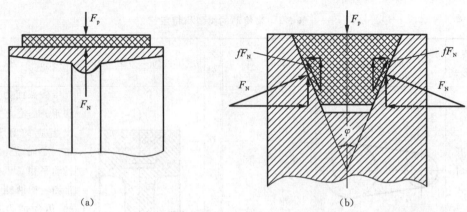

图 5-2　平带和 V 带传动受力比较
（a）平带传动；（b）V 带传动

V 带以其两侧面为工作面。如图 5-2（b）所示,工作时,除有与轮槽侧面的切向摩擦外,还有因带楔入或脱出轮槽时产生的径向摩擦。这是因为当带中拉力改变时,带与轮之间的正压力随之改变,引起带的横向变形也改变,使带嵌入轮槽的深度相应改变,从而产生了带的径向滑动。其径向受力关系为

$$F_p = 2\left(F_N \sin \frac{\varphi}{2} + f F_N \cos \frac{\varphi}{2} \right)$$

$$F_N = \frac{F_p}{2\left(\sin \dfrac{\varphi}{2} + f \cos \dfrac{\varphi}{2} \right)}$$

故 V 带与带轮间的摩擦力为

$$F_f = 2 f F_N = \frac{f F_p}{\sin \dfrac{\varphi}{2} + f \cos \dfrac{\varphi}{2}} = f_v F_p \qquad (5\text{-}2)$$

$$f_v = \frac{f}{\sin \dfrac{\varphi}{2} + f \cos \dfrac{\varphi}{2}} \qquad (5\text{-}3)$$

式中:F_N——带与带轮间的正压力;

　　f——带与带轮间的摩擦系数;

　　f_v——V 带传动的当量摩擦系数;

　　φ——V 带轮的轮槽角。

显然 $f_v > f$,这表明在压紧力相同的情况下,V 带在轮槽表面上能产生较大的摩擦力,即 V 带传动承载能力比平带的大。

2. 带传动的应用

带传动的应用范围非常广泛,但由于效率低,大功率的带传动用得较少,通常传动功率不超过 50 kW。带的工作速度一般为 5～25 m/s。平带传动的传动比可以达到 5,常取 3 左右,有张紧轮时可以达到 10;V 带传动的传动比一般不超过 7,个别情况可达到 10。平带传动的效率为 0.83～0.98,V 带传动的效率为 0.87～0.96。

3. V 带的类型与标准

V 带的类型有普通 V 带、窄 V 带、宽 V 带、大楔角 V 带、齿形 V 带、汽车 V 带、联组

V 带和接头 V 带等。其中普通 V 带应用最广。

标准规定：普通 V 带按截面的大小分为 Y、Z、A、B、C、D、E 七个型号，带的截面尺寸和单位长度质量见表 5-2。

表 5-2　普通 V 带的截面尺寸和单位长度质量

带　　型	节宽 b_p/mm	顶宽 b/mm	高度 h/mm	楔角 α	单位长度质量 q/(kg/m)
Y	5.3	6.0	4.0		0.023
Z	8.5	10.0	6.0		0.060
A	11.0	13.0	8.0		0.105
B	14.0	17.0	11.0	40°	0.170
C	19.0	22.0	14.0		0.300
D	27.0	32.0	19.0		0.630
E	32.0	38.0	23.0		0.970

普通 V 带的相对高度 $h/b_p \approx 0.7$，它的规格尺寸、性能、测量方法及使用要求等均已标准化。当带垂直于其顶面弯曲时，从横截面上看，顶胶变宽，底胶变窄，在顶胶和底胶之间的某个位置处宽度保持不变，这个宽度称为带的节宽 b_p。普通 V 带的节宽是带的基准宽度。

普通 V 带均制成无接头的环状带，带的基准长度记为 L_d，它是 V 带在规定的张紧力下，位于测量带轮基准直径（与所配用 V 带的节宽 b_p 相对应的带轮直径）上的周线长度。V 带根据其结构分为包边 V 带和切边 V 带。包边 V 带按带芯的结构分为帘布芯 V 带和绳芯 V 带两种（见图 5-3）。为了提高带的承载能力，近年来已普遍采用化学纤维绳芯结构的 V 带。

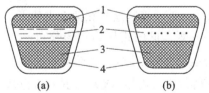

图 5-3　包边 V 带的结构

(a)帘布芯结构；(b)绳芯结构

1—顶胶；2—抗拉体；3—底胶；4—包布

　　窄 V 带的横截面结构与普通 V 带类似。与普通 V 带相比,当带的宽度相同时,窄 V 带的高度约增加 1/3,使其看上去比普通 V 带窄。由于窄 V 带抗拉体材料承载能力大,以及带截面形状的改进,使得窄 V 带的承载能力与相同宽度的普通 V 带的承载能力相比有了较大的提高,因而适用于传递功率较大同时又要求外形尺寸较小的场合。

　　由于普通 V 带的设计方法与理论具有普遍性,故本章将重点讨论普通 V 带的设计方法,其他类型的 V 带传动设计可参阅有关标准。

5.1.2　链传动的特点及应用

1. 链传动的特点

链传动是以链条作为挠性曳引元件的一种啮合传动,其组成如图 5-4 所示。与带传动、齿轮传动相比,链传动的优点是:①没有滑动,且平均传动比准确;②传动效率较高;③压轴力较小;④传递功率大,过载能力强;⑤能在低速、重载工况下较好地工作;⑥能适应恶劣环境(如多尘、油污、易腐蚀、高温等场合)。链传动的缺点是:①瞬时传动比不恒定,传动的平稳性差,有噪声;②磨损后易发生跳齿和脱链;③急速反向转动的性能差。

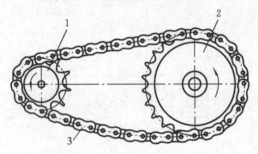

图 5-4　链传动
1—主动轮;2—从动轮;3—链

2. 链传动的应用

按用途不同,链可分为传动链、起重链和曳引链。传动链主要用于传递运动和动力,应用很广泛,其工作速度 $v \leqslant 15$ m/s,传递功率 $P \leqslant 100$ kW,传动比 $i \leqslant 8$,一般 $i = 2 \sim 3$,传动效率 $\eta = 0.95 \sim 0.98$。起重链主要用在起重机械中提升重物,其工作速度不大于 0.25 m/s。曳引链主要用在运输机械中移动重物,其工作速度一般为 $2 \sim 4$ m/s。

本章只介绍传动链。

5.2　带传动的基本理论

5.2.1　带传动的受力分析

1. 带传动的有效拉力

摩擦型带传动在安装时,带必须张紧地套在两个带轮上。在工作前,带中各处均受到一定的初拉力 F_0,带与带轮接触面间的正压力均匀分布(见图 5-5(a))。工作时,主动轮对带的摩擦力 $\sum F_f$ 与带的运动方向一致,从动轮对带的摩擦力 $\sum F_f'$ 与带的运动方向相反。所以主动边被进一步拉紧,拉力由 F_0 增大到 F_1,称为紧边;另一边拉力减少到 F_2,称为松边(见图 5-5(b))。

紧边拉力与松边拉力的差值称为带传动的有效拉力 F_e。有效拉力就是带传动传递的圆周力。F_e 不是集中力,而是分布在带和带轮接触面上的摩擦力总和 $\sum F_f$,即

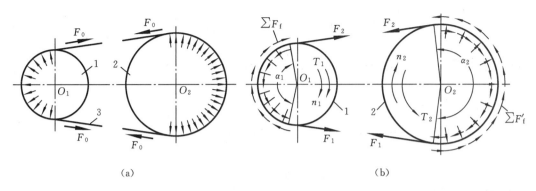

图 5-5 带传动的受力分析

（a）工作前；（b）工作时

1—主动轮；2—从动轮；3—带

$$F_e = \sum F_f = F_1 - F_2 \tag{5-4}$$

2. 离心拉力

在图 5-6 中取一微段带 $\mathrm{d}l$，所对应的包角为 $\mathrm{d}\alpha$，若每米带的质量为 $q(\mathrm{kg/m})$，当微段带以速度 $v(\mathrm{m/s})$ 绕半径为 r 的带轮作圆周运动时，具有向心加速度 $a_n(a_n = v^2/r)$。带上每一质点都受离心惯性力 $\mathrm{d}F_c' = ma_c = q(r\mathrm{d}\alpha)\dfrac{v^2}{r}$ 的作用，而 $\mathrm{d}F_c'$ 与离心拉力 F_c 相平衡，则有

$$q(r\mathrm{d}\alpha)\frac{v^2}{r} = 2F_c \sin \frac{\mathrm{d}\alpha}{2}$$

在上式中，因 $\mathrm{d}\alpha$ 很小，故可取 $\sin\dfrac{\mathrm{d}\alpha}{2} \approx \dfrac{\mathrm{d}\alpha}{2}$，得离心拉力

$$F_c = qv^2 \tag{5-5}$$

由于带为封闭环形，因此离心拉力 F_c 作用于带的全长。

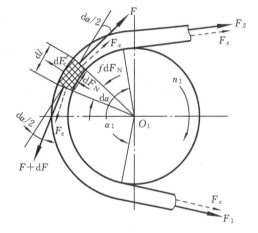

图 5-6 带的松、紧边拉力关系计算简图

3. 带传动的极限有效拉力及其影响因素

带传动中，当其他条件不变且初拉力 F_0 一定时，带和带轮之间的摩擦力有一极限值，即有效拉力有一极限值，该极限值就限制着带传动的传动能力。下面来分析极限有效拉力的计算方法和影响因素。

假设：带在带轮上绕过时作匀速圆周运动，带与带轮接触弧面间的摩擦系数 f 为常量，忽略带绕在带轮上时的弯曲阻力。

在图 5-6 中取一微段带 $\mathrm{d}l$，其受力情况为：上、下端分别受拉力 F 和 $F + \mathrm{d}F$，带轮对带的正压力为 $\mathrm{d}F_N$、摩擦力为 $f\mathrm{d}F_N$，离心力为 $\mathrm{d}F_c'$。按动静法可得微段带在带轮径向和切向的力平衡方程为

$$\mathrm{d}F_N + \mathrm{d}F_c' - F\sin\frac{\mathrm{d}\alpha}{2} - (F + \mathrm{d}F)\sin\frac{\mathrm{d}\alpha}{2} = 0$$

$$fdF_N + F\cos\frac{d\alpha}{2} - (F + dF)\cos\frac{d\alpha}{2} = 0$$

略去二次微量 $dF\sin\frac{d\alpha}{2}$，并取 $\sin\frac{d\alpha}{2} \approx \frac{d\alpha}{2}, \cos\frac{d\alpha}{2} \approx 1, dF'_c = qv^2 d\alpha$，可得

$$\frac{dF}{F - qv^2} = f d\alpha$$

求上式在 F_2 到 F_1 和 0 到 α_1 的界限内的积分，可得

$$\frac{F_1 - qv^2}{F_2 - qv^2} = e^{f\alpha_1} \tag{5-6}$$

式中：e——自然对数的底数；

f——摩擦系数；

α_1——带在小带轮上的包角（rad）。

对于 V 带传动，式(5-6)中，f 应代入当量摩擦系数 f_v。

由式(5-4)和式(5-6)得

$$\left.\begin{array}{l} F_1 = \dfrac{F_e e^{f\alpha_1}}{e^{f\alpha_1} - 1} + qv^2 \\[3mm] F_2 = \dfrac{F_e}{e^{f\alpha_1} - 1} + qv^2 \end{array}\right\} \tag{5-7}$$

若带速很低，可忽略离心力，则带在带轮上即将打滑时有 $F_1/F_2 = e^{f\alpha_1}$，此即著名的欧拉公式。

如果认为工作时带的总长不变，且认为带是弹性体，符合胡克定律，则带的紧边拉力的增加量等于松边拉力的减少量，即

$$F_1 - F_0 = F_0 - F_2$$

或

$$2F_0 = F_1 + F_2 \tag{5-8}$$

由式(5-4)和式(5-8)得

$$F_1 = F_0 + \frac{F_e}{2}, \quad F_2 = F_0 - \frac{F_e}{2} \tag{5-9}$$

将式(5-9)代入式(5-6)，可得带与带轮之间的极限摩擦力，即带传动的极限有效拉力为

$$F_{elim} = 2(F_0 - qv^2)\left(1 - \frac{2}{e^{f\alpha_1} + 1}\right) \tag{5-10}$$

式(5-10)表明，有效拉力的极限值与初拉力、带的单位长度质量、带速、小轮包角以及带与带轮之间的摩擦系数等因素有关，F_0 大、α_1 大、f（V 带传动为 f_v）大、q 小、v 小时，极限摩擦力也大，能传递的有效拉力就大。

5.2.2 带传动的运动分析

1. 带传动的弹性滑动和打滑

带是弹性体，受力后会产生弹性变形，受力愈大弹性变形愈大；反之愈小。工作时由于紧边拉力 F_1 大于松边拉力 F_2，则带在紧边的伸长量将大于松边的伸长量。见图 5-7（图中用相邻横向间隔线的距离大小表示带的相对伸长程度）。带绕过主动轮时，由于带

伸长量逐渐缩短而使带在带轮上产生微量向后滑动,使带速 v 低于主动轮圆周速度 v_1;带绕过从动轮时,由于带逐渐伸长也将在带轮上产生微量滑动,使带速 v 高于从动轮圆周速度 v_2。上述因带的弹性变形量的变化而引起带与带轮之间微量相对滑动的现象,称为带的弹性滑动。

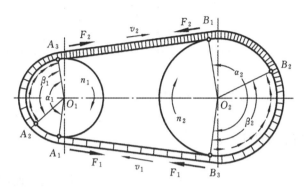

图 5-7　带的弹性滑动

　　弹性滑动导致从动轮的圆周速度低于主动轮的圆周速度,降低了传动效率,使带与带轮磨损增加和温度升高。弹性滑动是摩擦型带传动正常工作时不可避免的固有特性。

　　实验结果表明,弹性滑动只发生在带离开带轮前的称为滑动弧的那部分接触弧 $\overset{\frown}{A_2 A_3}$ 和 $\overset{\frown}{B_2 B_3}$ 上(见图 5-7),$\overset{\frown}{A_1 A_2}$ 和 $\overset{\frown}{B_1 B_2}$ 则称为静弧。滑动弧和静弧所对应的中心角分别称为滑动角(β_1、β_2)与静角。滑动弧随着载荷的增大而增大,当传递的有效拉力达到极限值 F_{elim} 时,小带轮上的滑动弧增至全部接触弧,即 $\beta_1 = \alpha_1$。如果载荷继续增大,则带与小带轮接触面间将发生显著的相对滑动,这种现象称为打滑。打滑将使带严重磨损和发热、从动轮转速急剧下降、带传动失效,所以打滑是必须避免的。但在传动突然超载时,打滑却可以起到过载保护的作用,避免其他零件发生损坏。

　　2. 滑动率和传动比

　　由带的弹性滑动引起的从动轮相对于主动轮圆周速度的降低率 ε 称为滑动率,即

$$\varepsilon = \frac{v_1 - v_2}{v_1} = \frac{\pi d_{d1} n_1 - \pi d_{d2} n_2}{\pi d_{d1} n_1}$$

$$= 1 - \frac{d_{d2} n_2}{d_{d1} n_1} \tag{5-11}$$

式中:n_1、n_2——主、从动轮转速(r/min);

　　　　d_{d1}、d_{d2}——主、从动轮的基准直径(mm)。

　　由式(5-11)可得传动比 i 或从动轮直径 d_{d2} 与滑动率 ε 的关系,即

$$i = \frac{n_1}{n_2} = \frac{d_{d2}}{(1 - \varepsilon) d_{d1}}$$

$$d_{d2} = (1 - \varepsilon) \frac{d_{d1} n_1}{n_2} = (1 - \varepsilon) d_{d1} i \tag{5-12}$$

　　带传动正常工作时,滑动率 ε 随所传递的有效拉力的变化而成正比地变化,因此带传动不能保持恒定的传动比。一般 ε 为 1%～2%,可以忽略不计。

5.2.3　带的应力分析

1. 拉应力

包括紧边拉应力 σ_1 和松边拉应力 σ_2。

$$\left.\begin{array}{l} \sigma_1 = F_1/A \\ \sigma_2 = F_2/A \end{array}\right\} \tag{5-13}$$

式中：A——带的横截面积（mm^2）。σ_1 和 σ_2 的单位为 MPa；F_1 和 F_2 的单位为 N。

2. 离心拉应力

由离心拉力而产生的离心拉应力 σ_c（MPa）为

$$\sigma_c = F_c/A = qv^2/A \tag{5-14}$$

离心拉应力作用于带的全长。

3. 弯曲应力

带绕过带轮时要引起弯曲应力，由材料力学可知带最外层的弯曲应力近似为

$$\left.\begin{array}{l} \sigma_{b1} = \dfrac{Eh}{d_{d1}} \\[2mm] \sigma_{b2} = \dfrac{Eh}{d_{d2}} \end{array}\right\} \tag{5-15}$$

式中：σ_{b1}、σ_{b2}——带在小带轮和大带轮上的弯曲应力，单位均为 MPa；

　　　E——带的弹性模量（MPa）；

　　　h——带的高度（mm），见表 5-2。

由式(5-15)可知，带越厚、轮径越小时，弯曲应力就越大。所以，带轮直径不宜太小。

带工作时，带最外层的应力分布情况如图 5-8 所示。最大应力发生在紧边开始绕上小轮处，即

$$\begin{aligned} \sigma_{max} &= \sigma_1 + \sigma_{b1} \\ &= \frac{F_1}{A} + \sigma_{b1} \\ &= \frac{F_e e^{f\alpha_1}}{A(e^{f\alpha_1} - 1)} + \sigma_c + \sigma_{b1} \end{aligned} \tag{5-16}$$

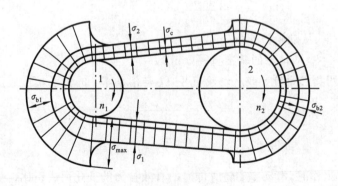

图 5-8　带传动中的应力分布

5.2.4　带传动的失效形式和计算准则

带传动的主要失效形式为打滑和带的疲劳破坏(脱层和疲劳断裂),所以带传动的计算准则是:保证带传动不打滑的前提下,充分发挥带的传动能力,并使传动带具有足够的疲劳强度和寿命。

由式(5-4)、式(5-6)、式(5-13)、式(5-14),可得带传动不出现打滑的极限有效拉力为

$$F_{elim} = (F_1 - qv^2)\left(1 - \frac{1}{e^{f\alpha_1}}\right)$$

$$= (\sigma_1 - \sigma_c)A\left(1 - \frac{1}{e^{f\alpha_1}}\right) \tag{5-17}$$

根据带的应力分析,带具有一定寿命的疲劳强度条件为

$$\sigma_{max} = \sigma_1 + \sigma_{b1} \leqslant [\sigma]$$

或 $$\sigma_1 \leqslant [\sigma] - \sigma_{b1} \tag{5-18}$$

式中:$[\sigma]$——由带的疲劳寿命决定的许用拉应力。

由式(5-17)、式(5-18)和带传动传递功率的计算式 $P=F_e v/1\,000$(P、F_e、v 的单位分别为 kW、N 和 m/s),可得单根 V 带所允许传递的功率 P_1(kW),称为带的基本额定功率。

$$P_1 = \frac{F_{elim}v}{1\,000} = ([\sigma] - \sigma_{b1} - \sigma_c)\left(1 - \frac{1}{e^{f\alpha_1}}\right)\frac{Av}{1\,000} \quad (kW) \tag{5-19}$$

5.3　V 带传动的设计

5.3.1　单根 V 带的许用功率

由实验得出,在 $10^8 \sim 10^9$ 次应力循环下,V 带的许用应力为

$$[\sigma] = \sqrt[m]{\frac{CL_d}{3\,600 j_n t_h v}} \tag{5-20}$$

式中:C——由 V 带的材质和结构决定的实验常数;

L_d——V 带的基准长度(m);

j_n——V 带绕行一周时绕过带轮的数目,一般取 $j_n=2$;

t_h——V 带的预期寿命(h);

m——指数,对普通 V 带,$m=11.1$。

将式(5-14)、式(5-15)、式(5-20)代入式(5-19),并取 $f_v=0.51$,可得单根 V 带的基本额定功率为

$$P_1 = \left[\sqrt[11.1]{\frac{CL_d}{7\,200 t_h v}} - \frac{Eh}{d_{d1}} - \frac{qv^2}{A}\right]\left(1 - \frac{1}{e^{0.51\alpha_1}}\right)\frac{Av}{1\,000} \tag{5-21}$$

表 5-3 列出了按式(5-21)确定的单根普通 V 带在特定条件(载荷平稳,L_d 为特定长度,$i=1$,即 $\alpha_1=180°$)下所能传递的基本额定功率 P_1,以便于设计时直接查用。

当使用条件与特定条件不符时,需引入附加项和修正系数。经过修正后的单根 V 带

许用功率（单位为 kW）的计算公式为

$$[P_1] = (P_1 + \Delta P_1)K_L K_\alpha \tag{5-22}$$

式中：ΔP_1——额定功率增量（kW），考虑 $i \neq 1$ 时，带在大轮上的弯曲应力较小，对带的疲劳强度有利，在相同寿命的条件下，额定功率可比 $i = 1$ 时的传递功率大（见表 5-4）；

　　K_L——长度系数，考虑带长不为特定长度时对传动能力的影响（见表 5-5）；

　　K_α——包角系数，考虑 $\alpha \neq 180°$ 时对传动能力的影响（见表 5-6）。

表 5-3　单根普通 V 带的基本额定功率 P_1　　　　　　　　　（kW）

带型	小带轮的基准直径 d_{d1}/mm	小带轮转速 n_1/(r/min)									
		400	700	800	950	1 200	1 450	1 600	2 000	2 400	2 800
Z	50	0.06	0.09	0.10	0.12	0.14	0.16	0.17	0.20	0.22	0.26
	56	0.06	0.11	0.12	0.14	0.17	0.19	0.20	0.25	0.30	0.33
	63	0.08	0.13	0.15	0.18	0.22	0.25	0.27	0.32	0.37	0.41
	71	0.09	0.17	0.20	0.23	0.27	0.30	0.33	0.39	0.46	0.50
	80	0.14	0.20	0.22	0.26	0.30	0.35	0.39	0.44	0.50	0.56
	90	0.14	0.22	0.24	0.28	0.33	0.36	0.40	0.48	0.54	0.60
A	75	0.26	0.40	0.45	0.51	0.60	0.68	0.73	0.84	0.92	1.00
	90	0.39	0.61	0.68	0.77	0.93	1.07	1.15	1.34	1.50	1.64
	100	0.47	0.74	0.83	0.95	1.14	1.32	1.42	1.66	1.87	2.05
	112	0.56	0.90	1.00	1.15	1.39	1.61	1.74	2.04	2.30	2.51
	125	0.67	1.07	1.19	1.37	1.66	1.92	2.07	2.44	2.74	2.98
	140	0.78	1.26	1.41	1.62	1.96	2.28	2.45	2.87	3.22	3.48
B	125	0.84	1.30	1.44	1.64	1.93	2.19	2.33	2.64	2.85	2.96
	140	1.05	1.64	1.82	2.08	2.47	2.82	3.00	3.42	3.70	3.85
	160	1.32	2.09	2.32	2.66	3.17	3.62	3.86	4.40	4.75	4.89
	180	1.59	2.53	2.81	3.22	3.85	4.39	4.68	5.30	5.67	5.76
	200	1.85	2.96	3.30	3.77	4.50	5.13	5.46	6.13	6.47	6.43
	224	2.17	3.47	3.86	4.42	5.26	5.97	6.33	7.02	7.25	6.95
C	200	2.41	3.69	4.07	4.58	5.29	5.84	6.07	6.34	6.02	5.01
	224	2.99	4.64	5.12	5.78	6.71	7.45	7.75	8.06	7.57	6.08
	250	3.62	5.64	6.23	7.04	8.21	9.04	9.38	9.62	8.75	6.56
	280	4.32	6.76	7.52	8.49	9.81	10.72	11.06	11.04	9.50	6.13
	315	5.14	8.09	8.92	10.05	11.53	12.46	12.72	12.14	9.43	4.16
	355	6.05	9.50	10.46	11.73	13.31	14.12	14.19	12.59	7.98	—

带型	小带轮的基准直径 d_{d1}/mm	小带轮转速 n_1/(r/min)									
		400	700	800	950	1 200	1 450	1 600	2 000	2 400	2 800
D	355	9.24	13.70	14.83	16.15	17.25	16.77	15.63	—	—	—
	400	11.45	17.07	18.46	20.06	21.20	20.15	18.31	—	—	—
	450	13.85	20.63	22.25	24.01	24.84	22.02	19.59	—	—	—
	500	16.20	23.99	25.76	27.50	26.71	23.59	18.88	—	—	—
	560	18.95	27.73	29.55	31.04	29.67	22.58	15.13	—	—	—
	630	22.05	31.68	33.38	34.19	30.15	18.06	6.25	—	—	—

注:本表摘自 GB/T 13575.1—2008。Y 型带主要用于传递运动,故未列出。

表 5-4 单根普通 V 带额定功率的增量 ΔP_1 (kW)

带型	传动比 i	小带轮转速 n_1/(r/min)									
		400	700	800	950	1 200	1 450	1 600	2 000	2 400	2 800
Z	1.35~1.50	0.00	0.01	0.01	0.02	0.02	0.02	0.02	0.03	0.03	0.04
	≥2.00	0.01	0.02	0.02	0.02	0.03	0.03	0.03	0.04	0.04	0.04
A	1.35~1.50	0.04	0.07	0.08	0.08	0.11	0.13	0.15	0.19	0.23	0.26
	≥2.00	0.05	0.09	0.10	0.11	0.15	0.17	0.19	0.24	0.29	0.34
B	1.35~1.50	0.10	0.17	0.20	0.23	0.30	0.36	0.39	0.49	0.59	0.69
	≥2.00	0.13	0.22	0.25	0.30	0.38	0.46	0.51	0.63	0.76	0.89
C	1.35~1.50	0.27	0.48	0.55	0.65	0.82	0.99	1.10	1.37	1.65	1.92
	≥2.00	0.35	0.62	0.71	0.83	1.06	1.27	1.41	1.76	2.12	2.47
D	1.35~1.50	0.97	1.70	1.95	2.31	2.92	3.52	3.89	—	—	—
	≥2.00	1.25	2.19	2.50	2.97	3.75	4.53	5.00	—	—	—

注:本表摘自 GB/T 13575.1—2008。当 i=1.00~1.01 时,ΔP_1 = 0.00。对于表中未列出的传动比,其相应的 ΔP_1 可近似插值或查相关标准。

表 5-5 普通 V 带的基准长度 L_d (mm)和长度系数 K_L

带 型														
Y		Z		A		B		C		D		E	
L_d	K_L	L_d	K_L	L_d	K_L	L_d	K_L	L_d	K_L	L_d	K_L	L_d	K_L
200	0.81	405	0.87	630	0.81	930	0.83	1565	0.82	2740	0.82	4660	0.91
224	0.82	475	0.90	700	0.83	1000	0.84	1760	0.85	3100	0.86	5040	0.92
250	0.84	530	0.93	790	0.85	1100	0.86	1950	0.87	3330	0.87	5420	0.94

续表

带　型													
Y		Z		A		B		C		D		E	
L_d	K_L	L_d	K_L	L_d	K_L	L_d	K_L	L_d	K_L	L_d	K_L	L_d	K_L
280	0.87	625	0.96	890	0.87	1210	0.87	2195	0.90	3730	0.90	6100	0.96
315	0.89	700	0.99	990	0.89	1370	0.90	2420	0.92	4080	0.91	6850	0.99
355	0.92	780	1.00	1100	0.91	1560	0.92	2715	0.94	4620	0.94	7650	1.01
400	0.96	920	1.04	1250	0.93	1760	0.94	2880	0.95	5400	0.97	9150	1.05
450	1.00	1080	1.07	1430	0.96	1950	0.97	3080	0.97	6100	0.99	12230	1.11
500	1.02	1330	1.13	1550	0.98	2180	0.99	3520	0.99	6840	1.02	13750	1.15
		1420	1.14	1640	0.99	2300	1.01	4060	1.02	7620	1.05	15280	1.17
		1540	1.54	1750	1.00	2500	1.03	4600	1.05	9140	1.08	16800	1.19
				1940	1.02	2700	1.04	5380	1.08	10700	1.13		
				2050	1.04	2870	1.05	6100	1.11	12200	1.16		
				2200	1.06	3200	1.07	6815	1.14	13700	1.19		
				2300	1.07	3600	1.09	7600	1.17	15200	1.21		
				2480	1.09	4060	1.13	9100	1.21				
				2700	1.10	4430	1.15	10700	1.24				
						4820	1.17						
						5370	1.20						
						6070	1.24						

表 5-6　包角系数 K_α

包角 α	180°	170°	160°	150°	140°	130°	120°	110°	100°	90°
K_α	1.00	0.98	0.95	0.92	0.89	0.86	0.82	0.78	0.74	0.69

5.3.2　V 带传动的设计与参数选择

1. 设计 V 带传动的原始数据

(1) 传递的功率 P。

(2) 主、从动轮转速 n_1 和 n_2 或传动比 i。

(3) 对传动位置和外部尺寸的要求。

(4) 工作条件。

2. 设计内容

(1) 确定带的型号、长度和根数。

(2) 传动中心距。

(3) 带轮的材料、结构和尺寸。

(4) 计算初拉力和作用在轴上的压力等。

3. 设计计算步骤和选择参数的原则

1) 确定计算功率 P_{ca}

计算功率 P_{ca}(kW)是根据传递的名义功率 P(kW),并考虑载荷性质、原动机种类和每天运转的时间等因素而确定的,即

$$P_{ca} = K_A P \tag{5-23}$$

式中:K_A——工况系数,见表5-7。

表 5-7 工况系数 K_A

载荷性质	工作机类型	空、轻载起动			重载起动		
		每天工作时间/h					
		<10	10~16	>16	<10	10~16	>16
载荷变动最小	液体搅拌机,通风机和鼓风机(≤7.5 kW)、离心式水泵和压缩机、轻负荷输送机	1.0	1.1	1.2	1.1	1.2	1.3
载荷变动小	带式输送机(不均匀负荷),通风机(>7.5 kW)、旋转式水泵和压缩机(非离心式)、发电机、金属切削机床、印刷机、旋转筛、木工机械	1.1	1.2	1.3	1.2	1.3	1.4
载荷变动较大	斗式提升机、往复式水泵和压缩机、起重机、磨粉机、冲剪机床、橡胶机械、振动筛、纺织机械、重载输送机	1.2	1.3	1.4	1.4	1.5	1.6
载荷变动很大	破碎机(旋转式、颚式等),磨碎机(球磨、棒磨、管磨)	1.3	1.4	1.5	1.5	1.6	1.8

注:①空、轻载起动——电动机(交流起动、三角形起动、直流并励),四缸以上的内燃机,装有离心式离合器、液力联轴器的动力机。重载起动——电动机(联机交流起动、直流复励或串励)、四缸以下的内燃机。

②反复起动、正反转频繁、工作条件恶劣等场合,K_A 应乘以1.2。

③增速传动时 K_A 应乘以1.2。

2) 选择 V 带型号

根据计算功率 P_{ca} 和小带轮转速 n_1 由图5-9初选带型。当在两种型号交界线附近时,可以对两种型号同时进行计算,最后择优选定。

3) 确定带轮的基准直径 d_{d1} 和 d_{d2}

(1) 初选小轮直径 d_{d1}。

带轮直径小时,传动尺寸紧凑,但弯曲应力大,使带的疲劳强度降低;传递同样的功率时,所需有效圆周力也大,使带的根数增多。因此一般取 $d_{d1} \geqslant d_{d\,min}$,并取标准值。查表5-8和表5-9。

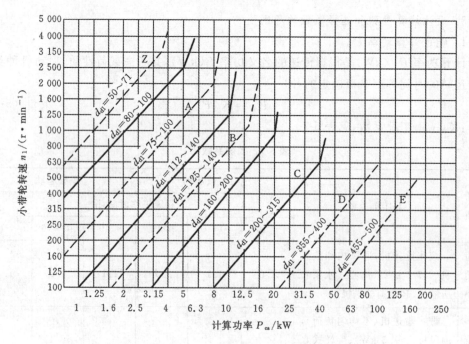

图 5-9 普通 V 带选型图

表 5-8 V 带轮的最小基准直径 $d_{d\,min}$ 和推荐轮槽数 z

槽型	Y	Z	A	B	C	D	E
$d_{d\,min}$/mm	20	50	75	125	200	355	500
推荐轮槽数 z	1～3	1～4	1～6	2～8	3～9	3～9	3～9

表 5-9 普通 V 带轮的基准直径系列

槽型	基准直径 d_d/mm
Y	20,22.4,25,28,31.5,35.5,40,45,50,56,80,90,100,112,125
Z	50,56,63,71,75,80,90,100,112,125,132,140,150,160,180,200,224,250,280,315,355,400,500,630
A	75,80,85,90,95,100,106,112,118,125,132,140,150,160,180,200,224,250,280,315,355,400,450,500,560,630,710,800
B	125,132,140,150,160,170,180,200,224,250,280,315,355,400,450,500,560,600,630,710,750,800,900,1000,1120
C	200,212,224,236,250,265,280,300,315,335,355,400,450,500,560,600,630,710,750,800,900,1000,1120,1250,1400,1600,2000
D	355,375,400,425,450,475,500,560,600,630,710,750,800,900,1000,1060,1120,1250,1400,1500,1600,1800,2000

续表

槽型	基准直径 d_d /mm
E	500,530,560,600,630,670,710,800,900,1000,1120,1250,1400,1500,1600,1800,2000, 2240,2500

(2) 验算带速 v。

$$v = \frac{\pi d_{d1} n_1}{60 \times 1\,000}$$

带速过高则离心力大,使带与带轮间的压力减小,易打滑。因此,必须限制带速 $v \leqslant v_{max}$。对 Z 型 V 带,$v_{max} = 25$ m/s;对 A、B、C、D、E 型 V 带,$v_{max} = 30$ m/s;对窄 V 带,$v_{max} = 40$ m/s。当 $v > v_{max}$ 时,应减小 d_1。带速太低时,所需有效拉力 F_e 过大,要求带的根数过多。一般应使 $v = 5 \sim 25$ m/s,最佳带速为 $10 \sim 20$ m/s。

(3) 计算大轮直径 d_{d2}。

当要求传动比 i 较精确时,应由式(5-12)计算 d_{d2}(取 $\varepsilon = 0.02$)。一般可忽略滑动率 ε,则

$$d_{d2} = i d_{d1}$$

算得 d_{d2} 应取标准值,由表 5-9 查取。

4) 确定中心距 a 和带长 L_d

(1) 初选中心距 a_0。

中心距小时,传动外廓尺寸小,但包角 α_1 减小,使传动能力降低,同时带短,绕转次数多,使带的疲劳寿命降低。中心距大时,有利于增大包角 α_1 和使带的应力变化减慢,但在载荷变化或高速运转时将引起带的抖动,使带的工作能力降低。

一般初定中心距 a_0(mm)为

$$0.7(d_{d1} + d_{d2}) \leqslant a_0 \leqslant 2(d_{d1} + d_{d2})$$

(2) 初算带长 L_{d0} 和确定带长 L_d。

初选 a_0 后,根据带传动的几何关系,按下式初算带长(mm)

$$L_{d0} \approx 2a_0 + \frac{\pi}{2}(d_{d1} + d_{d2}) + \frac{(d_{d2} - d_{d1})^2}{4a_0} \tag{5-24}$$

算出 L_{d0} 后,查表 5-5 选取相近的基准长度 L_d(mm)标准值。如果 L_{d0} 超出该型带的长度范围,则应改变中心距或带轮直径重新设计。

(3) 确定中心距 a。

因选取基准长度不同于初算长度,实际中心距 a(mm)需要按下式重新确定:

$$a \approx a_0 + \frac{L_d - L_{d0}}{2} \tag{5-25}$$

考虑安装、更换 V 带和调整、补偿初拉力(例如带伸长而松弛后的张紧),V 带传动通常设计成中心距可调的,中心距变化范围为

$$a_{min} = a - 0.015 L_d$$
$$a_{max} = a + 0.03 L_d$$

5) 验算小轮包角 α_1

小轮包角 α_1 是影响 V 带传动工作能力的重要因素。通常应保证

$$\alpha_1 \approx 180° - \frac{d_{d2} - d_{d1}}{a} \times 57.3° \geqslant 120° (特殊情况允许 \alpha_1 \geqslant 90°) \tag{5-26}$$

6）确定 V 带根数 z

$$z \geqslant \frac{P_{ca}}{[P_1]} \tag{5-27}$$

式中：P_{ca}——由式(5-23)确定的计算功率(kW)；

$[P_1]$——由式(5-22)确定的单根 V 带的许用功率(kW)。

根据式(5-27)的计算值圆整根数 z。当 V 带根数超过表 5-8 中推荐用的轮槽数时，应注意使所选同组带长的长度偏差尽量小，或改选带轮直径，或改选较大型号的 V 带重新设计。

7）确定初拉力 F_0

初拉力过小时，带与带轮间的极限摩擦力小，带传动未达到额定载荷时就可能出现打滑；初拉力过大时，带内应力过大，将使带的寿命大大缩短，同时加大了轴和轴承的受力。实际上，由于带不是完全弹性体，对非自动张紧的带传动，过大的初拉力将使带很快松弛。

对于非自动张紧的 V 带传动，既能保证传递额定功率时不打滑，又能保证 V 带具有一定寿命的单根带适宜的初拉力(N)为

$$F_0 = \frac{500P_{ca}}{zv}\left(\frac{2.5 - K_\alpha}{K_\alpha}\right) + qv^2 \tag{5-28}$$

式(5-28)中各符号的意义及单位同前。

安装 V 带时，可以采用如图 5-10 所示的方法控制实际 F_0 的大小，即在 V 带与两带轮切点的跨度中点 M 施加一规定的、与带边垂直的力 G，使带在每 100 mm 上产生的挠度 y 为 1.6 mm（挠角为 1.8°）。

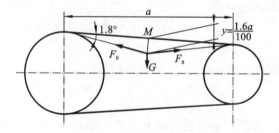

图 5-10　初拉力的测定

测定初拉力所加的 G 值，应随 V 带的使用程度不同而改变，G 值的计算方法如下：

新安装的 V 带 $\qquad G = \frac{1.5F_0 + \Delta F_0}{16}$

运转后的 V 带 $\qquad G = \frac{1.3F_0 + \Delta F_0}{16}$

最小极限值 $\qquad G = \frac{F_0 + \Delta F_0}{16}$

式中：G——垂直力，N；

ΔF_0——初拉力的增量，N，见表 5-10。

表 5-10 初拉力的增量 $\triangle F_0$ （N）

带型	Y	Z	A	B	C	D	E
$\triangle F_0$	6	10	15	20	29.4	58.8	108

8）计算带对轴的压力 F_p

为了设计轴和轴承,必须计算 V 带传动作用在轴上的压力(径向力)F_p。如果不考虑带松紧边的拉力差和离心拉力的影响,则 F_p(N)可近似地按张紧时带两边拉力均为 zF_0 的合力计算(见图 5-11),即

$$F_p \approx 2zF_0 \sin \frac{\alpha_1}{2} \qquad (5-29)$$

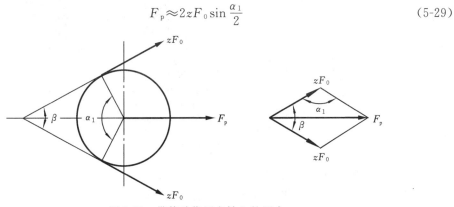

图 5-11 带传动作用在轴上的压力

5.3.3 V 带带轮的结构设计

带轮应满足如下要求:重量轻,结构工艺性好,无过大的铸造内应力;质量分布均匀,轮槽的工作表面要具有一定的表面粗糙度和尺寸精度,以减少带的磨损和载荷分布的不均匀。

带轮的材料一般多采用铸铁,常用的牌号为 HT150 或 HT200;转速较高时,宜采用铸钢或焊接钢板;小功率带轮的材料可用铸铝或塑料。

带轮由轮缘、轮辐和轮毂三部分组成,其结构如图 5-12(a)所示。带轮基准直径较小时,常采用实心结构,如图 5-12(b)所示;带轮基准直径 $d_d \leqslant 300 \sim 350$ mm 时可采用腹板式结

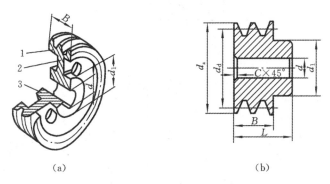

（a）   （b）

图 5-12 普通 V 带带轮结构

（a）带轮结构；（b）实心式；（c）腹板式；（d）轮辐式

1—轮缘；2—轮辐；3—轮毂

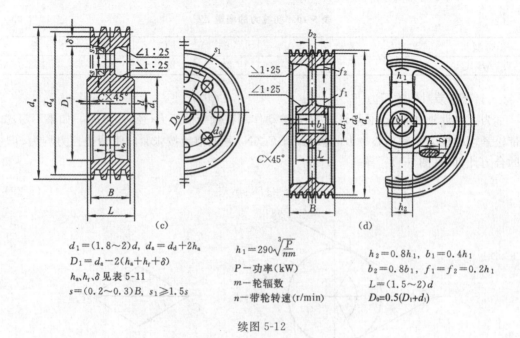

$$d_1=(1.8\sim2)d,\ d_a=d_d+2h_a$$
$$D_1=d_a-2(h_a+h_f+\delta)$$
h_a,h_f,δ见表 5-11
$$s=(0.2\sim0.3)B,\ s_1\geqslant1.5s$$

$$h_1=290\sqrt[3]{\dfrac{P}{nm}}$$
P—功率(kW)
m—轮辐数
n—带轮转速(r/min)

$h_2=0.8h_1,\ b_1=0.4h_1$
$b_2=0.8b_1,\ f_1=f_2=0.2h_1$
$L=(1.5\sim2)d$
$D_0=0.5(D_1+d_1)$

续图 5-12

构，如图 5-12(c)所示；基准直径大于 350 mm 时，采用轮辐式结构，如图 5-12(d)所示。

带轮轮槽尺寸可按带的型号查表 5-11 确定。带轮的其他结构尺寸可参照图 5-12 的经验公式确定。

表 5-11　普通 V 带轮槽尺寸

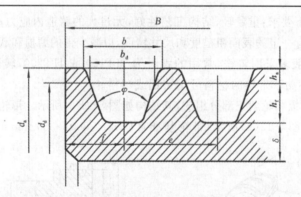

参数及尺寸	V 带 型 号						
	Y	Z	A	B	C	D	E
b_d	5.3	8.5	11	14	19	27	32
h_{amin}	1.6	2	2.75	3.5	4.8	8.1	9.6
h_{fmin}	4.7	7	8.7	10.8	14.3	19.9	23.4
δ_{min}	5	5.5	6	7.5	10	12	15
e	8±0.3	12±0.3	15±0.3	19±0.4	25.5±0.5	37±0.6	44.5±0.7
f	6	7	9	11.5	16	23	28

参数及尺寸			V 带 型 号						
			Y	Z	A	B	C	D	E
B			$B=(z-1)e+2f$（z 为轮槽数）						
φ	32°	对应的带轮基准直径 d_d	≤60	—	—	—	—	—	—
	34°		—	≤80	≤118	≤190	≤315	—	—
	36°		>60	—	—	—	—	≤475	≤600
	38°		—	>80	>118	>190	>315	>475	>600

例 5-1　设计一带式运输机,传动系统中第一级用普通 V 带传动。已知电动机型号为 Y112M-4,额定功率 $P=4$ kW,转速 $n_1=1\,440$ r/min,$n_2=400$ r/min,每天运转时间不超过 10 h。

解　按 5.3 节所述设计计算步骤进行。设计计算过程列于表 5-12 中,带轮结构设计略。设计结果如下:

普通 V 带传动(方案Ⅱ),A1550(GB/T 1171—2017),4 根。

表 5-12　V 带传动设计计算步骤

设计计算项目	计算与说明	计 算 结 果	
		方案Ⅰ	方案Ⅱ
工况系数 K_A	见表 5-7	1.1	
计算功率 P_{ca}/kW	$P_{ca}=K_A P$	4.4	
选 V 带型号	见图 5-9	Z 型	A 型
小轮直径 d_{d1}/mm	见表 5-8 及表 5-9	80	100
验算带速 $v/(m/s)$	$v=\pi d_{d1} n_1/60\,000$,一般为 5～25 m/s	6.03	7.54
大轮直径 d_{d2}/mm	$d_{d2}=d_{d1} n_1/n_2$,并按表 5-9 取为标准值	280	355
从动轮转速 $n_2'/(r/min)$	$n_2'=n_1 d_{d1}/d_{d2}$	411	406
从动轮转速误差	$(n_2'-n_2)/n_2$,应不超过±0.05	+0.028	+0.015
初定中心距 a_0/mm	推荐:$a_0=(0.7\sim2)(d_{d1}+d_{d2})$	280	350
初算带长 L_{d0}/mm	$L_{d0}=2a_0+\pi(d_{d1}+d_{d2})/2+(d_{d2}-d_{d1})^2/(4a_0)$	1 161	1 461
选定基准长度 L_d/mm	见表 5-6	1 330	1 550
定中心距 a/mm	$a\approx a_0+(L_d-L_{d0})/2$	365	395
a_{min}/mm	$a_{min}=a-0.015L_d$	345	372
a_{max}/mm	$a_{max}=a+0.03L_d$	405	442
验算包角 α_1	$\alpha_1\approx180°-(d_{d2}-d_{d1})\times57.3°/a,\alpha_1\geqslant120°$	148.6°	143.0°
单根带基本额定功率 P_1/kW	见表 5-3	0.35	1.32
传动比 i	$i\approx d_{d2}/d_{d1}$	3.5	3.55
功率增量 $\Delta P_1/kW$	见表 5-4	0.03	0.17

续表

设计计算项目	计算与说明	计 算 结 果	
		方案 I	方案 II
长度系数 K_L	见表 5-5	1.13	0.98
包角系数 K_α	见表 5-6	0.92	0.90
单根带许用功率 $[P_1]$/kW	$[P_1]=(P_1+\Delta P_1)K_L K_\alpha$	0.40	1.31
V 带根数 z	$z \geqslant P_{ca}/[P_1]$，不宜超过表 5-8 推荐轮槽数	11(11.0)	4(3.4)
V 带单位长度质量 q/(kg/m)	见表 5-2	0.060	0.105
单根 V 带的初拉力 F_0/N	$F_0=500\,P_{ca}(2.5-K_\alpha)/(K_\alpha zv)+qv^2$	59	136
轴上的压力 F_p/N	$F_p \approx 2zF_0 \sin(\alpha_1/2)$	1 250	1 032
设计方案评价	考虑传动结构的紧凑性及合理的 V 带根数等	不好	好

5.3.4 带传动的张紧、安装及维护

胶带经过一段时间的工作后，其塑性变形和磨损会导致带松弛，张紧力减小，带的传动能力因之下降。因此传动机构必须具有将带再度张紧的装置，使带保持传动所需的张紧力，常见的张紧装置如表 5-13 所示。

带传动在安装时，两轴必须平行，两轮的沟槽要对齐（见表 5-13），缩小中心距，套上 V 带后，再进行预调整，不要硬撬，以免损坏胶带和加剧胶带磨损。

定期检查胶带，发现其中一根松弛或有损坏，就应全部换上新带，不能新旧带并用。旧胶带如尚可使用，可测量其长度，选长度相同的旧带组合使用。严防胶带与矿物油、酸、碱等介质接触，以免变质；胶带不宜在阳光下曝晒。

表 5-13 常见的张紧装置及安装

张紧方法		示 意 图	应 用 说 明
用调节中心距的方法张紧	定期张紧	(a) (b)	(a) 多用于水平或接近水平的传动； (b) 多用于垂直或接近垂直的传动
	自动张紧	(a) (b)	(a) 多用于小功率传动； (b) 多用于带的试验装置

张紧方法		示　意　图	应用说明
用张紧轮张紧	定期张紧	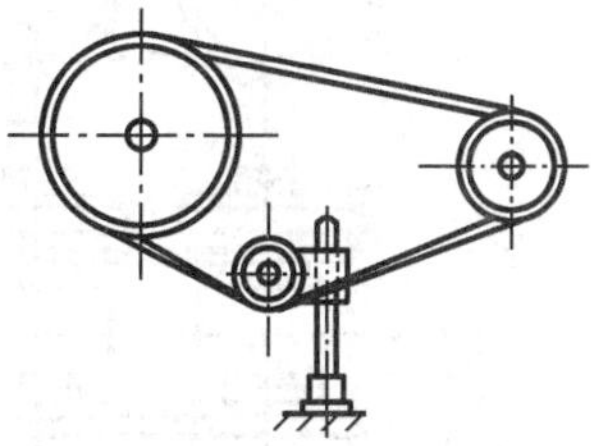	用于 V 带、同步齿形带的固定中心距传动,张紧轮安装在带的松边,不能逆转 　张紧轮直径为 $$d_{d3} \geqslant (0.8 \sim 1)d_{d1}$$
	自动张紧	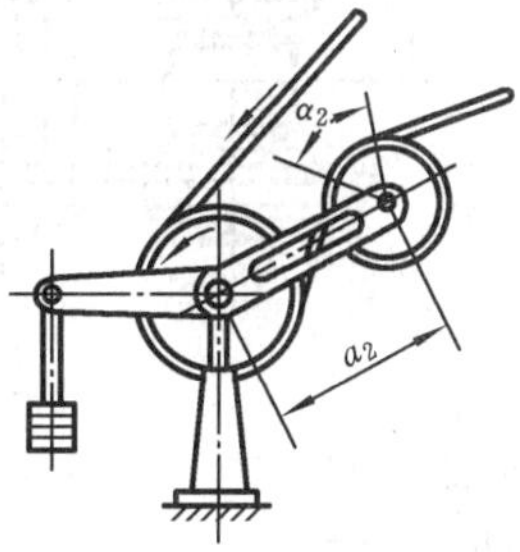	用于传动比大而中心距小的场合,但带的寿命降低 $$d_{d3} \geqslant (0.8 \sim 1)d_{d1}$$ $$\alpha_2 \leqslant 120°$$ $$a_2 \geqslant d_{d1} + d_{d3}$$
改变带长		对有接头的平带,常采用定期截短带长,使带张紧,截去长度 $\Delta L = 0.01 L_d$	
带传动的安装		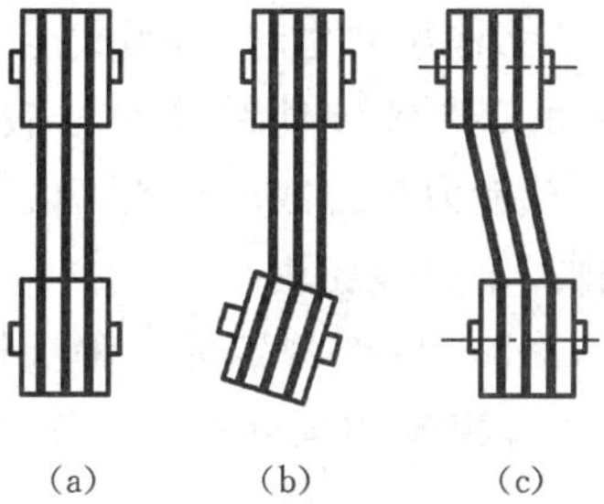 (a)　　　　(b)　　　　(c) (a) 正确　　　(b)、(c) 错误	

5.4　滚子链传动设计

5.4.1　传动链的类型及结构

传动链的类型主要有滚子链和齿形链。滚子链的应用最为广泛。

如图 5-13(a)所示,滚子链由内链板 1、外链板 2、销轴 3、套筒 4 和滚子 5 组成。销轴与外链板、套筒与内链板分别用过盈配合连接;而销轴与套筒、滚子与套筒之间则为间隙配合。所以,当链条与链轮轮齿啮合时,滚子与轮齿间的摩擦基本上为滚动摩擦;套筒与销轴间、滚子与套筒间的摩擦为滑动摩擦。链板一般做成 8 字形,以减轻重量和运动时的惯性力,且能保证链板各横截面的抗拉强度接近相等。

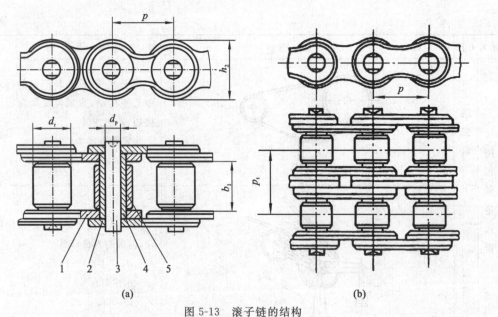

图 5-13　滚子链的结构

(a) 单排链；(b) 双排链

1—内链板；2—外链板；3—销轴；4—套筒；5—滚子

　　滚子链是标准件,其主要参数是链的节距 p,它是指链条上相邻两销轴中心之间的距离。节距越大,链条各零件的结构尺寸也越大,承载能力也越强,但传动越不稳定,重量也增加。当需要传递大功率而又要求传动结构尺寸较小时,可采用小节距双排链(见图 5-13(b))或多排链,其承载能力与排数成正比。由于受精度的影响以及各排受载不易均匀,故排数不宜过多,四排以上很少应用。

　　表 5-14 列出了 GB/T 1243—2006 规定的几种规格的滚子链。标准规定,滚子链分 A、B 两个系列。表中的链号与相应的国际标准一致,链号数值乘以 25.4/16 即为节距值。在我国,滚子链标准以 A 系列为主体,供设计和出口用。B 系列主要供维修和出口用。本章仅介绍最为常用的 A 系列。

表 5-14　A 系列滚子链的主要尺寸和抗拉载荷(摘自 GB/T 1243—2006)

链号	节距 p/mm	排距 p_t/mm	滚子直径 d_r/mm max	内链节内宽 b_1/mm min	销轴直径 d_p/mm max	内链板高度 h_2/mm max	抗拉载荷 F_u/kN min			单排每米质量 q/(kg/m) (参考值)
							单排	双排	三排	
08A	12.70	14.38	7.92	7.85	3.98	12.07	13.9	27.8	41.7	0.65
10A	15.875	18.11	10.16	9.40	5.09	15.09	21.8	43.6	65.4	1.00
12A	19.05	22.78	11.91	12.57	5.96	18.10	31.3	62.6	93.9	1.50
16A	25.40	29.29	15.88	15.75	7.94	24.13	55.6	111.2	166.8	2.60
20A	31.75	35.76	19.05	18.90	9.54	30.17	87.0	174.0	261.0	3.80

续表

链号	节距 p/mm	排距 p_t/mm	滚子直径 d_r/mm max	内链节内宽 b_1/mm min	销轴直径 d_p/mm max	内链板高度 h_2/mm max	抗拉载荷 F_u/kN min			单排每米质量 q/(kg/m)（参考值）
							单排	双排	三排	
24A	38.10	45.44	22.23	25.22	11.11	36.20	125.0	250.0	375.0	5.60
28A	44.45	48.87	25.40	25.22	12.71	42.23	170.0	340.0	510.0	7.50
32A	50.80	58.55	28.58	31.55	14.29	48.26	223.0	446.0	669.0	10.10
36A	57.15	65.84	35.71	35.48	17.46	54.30	281.0	562.0	843.0	—
40A	63.50	71.55	39.68	37.85	19.85	60.33	347.0	694.0	1041.0	16.10
48A	76.20	87.83	47.63	47.35	23.81	72.39	500.0	1000.0	1500.0	22.60

　　链的长度用链节数 L_p 表示。链节数最好取为偶数，以便使链条构成环形时，接头处正好是外链板与内链板相连接。

　　滚子链的标记是：

链号—排数—链节数　标准的编号

　　例如，节距为 15.875 mm、A 系列、双排、80 节的滚子链，标记是：

10A—2—80　GB/T 1243—2006

5.4.2　滚子链链轮

　　滚子链链轮如图 5-14 所示，链轮有整体式、孔板式、组合式等，如图 5-15 所示。组合式结构的连接方式可以是焊接也可用螺栓连接，齿圈与轮毂可用不同材料制造。

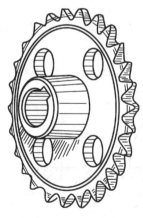

图 5-14　滚子链链轮

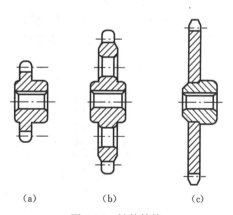

(a)　　　　　(b)　　　　　(c)

图 5-15　链轮结构

(a) 整体式；(b) 孔板式；(c) 焊接式

　　轮齿的齿形应保证链节能平稳地进入和退出啮合，受力良好，不易脱链，便于加工制造。

　　滚子链与链轮的啮合属于非共轭啮合，其链轮齿形的设计比较灵活。在 GB/T 1243—2006 中没有规定具体的链轮齿形，仅仅规定了最小和最大齿槽形状（如图 5-16 所示）及其极限参数。实际齿槽形状取决于加工轮齿的刀具和加工方法，并应使其位于由圆弧半径 r_{emax}、r_{imin} 确定的最小齿槽与由 r_{emin}、r_{imax} 确定的最大齿槽之间。在设计链轮时，在链轮工作图中不必画出端面齿形，但应标明节距 p、齿数 z、分度圆直径 d、齿顶圆直径 d_a 和齿根圆直径 d_f。

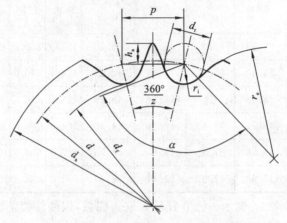

图 5-16　滚子链链轮端面齿形

链轮的主要尺寸计算公式为

分度圆直径

$$d = \frac{p}{\sin\left(\frac{180°}{z}\right)}$$

齿顶圆直径

$$d_{a\,max} = d + 1.25p - d_r$$

$$d_{a\,min} = d + \left(1 - \frac{1.6}{z}\right)p - d_r \qquad (5-30)$$

齿根圆直径　　　　　　　　　　$$d_f = d - d_r$$

式中：d_r——滚子直径。

链轮的轴面齿形呈圆弧状（见图 5-17），以便链节的进入和退出。在链轮工作图上，需要画出其轴面齿形，以便车削链轮毛坯。

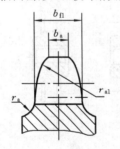 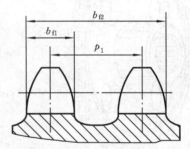

图 5-17　链轮的轴面齿形

链轮端面齿形的其他尺寸和轴面齿形的结构尺寸见国家标准及有关的设计手册。

链轮的材料应保证轮齿有足够的强度和耐磨性，一般根据尺寸及工作条件参照表 5-15 选取。

表 5-15　常用的链轮材料及齿面硬度

链轮材料	齿面硬度	应用范围
15,20	50~60 HRC	$z \leqslant 25$,有冲击载荷的链轮
35	160~200 HBW	正常工作条件下,$z > 25$ 的链轮
45 ZG310—570 ZG340—640	40~45 HRC	在激烈冲击、振动、易磨损条件下工作的链轮
15Cr,20Cr	50~60 HRC	有动载荷和传递较大功率的重要链轮
40Cr,35SiMn,35CrMo	40~50 HRC	采用 A 型链条传动的重要链轮
Q235,Q255	140 HBW	中速、中等功率,直径较大的链轮
不低于 HT150 铸铁	260~280 HBW	$z > 50$ 的从动链轮
夹布胶木	—	功率<6 kW,速度较高,要求传动平稳、噪声小的链轮

5.4.3　链传动的运动特性

1. 链传动运动的不均匀性

滚子链结构的特点是,刚性链节通过销轴铰接而成,当它绕在链轮上时即形成折线,因此,链传动相当于一对多边形轮之间的传动(见图 5-18)。两多边形的边数分别等于两链轮的齿数 z_1、z_2,边长等于链节距 p,链轮每转一周,随之转过的链长为 zp。设 n_1、n_2 分别为两链轮转速(单位均为 r/min),则平均链速 v(单位为 m/s)为

$$v = \frac{z_1 p n_1}{60 \times 1\,000} = \frac{z_2 p n_2}{60 \times 1\,000} \tag{5-31}$$

平均传动比　　　　　　　$$i = \frac{n_1}{n_2} = \frac{z_2}{z_1} \tag{5-32}$$

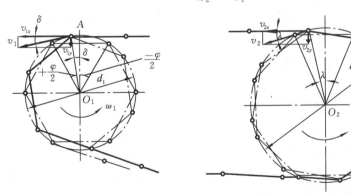

图 5-18　链传动的速度分析

由于链传动的多边形效应,其瞬时速度和瞬时传动比均呈周期性变化的。下面通过示意图来具体分析其变化的原因及规律。

如图 5-18 所示,为了便于分析,假设链条主动边在传动时总是处于水平位置。当主

动链轮以等角速度 ω_1 回转时，铰链 A 的速度即为链轮分度圆的圆周速度 $v_1 = \dfrac{d_1}{2}\omega_1$，它在沿链条前进方向的分速度为 $v_{1x} = \dfrac{d_1}{2}\omega_1\cos\delta$。当链条主动边处于最高位置（$\delta = 0$）时，链速最大 $v_{x\max} = \dfrac{d_1}{2}\omega_1$；当链条主动边处于最低位置 $\left(\delta = \pm\dfrac{\varphi}{2}\right)$ 时，链速最小 $v_{x\min} = \dfrac{d_1}{2}\omega_1\cos\dfrac{\varphi}{2}$。每一链节从进入啮合到退出啮合，$\delta$ 角在 $-\dfrac{\varphi}{2}$ 到 $+\dfrac{\varphi}{2}$ 的范围内变化，链速 v_x 由小到大、再由大到小周期性地变化。一个链节在主动链轮上所对应的中心角 $\varphi = \dfrac{360°}{z}$。与此同时，链条还在垂直于前进方向的横向往复运动一次，横向瞬时分速度 $v_{1y} = \dfrac{d_1}{2}\omega_1\sin\delta$ 也作周期变化，因而链条在工作时会发生抖动。

设从动链轮分度圆的圆周速度为 v_2、角速度为 ω_2，则

$$v_2 = \frac{v_x}{\cos\lambda} = \frac{d_1\omega_1\cos\delta}{2\cos\lambda} = \frac{d_2}{2}\omega_2 \tag{5-33}$$

式中：d_1、d_2——主、从动链轮分度圆直径（mm）。

由此可得出主、从动轮的瞬时传动比为

$$i_{12} = \frac{\omega_1}{\omega_2} = \frac{d_2\cos\lambda}{d_1\cos\delta} \tag{5-34}$$

由于 δ、λ 均是随时间发生变化的，故链速 v_x、瞬时传动比 i_{12} 也是随时间变化的。即使主动链轮做匀速运动，链速和从动链轮的角速度也将发生周期性变化，每转一个链节变化一次。链轮齿数越少，节距 p 越大，则 δ 和 λ 的变化范围就越大，链传动的运转就越不平稳。只有当链轮齿数 $z_1 = z_2$（即 $d_1 = d_2$），且传动的中心距 a 为链节距 p 的整数倍时，δ 与 λ 的变化才相同，瞬时传动比才能恒定不变（等于1）。

2. 链传动的动载荷

链传动中，链速 v_x 和从动链轮角速度 ω_2 的周期性变化必然会产生动载荷。将链速对时间 t 取导数，则可得链条的前进加速度 a_x 和横向加速度 a_y 分别为

$$a_x = \frac{\mathrm{d}v_x}{\mathrm{d}t} = -\frac{d_1}{2}\omega_1\sin\delta\frac{\mathrm{d}\delta}{\mathrm{d}t} = -\frac{d_1}{2}\omega_1^2\sin\delta$$

$$a_y = \frac{\mathrm{d}v_y}{\mathrm{d}t} = \frac{d_1}{2}\omega_1\cos\delta\frac{\mathrm{d}\delta}{\mathrm{d}t} = \frac{d_1}{2}\omega_1^2\cos\delta \tag{5-35}$$

由此可见，链轮的转速越高、节距越大（即链轮直径一定时齿数越少），则传动时的动载荷就越大，冲击和噪声也随之加大。

另外，链节和链轮轮齿啮合瞬间的相对速度也会引起冲击和动载荷；由于链条的松弛下垂，在启动、制动、反转、突然超载和卸载情况下出现的惯性冲击也将对传动装置产生很大的动载荷。

3. 链传动的受力分析

链传动和带传动相似，在安装时链条也受到一定的张紧力，它并不决定链传动的工作能力，只是为了使链条工作时的松边不致过松，避免影响链的啮入、啮出，进而避免产生跳齿和脱链，所以，链的张紧力不大，受力分析时可忽略其影响。作用在链上的力主要有

如下几种。

1) 工作拉力 F_e

链传动的紧边作用有工作拉力 F_e(N)

$$F_e = \frac{1\,000P}{v} \qquad (5\text{-}36)$$

式中：P——所传递的名义功率(kW)；

　　　v——链速(m/s)。

2) 离心拉力 F_c

链条运转经过链轮时产生离心拉力 F_c(N)

$$F_c = qv^2 \qquad (5\text{-}37)$$

式中：q——每米链长的质量(kg/m)，见表 5-14。

3) 悬垂拉力 F_y

由于链传动的松边有一定的松弛而下垂，引起悬垂拉力 F_y(N)

$$F_y = K_y qga \qquad (5\text{-}38)$$

式中：a——传动的中心距(m)；

　　　g——重力加速度，$g=9.8 \ \mathrm{m/s^2}$；

　　　K_y——下垂量 $y=0.02\,a$ 时的垂度系数，其值与两链轮中心连线与水平面之夹角 β（见图 5-19）的大小有关，见表 5-16。

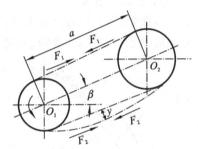

图 5-19 链的下垂度

表 5-16 垂度系数 K_y 与倾斜角 β 的关系

β	0°	20°	40°	60°	80°	90°
K_y	6.0	5.9	5.2	3.6	1.6	1.0

链的紧边受工作拉力 F_e、离心拉力 F_c 和悬垂拉力 F_y 的作用，故紧边所受的总拉力 F_1(N)为

$$F_1 = F_e + F_c + F_y \qquad (5\text{-}39)$$

链的松边不受工作拉力 F_e 的作用，因此松边所受的总拉力 F_2(N)为

$$F_2 = F_c + F_y \qquad (5\text{-}40)$$

链条作用在轴上的压轴力 F_p(N)可近似地取为紧边拉力 F_1 与松边拉力 F_2 之和。离心拉力 F_c 不作用在轴上，不应计算在内，又因悬垂拉力 F_y 不大，为 $(0.10\sim0.15)F_e$，故可取

$$F_p = (1.2 \sim 1.3)F_e \qquad (5\text{-}41)$$

当外载荷有冲击和振动时取大值。

5.4.4 链传动的失效形式及滚子链传动的功率曲线

1. 主要失效形式

1) 链的疲劳破坏

链的各元件在变应力作用下，经过一定的循环次数后，链板会发生疲劳断裂，滚子表

面、套筒表面会出现疲劳点蚀和疲劳裂纹。在润滑充分和设计安装正确的情况下,疲劳强度是决定链传动工作能力的主要因素。

2) 铰链磨损

链在工作中,销轴与套筒的工作表面会因相对运动而磨损,导致链节伸长,使啮合点沿齿高向外移,最后产生跳齿和脱链。磨损增加了各链节节距的不均匀性,使传动更不平稳。铰链磨损是开式或润滑不良的链传动的主要失效形式。此外,链轮轮齿也会磨损。

3) 胶合

当链传动的速度很高时,链节啮合时会受到很大冲击,销轴和套筒之间的润滑油膜将发生破裂,两者的工作表面在很高的温度和比压下将直接接触而产生很大的摩擦力,其产生的热量会导致套筒与销轴的胶合。

4) 多次冲击破坏

在张紧不好、松边有较大垂度的情况下,如果经常进行频繁启动、制动和反转,将产生较大的惯性冲击载荷,销轴、套筒、滚子也可能出现多次冲击破坏。

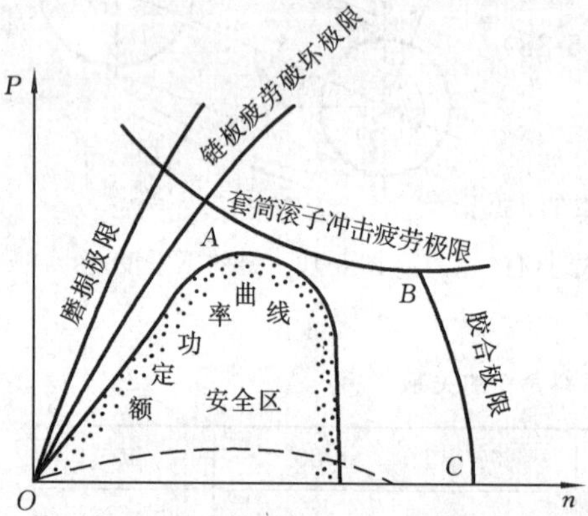

图 5-20　极限功率曲线

5) 过载拉断

链传动在低速($v<0.6$ m/s)、重载或瞬时严重过载的情况下,链条可能因静强度不足而被拉断。

2. 滚子链传动的功率曲线

链传动的工作情况不同,失效形式也不同。图 5-20 所示为在一定的使用寿命下小链轮在不同的转速下由各种失效形式限定的单排链的极限功率曲线。封闭区 OABC 表示链条在各种条件下允许传递的极限功率。为安全起见,额定功率曲线应在极限功率曲线的范围内。当润滑不良、工况恶劣时,磨损将很严重,所能传递的功率将大幅度下降,如图 5-20 中虚线所示。

图 5-21 所示为 A 系列滚子链的额定功率曲线,它是在下列实验条件下制定的:$z_1=19$、链节数 $L_p=120$ 节、单排链、载荷平稳、水平布置、两链轮共面、采用推荐的润滑方式(见图5-22),工作寿命为 15 000 h。

链条因磨损而引起的链节相对伸长量 $\dfrac{\Delta p}{p_o}$ 不超过 3％。图 5-21 中左侧的上升斜线表示按不出现链板疲劳破坏确定的功率曲线;右侧的下降斜线表示按不出现冲击破坏确定的功率曲线;最右端的小段垂线,则是表示按不出现胶合所允许的小链轮的极限转速确定的功率曲线。

当实际工作条件与上述实验条件不相同时,应引入一系列相应的系数对图 5-21 中的额定功率值 P_o 加以修正。

当实际润滑条件与图 5-22 推荐的润滑方式不同时,由图 5-21 查得的 P_o 值应予以降低;

当 $v\leqslant1.5$ m/s 时,如润滑不良,额定功率应降至$(0.3\sim0.6)P_o$,如无润滑,则应降至 $0.15\ P_o$(且寿命不能保证 15 000 h);

当 1.5 m/s$<v\leqslant7$ m/s 时,如润滑不良,应降至$(0.15\sim0.30)P_o$;

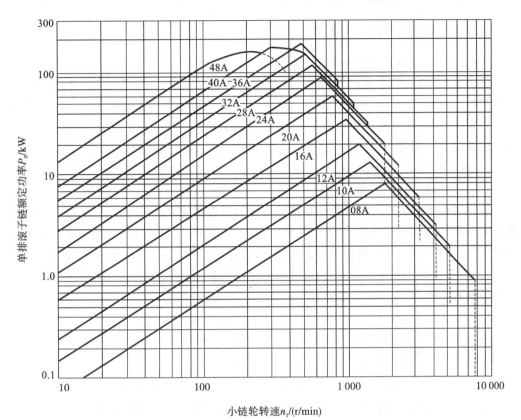

图 5-21　滚子链的额定功率曲线

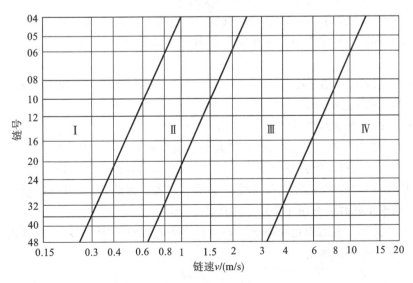

图 5-22　推荐的润滑方式

Ⅰ—人工定期润滑；Ⅱ—滴油润滑；Ⅲ—油浴或飞溅润滑；Ⅳ—压力喷油润滑

当 $v>7$ m/s 时,如润滑不良,则该传动不可靠,不宜采用链传动。

5.4.5 滚子链传动的设计

1. 已知条件及设计内容

已知条件:传动的用途、工作情况、原动机和工作机的种类、传递的名义功率 P 及载荷性质、链轮的转速 n_1 和 n_2 或传动比 i、传动布置以及对结构尺寸的要求。

主要设计内容:合理选择传动参数(链轮齿数 z_1 和 z_2、传动比 i、中心距 a、链节数 L_p 等)、确定链条的型号(链节距 p、排数)、确定润滑方式及设计链轮等。

2. 链传动主要参数的选择

1) 链轮齿数 z_1、z_2 及传动比 i

链轮齿数的多少对传动平稳性和使用寿命有很大影响。小链轮齿数 z_1 过少,会增加链传动的不均匀性和动载荷,冲击加大,链传动寿命降低,链节在进入和退出啮合时,相对转角增大,磨损增加,功率损耗也增大。因此,小链轮齿数 z_1 不宜过少。滚子链传动的小链轮齿数 z_1 可参照链速 v(见表 5-17)和传动比 i 选取,推荐 $z_1=29-2i$。当链速很低、要求传动结构紧凑时,也可取小链轮最少齿数 $z_{1\min}=9$。

表 5-17 小链轮齿数 z_1 选择

链速 v/(m/s)	0.6~3	3~8	>8
齿数 z_1	$\geqslant17$	$\geqslant21$	$\geqslant25$

但小链轮齿数也不宜过多。如 z_1 选得太大,大链轮齿数 z_2 则将更大,这样除了增大结构尺寸和重量外,也会因磨损使链条节距伸长而发生脱链,导致使用寿命降低。z_1 确定后,大链轮齿数 $z_2=iz_1$,通常,大链轮最多齿数 $z_{2\max}=120$。

由于链节数常为偶数,考虑到链条和链轮轮齿的均匀磨损,链轮齿数一般应取为与链节数互为质数的奇数。链轮齿数应优先从以下数列中选用:17,19,21,23,25,38,57,76,95,114。

链传动的传动比 i 通常小于6,推荐 $i=2\sim3.5$,但在 $v<3$ m/s、载荷平稳、外形尺寸不受限制时,可取 $i_{\max}\leqslant10$。

2) 链号、链节距 p 和排数

链节距 p 是链传动的重要参数,它的大小不仅反映了链传动结构尺寸的大小及承载能力的高低,而且直接影响到传动的质量。在一定条件下,链节距 p 越大,能传递的功率 P 越大,但运动的不均匀性、动载荷及噪声也随之加大。因此,设计时应尽量选用小节距的单排链,高速重载时可选用小节距的多排链。

链号可根据单排链的额定功率 P_0(kW)和小链轮转速 n_1 从图 5-21 中查出。链传动所需的额定功率按下式确定。

$$P_0\geqslant\frac{K_A P}{K_z K_{st}} \tag{5-42}$$

式中:P——传递的名义功率(kW);

　　K_A——工况系数,见表 5-18;

K_z——小链轮齿数系数,见表 5-19;

K_{st}——链的排数系数,单排链 $K_{st}=1.0$,双排链 $K_{st}=1.7$,三排链 $K_{st}=2.5$。

确定链号后,可由表 5-14 查出链节距。由图 5-22 查出润滑方式,链传动按推荐的润滑方式进行润滑。

表 5-18　工况系数 K_A

工作机特性		原动机特性		
		平稳运转	轻微振动	中等振动
		电动机、汽轮机和燃气轮机、带液力变矩器的内燃机	带机械联轴器的六缸或六缸以上内燃机、频繁起动的电动机(每天多于两次)	带机械联轴器的六缸以下内燃机
平稳运转	离心式的泵和压缩机、印刷机、平稳载荷的皮带输送机、纸张压光机、自动扶梯、液体搅拌机和混料机、旋转干燥机、风机	1.0	1.1	1.3
中等振动	三缸或三缸以上往复式泵和压缩机、混凝土搅拌机、载荷不均匀的输送机、固体搅拌机和混合机	1.4	1.5	1.7
严重振动	电铲、轧机和球磨机、橡胶加工机械、刨床、压床和剪床、单缸或双缸泵和压缩机、石油钻采设备	1.8	1.9	2.1

表 5-19　小链轮齿数系数 K_z

链工作点在图 5-21 中的位置	位于曲线顶点左侧	位于曲线顶点右侧
K_z	$\left(\dfrac{z_1}{19}\right)^{1.08}$	$\left(\dfrac{z_1}{19}\right)^{1.5}$

3) 中心距 a 和链节数 L_p

中心距的大小对传动有很大影响。中心距小时,链节数减少;链速一定时,单位时间内每一链节的应力变化次数和屈伸次数增多,因此,链的疲劳强度降低、磨损增加。中心距大时,链节数增多,吸振能力增强,使用寿命增加。但中心距 a 太大,又会发生链的颤抖现象,而且结构也不紧凑,重量增大。因此,一般初选中心距 $a_0=(30\sim50)p$,最大可为 $a_{0max}=80p$。

链条的长度一般用链节数 L_p 表示。根据带长的计算公式,可导出链节数的计算公式为

$$L_{p0} = \frac{2a_0}{p} + \frac{z_1+z_2}{2} + \frac{p}{a_0}\left(\frac{z_2-z_1}{2\pi}\right)^2 \tag{5-43}$$

L_{p0} 应取相近的整数 L_p,且最好取偶数,以避免使用过渡链节。

根据链节数 L_p 算出链传动的实际中心距(mm)为

$$a = \frac{p}{4}\left[\left(L_p - \frac{z_1+z_2}{2}\right) + \sqrt{\left(L_p - \frac{z_1+z_2}{2}\right)^2 - 8\left(\frac{z_2-z_1}{2\pi}\right)^2}\right] \qquad (5\text{-}44)$$

一般情况下，a 和 a_0 相差很小，也可由下式近似计算，即

$$a \approx a_0 + \frac{L_p - L_{p0}}{2}p \qquad (5\text{-}45)$$

为了便于链条的安装和保证合理的松边下垂量，实际安装中心距应比计算中心距小 2～5 mm。中心距一般设计成可以调节的，以便链节铰链磨损使节距变长后能调节链条的张紧程度，否则应设有张紧装置。

3. 低速链传动的静强度计算

在链速 $v < 0.6$ m/s 的低速链传动中，其失效形式主要是静强度不够而使链条被拉断，故应按静强度计算。静强度计算安全系数 S_{Sca} 为

$$S_{Sca} = \frac{F_u}{K_A F_e} \geqslant 4 \sim 8 \qquad (5\text{-}46)$$

式中：F_u——链条的抗拉载荷(N)，见表 5-14。

4. 链传动的润滑及布置

润滑的目的是减少磨损、缓冲、吸振，提高工作效率，延长使用寿命。

闭式链传动的润滑方式可由图 5-22 确定。开式链传动和不易润滑的链传动，可以定期拆下链条，先用煤油清洗干净，干燥后再浸入油池中，待铰链间充满润滑油后再安装使用。

常用的润滑油牌号有 L-AN32、L-AN46、L-AN68 号。温度较低时选黏度低的机械油；载荷大时选黏度高的机械油。在低速重载的链传动中润滑油可采用沥青含量高的黑油或润滑脂，但使用时，应定期涂抹和清洗。

链传动的布置如表 5-20 所示。

表 5-20　链传动的布置

传动条件	正确布置	不正确布置	说　明
i 与 a 较佳场合： $i = 2\sim3$ $a = (30\sim50)p$			两链轮中心连线最好成水平，或与水平面成 60° 以下的倾角。紧边在上面较好
i 大、a 小场合： $i>2$ $a<30p$			两链轮轴线不在同一水平面上，此时松边应布置在下面，否则松边下垂量增大后，链条易被小链轮钩住
i 小、a 大场合： $i<1.5$ $a>60p$			两链轮轴线在同一水平面上，松边应布置在下面，否则松边下垂量增大后，松边会与紧边相碰。此外，需经常调整中心距

续表

传动条件	正确布置	不正确布置	说　明
垂直传动场合：i、a 为任意值			两链轮轴线在同一铅垂面内，此时下垂量集中在下端，所以要尽量避免这种垂直或接近垂直的布置。否则会减少下面链轮的有效啮合齿数，降低传动能力。应采用：(a)中心距可调；(b)张紧装置；(c)上下两链轮错开，使其轴线不在同一铅垂面内；(d)尽可能将小链轮布置在上方等措施
反向传动：$\|i\| < 8$		—	为使两链轮转向相反，应加装 3 和 4 两个导向轮，且其中至少有一个是可以调整张紧的。紧边应布置在 1 和 2 两轮之间，角 δ 的大小应使轮 2 的啮合包角满足传动要求

例 5-2　试设计一链式运输机上的滚子链传动。已知电动机额定功率 $P = 5.5 \text{ kW}$，主动链轮转速 $n_1 = 720 \text{ r/min}$，从动链轮转速 $n_2 = 230 \text{ r/min}$，载荷平稳，中心线水平布置，中心距可以调整。

解　设计计算步骤列于表 5-21。

表 5-21　滚子链传动设计计算步骤

序号	计算项目	符号	单位	计算公式和参数选定	结果和说明
1	求传动比	i		$i = \dfrac{n_1}{n_2} = \dfrac{720}{230}$	3.13
2	主、从动链轮齿数	z_1 z_2		假定链速 v 在 $3 \sim 8$ m/s 内 $z_1 = 29 - 2i = 29 - 2 \times 3.13 = 22.7$ $z_2 = iz_1 = 3.13 \times 23 = 71.99$	23 参照表 5-17 选取 圆整为整数 72
3	初定中心距	a_0	mm	取 $a_0 = 40p$	$40p$
4	计算链节数	L_p	节	由 $L_{p0} = \dfrac{2a_0}{p} + \dfrac{z_1 + z_2}{2} + \dfrac{p}{a_0}\left(\dfrac{z_2 - z_1}{2\pi}\right)^2$ 有 $L_{p0} = \dfrac{2 \times 40p}{p} + \dfrac{23 + 72}{2} + \dfrac{p}{40p}\left(\dfrac{72 - 23}{2\pi}\right)^2$ $= 129.02$	130 圆整为相近的偶数

序号	计算项目	符号	单位	计算公式和参数选定	结果和说明
5	工况系数	K_A		查表 5-18 取 $K_A=1$	1
	小链轮齿数系数	K_z		假定链工作点在图 5-21 所示的曲线顶点左侧	与假定相符合
				查表 5-19 取 $K_z=\left(\dfrac{z_1}{19}\right)^{1.08}=\left(\dfrac{23}{19}\right)^{1.08}=1.23$	1.23
	排数系数	K_{st}		选用单排链，取 $K_{st}=1$	1
	单排链额定功率	P_0	kW	$P_0=\dfrac{K_A P}{K_z K_{st}}$ $=\dfrac{1\times 5.5}{1.23\times 1}$ kW $=4.47$ kW	4.47
	链节距	p	mm	根据 P_0(4.47 kW) 和 n_1(720 r/min) 从图 5-21 查出链号为 10A，查表 5-14 得链节距 $p=15.875$ mm	15.875
6	中心距	a	mm	由 $a\approx a_0+\dfrac{L_p-L_{p0}}{2}p$(中心距可调) 有 $a\approx 40p+\dfrac{130-129.02}{2}p=40.49\times 15.875=643$	643
7	验算链速	v	m/s	$v=\dfrac{z_1 p n_1}{60\times 1\,000}$ $=\dfrac{23\times 15.875\times 720}{60\times 1\,000}$ m/s $=4.38$ m/s 查表 5-17，当 v 在 3～8 m/s 时，$z_1\geqslant 21$	4.38 与假设相符 故取 $z_1=23$ 合适
8	选择润滑方式			根据链号(10A)、v(4.38 m/s) 由图 5-22 查得	油浴或飞溅润滑
9	工作拉力	F_e	N	由式(5-36)，有 $F_e=\dfrac{1\,000P}{v}=\dfrac{1\,000\times 5.5}{4.38}$ N $=1\,255.70$ N	1 255.70
10	压轴力	F_p	N	由 $F_p\approx(1.2\sim 1.3)F_e$ 有 $F_p\approx 1.2\times 1\,255.70$ N $=1\,506.84$ N	1 506.84
11	链条标记			计算结果采用节距为 15.875 mm、A 系列、单排 130 节滚子链，标记为：10A—1—130 GB/T 1243—2006	10A—1—130 GB/T 1243—2006

本章重点、难点和知识拓展

　　本章重点是带传动的受力分析、应力分析、失效形式和计算准则，弹性滑动和打滑；链传动的"多边形效应"及其对传动的影响、主要失效形式和额定功率曲线，滚子链的结构、规格；带传动和链传动的主要设计参数对传动性能、寿命的影响。本章难点是弹性滑动产生的机理及其与打滑的区别、影响带使用寿命的主要因素，链传动的运动分析，设计参数的合理选择。

学习时要全面掌握 V 带传动的主要内容。对于知识性的内容如带传动的优缺点、带的类型选择、带传动的主要参数、传动带和带轮的标准及设计规范、带传动的结构设计等，要求了解，而对于工作原理、设计理论、失效分析、设计计算则要求深入理解和掌握。对滚子链传动采用举一反三的学习方法，主要注意它和带传动的类似处和区别。

带传动的理论比较完整，而且设计计算理论和方法容易理解，可通过带传动的设计来了解机械零件设计计算方法。所以学习本章不能以只掌握带、链传动的典型设计计算方法为目的。如果有时间可以阅读一些参考文献，如本章参考文献[1]、[2]有关带传动部分。本章参考文献[3]第 3 卷、本章参考文献[4]也是很有特色的。

在设计中采用其他形式的带或链传动时，如采用窄 V 带、平带、高速带传动、多楔带、同步带、齿形链等，可参考本章参考文献[5]至本章参考文献[8]。本章参考文献[9]的编写指导思想是帮助设计新手解决一些设计中的问题。

如要深入研究挠性传动，则应按所需研究的传动形式，阅读有关的专著和论文。本章参考文献[10]是总结了 1993 年以前国内、外有关同步带的主要论著。本章参考文献[11]、[12]是有关链传动的专著，对设计和研究链传动都是很好的参考书。

本章参考文献

[1] 吴宗泽. 高等机械设计[M]. 北京:清华大学出版社,1991.

[2] 邱宣怀. 机械设计学习指导书[M]. 2 版. 北京:高等教育出版社,1992.

[3] 尼曼 G,等. 机械零件(第 1、2、3 卷)[M]. 2 版. 余梦生,等译. 北京:机械工业出版社,1991.

[4] 弗罗尼斯 S. 机械学——传动零件[M]. 王汝霖,等译. 北京:高等教育出版社,1988.

[5] 徐灏. 机械设计手册(第 1、3、4 卷)[M]. 2 版. 北京:机械工业出版社,2000.

[6] 卜炎. 机械传动装置手册[M]. 北京:机械工业出版社,1999.

[7] 中国机械工程学会中国机械设计大典编委会. 中国机械设计大典(第 1～6 卷)[M]. 南昌:江西科学技术出版社,2002.

[8] 吴宗泽,高志. 机械设计实用手册[M]. 4 版. 北京:化学工业出版社,2021.

[9] 余梦生,吴宗泽. 机械零部件手册选型、设计、指南[M]. 北京:机械工业出版社,1996.

[10] 方文中. 同步带传动设计·制造·使用[M]. 上海:上海科学普及出版社,1993.

[11] 郑志峰,王义行,柴邦衡. 链传动[M]. 北京:机械工业出版社,1984.

[12] 吉林工业大学链传动研究所,苏州链条总厂特种链条厂. 链传动设计与应用手册[M]. 北京:机械工业出版社,1992.

思考题与习题

问答题

5-1 带传动有哪些主要类型？各有什么特点？

5-2 为了提高带传动的工作能力，将带轮工作面加工得粗糙些以增大摩擦力，这样做是否合适？为什么？

5-3 带工作时，截面上将产生哪几种应力？应力沿带全长如何分布？最大应力在何处？

5-4 带的弹性滑动与打滑在本质上有什么区别？

5-5 传动参数 d_{d1}、i、a、L_d、α_1 和 v 对带传动的工作能力有什么影响？

5-6 带传动的失效形式是什么？设计准则是什么？

5-7 为什么链传动的平均传动比等于常数，而瞬时传动比不等于常数？瞬时传动比的变化给传动会带来什么影响？如何减轻这种影响？

5-8 小链轮齿数不允许过少，大链轮齿数又不允许过多，这是为什么？

设计计算题

5-9 已知一普通 V 带传动中，中心距 $a \approx 800$ mm，转速 $n_1 = 1\,450$ r/min、$n_2 = 650$ r/min，主动轮直径 $d_{d1} = 180$ mm，用三根 B 型 V 带，载荷平稳，两班制工作。试求此 V 带传动所能传递的功率 P。

5-10 已知一 V 带传动中电动机额定功率 $P = 10$ kW，主动轮转速 $n_1 = 1\,450$ r/min，主动轮直径 $d_{d1} = 140$ mm，从动轮直径 $d_{d2} = 400$ mm，中心距 $a \approx 1\,000$ mm，每日工作 16 h。试设计此 V 带传动。

5-11 单列滚子链传动中，已知主动链轮转速 $n_1 = 850$ r/min，主动链轮齿数 $z_1 = 19$，从动链轮齿数 $z_2 = 91$，中心距 $a \approx 900$ mm，该链的极限拉伸载荷为 31\,100 N，工况系数 $K_A = 1.2$。求链条所能传递的功率 P。

5-12 设计一往复式压气机上的滚子链传动。已知电动机转速 $n_1 = 960$ r/min，$P = 5.5$ kW，压气机转速 $n_2 = 330$ r/min，试确定大、小链轮齿数，链条节距，中心距，链节数以及作用在轴上的压力 F_p。

实践题

5-13 在多根 V 带传动中，当一根带失效时，为什么全部带都要更换？

5-14 观察自行车、摩托车等链传动中链条的节数是偶数还是奇数，链轮的齿数是偶数还是奇数。

5-15 如何张紧垂直布置的链传动？如何考虑主动链轮的转向？

第6章 齿轮传动设计

引言 在各种机械传动形式中,渐开线齿廓的圆柱、锥齿轮传动应用最为广泛。这种齿轮传动在工作过程中会发生哪些失效呢? 在齿轮设计中应如何防止这些失效,以使齿轮达到一定的使用寿命呢? 这些问题是本章要讨论的主要内容。

6.1 概 述

齿轮传动是机械传动中应用最广泛的一种传动形式。齿轮的直径可以从不足 1 mm 到 100 m,甚至超过 100 m,传递的功率可从不足 1 W 到数万 kW,圆周速度可从很小到 200 m/s 以上。常见的齿轮传动应用场合包括家用电器的机械定时器、汽车变速箱和差速器、机床主轴箱以及用于各种物料输送机械的齿轮减速器等。

齿轮传动的主要优点是:瞬时传动比恒定,传动效率高,工作可靠,寿命长,结构紧凑。其主要缺点是制造精度要求高,制造费用较高,精度低时振动和噪声大,不宜用于轴间距离较大的传动。

齿轮传动的类型很多,以适应对传动的不同要求,如用于平行轴之间的圆柱齿轮传动、用于两相交轴之间的锥齿轮传动等。传递动力的齿轮目前广泛应用的是渐开线齿廓的齿轮。从传递运动和动力的要求出发,各种齿轮传动都必须解决以下两个基本问题。

(1) 传动平稳。这要求瞬时传动比恒定,以减小齿轮啮合中的振动、冲击和噪声。

(2) 承载能力足够。这要求齿轮传动在尺寸和质量较小的情况下,保证正常使用所需的强度、耐磨性等要求,以达到在使用期限内不发生失效的目的。

关于传动平稳的问题,涉及齿轮啮合原理方面的许多内容,已在"机械原理"课程中进行了详细的介绍。本章则着重讨论齿轮传动承载能力的问题。为此,本章将介绍齿轮传动的失效形式和计算准则、齿轮的材料和许用应力、受力分析和强度计算等内容,并在此基础上,解决设计中如何确定齿轮传动的基本参数和主要尺寸问题。

6.2 齿轮传动的失效形式和设计准则

6.2.1 失效形式

齿轮传动就装置形式而言,可分为开式、半开式和闭式传动;就齿面硬度而言,可分为软齿面(齿面硬度≤350 HBW 或 38 HRC)和硬齿面(齿面硬度>350 HBW 或 38 HRC)。

齿轮传动的失效主要发生在轮齿部分,其失效形式主要有轮齿折断、齿面点蚀、齿面磨损、齿面胶合和塑性变形五种。

1. 轮齿折断

在齿轮传动工作时,轮齿相当于一个悬臂梁,承受载荷时,在其齿根部弯曲应力最大,且在齿根过渡圆角处有应力集中。当此处的弯曲应力超过材料的弯曲疲劳极限,并在交变应力的多次重复作用下,在齿根处拉伸侧就会产生疲劳裂纹,随着裂纹的不断扩展,最终导致轮齿发生疲劳折断。对于用脆性材料(如铸铁、整体淬火钢等)制成的齿轮,当受到短时过载或冲击载荷时,轮齿易发生过载折断。

轮齿折断有全齿折断和局部折断两种形式。直齿轮轮齿的折断一般是全齿折断,如图6-1(a)所示;而斜齿轮和人字齿轮由于接触线倾斜,一般是局部折断,如图6-1(b)所示。

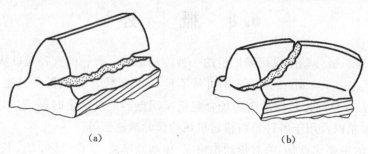

(a)　　　　　　　　　　　　(b)

图 6-1　轮齿折断

(a) 全齿折断；(b) 局部折断

为防止轮齿折断,齿轮必须具有足够大的模数,而且可适当增大齿根圆角半径以减小应力集中,合理提高齿轮的制造精度和安装精度,正确选择材料和热处理方式以及对齿根部位进行喷丸、碾压等强化处理。

2. 齿面点蚀

轮齿工作时,在齿面间的接触处将产生脉动循环的接触应力。在接触应力反复作用下,轮齿表面出现细线状疲劳裂纹,疲劳裂纹的扩展使齿面金属脱落而形成麻点状凹坑,这种现象称为齿面点蚀。实践表明,齿面点蚀首先出现在齿面节线附近的齿根部分(见图6-2)。发生点蚀后,齿廓形状遭破坏,齿轮在啮合过程中会产生剧烈的振动,噪音增大,以至于齿轮不能正常工作而使传动失效。

对于闭式软齿面的齿轮,在工作初期,由于齿面接触不良,在个别凸起处接触应力很大。短期工作后,会出现点蚀,但随着齿面磨损和碾压,凸起处逐渐变平,承压面积增加,接触应力下降,点蚀不再发展或反而消失,这种点蚀称为早期点蚀或局限性点蚀。对于长时间工作的齿面,由于齿面疲劳,可再度出现点蚀,这时点蚀面积将随工作时间的延长而扩大,这种点蚀称为扩展性点蚀。对于闭式硬齿面齿轮,由于齿面接触疲劳强度较高,一般不会出现点蚀,但由于齿面硬、脆,一旦出现点蚀,即为扩展性点蚀。而对于开式齿轮传动,一般不会出现点蚀,这是因为开式齿轮磨损快,在没形成点蚀前就已被磨掉。

提高齿面硬度、降低齿面粗糙度、合理选用润滑油黏度等,都能提高齿面的抗点蚀能力。

3. 齿面磨损

在齿轮传动中,当齿面间落入砂粒、铁屑等磨料性物质时,会使齿面产生磨粒磨损(见

图 6-3）。齿面磨损后，齿廓形状被破坏，从而引起冲击、振动和噪声，甚至因齿厚减薄而发生轮齿折断。

齿面磨损是开式齿轮传动的主要失效形式。改善密封和润滑条件、在油中加入减摩添加剂、提高齿面硬度，均能提高抗磨损能力。加防护罩或改用闭式齿轮传动则可减少或避免齿面磨损。

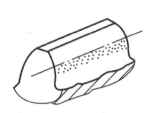  

图 6-2　齿面点蚀　　　　图 6-3　齿面磨损　　　　图 6-4　齿面胶合

4. 齿面胶合

在高速重载齿轮传动中，由于齿面间压力大、相对滑动速度大，摩擦发热多，使啮合点处瞬时温度过高，润滑失效，致使相啮合两齿面金属尖峰直接接触并相互粘连在一起，当两齿面相对运动时，粘连的地方即被撕开，在齿面上沿相对滑动方向形成条状伤痕（见图6-4），这种现象称为齿面热胶合。在低速重载齿轮传动中，由于齿面间润滑油膜难以形成，或由于局部偏载使油膜破坏，也可能发生胶合，但此时齿面间并无明显的瞬时高温，故称为冷胶合。胶合发生在齿面相对滑动速度大的齿顶或齿根部位。齿面一旦出现热胶合，不但齿面温度升高，而且齿轮的振动和噪声也增大，导致失效。热胶合是高速、重载齿轮传动的主要失效形式。

减小模数、降低齿高、降低滑动系数、提高齿面硬度和降低齿面粗糙度、采用齿廓修形、采用抗胶合能力强的齿轮材料和加入含减压添加剂的润滑油等，均可提高齿面抗胶合能力。

5. 塑性变形

当轮齿材料较软，载荷及摩擦力又很大时，轮齿在啮合过程中，齿面表层的材料就会沿着摩擦力的方向产生齿面塑性变形。由于主动轮齿上所受的摩擦力是背离节线分别朝向齿顶及齿根作用的，故产生塑性变形后，齿面沿节线处形成凹沟。从动轮齿上所受的摩擦力方向则相反，产生塑性变形后，齿面沿节线处形成凸棱（见图6-5(a)）。此外，较软的轮齿还会因为突然过载而引起轮齿歪斜，即齿体塑料变形（见图6-5(b)）。轮齿塑性变形破坏了轮齿的正确啮合位置和齿廓形状，使之不能正确啮合。

适当提高齿面硬度，使用黏度较高的润滑油，可以防止或减轻轮齿的塑性变形。

6.2.2　设计准则

在设计齿轮传动时，应依据齿轮可能出现的失效形式来确定设计准则。

对于闭式软齿面齿轮传动，其失效形式主要是齿面点蚀，其次是轮齿折断，故通常先按齿面接触疲劳强度进行设计，确定齿轮的主要几何参数后，再校核齿根弯曲疲劳强度。对于闭式硬齿面齿轮传动，其失效形式主要是轮齿折断，其次是齿面点蚀，故通常先按齿

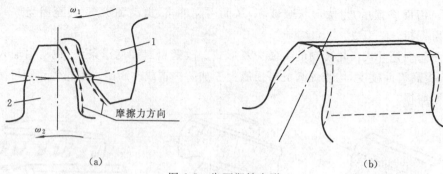

图 6-5　齿面塑性变形
1—主动齿；2—从动齿

根弯曲疲劳强度进行设计,确定齿轮的主要几何参数后,再校核齿面接触疲劳强度。对于高速重载齿轮传动,可能出现齿面胶合,故还需校核齿面胶合强度。

对于开式齿轮传动,其主要失效形式是齿面磨损以及在轮齿磨薄后发生的轮齿折断。因磨损尚无成熟的计算方法,故目前多是按齿根弯曲疲劳强度进行设计,并考虑磨损的影响将模数适当增大(一般为 $10\%\sim15\%$)。由于开式齿轮传动不会出现点蚀,因而无须验算齿面接触疲劳强度。

6.3　圆柱齿轮传动的计算载荷

在计算齿轮的受力时,由齿轮传递的功率计算出的载荷称为名义载荷。在实际工作中,由于原动机及工作机的振动和冲击,轮齿在啮合过程中会产生动载荷;由于齿轮制造及安装误差或齿轮及其支承件变形等因素的影响,载荷在啮合的各轮齿间分配不均,同时载荷在齿宽方向分布也不均匀。因此,在计算齿轮传动的强度时,应将名义载荷乘以载荷系数,即按计算载荷进行计算。以齿轮的法向力 F_n 为例,其计算载荷 F_{nc} 可表示为

$$F_{nc} = KF_n \tag{6-1}$$

$$K = K_A K_v K_\alpha K_\beta \tag{6-2}$$

式中:K——载荷系数;

$\quad K_A$——使用系数;

$\quad K_v$——动载系数;

$\quad K_\alpha$——齿间载荷分配系数;

$\quad K_\beta$——齿向载荷分布系数。

按照强度计算的类别,圆柱齿轮传动的载荷系数分为齿面接触疲劳强度计算用载荷系数 K_H 和齿根弯曲疲劳强度计算用载荷系数 K_F,下面统一介绍。

6.3.1　使用系数 K_A

使用系数 K_A 是考虑齿轮啮合外部因素引起附加动载影响的系数。影响 K_A 的主要因素是原动机和工作机的工作特性。K_A 值可由表 6-1 查取。

表 6-1 使用系数 K_A

载荷状态	工作机	原动机			
		均匀平稳	轻微冲击	中等冲击	严重冲击
		电动机，汽轮机	蒸汽机，电动机（经常）启动	多缸内燃机	单缸内燃机
均匀平稳	发电机、均匀传送的带式运输机或板式运输机、机床进给机构、送风机、均匀密度材料搅拌机等	1.00	1.10	1.25	1.50
轻微冲击	不均匀传送的带式运输机或板式运输机、机床的主传动机构、重型离心泵、变密度材料搅拌机等	1.25	1.35	1.50	1.75
中等冲击	橡胶挤压机、轻型球磨机、木工机械、钢坯初轧机、单缸活塞泵等	1.50	1.60	1.75	2.00
严重冲击	挖掘机、重型球磨机、破碎机、旋转式钻探装置、带材冷轧机等	1.75	1.85	2.00	≥2.25

注：表中所列 K_A 值只适用于减速齿轮传动。对增速齿轮传动，K_A 值应取为表中值的 1.1 倍。当外部机械与齿轮装置间有挠性连接时，K_A 值可适当减小，但不得小于 1。

6.3.2 动载系数 K_v

动载系数 K_v 是考虑齿轮制造精度、运转速度等内部因素引起的附加动载荷影响的系数。影响动载系数 K_v 的主要因素是由法向齿距和齿形偏差产生的传动误差、分度圆圆周速度 v 和轮齿啮合刚度等。一般齿轮传动的动载系数 K_v 值可根据齿轮第 II 公差组精度等级和圆周速度，按图 6-6 查取。

为了减小动载荷，可将轮齿进行齿顶修缘，即把齿顶的一小部分齿廓曲线（分度圆压力角 $\alpha=20°$）修整成 $\alpha>20°$ 的渐开线，如图 6-7 所示。

6.3.3 齿间载荷分配系数 K_α

齿间载荷分配系数 K_α 是考虑同时啮合的各对轮齿间载荷分配不均匀对轮齿应力影响的系数。影响 K_α 的主要因素有轮齿制造误差（特别是齿距偏差）、齿面硬度、齿廓修形和跑合情况等。

根据计算类型的不同，齿间载荷分配系数 K_α 分为 $K_{H\alpha}$ 和 $K_{F\alpha}$。其中，$K_{H\alpha}$ 用于齿面

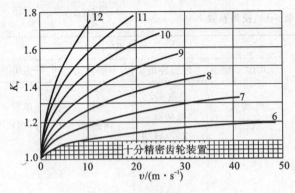

图 6-6　动载系数 K_v

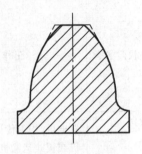

图 6-7　轮齿修缘

接触疲劳强度计算，$K_{F\alpha}$ 用于齿根弯曲疲劳强度计算。$K_{H\alpha}$ 和 $K_{F\alpha}$ 可由表 6-2 查取。

表 6-2　齿间载荷分配系数 $K_{H\alpha}$、$K_{F\alpha}$

$K_A F_t/b$		≥100 N/mm						<100 N/mm
精度等级（Ⅱ组）		5	6	7	8	9	10~12	5~12
硬齿面直齿轮	$K_{H\alpha}$	1.0		1.1	1.2		$1/Z_\varepsilon^2 \geqslant 1.2$②	
	$K_{F\alpha}$						$1/Y_\varepsilon \geqslant 1.2$②	
硬齿面斜齿轮	$K_{H\alpha}$	1.0	1.1①	1.2	1.4		$\varepsilon_a/\cos^2\beta_b \geqslant 1.4$③	
	$K_{F\alpha}$							
非硬齿面直齿轮	$K_{H\alpha}$	1.0			1.1	1.2	$1/Z_\varepsilon^2 \geqslant 1.2$②	
	$K_{F\alpha}$						$1/Y_\varepsilon \geqslant 1.2$②	
非硬齿面斜齿轮④	$K_{H\alpha}$	1.0		1.1	1.2	1.4	$\varepsilon_a/\cos^2\beta_b \geqslant 1.4$③	
	$K_{F\alpha}$							

注：①对于修形齿轮，取 $K_{H\alpha}=K_{F\alpha}=1$。

②Z_ε、Y_ε 为重合度系数。当计算所得 $K_{H\alpha}$、$K_{F\alpha}$ 值小于 1.2 时，取 1.2。

③当计算所得 $K_{F\alpha}>\dfrac{\varepsilon_\gamma}{\varepsilon_a Y_\varepsilon}$ 时，则取 $K_{F\alpha}=\dfrac{\varepsilon_\gamma}{\varepsilon_a Y_\varepsilon}$。其中 $\varepsilon_\gamma=\varepsilon_a+\varepsilon_\beta$，$\varepsilon_a$、$\varepsilon_\beta$ 和 ε_γ 分别为端面重合度、轴向重合度和总重合度。$\varepsilon_a/\cos^2\beta_b$ 为斜齿轮当量齿轮的端面重合度 ε_{av}。

④当齿轮副中两齿轮分别由软、硬齿面构成时，$K_{H\alpha}$、$K_{F\alpha}$ 取平均值。

6.3.4　齿向载荷分布系数 K_β

齿向载荷分布系数 K_β 是考虑沿齿宽方向载荷分布不均匀对轮齿应力影响的系数。影响 K_β 的主要因素有：齿轮的制造和安装误差、齿轮在轴上的布置方式、支承刚度、齿轮的宽度和齿面硬度等。如图 6-8 所示的一对齿轮在两轴承间作非对称布置，受载后轴产生弯曲变形，轴上的齿轮也随之倾斜，这就使作用在齿面上的载荷沿接触线分布不均匀。轴因受转矩作用而发生扭转变形，同样会产生载荷沿齿宽分布不均匀。靠近转矩输入端的一侧，轮齿上的载荷最大。

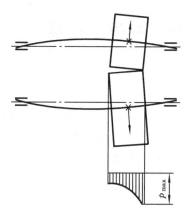

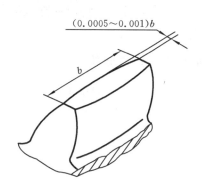

图 6-8 轮齿所受的载荷分布不均   图 6-9 鼓形齿

为了使载荷分布均匀,应提高齿轮的制造和安装精度,提高轴、轴承和支座的刚度,合理选择齿轮的宽度,将齿轮布置在远离转矩输入端的位置,尽量避免齿轮作悬臂布置,将轮齿制成鼓形(见图 6-9)等。齿轮轮齿进行修缘或制成鼓形齿的工艺过程统称为齿轮修形。

齿向载荷分布系数 K_β 与上述诸多因素有关。当齿宽 $b \leqslant 100$ mm 时,齿向载荷分布系数 K_β 可视情况按图 6-10 选取。图中曲线Ⅰ、Ⅱ、Ⅲ分别适用于齿轮在对称支承、非对称支承和悬臂支承场合。实线所示区域,适用于第Ⅲ公差组精度等级为 5～8 级的软齿面齿轮副。从图中不难看出:对于确定的齿宽系数 ϕ_d,其相应的齿向载荷分布系数 K_β 为一个范围,其下限值与 5 级精度齿轮副对应,上限值与 8 级精度齿轮副对应。对于 6、7 级齿轮,可在其间估计选取。虚线所示曲线,适用于精度等级为 5、6 级的硬齿面齿轮副。当硬齿面齿轮精度低于 6 级时,可将图中查得的系数适当加大(对于 7、8 级精度齿轮,可加大 $4\% \sim 8\%$)。

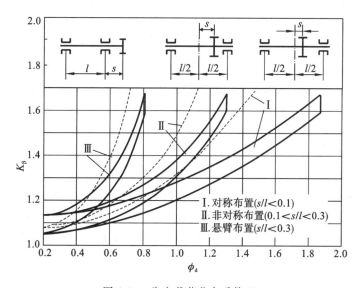

图 6-10 齿向载荷分布系数 K_β

6.4　标准直齿圆柱齿轮传动的强度计算

6.4.1　受力分析

图 6-11 所示为一对标准直齿圆柱齿轮的轮齿正在节点 C 处啮合，转矩由主动齿轮 1 传给从动齿轮 2。若不计齿面间的摩擦力，并用作用于齿宽中点处的集中载荷代替沿接触线的分布载荷，则只有沿啮合线方向的法向力 F_n 作用于齿面，F_n 可分解为两个互相垂直的分力：切于分度圆的圆周力 F_t 和指向轮心的径向力 F_r。各力（单位为 N）的大小为

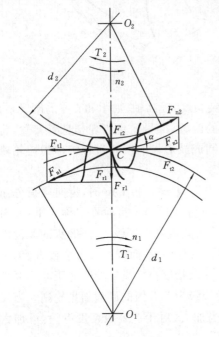

图 6-11　直齿圆柱齿轮传动受力分析

$$\left.\begin{aligned} F_t &= \frac{2T}{d} \\ F_r &= F_t \tan\alpha \\ F_n &= \frac{F_t}{\cos\alpha} \end{aligned}\right\} \qquad (6\text{-}3)$$

式中：d——齿轮的分度圆直径（mm）；

T——齿轮传递的名义转矩（N·mm）；

α——分度圆压力角（°）。

各力以下标 1、2 表示齿轮编号，构成三对作用于主动轮与从动轮上的作用力与反作用力（如图 6-11 所示），各对力大小相等、方向相反。各分力的方向如下：F_t 在主动轮上是阻力，其方向与回转方向相反；而 F_t 在从动轮上是驱动力，其方向与回转方向相同。径向力 F_r 的方向与齿轮形式有关，对于外齿轮，F_r 指向其齿轮中心；对于内齿轮，F_r 背离其齿轮中心。

6.4.2　齿面接触疲劳强度计算

为防止齿面在预定寿命期限内发生疲劳点蚀，设计齿轮时应计算齿面接触疲劳强度。其强度条件式为

$$\sigma_H \leqslant [\sigma_H]$$

式中：σ_H——齿面接触应力；

$[\sigma_H]$——许用接触应力。

由于一对渐开线直齿圆柱齿轮在 C 点啮合时（见图 6-12），其齿面接触情况相当于一对轴线平行的圆柱体相接触，这对圆柱体的曲率半径 ρ_1 与 ρ_2 就等于两齿廓曲线在该啮合点的曲率半径（见图 6-12）。根据两圆柱体接触时最大接触应力的计算公式(2-21)，齿面接触应力 σ_H 可表示为

$$\sigma_H = \sqrt{\dfrac{\dfrac{F_{nc}}{L}\left(\dfrac{1}{\rho_1} \pm \dfrac{1}{\rho_2}\right)}{\pi\left(\dfrac{1-\mu_1^2}{E_1} + \dfrac{1-\mu_2^2}{E_2}\right)}} \qquad (6-4)$$

式中：F_{nc}——作用于轮齿上的法向计算载荷；

$\quad\quad L$——轮齿接触线总长度；

$\quad\quad E_1$、E_2——两齿轮材料的弹性模量；

$\quad\quad \mu_1$、μ_2——两齿轮材料的泊松比；

$\quad\quad \rho_1$、ρ_2——两齿轮接触处的曲率半径，其中正号用于外啮合，负号用于内啮合。

为计算方便，令

$$\frac{1}{\rho_\Sigma} = \frac{1}{\rho_1} \pm \frac{1}{\rho_2}$$

$$Z_E = \sqrt{\dfrac{1}{\pi\left(\dfrac{1-\mu_1^2}{E_1} + \dfrac{1-\mu_2^2}{E_2}\right)}}$$

则齿面接触疲劳强度条件式可写为

$$\sigma_H = \sqrt{\frac{F_{nc}}{L\rho_\Sigma}} \cdot Z_E \leqslant [\sigma_H] \qquad (6-5)$$

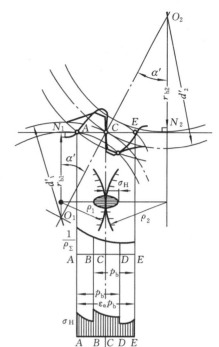

图 6-12 齿面接触应力

式中：ρ_Σ——综合曲率半径；

$\quad\quad Z_E$——弹性影响系数（$MPa^{1/2}$），数值列于表 6-3。

表 6-3 弹性影响系数 Z_E （$MPa^{1/2}$）

小轮材料	大轮材料				
	锻钢	铸钢	球墨铸铁	灰铸铁	夹布胶木
锻钢	189.8	188.9	186.4	162.0	56.4
铸钢	—	188.0	180.5	161.4	—
球墨铸铁	—	—	173.9	156.6	—
灰铸铁	—	—	—	143.7	—

由于齿轮上各点的曲率半径不同，在啮合过程中接触点又是不断变化的，所以齿轮上各点的接触应力 σ_H 也不同，图 6-12 中给出了渐开线齿轮沿啮合线各点的综合曲率 $1/\rho_\Sigma$ 及接触应力 σ_H 的变化情况。对于重合度 $\varepsilon_a \leqslant 2$ 的渐开线圆柱齿轮传动，在双齿啮合区，载荷由两对齿承担；在单对齿啮合区，全部载荷由一对齿承担。因小齿轮在单对齿啮合区下界点 B 处为一对齿受力，且其综合曲率半径是单对齿啮合区内的最小值，故 B 点接触应力 σ_H 最大。但当小齿轮齿数 $z_1 \geqslant 20$ 时，B 点的接触应力与节点 C 的接触应力相差不大，由于点蚀常发生在节点附近，且该处齿廓曲率半径计算方便，故通常按节点 C 来计算齿面接触应力。

节点处的有关参数如下。

法向计算载荷为

$$F_{nc} = K_H F_n = \frac{K_H F_t}{\cos\alpha} \qquad (6-6)$$

式中：K_H——齿面接触疲劳强度计算的载荷系数，$K_H = K_A K_v K_{H\alpha} K_\beta$。

在节点 C 处的综合曲率为

$$\frac{1}{\rho_\Sigma} = \frac{1}{\rho_1} \pm \frac{1}{\rho_2} = \frac{\rho_2 \pm \rho_1}{\rho_1 \rho_2} = \frac{\dfrac{\rho_2}{\rho_1} \pm 1}{\rho_1 \left(\dfrac{\rho_2}{\rho_1}\right)}$$

轮齿在节点啮合时，两轮齿廓曲率半径之比与两轮的节圆直径（d'_1、d'_2）或齿数（z_1、z_2）成正比，即 $\rho_2/\rho_1 = d'_2/d'_1 = z_2/z_1 = u$，故得

$$\frac{1}{\rho_\Sigma} = \frac{1}{\rho_1} \cdot \frac{u \pm 1}{u} \qquad (6-7)$$

式中：u 为大齿轮与小齿轮的齿数之比（$u = z_2/z_1 \geqslant 1$），称为齿数比。传动比 i 为主动齿轮转速与从动齿轮转速之比，对减速传动 $u = i$，对增速传动 $u = 1/i$。

如图 6-12 所示，小齿轮轮齿节点 C 处的曲率半径 $\rho_1 = \overline{N_1 C}$。对于标准齿轮在标准安装时，节圆就是分度圆，啮合角等于压力角，故得

$$\rho_1 = \frac{1}{2} d_1 \sin\alpha$$

代入式（6-7）得

$$\frac{1}{\rho_\Sigma} = \frac{2}{d_1 \sin\alpha} \cdot \frac{u \pm 1}{u} \qquad (6-8)$$

式中：d_1——小齿轮的分度圆直径（mm）。

轮齿接触线总长度 L 与重合度有关，按下式计算

$$L = \frac{b}{Z_\varepsilon^2} \qquad (6-9)$$

式中：b——齿轮的啮合齿宽；

Z_ε——接触疲劳强度计算的重合度系数，表达式为

$$Z_\varepsilon = \sqrt{\frac{4 - \varepsilon_\alpha}{3}} \qquad (6-10)$$

式中：ε_α——直齿圆柱齿轮传动的重合度，对未修缘的标准直齿圆柱齿轮传动，ε_α 可按下式计算：

$$\varepsilon_\alpha = 1.88 - 3.2\left(\frac{1}{z_1} \pm \frac{1}{z_2}\right) \qquad (6-11)$$

式中："+"号用于外啮合，"-"号用于内啮合。

将式（6-6）、式（6-8）及式（6-9）代入式（6-5）得

$$\sigma_H = \sqrt{\frac{K_H F_t}{b\cos\alpha} \cdot \frac{2}{d_1 \sin\alpha} \cdot \frac{u \pm 1}{u}} \cdot Z_E Z_\varepsilon = \sqrt{\frac{K_H F_t}{b d_1} \cdot \frac{u \pm 1}{u}} \cdot \sqrt{\frac{2}{\sin\alpha\cos\alpha}} \cdot Z_E Z_\varepsilon \leqslant [\sigma_H]$$

令 $Z_H = \sqrt{2/\sin\alpha\cos\alpha}$，并将 $F_t = 2T_1/d_1$，$\phi_d = b/d_1$ 代入上式，可得齿面接触疲劳强度的校核计算公式为

$$\sigma_H = \sqrt{\frac{2K_H T_1}{\phi_d d_1^3} \cdot \frac{u \pm 1}{u}} \cdot Z_H Z_E Z_\varepsilon \leqslant [\sigma_H] \qquad (6-12)$$

经变换,可得齿面接触疲劳强度的设计计算公式为

$$d_1 \geqslant \sqrt[3]{\frac{2K_H T_1}{\phi_d} \cdot \frac{u \pm 1}{u} \left(\frac{Z_H Z_E Z_\varepsilon}{[\sigma_H]}\right)^2}$$ (6-13)

式中:Z_H——区域系数,对于标准齿轮($\alpha = 20°$),$Z_H = 2.5$;

　　T_1——小齿轮传递的转矩(N·mm);

　　ϕ_d——齿宽系数。

式(6-12)和式(6-13)中σ_H、$[\sigma_H]$的单位为 MPa,d_1、b 的单位为 mm,T_1 的单位为 N·mm。

在应用齿面接触疲劳强度计算公式时,需明确以下几点。

(1) 在式(6-12)、式(6-13)中,"+"号用于外啮合,"−"号用于内啮合。

(2) 由式(6-4)可知,当 F_n、L 一定时,接触应力取决于两接触物体的材料和综合曲率半径,因此,两圆柱体接触处的接触应力是相等的。同理,一对啮合的大、小齿轮,在啮合点处,其齿面接触应力也是相等的,即 $\sigma_{H1} = \sigma_{H2}$。许用接触应力与齿轮的材料、热处理方式和应力循环次数有关,一般不相等,即 $[\sigma_H]_1 \neq [\sigma_H]_2$。所以,在使用式(6-12)和式(6-13)时,应将 $[\sigma_H]_1$ 和 $[\sigma_H]_2$ 两者中较小者代入计算。

(3) 当用设计公式(6-13)初步计算齿轮的分度圆直径 d_1 时,动载系数 K_v 和齿间载荷分配系数 $K_{H\alpha}$ 不能预先确定,此时可试选动载系数 K_{vt}(如取 $K_{vt} = 1.05 \sim 1.2$)和齿间载荷分配系数 $K_{H\alpha t}$(如取 $K_{H\alpha t} = 1.0 \sim 1.2$),计算出一个试算用载荷系数 K_{Ht},据此算出来的分度圆直径也是一个试算值 d_{1t},然后按 d_{1t} 值计算齿轮的圆周速度 v 和平均载荷 $K_A F_t / b$,并查取动载系数 K_v 和齿间载荷分配系数 $K_{H\alpha}$。若查取值与试选值相差不多,就不必再修改原计算;若相差较大时,应按式(6-14)校正试算所得的分度圆直径 d_{1t},即

$$d_1 = d_{1t} \sqrt[3]{\frac{K_v K_{H\alpha}}{K_{vt} K_{H\alpha t}}}$$ (6-14)

(4) 由式(6-13)可知,在齿轮的齿宽系数、材料及传动比已选定的情况下,影响齿轮齿面接触疲劳强度的主要因素是齿轮直径。小齿轮直径愈大,齿轮的齿面接触疲劳强度就愈高。

6.4.3　齿根弯曲疲劳强度计算

齿根弯曲疲劳强度计算的目的是防止在预定寿命期限内发生轮齿疲劳折断。其强度条件式为

$$\sigma_F \leqslant [\sigma_F]$$

式中:σ_F——齿根弯曲应力;

　　$[\sigma_F]$——许用弯曲应力。

在进行齿根弯曲疲劳强度计算时,为使问题简化,假设:①齿轮轮缘的刚度很大,可将轮齿视为宽度为 b 的悬臂梁;②载荷作用于齿顶,并由一对轮齿承担。实际上,当轮齿在齿顶处啮合时,处于双对齿啮合区,两对齿共同分担载荷,齿根处的弯曲应力并不是最大。根据分析,当载荷作用在单对齿啮合区的上界点 D(见图 6-12)时,齿根产生的弯曲应力最大。对于由第 2 点假设产生的误差,用重合度系数 Y_ε 予以修正。

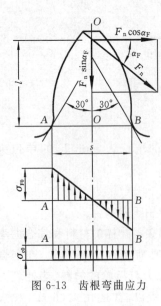

图 6-13　齿根弯曲应力

在计算齿根弯曲应力 σ_F 时，应确定齿根危险截面的位置。根据应力实验分析，危险截面可用 30°切线法确定，如图 6-13 所示，作与轮齿对称线成 30°角并与齿根过渡曲线相切的两条切线，通过两切点作平行于齿轮轴线的截面，此截面即为齿根危险截面。

作用于齿顶的法向力 F_n 可分解为互相垂直的两个分力（见图 6-13）：$F_n\cos\alpha_F$ 和 $F_n\sin\alpha_F$。水平分力 $F_n\cos\alpha_F$ 使齿根产生弯曲应力 σ_{F0} 和切应力 τ_{F0}；垂直分力 $F_n\sin\alpha_F$ 使齿根产生压应力 σ_{c0}。与弯曲应力 σ_{F0} 相比，切应力 τ_{F0} 和压应力 σ_{c0} 都很小，故可将弯曲应力 σ_{F0} 作为齿根弯曲疲劳强度计算的基本值，由此造成的误差，通过引入修正系数的办法予以调整。

轮齿长期工作后，受拉侧的疲劳裂纹发展较快，故按受拉侧计算弯曲应力 σ_{F0}。由悬臂梁的弯曲应力计算公式得

$$\sigma_{F0} = \frac{M}{W} \tag{6-15}$$

式中：M——齿根最大弯矩；

W——轮齿危险截面的抗弯截面系数。显然，此处

$$M = F_n\cos\alpha_F\, l = \frac{2T_1}{d_1} \cdot \frac{\cos\alpha_F\, l}{\cos\alpha} \tag{6-16}$$

$$W = \frac{bs^2}{6} \tag{6-17}$$

将式(6-16)、式(6-18)代入式(6-15)可得

$$\sigma_{F0} = \frac{M}{W} = \frac{2T_1}{bd_1} \cdot \frac{6l\cos\alpha_F}{s^2\cos\alpha} = \frac{2T_1}{bd_1 m} \cdot \frac{6\left(\dfrac{l}{m}\right)\cos\alpha_F}{\left(\dfrac{s}{m}\right)^2\cos\alpha} \tag{6-18}$$

式中：l——弯曲力臂；

s——危险截面厚度；

b——齿宽；

α_F——载荷作用角；

m——齿轮模数。

其余符号的意义同前。令

$$Y_{Fa} = \frac{6\left(\dfrac{l}{m}\right)\cos\alpha_F}{\left(\dfrac{s}{m}\right)^2\cos\alpha} \tag{6-19}$$

其中，Y_{Fa} 称为齿形系数，它只与轮齿的齿廓形状有关，而与齿的大小（模数）无关，其值列于表 6-4。计入载荷系数 K_F、应力修正系数 Y_{Sa}、重合度系数 Y_ε，对 σ_{F0} 加以修正，则齿根弯曲疲劳强度条件为

$$\sigma_F = \sigma_{F0} K_F Y_{Sa} Y_\varepsilon \leqslant [\sigma_F] \tag{6-20}$$

将式(6-18)、式(6-19)代入式(6-20),可得齿根弯曲疲劳强度的校核计算公式为

$$\sigma_F = \frac{2K_F T_1}{b d_1 m} Y_{Fa} Y_{Sa} Y_\varepsilon \leqslant [\sigma_F] \tag{6-21}$$

式中:K_F——齿根弯曲疲劳强度计算的载荷系数,$K_F = K_A K_v K_{F\alpha} K_\beta$;

Y_{Sa}——应力修正系数,用于考虑齿根危险截面处的过渡圆角所引起的应力集中和压应力、切应力对齿根弯曲应力的影响,其值列于表6-4;

Y_ε——齿根弯曲疲劳强度计算的重合度系数,按下式计算

$$Y_\varepsilon = 0.25 + \frac{0.75}{\varepsilon_\alpha} \tag{6-22}$$

将 $b = \phi_d d_1$、$d_1 = m z_1$ 代入(6-21),经整理可得齿根弯曲疲劳强度的设计计算公式为

$$m \geqslant \sqrt[3]{\frac{2K_F T_1 Y_\varepsilon}{\phi_d z_1^2} \cdot \frac{Y_{Fa} Y_{Sa}}{[\sigma_F]}} \tag{6-23}$$

式(6-21)和式(6-23)中,σ_F、$[\sigma_F]$ 的单位为 MPa,d_1、b、m 的单位为 mm,T_1 的单位为 N·mm。

表 6-4　齿形系数 Y_{Fa} 和应力修正系数 Y_{Sa}

$z(z_v)$	17	18	19	20	21	22	23	24	25	26	27	28	29
Y_{Fa}	2.97	2.91	2.85	2.80	2.76	2.72	2.69	2.65	2.62	2.60	2.57	2.55	2.53
Y_{Sa}	1.52	1.53	1.54	1.55	1.56	1.57	1.575	1.58	1.59	1.595	1.60	1.61	1.62
$z(z_v)$	30	35	40	45	50	60	70	80	90	100	150	200	∞
Y_{Fa}	2.52	2.45	2.40	2.35	2.32	2.28	2.24	2.22	2.20	2.18	2.14	2.12	2.06
Y_{Sa}	1.625	1.65	1.67	1.68	1.70	1.73	1.75	1.77	1.78	1.79	1.83	1.865	1.97

注:基准齿形的参数为 $\alpha = 20°$,$h_a^* = 1$,$c^* = 0.25$,$\rho = 0.38\ m$。

在应用齿根弯曲疲劳强度计算公式时,需注意以下几点。

(1) 因大、小齿轮的 Y_{Fa}、Y_{Sa} 不相等,所以它们的齿根弯曲应力是不相等的。材料或热处理方式不同时,其许用弯曲应力也不相等,故进行齿根弯曲强度校核时,大、小齿轮应分别进行。

(2) 由式(6-23)可知,两齿轮的 $\dfrac{Y_{Fa} Y_{Sa}}{[\sigma_F]}$ 比值可能不同,大者其弯曲疲劳强度较弱,设计时应将 $\dfrac{Y_{Fa1} Y_{Sa1}}{[\sigma_F]_1}$ 与 $\dfrac{Y_{Fa2} Y_{Sa2}}{[\sigma_F]_2}$ 两者中较大者代入计算。求得 m 后,应圆整为标准模数。

(3) 与齿面接触疲劳强度设计相似,当用设计公式(6-23)初步计算齿轮的模数 m 时,可试选动载系数 K_{vt} 和齿间载荷分配系数 $K_{F\alpha t}$,计算出一个试算用载荷系数 K_{Ft},据此算出模数的试算值 m_t,然后计算分度圆直径 d_{1t}、齿轮的圆周速度 v 和平均载荷 $K_A F_t / b$,并查取动载系数 K_v 和齿间载荷分配系数 $K_{F\alpha}$。若查取值与试选值相差不多,就不必再修改原计算;若相差较大时,应按式(6-24)校正试算所得的模数 m_t,即

$$m = m_t \sqrt[3]{\frac{K_v K_{F\alpha}}{K_{vt} K_{F\alpha t}}} \tag{6-24}$$

（4）式(6-23)表明：当其他条件确定后，齿轮的弯曲疲劳强度主要取决于模数的大小。模数愈大，齿轮的弯曲疲劳强度就愈高。对于用于动力传动的齿轮，其模数一般不应小于 1.5～2 mm。

6.5　齿轮材料和许用应力

6.5.1　齿轮材料

选择齿轮材料时应使齿面具有足够的硬度，以获得较高的抗点蚀、抗磨损、抗胶合和抗塑性变形的能力，而轮齿心部要有足够的强度和韧性，以便在循环载荷和冲击载荷作用下有足够的齿根弯曲强度，即齿面要硬，齿心要韧。此外，齿轮材料还应具有良好的机械加工和热处理工艺性，价格便宜。

制造齿轮常用的材料是各种钢材，其次是铸铁，在某些场合也用有色金属和非金属材料。

1. 钢

钢材的韧性高，耐冲击，而且可通过热处理或化学热处理改善材料的力学性能和提高齿面硬度，因此是应用最广泛的齿轮材料。钢材可分为锻钢和铸钢两类，一般常用锻钢制造齿轮，因为锻钢的机械性能较高。只有当直径较大，如 $d_a \geqslant 400$ mm，且受设备限制而不能锻造时才用铸钢。

2. 铸铁

灰铸铁的铸造性能和切削性能好，价格便宜，但抗弯强度和冲击韧度较差，通常适用于低速、无冲击和大尺寸或开式传动的场合。铸铁性脆，为避免接触不良和载荷集中引起齿端折断，齿轮应取较小的齿宽系数。

球墨铸铁的机械性能和抗冲击性能优于灰铸铁，可代替调质钢制造某些大齿轮。

3. 非金属材料

在高速、轻载、要求噪音低而精度要求不高的齿轮传动中，可采用塑料、夹布胶木和尼龙等非金属材料制作小齿轮，大齿轮仍用钢或铸铁制造。非金属材料的弹性模量小，能很好地补偿因制造和安装误差所引起的不利后果，故振动小、噪音低。但由于非金属材料的导热性差，故要与齿面光洁的金属齿轮配对使用，以利于散热。

6.5.2　齿轮的热处理

用钢和铸铁制造的齿轮通常进行一定的热处理，以改善材料的性能，满足齿轮不同的工作要求。

1. 正火和调质

正火和调质是获得软齿面齿轮（齿面硬度≤350 HBW）的热处理方法。齿轮在热处理后切齿，精切可达 7 级精度。对于软齿面齿轮传动，由于小齿轮应力循环次数比大齿轮多，且小齿轮齿根强度较弱，为使大、小齿轮的强度接近相等，应使小齿轮的齿面硬度比大齿轮的齿面硬度高 30～50 HBW，通常采用调质的小齿轮与调质或正火的大齿轮配对。软齿面齿轮常用于对齿轮尺寸和精度要求不高的传动中。

2. 整体淬火和表面硬化处理

整体淬火和表面硬化处理(表面淬火、渗碳淬火、渗氮和碳氮共渗)可获得硬齿面齿轮(齿面硬度＞350 HBW)。整体淬火因淬火后变形严重,轮齿较脆,心部韧性差,易过载折断,所以应用较少。齿轮一般是在切齿后作表面硬化处理,再进行磨齿等精加工,精度可达5级或4级。但是随着硬齿面加工技术的发展,可使用硬质合金滚刀或钴高速钢滚刀,也可精滚轮齿,而不需要再进行磨齿。硬化后使齿轮的齿面接触疲劳强度、齿根弯曲疲劳强度及齿面抗胶合能力都得到提高,因此常用于高速、重载和精密的传动中。采用硬齿面或中硬齿面是当前齿轮加工技术发展的趋势。

齿轮的常用材料及其力学性能见表6-5。

表6-5 齿轮的常用材料及其力学性能

材料牌号	热处理方法	抗拉强度 σ_b/MPa	屈服强度 σ_s/MPa	硬度(HBW)	
				齿心部	齿面
HT250		250		170～241	
HT300	—	300		187～255	
HT350		350	—	197～269	
QT500-5		500		147～241	
QT600-2		600		229～302	
ZG310-570	正火	580	320	156～217	
ZG340-640		650	350	169～229	
45		580	290	162～217	
ZG340-640		700	380	241～269	
45		650	360	217～255	
50Mn2	调质	930	690	255～302	
42SiMn		750	450	217～269	
38SiMnMo		700	550	217～269	
40Cr		700	500	241～286	
45	调质-表面淬火	—	—	217～255	40～50 HRC
40Cr				241～286	48～55 HRC
20Cr	渗碳淬火	650	400	300	58～62 HRC
20CrMnTi		1 100	850		
12Cr2Ni4		1 100	850	320	
20Cr2Ni4		1 200	1 100	350	

续表

材料牌号	热处理方法	抗拉强度 σ_b/MPa	屈服强度 σ_s/MPa	硬度（HBW）	
				齿心部	齿面
35CrAlA	调质-渗氮（氮化层厚 $\delta \geqslant 0.3$ mm、0.5 mm）	950	750	255～321	＞65 HRC
38CrMoAlA		1 000	850		
加布胶木		100		25～35	

注：40Cr 钢可用 40MnB 或 40MnVB 钢代替；20Cr、20CrMnTi 钢可用 20Mn2B 或 20MnVB 钢代替。

6.5.3 齿轮材料的选择

选择齿轮材料要从齿轮的工作条件、制造工艺和经济性等方面考虑。

1. 齿轮材料要满足工作条件的要求

一般来说，工作速度较高的闭式齿轮传动，齿轮容易发生齿面点蚀或胶合，应选择能够提高齿面硬度的高频感应加热淬火用钢，如：45、40 Cr、42SiMn 等，并进行表面淬火处理；中速中载齿轮传动，可选择综合性能较好的调质钢，如：45、40 Cr 钢等调质。受冲击载荷的齿轮，应选择齿面硬、齿心韧性较好的渗碳钢，如：20 Cr 或 20CrMnTi，并进行渗碳淬火处理。重要的或结构要求紧凑的齿轮传动，应当选择较好的材料，如合金钢。否则，可选择力学性能相对较差的碳钢。正火碳钢，不论毛坯的制作方法如何，只能用于制作在载荷平稳或轻度冲击下工作的齿轮，不能承受大的冲击载荷；调质碳钢可用于制作在中等冲击下工作的齿轮。

开式齿轮传动润滑条件较差，主要失效形式为齿面的磨粒磨损，应选择减摩、耐磨性较好的材料。在速度较低且传动比较平稳时，可选用铸铁或采用钢与铸铁搭配。

此外，对于高速轻载的齿轮，为了降低噪声，通常可选用非金属材料。

2. 选择材料时应考虑齿轮毛坯成形方法、热处理和加工工艺

直径在 500 mm 以下的齿轮，一般毛坯需经锻造加工，可采用锻钢。直径在 400 mm 以上的齿轮，因一般锻压设备不便加工，常采用铸造成形毛坯，故宜选用铸钢或铸铁。对于单件或小批量生产的直径较大的齿轮，采用焊接方法制作毛坯，该方法可以缩短生产周期，降低齿轮的制造成本。

当齿轮材料需要调质、正火或表面淬火等热处理时，常采用中碳钢或中碳合金钢。调质钢在强度、硬度和韧性等各项力学性能方面均优于正火钢，但切削性能不如正火钢。在切削性能方面，通常合金钢不如碳钢。滚齿和插齿等切齿方法，一般只能切削硬度在 270 HBW 以下的齿坯，其大体相当于调质或正火材料的硬度。

3. 选择材料时要考虑齿轮生产的经济性

在满足使用要求的前提下，选择材料必须注意降低齿轮生产的总成本。总成本应当包括材料本身的价格和与生产有关的一切费用。通常碳钢和铸铁材料的价格较低，且具有较好的工艺性，因此在满足使用要求的前提下，应优先选用。

齿轮制造的工艺性也与齿轮生产的经济性密切相关。在大批量生产条件下,工艺性的好坏可能成为选择材料的决定性因素。例如:对于普通精度的齿轮,采用低碳钢或低碳合金钢渗碳淬火,热处理周期长,且由于轮齿变形大,通常需要进行磨齿加工,从而会大大增加齿轮的制造成本。而如果选择中碳钢或中碳合金钢高频感应加热淬火,由于热处理过程中加热时间短、轮齿变形小,可不必进行磨齿加工;其次,这种热处理方式生产率高,且便于实现热处理加工的自动化生产。因此,二者相比,显然后者更适合于大规模生产方式。

此外,在选择材料时,还应当考虑材料的资源和供应情况,所选钢种应供应充足且尽量集中。在必须采用合金钢时,应首先立足于我国资源比较丰富的硅、锰、硼和钒等类合金钢种。

6.5.4　齿轮的许用应力

齿轮的许用应力是根据试验齿轮的接触疲劳极限和弯曲疲劳极限确定的,试验齿轮的疲劳极限又是在一定试验条件下获得的。当设计齿轮的工作条件与试验条件不同时,需加以修正。经修正后的许用接触应力和许用弯曲应力分别为

$$[\sigma_H] = \frac{\sigma_{Hlim} Z_N}{S_H} \tag{6-25}$$

$$[\sigma_F] = \frac{\sigma_{Flim} Y_{st} Y_N}{S_F} \tag{6-26}$$

式中:σ_{Hlim}——试验齿轮的接触疲劳极限(MPa);

σ_{Flim}——试验齿轮的弯曲疲劳极限(MPa);

σ_{Hlim}和σ_{Flim}分别按图 6-14 和图 6-15 查取;

Y_{st}——试验齿轮的应力修正系数,按国家标准,取$Y_{st}=2.0$;

S_H、S_F——接触强度安全系数和弯曲强度安全系数。对接触疲劳强度计算,由于点蚀破坏发生后只引起噪声、振动增大,并不立即导致不能继续工作的后果,故可取$S_H=1.0$。但对弯曲疲劳强度来说,如果一旦发生断齿,就会引起严重的事故,因此在进行齿根弯曲疲劳强度计算时取$S_F=1.25\sim1.5$。

Z_N、Y_N——接触疲劳强度寿命系数和弯曲疲劳强度寿命系数,用于考虑应力循环次数的影响。接触疲劳强度寿命系数Z_N和弯曲疲劳强度寿命系数Y_N可分别查图 6-16 和图 6-17。两图中应力循环次数 N 的计算方法是:设 n 为齿轮的转速(r/min);j 为齿轮每转一圈时,同一齿面啮合的次数;L_h 为齿轮的工作寿命(h)。则齿轮的工作应力循环次数为

$$N = 60njL_h \tag{6-27}$$

由于材料品质的不同,在图 6-14 和图 6-15 中对齿轮的疲劳强度极限共给出了代表材料品质的三个等级 ME、MQ 和 ML,其中 ME 是齿轮材料品质和热处理质量很高时的疲劳强度极限取值线,MQ 是齿轮材料品质和热处理质量达到中等要求时的疲劳强度极限取值线,ML 是齿轮材料品质和热处理质量达到最低要求时的疲劳强度极限取值线。

图 6-14 和图 6-15 所示的极限应力值,一般选取其中间偏下值,即在 MQ 和 ML 中间取值。若齿面硬度超出图中荐用的范围,可大体按外插法查取相应的极限应力值。图 6-15中的 σ_{Flim} 值是在单向弯曲条件即受脉动循环应力下得到的疲劳极限。对于受双向弯

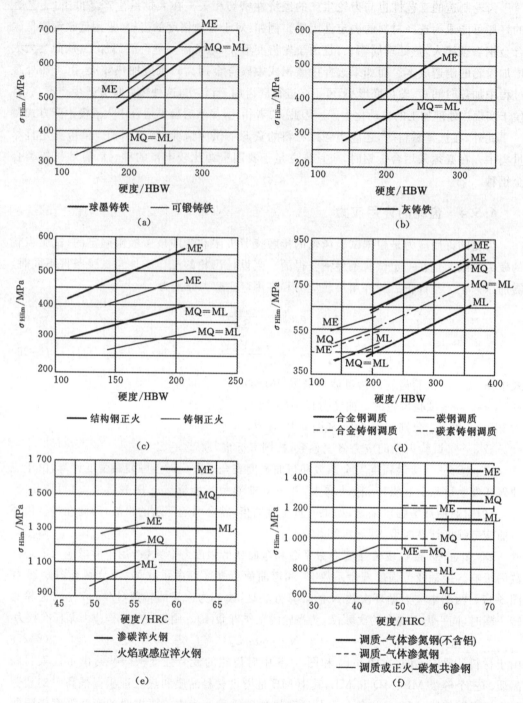

图 6-14　齿轮的接触疲劳极限 σ_{Hlim}

曲的齿轮（如行星轮、中间惰轮等），轮齿受对称循环应力作用，此时的弯曲疲劳极限应将图示值乘以系数 0.7。

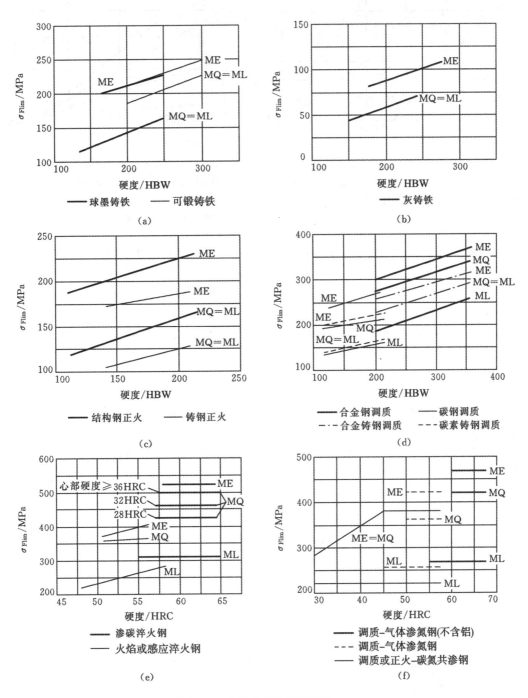

图 6-15 齿轮的弯曲疲劳极限 σ_{Flim}

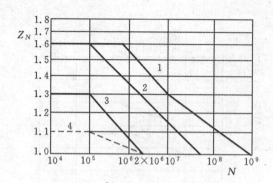

图 6-16　接触疲劳强度寿命系数 Z_N

1—结构钢,调质钢,珠光体、贝氏体球墨铸铁,珠光
体可锻铸铁,渗碳淬火的渗碳钢,火焰淬火或感
应淬火的钢和球墨铸铁(允许有一定点蚀);

2—材料和热处理同1,不允许出现点蚀;

3—灰铸铁,铁素体球墨铸铁,渗氮处理的渗氮钢、
调质钢、渗碳钢;

4—碳氮共渗的调质钢、渗碳钢

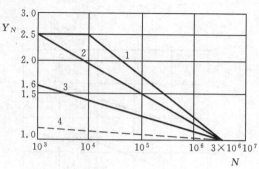

图 6-17　弯曲疲劳强度寿命系数 Y_N

1—调质钢,珠光体、贝氏体球墨铸铁,珠光体可锻
铸铁;

2—渗碳淬火的渗碳钢,火焰淬火或全齿廓感应淬火
的钢和球墨铸铁;

3—结构钢,渗氮处理的渗氮钢、调质钢、渗碳钢,灰
铸铁,铁素体球墨铸铁;

4—碳氮共渗的调质钢、渗碳钢

6.6　标准斜齿圆柱齿轮传动的强度计算

6.6.1　受力分析

在标准斜齿圆柱齿轮传动中,若不计齿面间的摩擦力,则作用于齿面上的法向力 F_n 仍垂直于齿面。图 6-18 所示为一主动轮的轮齿在节点 C 处受力的情况。F_n 可分解为三个互相垂直的分力:切于分度圆的圆周力 F_t、指向轮心的径向力 F_r 和沿轴线方向的轴向力 F_a。

$$\left.\begin{array}{l} F_t = \dfrac{2T}{d} \\[2mm] F_r = F_t\dfrac{\tan\alpha_n}{\cos\beta} = F_t\tan\alpha_t \\[2mm] F_a = F_t\tan\beta \\[2mm] F_n = \dfrac{F_t}{\cos\alpha_n\cos\beta} = \dfrac{F_t}{\cos\alpha_t\cos\beta_b} \end{array}\right\} \qquad (6\text{-}28)$$

式中:α_n——法向压力角;

　　α_t——端面压力角;

　　β——分度圆螺旋角;

　　β_b——基圆螺旋角。

其余符号的意义同前。

作用于主动轮和从动轮上的各力构成四对大小相等、方向相反的作用力与反作用力。各分力的方向如下。圆周力 F_t 在主动轮上与回转方向相反,在从动轮上与回转方向相同。径向力 F_r 分别指向各自的轮心(外啮合)。轴向力 F_a 的方向取决于齿轮的回转方向

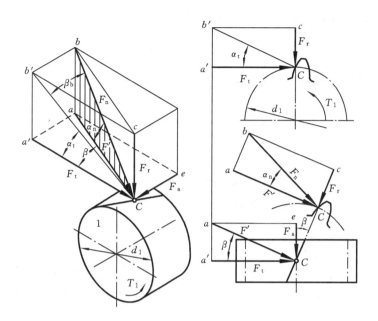

图 6-18　斜齿圆柱齿轮传动受力分析

和螺旋线方向,可以用力的分析方法判断,也可以用"主动轮左、右手定则"来判断:对主动轮,若主动轮为右旋(左旋),则用右手(左手)握住轮的轴线,并使四指方向顺着轮的转动方向,此时拇指的指向即为轴向力的方向;从动轮上的轴向力与其相反。

6.6.2　齿面接触疲劳强度计算

标准斜齿圆柱齿轮的齿面接触疲劳强度计算的原理和方法与标准直齿圆柱齿轮的基本相同,仍按齿轮节点处进行计算。不同的是:斜齿轮啮合点的曲率半径应按法面计算;接触线总长度 L 不仅受端面重合度影响,同时还受轴向重合度影响,并且由于斜齿轮的接触线是从齿根到齿顶倾斜的,而这种倾斜对齿面接触强度有利,故在强度计算中需引入螺旋角系数予以修正。

节点处的有关参数如下。

法向计算载荷为

$$F_{nc} = K_H F_n = \frac{K_H F_t}{\cos\alpha_t \cos\beta_b} \tag{6-29}$$

节点处的法向曲率半径(见图 6-19)为

$$\rho_n = \frac{\rho_t}{\cos\beta_b}$$

节点处的端面曲率半径为

$$\rho_t = \frac{d\sin\alpha_t}{2}$$

于是,综合曲率为

$$\frac{1}{\rho_\Sigma} = \frac{1}{\rho_{n1}} \pm \frac{1}{\rho_{n2}} = \frac{2\cos\beta_b}{d_1\sin\alpha_t} \pm \frac{2\cos\beta_b}{ud_1\sin\alpha_t} = \frac{2\cos\beta_b}{d_1\sin\alpha_t}\left(\frac{u \pm 1}{u}\right) \tag{6-30}$$

斜齿轮的接触线总长度为

$$L = \frac{b}{Z_\varepsilon^2 \cos\beta_b} \tag{6-31}$$

式中：Z_ε——接触疲劳强度计算的重合度系数，按下式计算

$$\left.\begin{array}{l} \text{当 } \varepsilon_\beta < 1 \text{ 时} \quad Z_\varepsilon = \sqrt{\dfrac{4-\varepsilon_\alpha}{3}(1-\varepsilon_\beta) + \dfrac{\varepsilon_\beta}{\varepsilon_\alpha}} \\[4mm] \text{当 } \varepsilon_\beta \geqslant 1 \text{ 时} \quad Z_\varepsilon = \sqrt{\dfrac{1}{\varepsilon_\alpha}} \end{array}\right\} \tag{6-32}$$

式中：ε_α——斜齿圆柱齿轮传动的端面重合度；

ε_β——斜齿圆柱齿轮传动的轴向重合度。

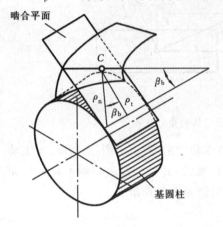

图 6-19　斜齿圆柱齿轮法面曲率半径

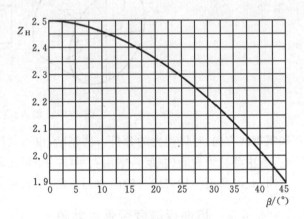

图 6-20　区域系数 $Z_H(\alpha_n = 20°)$

对于标准和未修缘的斜齿圆柱齿轮传动，端面重合度可近似按下式计算

$$\varepsilon_\alpha = \left[1.88 - 3.2\left(\frac{1}{z_1} \pm \frac{1}{z_2}\right)\right]\cos\beta \tag{6-33}$$

轴向重合度按以下公式计算

$$\varepsilon_\beta = \frac{b\sin\beta}{\pi m_n} = 0.318\phi_d z_1 \tan\beta \tag{6-34}$$

将式(6-29)、式(6-30)及式(6-31)代入式(6-5)得

$$\sigma_H = \sqrt{\frac{K_H F_t}{b\cos\alpha_t} \cdot \sqrt{\frac{2\,\cos\beta_b}{d_1\sin\alpha_t} \cdot \frac{u \pm 1}{u}}} \cdot Z_E Z_\varepsilon = \sqrt{\frac{K_H F_t}{bd_1} \cdot \frac{u \pm 1}{u}} \cdot \sqrt{\frac{2\,\cos\beta_b}{\sin\alpha_t \cos\alpha_t}} \cdot Z_E Z_\varepsilon \leqslant [\sigma_H]$$

令 $Z_H = \sqrt{\dfrac{2\,\cos\beta_b}{\sin\alpha_t \cos\alpha_t}}$，并将 $F_t = 2T_1/d_1$、$\phi_d = b/d_1$ 代入上式，同时引入螺旋角系数，可得齿面接触疲劳强度的校核计算公式为

$$\sigma_H = \sqrt{\frac{2\,K_H T_1}{\phi_d d_1^3} \cdot \frac{u \pm 1}{u}} \cdot Z_H Z_E Z_\varepsilon Z_\beta \leqslant [\sigma_H] \tag{6-35}$$

式中：Z_H——斜齿轮的区域系数，对于标准齿轮($\alpha_n = 20°$)，Z_H值可由图6-20查取；

Z_β——接触疲劳强度计算的螺旋角系数，按下式计算：

$$Z_\beta = \sqrt{\cos\beta} \tag{6-36}$$

对式(6-35)进行变换,可得齿面接触疲劳强度的设计计算公式为

$$d_1 \geqslant \sqrt[3]{\frac{2}{\phi_d}\frac{K_H T_1}{} \cdot \frac{u \pm 1}{u}\left(\frac{Z_H Z_E Z_\varepsilon Z_\beta}{[\sigma_H]}\right)^2} \tag{6-37}$$

式(6-35)和式(6-37)中 σ_H、$[\sigma_H]$ 的单位为 MPa,d_1、b 的单位为 mm,T_1 的单位为 N·mm,其余符号的意义以及许用应力的计算方法同前。

6.6.3　齿根弯曲疲劳强度计算

斜齿圆柱齿轮由于接触线是倾斜的,所以轮齿往往是局部折断。由于在啮合过程中,其接触线和危险截面的位置都不断变化,故其齿根弯曲应力很难精确计算,只能近似按法面当量直齿圆柱齿轮,利用式(6-21)进行计算。因斜齿轮倾斜的接触线对弯曲强度有利,故引入螺旋角系数,并用法向模数 m_n 代替 m,则齿根弯曲疲劳强度的校核计算公式为

$$\sigma_F = \frac{2K_F T_1}{bd_1 m_n}Y_{Fa}Y_{Sa}Y_\varepsilon Y_\beta \leqslant [\sigma_F] \tag{6-38}$$

式中:Y_{Fa}——斜齿轮的齿形系数,可近似地按当量齿数 $z_v = z/\cos^3\beta$ 由表 6-4 查取;

Y_{Sa}——斜齿轮的应力修正系数,可近似地按当量齿数由表 6-4 查取;

Y_ε——斜齿轮齿根弯曲疲劳强度计算的重合度系数,按下式计算

$$Y_\varepsilon = 0.25 + \frac{0.75}{\varepsilon_{av}} \tag{6-39}$$

Y_β——弯曲疲劳强度计算的螺旋角系数,可由图 6-21 查取。

式(6-39)中,ε_{av} 为当量齿轮的重合度,计算式为

$$\varepsilon_{av} = \varepsilon_a / \cos^2\beta_b \tag{6-40}$$

将 $b = \phi_d d_1$,$d_1 = m_n z_1/\cos\beta$ 代入式(6-38),经整理可得齿根弯曲疲劳强度的设计计算公式为

$$m_n \geqslant \sqrt[3]{\frac{2K_F T_1 Y_\varepsilon Y_\beta \cos^2\beta}{\phi_d z_1^2} \cdot \frac{Y_{Fa}Y_{Sa}}{[\sigma_F]}} \tag{6-41}$$

各式中 σ_F、$[\sigma_F]$ 的单位为 MPa,m_n 的单位为 mm。其余符号的意义同前。

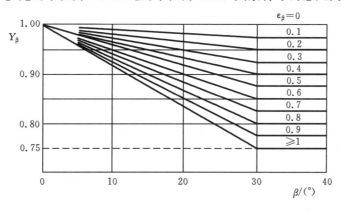

图 6-21　螺旋角系数 Y_β

6.7 标准直齿锥齿轮传动的强度计算

　　锥齿轮传动常用于传递两相交轴之间的运动和动力。根据轮齿方向和分度圆母线方向的相互关系，可分为直齿、斜齿和曲线齿锥齿轮传动。本节仅介绍最常用的轴交角 $\Sigma = 90°$ 的标准直齿锥齿轮传动的强度计算。

　　由于锥齿轮的理论齿廓为球面渐开线，而实际加工出的齿形与其有较大的误差，不易获得高的精度，故在传动中会产生较大的振动和噪声，因而直齿锥齿轮传动仅适用于 $v \leqslant$ 5 m/s 的传动。

6.7.1 设计参数

　　直齿锥齿轮的标准模数为大端模数 m，其几何尺寸按大端计算。由于直齿锥齿轮的轮齿从大端到小端逐渐收缩，轮齿沿齿宽方向的截面大小不等，受力后不同截面的弹性变形各异，引起载荷分布不均，其受力和强度计算都相当复杂，故一般以齿宽中点的当量直齿圆柱齿轮作为计算基础。图 6-22 为一对相啮合的直齿锥齿轮。由图可得

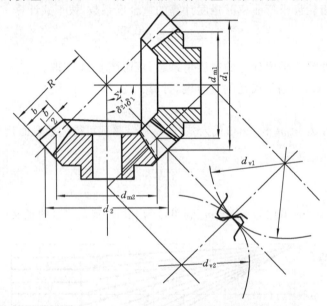

图 6-22　直齿锥齿轮传动的几何参数

大端分度圆直径 $\qquad d_1 = mz_1, \quad d_2 = mz_2$ （6-42）

齿数比 $\qquad u = z_2/z_1 = d_2/d_1 = \cot\delta_1 = \tan\delta_2$ （6-43）

分锥角 $\qquad \tan\delta_1 = \dfrac{d_1/2}{d_2/2} = \dfrac{1}{u}, \quad \tan\delta_2 = \dfrac{d_2/2}{d_1/2} = u$ （6-44）

$$\cos\delta_1 = \frac{d_2/2}{R} = \frac{u}{\sqrt{u^2+1}}, \quad \cos\delta_2 = \frac{d_1/2}{R} = \frac{1}{\sqrt{u^2+1}}$$ （6-45）

锥距 $\qquad R = \sqrt{\left(\dfrac{d_1}{2}\right)^2 + \left(\dfrac{d_2}{2}\right)^2} = d_1 \dfrac{\sqrt{u^2+1}}{2}$ （6-46）

令 $\phi_R = b/R$，称为锥齿轮传动的齿宽系数，于是

齿宽
$$b = \phi_R R = \phi_R d_1 \frac{\sqrt{u^2+1}}{2} \tag{6-47}$$

齿宽中点分度圆直径
$$\left.\begin{array}{l} d_{m1} = d_1(1-0.5\phi_R) \\ d_{m2} = d_2(1-0.5\phi_R) \end{array}\right\} \tag{6-48}$$

齿宽中点的模数
$$m_m = \frac{d_{m1}}{z_1} = m(1-0.5\phi_R) \tag{6-49}$$

当量齿轮分度圆直径
$$\left.\begin{array}{l} d_{v1} = \dfrac{d_{m1}}{\cos\delta_1} = d_1(1-0.5\phi_R)\dfrac{\sqrt{u^2+1}}{u} \\ d_{v2} = \dfrac{d_{m2}}{\cos\delta_2} = d_2(1-0.5\phi_R)\sqrt{u^2+1} \end{array}\right\} \tag{6-50}$$

当量齿数
$$\left.\begin{array}{l} z_{v1} = \dfrac{d_{v1}}{m_m} = \dfrac{z_1}{\cos\delta_1} \\ z_{v2} = \dfrac{d_{v2}}{m_m} = \dfrac{z_2}{\cos\delta_2} \end{array}\right\} \tag{6-51}$$

当量齿轮的齿数比
$$u_v = \frac{z_{v2}}{z_{v1}} = \frac{z_2}{z_1} \cdot \frac{\cos\delta_1}{\cos\delta_2} = u^2 \tag{6-52}$$

显然，为使锥齿轮不致发生根切，应使当量齿数不小于直齿圆柱齿轮的根切齿数。

6.7.2 轮齿的受力分析

如前所述，直齿锥齿轮传动的载荷沿齿宽分布不均匀(大端处的单位载荷大)，但分析作用力时，为简化起见，可以假定载荷沿齿宽分布均匀，并集中作用于齿宽中点节线处的法向平面内(见图 6-23)。

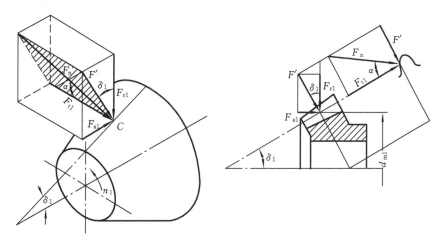

图 6-23　直齿锥齿轮传动的受力分析

齿面间的法向力 F_n 可分解为三个互相垂直的分力：圆周力 F_t、径向力 F_r 和轴向力 F_a。各力的大小为

$$F_t = \frac{2T}{d_m}$$
$$F_r = F_t\tan\alpha\cos\delta$$
$$F_a = F_t\tan\alpha\sin\delta$$
$$F_n = \frac{F_t}{\cos\alpha}$$

（6-53）

各分力的方向如下：圆周力 F_t 在主动轮上与回转方向相反，在从动轮上与回转方向相同；径向力 F_r 分别指向各自的轮心；轴向力 F_a 分别从各轮的小端指向大端。各分力之间有如下关系：

$$F_{t1} = -F_{t2}, \quad F_{r1} = -F_{a2}, \quad F_{a1} = -F_{r2} \quad （负号表示力的指向相反）$$

6.7.3 齿面接触疲劳强度计算

如前所述，由于锥齿轮沿齿宽方向的齿廓大小不同，故直齿锥齿轮传动按齿宽中点处的当量直齿圆柱齿轮进行强度计算。同时，由于锥齿轮制造精度较低，工作中同时啮合的各对轮齿之间的载荷分配情况也难以确定。为简化计算，通常假定在整个啮合过程中，载荷始终由一对齿承担，即忽略重合度的影响，从而略去重合度系数 Z_ε 和 Y_ε。此外，取有效齿宽 $b_e = 0.85b$，其中 b 为锥齿轮的齿宽。

直齿锥齿轮的齿面接触疲劳强度按式(6-5)计算，式中的参数如下。

法向计算载荷为

$$F_{nc} = KF_n = \frac{KF_t}{\cos\alpha} = \frac{2KT_1}{d_{m1}\cos\alpha}$$

（6-54）

综合曲率为

$$\frac{1}{\rho_\Sigma} = \frac{1}{\rho_{v1}} + \frac{1}{\rho_{v2}}$$

（6-55）

$$\rho_{v1} = \frac{d_{v1}}{2}\sin\alpha$$
$$\rho_{v2} = \frac{u_v d_{v1}}{2}\sin\alpha$$

将式(6-50)代入上式，得

$$\rho_{v1} = \frac{d_{m1}\sin\alpha}{2\cos\delta_1}$$
$$\rho_{v2} = \frac{u_v d_{m1}\sin\alpha}{2\cos\delta_1}$$

将上式代入式(6-55)，得

$$\frac{1}{\rho_\Sigma} = \frac{2\cos\delta_1}{d_{m1}\sin\alpha}\left(1 + \frac{1}{u_v}\right)$$

（6-56）

将式(6-54)、式(6-56)及 $L = 0.85b$ 代入式(6-5)，再依次代入式(6-45)、式(6-47)、式(6-48)、式(6-52)，经整理可得

$$\sigma_H = \sqrt{\frac{4.71KT_1}{\phi_R(1-0.5\phi_R)^2 d_1^3 u}} \cdot Z_H Z_E \leqslant [\sigma_H]$$

（6-57）

$$d_1 \geqslant \sqrt[3]{\frac{4.71KT_1}{\phi_R(1-0.5\phi_R)^2 u}\left(\frac{Z_H Z_E}{[\sigma_H]}\right)^2} \qquad (6\text{-}58)$$

式中：Z_H、Z_E、$[\sigma_H]$与直齿圆柱齿轮的相同。载荷系数按式(6-2)，即 $K=K_A K_v K_\alpha K_\beta$。其中使用系数 K_A 可由表 6-1 查取。动载荷系数 K_v 可按图 6-6 中低一级的精度线及齿宽中点分度圆直径 d_m 处的切线速度 v_m（称为中点圆周速度）查取。齿间载荷分配系数 K_α 取为 1（对应上述一对齿啮合的假定）。齿向载荷分布系数 K_β 按下列布置情况取值：当两锥齿轮均为两端支承时，$K_\beta=1.5\sim1.65$；当其中之一为悬臂时，$K_\beta=1.65\sim1.88$；当两者均为悬臂时，$K_\beta=1.88\sim2.25$。

6.7.4　齿根弯曲疲劳强度计算

直齿锥齿轮的齿根弯曲疲劳强度计算可直接沿用式(6-21)进行参数替代，并略去 Y_ε，得

$$\sigma_F = \frac{2KT_{v1}}{b_e d_{v1} m_m} Y_{Fa} Y_{Sa} \leqslant [\sigma_F] \qquad (6\text{-}59)$$

式中：Y_{Fa}、Y_{Sa}——齿形系数和应力修正系数，可按当量齿数 z_v 由表 6-4 查取；

T_{v1}——当量小齿轮传递的名义转矩。

$$T_{v1} = F_{t1}\frac{d_{v1}}{2} = F_{t1}\frac{d_{m1}}{2\cos\delta_1} = \frac{T_1}{\cos\delta_1} = T_1\frac{\sqrt{u^2+1}}{u} \qquad (6\text{-}60)$$

将 $b_e=0.85b$、式(6-42)、式(6-47)、式(6-49)、式(6-50)、式(6-60)代入式(6-59)，经整理可得

$$\sigma_F = \frac{4.71KT_1}{\phi_R(1-0.5\phi_R)^2 m^3 z_1^2 \sqrt{u^2+1}} Y_{Fa} Y_{Sa} \leqslant [\sigma_F] \qquad (6\text{-}61)$$

$$m \geqslant \sqrt[3]{\frac{4.71KT_1}{\phi_R(1-0.5\phi_R)^2 z_1^2 \sqrt{u^2+1}} \cdot \frac{Y_{Fa} Y_{Sa}}{[\sigma_F]}} \qquad (6\text{-}62)$$

式中：$[\sigma_F]$与直齿圆柱齿轮的相同。

6.8　齿轮传动的设计方法

6.8.1　设计任务

设计齿轮传动时，应根据齿轮传动的工作条件和要求、输入轴的转速和功率、齿数比、原动机和工作机的工作特性、齿轮工况、工作寿命、外形尺寸要求等来确定以下内容：齿轮材料和热处理方式、主要参数（对圆柱齿轮传动有 z_1、z_2、m_n、b_1、b_2、α、β 等，对直齿锥齿轮传动有 z_1、z_2、m、b、R、δ_1、δ_2 等）和几何尺寸（d_1、d_2、d_{a1}、d_{a2}、d_{f1}、d_{f2}）、结构形式及尺寸、精度等级及其检验公差等。一般情况下，可获得多种能满足功能要求和设计约束条件的可行方案。必要时，可根据具体的设计目标，通过评价决策，从中选择出较优者作为最终的设计方案。

6.8.2　设计过程和方法

在设计时，所有参量均为未知，要先假设预选，预选内容包括齿轮材料、热处理方式、

精度等级和主要参数（z_1、z_2、β、ϕ_d 或 ϕ_R）。然后，根据强度条件初步计算出齿轮的分度圆直径或模数，并进一步计算出齿轮的主要几何尺寸。在必要时，还可选出若干能满足强度条件的可行方案，通过评价决策，从中选择出较优者作为最终的参数设计方案。根据所得的参数设计方案，参照下节所述的准则，设计出齿轮的结构，并绘制出齿轮的零件工作图。应注意的是，这些参量往往不是经一次选择就能满足设计要求的，计算过程中，必须不断修改或重选，进行多次反复计算，才能得到最佳结果。有关参量的选择原则如下。

1. 齿轮材料、热处理方式

选择齿轮材料时，应使：轮心具有足够的强度和韧度，以抵抗轮齿折断；齿面具有较高的硬度和耐磨性，以抵抗齿面的点蚀、胶合、磨损和塑性变形。另外，还应考虑齿轮加工和热处理的工艺性及经济性等要求。通常，对于重载、高速或体积、重量受到限制的重要场合，应选用较好的材料和热处理方式；反之，可选用性能较次但较经济的材料和热处理方式。

2. 齿轮精度等级

GB/T 10095.1—2008 规定渐开线圆柱齿轮的精度分为 13 个等级，其中 0 级最高，12 级最低。GB/T 11365—2019 规定锥齿轮的精度分为 10 个等级，其中 2 级最高，11 级最低。齿轮传动精度等级分为三个公差组：第Ⅰ公差组、第Ⅱ公差组、第Ⅲ公差组，各公差组分别主要反映传递运动的准确性、传动的平稳性和载荷分布的均匀性。

齿轮的 3 个公差组的精度所起的作用不同，选择精度指标时应有所侧重。一般的动力齿轮传动，以保证传动平稳性和载荷分布均匀性的精度为主。同一齿轮的三种精度指标也可以选择同一精度等级。

齿轮精度等级，应根据齿轮传动的用途、工作条件、传递功率和圆周速度的大小及其他技术要求等来选择。一般，在传递功率大、圆周速度高及要求传动平稳、噪声小等场合，应选用较高的精度等级；反之，为了降低制造成本，精度等级可选得低些。表 6-6 列出了齿轮传动的精度等级适用的速度范围，可供选择时参考。

表 6-6　齿轮传动的精度等级适用的速度范围　　　　(m/s)

第Ⅱ公差组 精度等级	圆柱齿轮传动		锥齿轮传动	
	直　齿	斜　齿	直　齿	曲　线　齿
5 级及其以上	≥15	≥30	≥12	≥20
6 级	<15	<30	<12	<20
7 级	<10	<15	<8	<10
8 级	<6	<10	<4	<7
9 级	<2	<4	<1.5	<3

注：锥齿轮传动的圆周速度按齿宽中点直径计算。

3. 主要参数

1）齿数 z

对于闭式软齿面齿轮传动，在保持分度圆直径 d 不变和满足弯曲强度的条件下，齿数 z_1 应选得多些，以提高传动的平稳性和减少噪声。齿数增多，模数减小，还可减少金属的切削量，节省制造费用。模数减小，还能降低齿高，减小滑动系数，减少磨损，提高抗胶合能力。一般可取 $z_1 \geqslant 20 \sim 40$。对于高速齿轮或要求噪声小的齿轮传动,建议 $z_1 \geqslant 25$。对于闭式硬齿面齿轮、开式齿轮和铸铁齿轮传动,其齿根弯曲强度往往是薄弱环节,应取较少齿数和较大的模数,以提高轮齿的弯曲强度。一般取 $z_1 \geqslant 17 \sim 20$。

对于承受变载荷的齿轮传动及开式齿轮传动,为了保证齿面磨损均匀,应使大、小齿轮的齿数互为质数,至少不要成整数倍。

2) 齿宽系数 ϕ_d、ϕ_R 和齿宽 b

载荷一定时,齿宽系数大,可减小齿轮的直径或中心距,能在一定程度上减轻整个传动系统的重量,但却增大了轴向尺寸,增加了载荷沿齿宽分布的不均匀性,设计时,必须合理选择。一般,圆柱齿轮的齿宽系数可参考表 6-7 选用。其中:闭式传动,支承刚度高,齿宽系数 ϕ_d 可取大值;开式传动,齿轮一般悬臂布置,轴的刚度低,齿宽系数 ϕ_d 应取小值。

表 6-7　圆柱齿轮的齿宽系数 ϕ_d

齿轮相对轴承的位置	大轮或两轮齿面硬度≤350 HBW	两轮齿面硬度＞350 HBW
对称布置	0.8～1.4	0.4～0.9
不对称布置	0.6～1.2	0.3～0.6
悬臂布置	0.3～0.4	0.2～0.3

注:① 载荷稳定时 ϕ_d 取大值;轴与轴承的刚度较大时取大值;斜齿轮与人字齿轮取大值;
　　② 对于金属切削机床的齿轮传动,ϕ_d 取小值,传递功率不大时,ϕ_d 可小到 0.2。

对于直齿锥齿轮传动,因轮齿由大端向小端缩小,载荷沿齿宽分布不均,ϕ_R 不宜太大,通常取 $\phi_R = 0.25 \sim 0.35$,常用 $\phi_R = 1/3$。

按公式算得齿宽 b 后,应加以必要的圆整。对于圆柱齿轮传动,为补偿安装时的轴向位移,应取大齿轮齿宽 $b_2 = b$,小齿轮齿宽 $b_1 = b + (5 \sim 10)$ mm。

3) 模数

根据齿轮强度条件计算出的模数,应圆整为标准值。对于传递动力用的圆柱齿轮传动,其模数应不小于 1.5 mm;对于锥齿轮传动,其模数应大于 2 mm。

4) 分度圆螺旋角 β

增大螺旋角 β 可提高传动的平稳性和承载能力,但 β 过大,会导致轴向力增加,使轴承及传动装置的尺寸也相应增大;同时,传动效率也将因 β 的增大而降低。一般可取 $\beta = 8° \sim 20°$。对于人字齿轮传动,因其轴向力可相互抵消,β 可取大些,一般可取到 $\beta = 15° \sim 40°$。

6.8.3　设计实例

例 6-1　设计一单级圆柱齿轮减速器中的直齿圆柱齿轮传动。已知:输入功率 $P_1 = 30$ kW,转速 $n_1 = 980$ r/min,传动比 $i = 5$,电动机驱动,单向运转,载荷有中等冲击,每天工作两班,预计寿命为 10 年(设每年工作 250 d)。

解　(1) 选择齿轮材料、热处理方式和精度等级。

考虑到该减速器功率较大,且载荷有中等冲击,故大、小齿轮均选用 40 Cr 钢表面淬火,平均齿面硬度为 52 HRC。选用 8 级精度。

(2) 按齿根弯曲疲劳强度初步计算齿轮参数。

按式(6-23)试算齿轮模数，即

$$m_t \geqslant \sqrt[3]{\frac{2\,K_{Ft}T_1Y_\varepsilon}{\phi_d z_1^2} \cdot \frac{Y_{Fa}Y_{Sa}}{[\sigma_F]}}$$

式中各参数的确定过程如下：

① 计算小齿轮的转矩。

$T_1 = 9.55 \times 10^6 P_1/n_1 = (9.55 \times 10^6 \times 30/980)\ \text{N·mm} = 2.923 \times 10^5\ \text{N·mm}$

② 按表 6-7 取齿宽系数 $\phi_d = 0.7$。

③ 确定试算用载荷系数 K_{Ft}。查表 6-1 得使用系数 $K_A = 1.50$；暂取动载系数 $K_{vt} = 1.1$，齿间载荷分配系数 $K_{F\alpha t} = 1.2$；查图 6-10 得齿向载荷分布系数 $K_\beta = 1.18 \times 1.05 = 1.24$；因此

$$K_{Ft} = K_A K_{vt} K_{F\alpha t} K_\beta = 1.5 \times 1.1 \times 1.2 \times 1.24 = 2.46$$

④ 取齿数 $z_1 = 20$，则 $z_2 = iz_1 = 5 \times 20 = 100$，齿数比 $u = z_2/z_1 = 5$。

⑤ 由重合度 $\varepsilon_\alpha = 1.88 - 3.2\left(\dfrac{1}{z_1} + \dfrac{1}{z_2}\right) = 1.88 - 3.2\left(\dfrac{1}{20} + \dfrac{1}{100}\right) = 1.688$，得重合度系数

$$Y_\varepsilon = 0.25 + \frac{0.75}{\varepsilon_\alpha} = 0.25 + \frac{0.75}{1.688} = 0.694$$

⑥ 查表 6-4 得齿形系数 $Y_{Fa1} = 2.80$，$Y_{Fa2} = 2.18$，应力修正系数 $Y_{Sa1} = 1.55$，$Y_{Sa2} = 1.79$。

⑦ 许用弯曲应力由式(6-26)，即按 $[\sigma_F] = \dfrac{\sigma_{Flim}Y_{st}Y_N}{S_F}$ 计算。

查图 6-15(e)得弯曲疲劳极限

$$\sigma_{Flim1} = \sigma_{Flim2} = 310\ \text{MPa}$$

由式(6-27)得小齿轮与大齿轮的应力循环次数分别为

$$N_1 = 60\,n_1 j L_h = 60 \times 980 \times 1 \times (16 \times 250 \times 10) = 2.352 \times 10^9$$

$$N_2 = N_1/u = 2.352 \times 10^9/5 = 4.704 \times 10^8$$

查图 6-17 得弯曲疲劳寿命系数

$$Y_{N1} = Y_{N2} = 1.0$$

取试验齿轮的应力修正系数 $Y_{st} = 2.0$，安全系数 $S_F = 1.4$，可得

$$[\sigma_F]_1 = [\sigma_F]_2 = \frac{\sigma_{Flim1}Y_{st}Y_{N1}}{S_F} = \frac{310 \times 2.0 \times 1.0}{1.4}\ \text{MPa} = 443\ \text{MPa}$$

由于

$$\frac{Y_{Fa1}Y_{Sa1}}{[\sigma_F]_1} = \frac{2.80 \times 1.55}{443} = 0.009\,80$$

$$\frac{Y_{Fa2}Y_{Sa2}}{[\sigma_F]_2} = \frac{2.18 \times 1.79}{443} = 0.008\,81$$

故取

$$\frac{Y_{Fa}Y_{Sa}}{[\sigma_F]} = \frac{Y_{Fa1}Y_{Sa1}}{[\sigma_F]_1} = 0.009\,80$$

由以上参数可得

$$m_t \geqslant \sqrt[3]{\frac{2K_{Ft}T_1Y_\varepsilon}{\phi_d z_1^2} \cdot \frac{Y_{Fa}Y_{Sa}}{[\sigma_F]}} = \sqrt[3]{\frac{2 \times 2.46 \times 2.923 \times 10^5 \times 0.694}{0.7 \times 20^2} \times 0.009\,80}\ \text{mm} = 3.27\ \text{mm}$$

（3）确定传动尺寸。

① 初算圆周速度。

$$v = \frac{\pi d_{1t} n_1}{60 \times 1\ 000} = \frac{\pi m_t z_1 n_1}{60 \times 1\ 000} = \frac{\pi \times 3.27 \times 20 \times 980}{60 \times 1\ 000}\ \text{m/s} = 3.36\ \text{m/s}$$

故 8 级精度合用。

② 查取动载系数 K_v 和齿间载荷分配系数 $K_{F\alpha}$。

由 $v=3.36$ m/s，8 级精度查图 6-6 得动载系数 $K_v=1.17$；

由 $\dfrac{K_A F_t}{b} = \dfrac{2K_A T_1}{\phi_d d_{1t}^2} = \dfrac{2K_A T_1}{\phi_d\,(m_t z_1)^2} = \dfrac{2 \times 1.5 \times 2.923 \times 10^5}{0.7 \times (3.27 \times 20)^2}\ \text{N/mm} = 293\ \text{N/mm} >$

100 N/mm，查表 6-2 得齿间载荷分配系数 $K_{F\alpha}=1.2$。

③ 对 m_t 进行修正。

$$m = m_t \sqrt[3]{\frac{K_v K_{F\alpha}}{K_{vt} K_{F\alpha t}}} = 3.27 \times \sqrt[3]{\frac{1.17 \times 1.2}{1.1 \times 1.2}}\ \text{mm} = 3.34\ \text{mm}$$

取为标准模数 $m=4$ mm。

④ 计算中心距。

$$a = \frac{m(z_1 + z_2)}{2} = \frac{4 \times (20 + 100)}{2}\ \text{mm} = 240\ \text{mm}$$

⑤ 计算分度圆直径。

$$d_1 = mz_1 = 4 \times 20\ \text{mm} = 80.000\ \text{mm}$$
$$d_2 = mz_2 = 4 \times 100\ \text{mm} = 400.000\ \text{mm}$$

⑥ 计算齿宽。

$$b = \phi_d d_1 = 0.7 \times 80\ \text{mm} = 56\ \text{mm}$$
$$b_1 = b + (5 \sim 10) = [56 + (5 \sim 10)]\ \text{mm} = 61 \sim 66\ \text{mm}$$

取 $b_1 = 62$ mm，$b_2 = 56$ mm。

根据所确定的分度圆直径和齿宽，重新核算相关参数，结果为：圆周速度 $v=4.11$ m/s，动载系数 $K_v = 1.18$，平均载荷 $K_A F_t/b = 2K_A T_1/(bd_1) = 196$ N/mm，齿间载荷分配系数 $K_{F\alpha}$ 不变，齿根弯曲疲劳强度条件仍满足。

（4）校核齿面接触疲劳强度。

按式（6-12）验算，即

$$\sigma_H = \sqrt{\frac{2\,K_H T_1}{\phi_d d_1^3} \cdot \frac{u+1}{u}} \cdot Z_H Z_E Z_\varepsilon \leqslant [\sigma_H]$$

式中各参数的确定过程如下：

① T_1、ϕ_d、d_1、u 值同前。

② 计算载荷系数 K_H。K_A、K_v、K_β 同前；由 $K_A F_t/b = 196$ N/mm >100 N/mm，查表 6-2 得齿间载荷分配系数 $K_{H\alpha} = 1.2$，故载荷系数

$$K_H = K_A K_v K_{H\alpha} K_\beta = 1.5 \times 1.18 \times 1.2 \times 1.24 = 2.63$$

③ 区域系数 $Z_H = 2.5$。

④ 由表 6-3 查得弹性影响系数 $Z_E = 189.8$ MPa$^{1/2}$。

⑤ 计算重合度系数。

$$Z_\varepsilon = \sqrt{\frac{4-\varepsilon_a}{3}} = \sqrt{\frac{4-1.688}{3}} = 0.878$$

⑥ 许用接触应力由式(6-25)，即按$[\sigma_H]=\sigma_{Hlim}Z_N/S_H$计算。

查图6-14(e)得接触疲劳极限

$$\sigma_{Hlim1} = \sigma_{Hlim2} = 1\ 100\ \text{MPa}$$

查图6-16(曲线2)得接触疲劳寿命系数

$$Z_{N1} = Z_{N2} = 1.0$$

取安全系数$S_H=1.0$，则

$$[\sigma_H] = [\sigma_H]_1 = [\sigma_H]_2 = \frac{\sigma_{Hlim1}Z_{N1}}{S_H} = \frac{1\ 100 \times 1.0}{1.0}\ \text{MPa} = 1\ 100\ \text{MPa}$$

由这些数据可得

$$\sigma_H = \sqrt{\frac{2K_H T_1}{\phi_d d_1^3} \cdot \frac{u+1}{u}} \cdot Z_H Z_E Z_\varepsilon$$

$$= \sqrt{\frac{2 \times 2.63 \times 2.923 \times 10^5}{0.7 \times 80^3} \times \frac{5+1}{5}} \times 2.5 \times 189.8 \times 0.878\ \text{MPa}$$

$$= 945\ \text{MPa} < [\sigma_H]$$

满足齿面接触疲劳强度要求。

(5) 结构设计(略)。

说明：若圆柱直齿轮传动的中心距需要圆整，可采用变位齿轮或调整m、z的搭配。关于变位齿轮的强度计算可参考有关文献。

例 6-2　设计用于带式输送机的双级圆柱齿轮减速器中的高速级齿轮传动(见图6-24)。已知：高速级采用斜齿圆柱齿轮传动，主动轮输入功率$P_1=5\ \text{kW}$，转速$n_1=1\ 440$ r/min，传动比$i=4.7$(允许有$\pm4\%$的误差)，单向运转，载荷平稳，每天工作16 h，预计寿命为10年(设每年工作250 d)，可靠性要求一般，轴的刚度较小，电动机驱动。

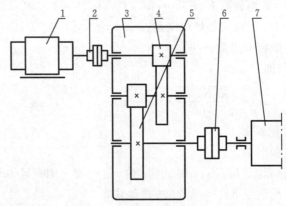

图6-24　带式输送机传动系统

1—电动机；2、6—联轴器；3—减速器；4—高速级齿轮传动；5—低速级齿轮传动；7—输送机滚筒

解　(1) 选择齿轮材料、热处理方式和精度等级。

考虑到带式输送机为一般机械，故小齿轮选用45钢调质，平均硬度为240 HBW，大齿轮选用 45 钢正火,齿面硬度为 200 HBW。选用 8 级精度。

（2）按齿面接触疲劳强度初步计算齿轮参数。

按式（6-35）试算小齿轮分度圆直径,即

$$d_{1t} \geqslant \sqrt[3]{\frac{2K_{Ht}T_1}{\phi_d} \cdot \frac{u+1}{u}\left(\frac{Z_H Z_E Z_\epsilon Z_\beta}{[\sigma_H]}\right)^2}$$

式中各参数的确定过程如下:

① 计算小齿轮的转矩。

$T_1 = 9.55 \times 10^6 P_1 / n_1 = (9.55 \times 10^6 \times 5/1\,440)\ \text{N} \cdot \text{mm} = 3.316 \times 10^4\ \text{N} \cdot \text{mm}$

② 按表 6-7 取齿宽系数 $\phi_d = 1.0$。

③ 确定试算用载荷系数 K_{Ht}。查表 6-1 得使用系数 $K_A = 1.0$;暂取动载系数 $K_{vt} = 1.1$,齿间载荷分配系数 $K_{Hat} = 1.2$;查图 6-10 得齿向载荷分布系数 $K_\beta = 1.37$;因此

$$K_{Ht} = K_A K_{vt} K_{Hat} K_\beta = 1.0 \times 1.1 \times 1.2 \times 1.37 = 1.81$$

④ 取齿数 $z_1 = 25$,则 $z_2 = iz_1 = 4.7 \times 25 = 117.5$,取 $z_2 = 118$,齿数比 $u = z_2/z_1 = 118/25 = 4.72$。

⑤ 初选螺旋角 $\beta = 12°$。

⑥ 由 $\beta = 12°$,查图 6-20 得区域系数 $Z_H = 2.45$。

⑦ 由表 6-3 查得弹性影响系数 $Z_E = 189.8\ \text{MPa}^{1/2}$。

⑧ 计算重合度系数 Z_ϵ。由端面重合度

$$\epsilon_a = \left[1.88 - 3.2\left(\frac{1}{z_1} + \frac{1}{z_2}\right)\right]\cos\beta = \left[1.88 - 3.2\left(\frac{1}{25} + \frac{1}{118}\right)\right]\cos 12° = 1.687$$

轴向重合度 $\epsilon_\beta = 0.318\phi_d z_1 \tan\beta = 0.318 \times 1.0 \times 25 \times \tan 12° = 1.690 > 1$,可得

$$Z_\epsilon = \sqrt{1/\epsilon_a} = \sqrt{1/1.687} = 0.770$$

⑨ 螺旋角系数 $Z_\beta = \sqrt{\cos\beta} = \sqrt{\cos 12°} = 0.989$。

⑩ 许用接触应力由式（6-25）,即按 $[\sigma_H] = \dfrac{\sigma_{Hlim} Z_N}{S_H}$ 计算。

查图 6-14(d)、(c) 得接触疲劳极限 $\sigma_{Hlim1} = 550\ \text{MPa}$,$\sigma_{Hlim2} = 390\ \text{MPa}$。

由式（6-27）得应力循环次数

$$N_1 = 60 n_1 j L_h = 60 \times 1\,440 \times 1 \times (16 \times 250 \times 10) = 3.456 \times 10^9$$

$$N_2 = N_1/u = 3.456 \times 10^9 / 4.7 = 7.353 \times 10^8$$

查图 6-16(曲线 1)得接触疲劳寿命系数 $Z_{N1} = 1.0$,$Z_{N2} = 1.03$。

取安全系数 $S_H = 1.0$,则

$$[\sigma_H]_1 = \frac{\sigma_{Hlim1} Z_{N1}}{S_H} = \frac{550 \times 1.0}{1.0}\ \text{MPa} = 550\ \text{MPa}$$

$$[\sigma_H]_2 = \frac{\sigma_{Hlim2} Z_{N2}}{S_H} = \frac{390 \times 1.03}{1.0}\ \text{MPa} = 402\ \text{MPa}$$

取 $\qquad\qquad\qquad [\sigma_H] = [\sigma_H]_2 = 402\ \text{MPa}$

由以上参数可得

$$d_{1t} \geqslant \sqrt[3]{\frac{2K_{Ht}T_1}{\phi_d} \cdot \frac{u+1}{u}\left(\frac{Z_H Z_E Z_\varepsilon Z_\beta}{[\sigma_H]}\right)^2}$$

$$= \sqrt[3]{\frac{2 \times 1.81 \times 3.316 \times 10^4}{1.0} \cdot \frac{4.72+1}{4.72}\left(\frac{2.45 \times 189.8 \times 0.770 \times 0.989}{402}\right)^2} \text{ mm}$$

$$= 48.33 \text{ mm}$$

（3）确定传动尺寸。

① 初算圆周速度。

$$v = \frac{\pi d_{1t} n_1}{60 \times 1\,000} = \frac{\pi \times 48.33 \times 1\,440}{60 \times 1\,000} \text{ m/s} = 3.64 \text{ m/s}$$

故 8 级精度合用。

② 查取动载系数 K_v 和齿间载荷分配系数 $K_{H\alpha}$。

由 $v = 3.64$ m/s，8 级精度查图 6-6 得动载系数 $K_v = 1.17$；

由 $\dfrac{K_A F_t}{b} = \dfrac{2K_A T_1}{\phi_d d_1^2} = \dfrac{2 \times 1.0 \times 3.316 \times 10^4}{1.0 \times 48.29^2}$ N/mm $= 28$ N/mm < 100 N/mm，查

表 6-2，应取齿间载荷分配系数 $K_{H\alpha} = \varepsilon_a / \cos^2\beta_b$。由端面压力角 $\alpha_t = \arctan(\tan\alpha_n/\cos\beta)$ $= \arctan(\tan 20°/\cos 12°) = 20.4103°$，基圆柱螺旋角 $\beta_b = \arctan(\tan\beta\cos\alpha_t) =$ $\arctan(\tan 12°\cos 20.4103°) = 11.2665°$，得 $K_{H\alpha} = \varepsilon_a / \cos^2\beta_b = 1.687/\cos^2 11.2665° =$ 1.754。

③ 对 d_{1t} 进行修正。

$$d_1 = d_{1t}\sqrt[3]{\frac{K_v K_{H\alpha}}{K_{vt} K_{H\alpha t}}} = 48.33 \times \sqrt[3]{\frac{1.17 \times 1.754}{1.1 \times 1.2}} \text{ mm} = 55.99 \text{ mm}$$

④ 确定模数 m_n。

$$m_n = \frac{d_1 \cos\beta}{z_1} = \frac{55.99 \times \cos 12°}{25} \text{ mm} = 2.19 \text{ mm}$$

为结构紧凑，取为标准模数 $m_n = 2$ mm，需重选齿数。由 $z_1 = d_1 \cos\beta/m_n = 55.99 \times$ $\cos 12°/2 = 27.4$，取 $z_1 = 28$，则 $z_2 = iz_1 = 4.7 \times 28 = 131.6$，取 $z_2 = 131$。

⑤ 计算中心距。

$$a = \frac{m_n(z_1 + z_2)}{2\cos\beta} = \frac{2 \times (28 + 131)}{2 \times \cos 12°} \text{ mm} = 162.55 \text{ mm}$$

圆整为 $a = 165$ mm。

⑥ 精算螺旋角。

$$\beta = \arccos\frac{m_n(z_1 + z_2)}{2a} = \arccos\frac{2 \times (28 + 131)}{2 \times 165} = 15.4987° = 15°29'55''$$

因为 β 值与初选值相差较大，改取齿数 $z_2 = 133$，则螺旋角

$$\beta = \arccos\frac{m_n(z_1 + z_2)}{2a} = \arccos\frac{2 \times (28 + 133)}{2 \times 165} = 12.6417° = 12°38'30''$$

⑦ 验算传动比误差。实际传动比（齿数比）

$$u = z_2/z_1 = 133/28 = 4.75$$

传动比相对误差 $\dfrac{u-i}{i} \times 100\% = \dfrac{4.75 - 4.7}{4.7} \times 100\% = 1.1\%$，符合要求。

⑧ 精算分度圆直径。

$$d_1 = \frac{m_n z_1}{\cos\beta} = \frac{2 \times 28}{\cos 12.6417°} \text{ mm} = 57.414 \text{ mm}$$

$$d_2 = \frac{m_n z_2}{\cos\beta} = \frac{2 \times 133}{\cos 12.6417°} \text{ mm} = 272.716 \text{ mm}$$

⑨ 计算齿宽。

$$b = \phi_d d_1 = 1.0 \times 57.414 \text{ mm} = 57.414 \text{ mm}$$

取 $b_2 = b = 60$ mm，$b_1 = 65$ mm。

⑩ 根据确定的齿轮参数和尺寸，重新核算相关参数和齿面接触强度，结果为：圆周速度 $v = 4.33$ m/s，动载系数 $K_v = 1.19$，平均载荷 $K_A F_t / b = 19$ N/mm，端面重合度 $\varepsilon_\alpha = 1.699$，端面压力角 $\alpha_t = 20.4562°$，基圆柱螺旋角 $\beta_b = 11.8678°$，齿间载荷分配系数 $K_{H\alpha} = 1.774$，载荷系数 $K_H = 2.89$，轴向重合度 $\varepsilon_\beta = 1.997$，重合度系数 $Z_\varepsilon = 0.767$，螺旋角系数 $Z_\beta = 0.988$，由式(6-35)得小齿轮分度圆直径最小值 $d_{1min} = 56.28$ mm，显然 $d_1 > d_{1min}$，故齿面接触疲劳强度条件仍满足。

（4）校核齿根弯曲疲劳强度。

按式(6-38)验算，即

$$\sigma_F = \frac{2 K_F T_1}{b d_1 m_n} Y_{Fa} Y_{Sa} Y_\varepsilon Y_\beta \leqslant [\sigma_F]$$

式中各参数的确定过程如下：

① T_1、b、d_1、m_n 值同前。

② 计算载荷系数 K_F。K_A、K_v、K_β 同前；由 $K_A F_t / b = 19$ N/mm < 100 N/mm，查表 6-2，取 $K_{F\alpha} = K_{H\alpha} = \varepsilon_\alpha / \cos^2\beta_b = 1.774$，可得

$$K_F = K_A K_v K_{F\alpha} K_\beta = K_H = 2.89$$

③ 由当量齿数

$$z_{v1} = \frac{z_1}{\cos^3\beta} = \frac{28}{\cos^3 12.6417°} = 30.1$$

$$z_{v2} = \frac{z_2}{\cos^3\beta} = \frac{133}{\cos^3 12.6417°} = 143.2$$

查表 6-4 得齿形系数 $Y_{Fa1} = 2.52$，$Y_{Fa2} = 2.15$，应力修正系数 $Y_{Sa1} = 1.625$，$Y_{Sa2} = 1.82$。

④ 计算重合度系数 Y_ε。由当量齿轮的重合度 $\varepsilon_{av} = \varepsilon_\alpha / \cos^2\beta_b = 1.791$，可得重合度系数 $Y_\varepsilon = 0.25 + \dfrac{0.75}{\varepsilon_{av}} = 0.25 + \dfrac{0.75}{1.791} = 0.669$

⑤ 斜齿轮的轴向重合度为

$$\varepsilon_\beta = 0.318 \phi_d z_1 \tan\beta = 0.318 \times 1.0 \times 28 \times \tan 12.6417° = 1.997$$

由图 6-21 查得螺旋角系数 $Y_\beta = 0.90$。

⑥ 许用弯曲应力由式(6-26)，即按 $[\sigma_F] = \dfrac{\sigma_{Flim} Y_{st} Y_N}{S_F}$ 计算。

查图 6-15(d)、(c)得弯曲疲劳极限 $\sigma_{Flim1} = 200$ MPa，$\sigma_{Flim2} = 160$ MPa；

查图 6-17 得弯曲疲劳寿命系数 $Y_{N1} = Y_{N2} = 1.0$；

取试验齿轮的应力修正系数 $Y_{st} = 2.0$，安全系数 $S_F = 1.25$，故

$$[\sigma_F]_1 = \frac{\sigma_{Flim1} Y_{st} Y_{N1}}{S_F} = \frac{200 \times 2.0 \times 1.0}{1.25} \text{ MPa} = 320 \text{ MPa}$$

$$[\sigma_F]_2 = \frac{\sigma_{Flim2} Y_{st} Y_{N2}}{S_F} = \frac{160 \times 2.0 \times 1.0}{1.25} \text{ MPa} = 256 \text{ MPa}$$

由这些数据可得

$$\sigma_{F1} = \frac{2K_F T_1}{b d_1 m_n} Y_{Fa1} Y_{Sa1} Y_\varepsilon Y_\beta$$

$$= \frac{2 \times 2.89 \times 3.316 \times 10^4}{60 \times 57.414 \times 2} \times 2.52 \times 1.625 \times 0.669 \times 0.90 \text{ MPa}$$

$$= 69 \text{ MPa} < [\sigma_F]_1$$

$$\sigma_{F2} = \sigma_{F1} \frac{Y_{Fa2} Y_{Sa2}}{Y_{Fa1} Y_{Sa1}} = 69 \times \frac{2.15 \times 1.82}{2.52 \times 1.625} \text{ MPa} = 66 \text{ MPa} < [\sigma_F]_2$$

满足齿根弯曲疲劳强度要求。

（5）结构设计（略）。

例 6-3 设计某闭式直齿锥齿轮传动，轴交角 $\Sigma = 90°$，传递功率 $P = 9.8$ kW，转速 $n_1 = 960$ r/min，传动比 $i = 3$，电动机驱动，工作机载荷稳定，长期单向运转，可按无限寿命计算。

解 （1）选择齿轮材料、热处理和精度等级。

直齿锥齿轮加工多为刨齿，不宜采用硬齿面。小齿轮选用 40 Cr 调质处理，平均硬度为 260 HBW；大齿轮选用 42SiMn 调质处理，平均硬度为 230 HBW。选用 8 级精度。

（2）按齿面接触疲劳强度初步计算齿轮参数。

按式（6-58）试算小齿轮分度圆直径，即

$$d_{1t} \geqslant \sqrt[3]{\frac{4.71 K_t T_1}{\phi_R (1 - 0.5\phi_R)^2 u} \left(\frac{Z_H Z_E}{[\sigma_H]}\right)^2}$$

式中各参数的确定过程如下：

① 计算小齿轮的转矩。

$T_1 = 9.55 \times 10^6 P_1 / n_1 = (9.55 \times 10^6 \times 9.8/960)$ N · mm $= 9.749 \times 10^4$ N · mm

② 取齿宽系数 $\phi_R = 0.3$。

③ 确定试算用载荷系数 K_t。查表 6-1 得使用系数 $K_A = 1.0$；暂取动载系数 $K_{vt} = 1.1$；取齿间载荷分配系数 $K_\alpha = 1.0$；采用小锥齿轮为悬臂布置的结构，取齿向载荷分布系数 $K_\beta = 1.76$；因此

$$K_t = K_A K_{vt} K_\alpha K_\beta = 1.0 \times 1.1 \times 1.0 \times 1.76 = 1.94$$

④ 取齿数 $z_1 = 24$，则 $z_2 = i z_1 = 3 \times 24 = 72$，齿数比 $u = z_2/z_1 = 3$。

⑤ 区域系数 $Z_H = 2.5$。

⑥ 由表 6-3 查得弹性影响系数 $Z_E = 189.8 \text{ MPa}^{1/2}$。

⑦ 许用接触应力由式（6-25），即 $[\sigma_H] = \dfrac{\sigma_{Hlim} Z_N}{S_H}$ 进行计算。

查图 6-14(d) 得接触疲劳极限 $\sigma_{Hlim1} = 720$ MPa，$\sigma_{Hlim2} = 670$ MPa；

按无限寿命计算，故接触疲劳寿命系数 $Z_{N1} = Z_{N2} = 1.0$；

取安全系数 $S_H = 1.0$，则

$$[\sigma_H]_1 = \frac{\sigma_{Hlim1}Z_{N1}}{S_H} = \frac{720 \times 1.0}{1.0} \text{ MPa} = 720 \text{ MPa}$$

$$[\sigma_H]_2 = \frac{\sigma_{Hlim2}Z_{N2}}{S_H} = \frac{670 \times 1.0}{1.0} \text{ MPa} = 670 \text{ MPa}$$

取 $[\sigma_H] = [\sigma_H]_2 = 670 \text{ MPa}$

由以上参数可得

$$d_{1t} \geqslant \sqrt[3]{\frac{4.71K_t T_1}{\phi_R(1-0.5\phi_R)^2 u}\left(\frac{Z_H Z_E}{[\sigma_H]}\right)^2}$$

$$= \sqrt[3]{\frac{4.71 \times 1.94 \times 9.749 \times 10^4}{0.3 \times (1-0.5 \times 0.3)^2 \times 3}\left(\frac{2.5 \times 189.8}{670}\right)^2} \text{ mm} = 88.24 \text{ mm}$$

（3）确定传动尺寸。

① 计算中点圆周速度。

$$v_m = \frac{\pi d_{m1t} n_1}{60 \times 1\,000} = \frac{\pi d_{1t}(1-0.5\phi_R)n_1}{60 \times 1000}$$

$$= \frac{\pi \times 88.24 \times (1-0.5 \times 0.3) \times 960}{60 \times 1\,000} \text{ m/s} = 3.77 \text{ m/s}$$

故 8 级精度合用。

② 查取动载系数 K_v。

由 $v = 3.77$ m/s，查图 6-6 中的 9 级精度（比 8 级低一级）曲线，得动载系数 $K_v = 1.23$；

③ 对 d_{1t} 进行修正。

$$d_1 = d_{1t}\sqrt[3]{\frac{K_v}{K_{vt}}} = 88.24 \times \sqrt[3]{\frac{1.23}{1.1}} \text{ mm} = 91.59 \text{ mm}$$

④ 确定大端模数。

$$m = \frac{d_1}{z_1} = \frac{91.59}{24} \text{ mm} = 3.82 \text{ mm}$$

取为标准模数 $m = 4$ mm。

⑤ 计算大端分度圆直径。

$$d_1 = mz_1 = 4 \times 24 \text{ mm} = 96 \text{ mm}$$

$$d_2 = mz_2 = 4 \times 72 \text{ mm} = 288 \text{ mm}$$

⑥ 计算锥距。

$$R = \sqrt{\left(\frac{d_1}{2}\right)^2 + \left(\frac{d_2}{2}\right)^2} = \sqrt{\left(\frac{96}{2}\right)^2 + \left(\frac{288}{2}\right)^2} \text{ mm} = 151.789 \text{ mm}$$

⑦ 计算齿宽。

$$b = \phi_R R = 0.3 \times 151.789 \text{ mm} = 45.54 \text{ mm}$$

取 $b = 46$ mm。

（4）校核齿根弯曲疲劳强度。

按式（6-61）验算，即

$$\sigma_F = \frac{4.71KT_1}{\phi_R(1-0.5\phi_R)^2 m^3 z_1^2 \sqrt{u^2+1}}Y_{Fa}Y_{Sa} \leqslant [\sigma_F]$$

式中各参数的确定过程如下：

① T_1、ϕ_R、m、z_1、u 值同前。

② 计算载荷系数。

$$K = K_A K_v K_\alpha K_\beta = 1.0 \times 1.23 \times 1.0 \times 1.76 = 2.16$$

③ 按当量齿数 z_v 确定齿形系数 Y_{Fa} 和应力修正系数 Y_{Sa}，有

$$\cos\delta_1 = \frac{u}{\sqrt{u^2+1}} = \frac{3}{\sqrt{3^2+1}} = 0.949$$

$$\cos\delta_2 = \frac{1}{\sqrt{u^2+1}} = \frac{1}{\sqrt{3^2+1}} = 0.316$$

$$z_{v1} = \frac{z_1}{\cos\delta_1} = \frac{24}{0.949} = 25.29$$

$$z_{v2} = \frac{z_2}{\cos\delta_2} = \frac{72}{0.316} = 227.85$$

查表 6-4 得齿形系数 $Y_{Fa1}=2.61$、$Y_{Fa2}=2.11$，应力修正系数 $Y_{Sa1}=1.59$、$Y_{Sa2}=1.88$。

④ 许用弯曲应力由式(6-26)，即 $[\sigma_F]=\dfrac{\sigma_{Flim}Y_{st}Y_N}{S_F}$ 进行计算。

查图 6-15(d)得弯曲疲劳极限 $\sigma_{Flim1}=300$ MPa，$\sigma_{Flim2}=280$ MPa；

按无限寿命计算，故弯曲疲劳寿命系数 $Y_{N1}=Y_{N2}=1.0$；

$Y_{st}=2.0$；取安全系数 $S_F=1.25$，故

$$[\sigma_F]_1 = \frac{\sigma_{Flim1}Y_{st}Y_{N1}}{S_F} = \frac{300 \times 2.0 \times 1.0}{1.25} \text{ MPa} = 480 \text{ MPa}$$

$$[\sigma_F]_2 = \frac{\sigma_{Flim2}Y_{st}Y_{N2}}{S_F} = \frac{280 \times 2.0 \times 1.0}{1.25} \text{ MPa} = 448 \text{ MPa}$$

由这些数据可得

$$\sigma_{F1} = \frac{4.71KT_1}{\phi_R(1-0.5\phi_R)^2 m^3 z_1^2 \sqrt{u^2+1}} Y_{Fa1} Y_{Sa1}$$

$$= \frac{4.71 \times 2.16 \times 9.749 \times 10^4}{0.3 \times (1-0.5 \times 0.3)^2 \times 4^3 \times 24^2 \times \sqrt{3^2+1}} \times 2.61 \times 1.59 \text{ MPa}$$

$$= 163 \text{ MPa} < [\sigma_F]_1$$

$$\sigma_{F2} = \sigma_{F1} \frac{Y_{Fa2}Y_{Sa2}}{Y_{Fa1}Y_{Sa1}} = 163 \times \frac{2.11 \times 1.88}{2.61 \times 1.59} \text{ MPa} = 156 \text{ MPa} < [\sigma_F]_2$$

故满足齿根弯曲疲劳强度要求。

（5）结构设计（略）。

6.9　齿轮的结构设计

通过齿轮传动的强度计算，只能确定出齿轮的主要尺寸，如齿数、模数、齿宽、螺旋角、分度圆直径等，而齿圈、轮辐、轮毂等的结构形式及尺寸大小，通常都由结构设计而定。

齿轮的结构设计与齿轮的几何尺寸、毛坯、材料、加工方法、使用要求及经济性等因素有关。进行齿轮结构设计时，必须综合地考虑上述各方面的因素。通常是先按齿轮的直径大小，选定合适的结构形式，然后再根据经验公式，确定具体结构尺寸。

根据齿轮的大小,常采用如下结构形式。

1. 齿轮轴

对于直径很小的钢制齿轮,当它为圆柱齿轮时(见图 6-25(a)),若齿根圆到键槽底部的距离 $e<2\ m_{\mathrm t}$($m_{\mathrm t}$ 为端面模数);当它为锥齿轮时(见图 6-25(b)),按齿轮小端尺寸计算而得的 $e<1.6\ m$,以上两种情况的齿轮和轴应做成一体,称为齿轮轴(见图 6-26)。若 e 值超过上述尺寸时,齿轮与轴分开制造较为合理。

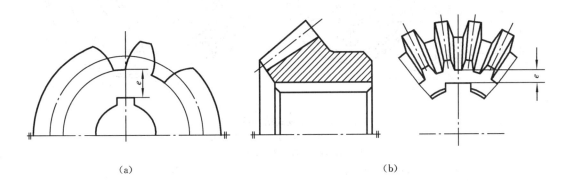

(a) 　　　　　　　　　　　　　　(b)

图 6-25　齿轮

(a) 圆柱齿轮；　(b) 锥齿轮

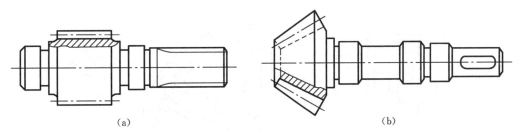

(a) 　　　　　　　　　　　　　　(b)

图 6-26　齿轮轴

(a) 圆柱齿轮轴；　(b) 锥齿轮轴

2. 实心式齿轮

当齿顶圆直径 $d_{\mathrm a}\leqslant160$ mm 时,可以做成实心结构的齿轮(见图 6-25、图 6-27)。

3. 腹板式齿轮

当齿顶圆直径 $d_{\mathrm a}\leqslant500$ mm 时,可做成腹板式结构(见图 6-28),腹板上开孔的数目按结构尺寸大小及需要而定。由于毛坯制造方法有自由锻造、模锻、铸造等方式,因而齿轮的结构也略有不同,详见机械设计手册。

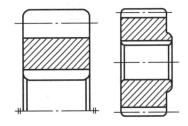

图 6-27　实心式齿轮

4. 轮辐式齿轮

当齿顶圆直径 $400<d_{\mathrm a}\leqslant1\ 000$ mm 时,可做成轮辐截面为"十"字形的轮辐式结构(见图 6-29)。除上述结构形式外,大直径的齿轮还可采用组装式或焊接式齿轮。

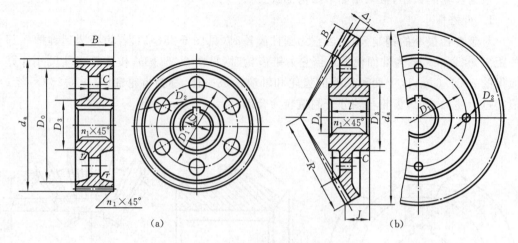

(a)　　　　　　　　(b)

图 6-28　腹板式结构的齿轮

$D_1 \approx (D_0 + D_3)/2$；$D_2 \approx (0.25 \sim 0.35)(D_0 - D_3)$；

$D_3 \approx 1.6 D_4$（钢材）；$D_3 \approx 1.7 D_4$（铸铁）；$n_1 \approx 0.5\, m_n$；$r \approx 5$ mm；

圆柱齿轮：$D_0 \approx d_a - (10 \sim 14) m_n$；$C \approx (0.2 \sim 0.3)B$；

锥齿轮：$l \approx (1 \sim 1.2) D_4$；$C \approx (3 \sim 4)m$；尺寸 J 由结构设计而定；$\Delta_1 = (0.1 \sim 0.2)B$；

常用齿轮的 C 值不应小于 10 mm

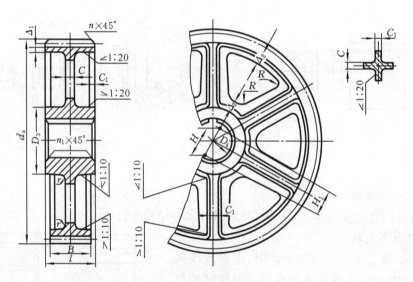

图 6-29　轮辐式结构的齿轮

$B < 240$ mm；$D_3 \approx 1.6\, D_4$（铸钢）；$D_3 \approx 1.7\, D_4$（铸铁）；$\Delta_1 \approx (3 \sim 4)m_n$，但不应小于 8 mm；

$\Delta_2 \approx (1 \sim 1.2)\Delta_1$；$H \approx 0.8\, D_4$（铸钢）；$H \approx 0.9\, D_4$（铸铁）；$H_1 \approx 0.8\, H$；$C \approx H/5$；$C_1 \approx H/6$；

$R \approx 0.5\, H$；$1.5 D_4 > l \geqslant B$；轮辐数常取为 6

6.10   齿轮传动的润滑

6.10.1   齿轮传动的润滑方式

齿轮传动时,相啮合的齿面间承受很大压力并有相对滑动,所以必须进行润滑,以减小摩擦和磨损,利于散热和延长齿轮寿命。

因开式和半开式齿轮传动的速度低,因而一般采用人工定期加油或在齿面涂抹润滑脂。

在闭式传动中,润滑方式取决于齿轮的圆周速度 v。当 $v \leqslant 12$ m/s 时,可采用浸油润滑,如图 6-30 所示。将大齿轮浸入油池中,转动时,大齿轮将油带入啮合处进行润滑,同时还将油甩到箱体内壁上散热。浸油深度根据齿轮形式和齿轮速度确定。对于圆柱齿轮,浸油深度通常不宜超过 1 个齿高,但一般不小于 10 mm;对于锥齿轮,应浸入全齿宽,至少应浸入齿宽的一半。当 $v > 12$ m/s 时,因离心力较大,宜采用喷油润滑,用一定压力将油喷入啮合处,如图 6-31 所示。喷油的方向与齿轮的圆周速度及转向有关。当 $v \leqslant 25$ m/s 时,喷嘴位于轮齿啮入边和啮出边均可;当 $v > 25$ m/s 时,喷嘴应位于轮齿的啮出边,以便使润滑油能及时冷却刚啮合过的轮齿,同时也对轮齿进行润滑。

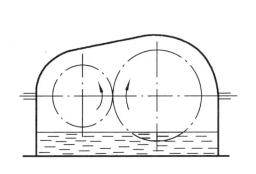

图 6-30   浸油润滑

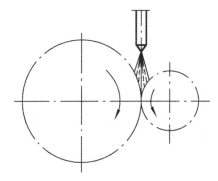

图 6-31   喷油润滑

6.10.2   润滑剂的选择

选择润滑剂时,要考虑齿面上的载荷及齿轮的圆周速度和工作温度,以使齿面上能保持有一定厚度且能承受一定压力的润滑油膜。一般根据齿轮的圆周速度 v 选择润滑油黏度,根据黏度选择润滑油的牌号。表 6-8 为齿轮传动荐用的润滑油黏度。

表 6-8   齿轮传动润滑油黏度荐用值

齿轮材料	抗拉强度 σ_b/MPa	圆周速度 v/(m/s)						
		<0.5	0.5~1	1~2.5	2.5~5	5~12.5	12.5~25	>25
		运动黏度 ν_{40}/cSt						
塑料、铸铁、青铜	—	350	220	150	100	80	55	—

续表

齿 轮 材 料	抗拉强度 σ_b/MPa	圆周速度 v/(m/s)						
		<0.5	0.5~1	1~2.5	2.5~5	5~12.5	12.5~25	>25
		运动黏度 ν_{40}/cSt						
钢	450~1 000	500	350	220	150	100	80	55
	1 000~1 250	500	500	350	220	150	100	80
渗碳或表面淬火的钢	1 250~1 580	900	500	500	350	220	150	100

注：① 多级齿轮传动，采用各级传动圆周速度的平均值来选取润滑油黏度；
　② 对于 σ_b>800 MPa 的镍铬钢制齿轮（不渗碳）的润滑油黏度应取高一档的数值。

本章重点、难点和知识拓展

　　本章重点是齿轮传动的失效形式、各类齿轮传动的受力分析、圆柱齿轮传动的接触疲劳强度和弯曲疲劳强度计算。本章难点是如何针对不同条件恰当地选择设计准则和设计参数（如 z、m、α 等），并确定合理的设计结果。

　　本章关于圆柱齿轮承载能力的计算方法仅涉及标准齿轮，且在国家标准内容的基础上进行了适当简化。对于变位齿轮，因齿轮的齿形变化，齿轮的区域系数 Z_H、齿形系数 Y_{Fa} 和应力修正系数 Y_{Sa} 将依据变位系数而有所变化。关于圆柱齿轮承载能力计算方法的详细内容可参阅国家标准 GB/T 3480—1997《渐开线圆柱齿轮承载能力计算方法》。

　　关于齿轮轮齿失效的详细内容可参阅国家标准 GB/T 3481—1997《齿轮轮齿磨损和损伤术语》。

　　关于齿轮材料及热处理、胶合承载能力计算方法、齿轮变形和修形计算、齿轮传动的润滑等内容，可参考机械工业出版社出版的《齿轮手册》。

　　有关锥齿轮承载能力计算的详细内容可参阅国家标准 GB/T 10062—2003《锥齿轮承载能力计算方法》。

　　在深入学习一些有关本课程的内容时，可以参阅本章参考文献[1]，该书是学习齿轮传动很好的入门书，它较好地反映了1992年以前齿轮传动方面的主要参考资料，包括中、英、日、俄、德、法的主要文献，该书最后提供参考文献241个，可以作为进一步学习和开展有关研究课题的引导。

　　对于进行齿轮传动设计的学生或工程师，可以参阅本章参考文献[2]。对减速器设计，还可以参考本章参考文献[3]，它提供了宝钢进口设备中许多减速器的图纸，对材料热处理选择、确定技术要求、结构设计等方面，有较大的参考价值。对于选用标准齿轮减速器（包括行星减速器、蜗杆减速器等），除上述几本手册以外，还可以参考本章参考文献[4]、本章参考文献[5]。

　　渐开线圆柱齿轮传动的新的国家标准（GB/T 10095.1—2008 与 GB/T 10095.2—

2008)的具体内容与旧国家标准相比有较大变化,可以参考本章参考文献[6]、[7],而本章参考文献[8]对新旧齿轮精度国家标准进行了对比。本章参考文献[6]有按新国家标准绘制的齿轮零件图。本章参考文献[9]有对齿轮新国家标准的介绍和较全的实用资料。

本章参考文献

[1] 朱孝录,鄂仲凯.齿轮承载能力分析[M].北京:高等教育出版社,1992.

[2] 《齿轮手册》编委会.齿轮手册[M].2版.北京:机械工业出版社,2004.

[3] 王太辰.宝钢减速器图册[M].北京:机械工业出版社,1995.

[4] 《机械传动装置选用手册》编委会.机械传动装置选用手册[M].北京:机械工业出版社,1999.

[5] 周明衡.减速器选择手册[M].北京:化学工业出版社,2002.

[6] 中国机械工程学会中国机械设计大典编委会.中国机械设计大典(第1～6卷)[M].南昌:江西科学技术出版社,2002.

[7] 吴宗泽.机械零件设计手册[M].2版.北京:机械工业出版社,2013.

[8] 孙玉芹,孟兆新.机械精度设计基础[M].北京:科学出版社,2003.

[9] 潘淑清.几何精度规范学[M].北京:北京理工大学出版社,2003.

[10] 濮良贵,陈国定,吴立言.机械设计[M].10版.北京:高等教育出版社,2019.

[11] 张策.机械原理与机械设计(下册)[M].3版.北京:机械工业出版社,2018.

思考题与习题

问答题

6-1 轮齿的主要失效形式有哪些?分别在什么情况下发生?

6-2 闭式和开式齿轮传动的设计准则有何异同?

6-3 在齿轮强度计算中,为什么不用名义载荷而用计算载荷?计算载荷与名义载荷的关系如何?

6-4 决定载荷系数的因素有哪些?它们是如何确定的?

6-5 一对软齿面圆柱齿轮传动,一般应使小齿轮的齿面硬度高于大齿轮的硬度,为什么?

6-6 齿轮传动中相啮合的两齿轮的齿面接触应力和齿根弯曲应力是否相等?为什么?

分析题

6-7 如何判断斜齿圆柱齿轮传动的轴向力的方向?

6-8 锥齿轮与圆柱齿轮在强度计算方面有何异同?

6-9　试分析题6-9图所示的齿轮传动各齿轮所受的力（在受力体上用箭头表示出各力的作用位置及方向）。

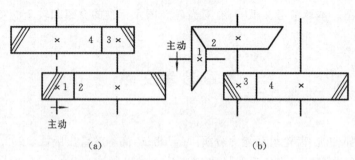

(a)　　　　　　　　　　　(b)

题6-9图　齿轮传动的受力分析

设计计算题

6-10　有一台单级圆柱齿轮减速器，已知：$z_1=32$，$z_2=108$，中心距 $a=210$ mm，齿宽 $b=72$ mm，大、小齿轮材料均为45钢，小齿轮调质，硬度为250～270 HBW，大齿轮正火，硬度为190～210 HBW，齿轮精度为8级，输入转速为 $n_1=1\,460$ r/min，电动机驱动，载荷平稳，齿轮工作寿命为10 000 h。试求该齿轮传动允许传递的最大功率。

6-11　试设计一提升装置上使用的闭式直齿圆柱齿轮传动。已知：传动比 $i=3.8$，转速 $n_1=730$ r/min，传递的功率 $P_1=10$ kW，电动机驱动，双向传动，载荷有轻微冲击，齿轮预期寿命为5年，双班制工作。要求采用软齿面齿轮。

6-12　试设计用于带式输送机的双级圆柱齿轮减速器中的高速级斜齿轮传动（见图6-24）。已知：传递的功率 $P_1=21$ kW，转速 $n_1=1\,470$ r/min，传动比 $i=4.5$，单向运转，载荷有中等冲击，每天工作16 h，预计寿命为8年，可靠性要求一般，轴的刚性较小，电动机驱动。

6-13　试设计一闭式单级直齿锥齿轮传动。已知：输入转矩 $T_1=98$ N·m，输入转速 $n_1=970$ r/min，传动比 $i=2.5$，单向连续运转，载荷平稳，工作寿命为24 000 h，可靠性要求一般，电动机驱动。

实践题

6-14　注意观察减速器或变速器中圆柱齿轮的齿宽是否相等，为什么？

6-15　两台机械设备中齿轮是如何润滑的？有哪些润滑方式？

第7章　蜗杆传动设计

引言　齿轮传动可实现各种精确的运动传递,然而要实现大传动比的传动,势必需要许多对齿轮连续减速才行,这样将造成传动部分的尺寸过大,为了解决这个问题,可以采用另一种传动形式——蜗杆传动。蜗杆传动是用来传递空间两交错轴之间的运动和动力的一种机械传动形式。

7.1　概　述

蜗杆传动是在空间交错的两轴间传递运动和动力的一种传动机构(见图 7-1),两轴线交错的夹角可为任意值,常用的为 90°。这种传动由于具有结构紧凑、传动比大(在动力传动中,一般传动比 $i=10\sim80$;在分度机构中,i 可达1 000)、传动平稳以及在一定的条件下具有可靠的自锁性等优点,应用较广泛。其传递的最大功率可达 1 000 kW,最大圆周速度可达 69 m/s。不足之处是传动效率低,摩擦发热大,常需耗用有色金属,故不宜用于长期连续工作的传动。蜗杆传动通常用于减速装置,在个别情况下也用作增速装置。

随着机器功率的不断提高,近年来陆续出现了多种新型的蜗杆传动,效率低的缺点正在逐步改善。

7.1.1　圆柱蜗杆传动的类型

按蜗杆形状的不同,蜗杆传动可分为圆柱蜗杆传动(见图 7-1)、环面蜗杆传动(见图 7-2)和锥蜗杆传动(见图 7-3)等。下面主要介绍圆柱蜗杆传动。

圆柱蜗杆传动包括普通圆柱蜗杆传动和圆弧圆柱蜗杆传动两类。

普通圆柱蜗杆的齿面(除锥面包络蜗杆外)一般是在车床上用直线刀刃的车刀车制的。根据车刀安装位置的不同,所加工出的蜗杆齿面在不同截面中的齿廓曲线也不同。根据不同的齿廓曲线,普通圆柱蜗杆可分为阿基米德蜗杆(ZA 蜗杆)、渐

图 7-1　圆柱蜗杆传动
1—蜗轮;2—蜗杆

开线蜗杆(ZI 蜗杆)、法向直廓蜗杆(ZN 蜗杆)和锥面包络蜗杆(ZK 蜗杆)等四种。

1. 阿基米德蜗杆(ZA 蜗杆)

在垂直于蜗杆轴线的平面(即端面)上,齿廓为阿基米德螺旋线(见图 7-4),在包含轴线的平面上的齿廓(即轴向齿廓)为直线,其齿形角 $\alpha_0=20°$。它可在车床上用直线刀刃的单刀(当导程角 $\gamma\leqslant3°$ 时)或双刀(当 $\gamma>3°$ 时)车削加工。安装刀具时,切削刃的顶面必须通过蜗杆的轴线,如图 7-4 所示。这种蜗杆磨削困难,当导程角较大时不便加工。一般用于低速、轻载或不太重要的传动。

2. 法向直廓蜗杆(ZN 蜗杆)

蜗杆的端面齿廓为延伸渐开线(见图 7-5),法面齿廓为直线。ZN 蜗杆也是用直线刀

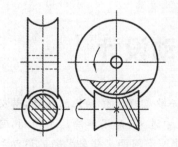

图 7-2　环面蜗杆传动

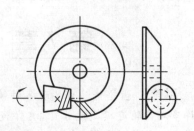

图 7-3　锥蜗杆传动

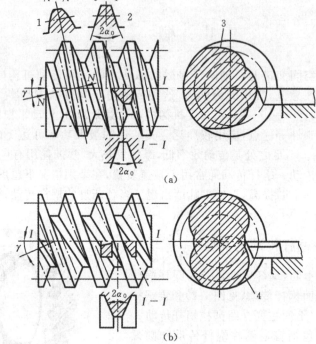

图 7-4　阿基米德蜗杆(ZA 蜗杆)

(a) 单刀加工；(b) 双刀加工

1—凸廓；2—直廓；3、4—阿基米德螺旋线

刃的单刀或双刀在车床上车削加工。刀具的安装形式如图 7-5 所示。这种蜗杆磨削起来也比较简单。常用于多头、精密的传动。

3．渐开线蜗杆(ZI 蜗杆)

蜗杆的端面齿廓为渐开线(见图 7-6)，所以它相当于一个少齿数(齿数等于蜗杆头数)、大螺旋角的渐开线圆柱斜齿轮。这种蜗杆可以在专用机床上磨削。一般用于蜗杆头数较多、转速较高和精密的传动。

除上述几种常用的圆柱蜗杆外，还有锥面包络圆柱蜗杆(ZK 蜗杆)(见图 7-7)、圆弧圆柱蜗杆传动(ZC 蜗杆)(见图 7-8)等。

7.1.2　蜗杆传动的特点

(1) 能实现大的传动比。在动力传动中，一般传动比 $i=10\sim80$；在分度机构或手动

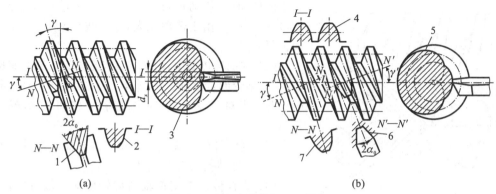

(a)　　　　　　　　　　　　　　　(b)

图 7-5　法向直廓蜗杆(ZN 蜗杆)

（a）车刀对中齿厚中线法面；(b)车刀对中齿槽中线法面

1、6—直廓；2、4、7—凸廓；3、5—延伸渐开线

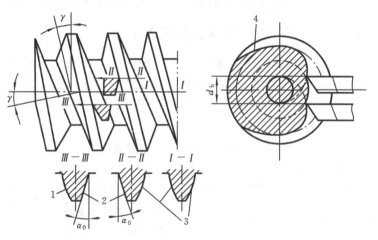

图 7-6　渐开线蜗杆(ZI 蜗杆)

1、3—凸廓；2—直廓；4—渐开线

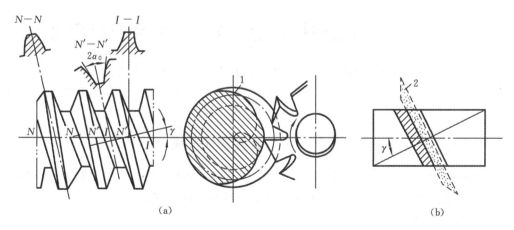

(a)　　　　　　　　　　　　　　(b)

图 7-7　锥面包络圆柱蜗杆(ZK 蜗杆)

1—近似于阿基米德螺旋线；2—砂轮

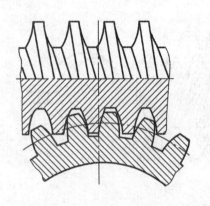

图 7-8　圆弧圆柱蜗杆传动(ZC 蜗杆)

机构的传动中,传动比可达 300;若只传递运动,传动比可达 1 000。由于传动比大,零件数目又少,因而结构很紧凑。

(2) 在蜗杆传动中,由于蜗杆齿是连续不断的螺旋齿,它和蜗轮齿是逐渐进入啮合及逐渐退出啮合的,同时啮合的齿对又较多,故冲击载荷小,传动平稳,噪声低。

(3) 当蜗杆的螺旋线升角小于啮合面的当量摩擦角时,蜗杆传动便具有自锁性。

(4) 蜗杆传动与交错轴斜齿轮传动相似,在啮合处有相对滑动。当滑动速度很大,工作条件不够良好时,会产生较严重的摩擦与磨损,从而引起过分发热,使润滑情况恶化。因此摩擦损失较大,效率低;当传动具有自锁性时,效率仅为 0.4 左右。

7.1.3　普通圆柱蜗杆传动的精度及其选择

GB/T 10089—2018 对蜗杆、蜗轮和蜗杆传动规定了 12 个精度等级,1 级精度最高,依次降低。与齿轮公差相仿,蜗杆、蜗轮和蜗杆传动的公差也分成三个公差组。

普通圆柱蜗杆传动的精度,一般以 6～9 级应用得最多。表 7-1 中列出了 6～9 级精度等级的应用范围及许用滑动速度。

表 7-1　普通圆柱蜗杆传动的精度及其应用

精度等级	蜗轮圆周速度 $v_2/(\text{m} \cdot \text{s}^{-1})$	适 用 范 围
6	>5	中等精密机床分度机构;发动机调节系统的传动
7	≤7.5	中等精度、中等速度、中等功率减速器
8	≤3	不重要的传动,速度较低的间歇工作动力装置
9	≤1.5	一般手动、低速、间歇、开式传动

7.2　普通圆柱蜗杆传动的主要参数和几何尺寸

普通圆柱蜗杆传动在中间平面上相当于齿条与齿轮的啮合传动,如图 7-9 所示。故在设计蜗杆传动时,均取中间平面上的参数(如模数、压力角等)和尺寸(如齿顶圆、分度圆等)为基准,并沿用齿轮传动的计算关系。

7.2.1　普通圆柱蜗杆传动的主要参数及其选择

普通圆柱蜗杆传动的主要参数有模数 m、压力角 α、蜗杆头数 z_1、蜗轮齿数 z_2 及蜗杆的直径 d_1 等。进行蜗杆传动的设计时,首先要正确地选择参数。

1. 模数 m 和压力角 α

和齿轮传动一样,蜗杆传动的几何尺寸也以模数为主要计算参数。蜗杆和蜗轮啮合时,在中间平面上,蜗杆的轴向模数、轴向压力角应分别与蜗轮的端面模数、端面压力角相等,即

2。

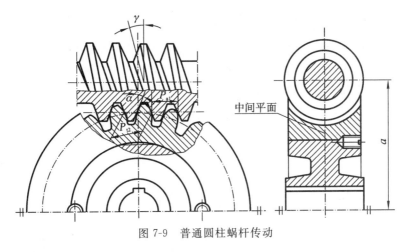

图 7-9 普通圆柱蜗杆传动

$$m_{a1} = m_{t2} = m$$

$$\alpha_{a1} = \alpha_{t2}$$

ZA 蜗杆的轴向压力角 α_a 为标准值,其余三种(ZN、ZI、ZK)蜗杆的法向压力角 α_n 为标准值(20°),蜗杆轴向压力角与法向压力角的关系为

$$\tan\alpha_a = \frac{\tan\alpha_n}{\cos\gamma}$$

式中:γ——导程角。

2. 蜗杆的分度圆直径 d_1

在蜗杆传动中,为了保证蜗杆与配对蜗轮的正确啮合,常用与蜗杆具有同样尺寸的蜗轮滚刀来加工与其配对的蜗轮。这样,只要有一种尺寸的蜗杆,就得有一种对应的蜗轮滚刀。对于同一模数,可以有很多不同直径的蜗杆,因而对每一模数就要配备很多蜗轮滚刀。显然,这样很不经济。为了限制蜗轮滚刀的数目及便于滚刀的标准化,就对每一标准模数规定了一定数量的蜗杆分度圆直径 d_1,而把 d_1 与 m 的比值称为直径系数,即

$$q = \frac{d_1}{m} \tag{7-1}$$

d_1 与 q 已有标准值,常用的标准模数 m 和蜗杆分度圆直径 d_1 及直径系数 q 见表 7-2。若采用非标准滚刀或飞刀切制蜗轮,d_1 与 q 值可不受标准的限制。

表 7-2 普通圆柱蜗杆基本尺寸和参数

模数 m/mm	分度圆直径 d_1/mm	蜗杆头数 z_1	直径系数 q	$m^2 d_1$ /mm³	模数 m/mm	分度圆直径 d_1/mm	蜗杆头数 z_1	直径系数 q	$m^2 d_1$ /mm³
1	18*	1	18	18	2	(18)	1,2,4	9	72
1.25	20	1	16	31.25		22.4	1,2,4,6	11.2	89.6
	22.4*	1	17.92	35		(28)	1,2,4	14	112
1.6	20	1,2,4	12.5	51.2		35.5*	1	17.75	142
	28*	1	17.5	71.68					

模数 m/mm	分度圆直径 d_1/mm	蜗杆头数 z_1	直径系数 q	$m^2 d_1$ /mm³	模数 m/mm	分度圆直径 d_1/mm	蜗杆头数 z_1	直径系数 q	$m^2 d_1$ /mm³
2.5	(22.4)	1,2,4	8.96	140	8	(63)	1,2,4	7.875	4032
	28	1,2,4,6	11.2	175		80	1,2,4,6	10	5120
	(35.5)	1,2,4	14.2	221.875		(100)	1,2,4	12.5	6400
	45*	1	18	281.25		140*	1	17.5	8960
3.15	(28)	1,2,4	8.889	277.83	10	(71)	1,2,4	7.1	7100
	35.5	1,2,4,6	11.27	352.25		90	1,2,4,6	9	9000
	(45)	1,2,4	14.286	446.51		(112)	1,2,4	11.2	11200
	56*	1	17.778	555.66		160	1	16	16000
4	(31.5)	1,2,4	7.875	504	12.5	(90)	1,2,4	7.2	14062.5
	40	1,2,4,6	10	640		112	1,2,4	8.96	17500
	(50)	1,2,4	12.5	800		(140)	1,2,4	11.2	21875
	71*	1	17.75	1136		200	1	16	31250
5	(40)	1,2,4	8	1000	16	(112)	1,2,4	7	28672
	50	1,2,4,6	10	1250		140	1,2,4	8.75	35840
	(63)	1,2,4	12.6	1575		(180)	1,2,4	11.25	46080
	90*	1	18	2250		250	1	15.625	64000
6.3	(50)	1,2,4	7.936	1984.5	20	(140)	1,2,4	7	56000
	63	1,2,4,6	10	2500.47		160	1,2,4	8	64000
	(80)	1,2,4	12.698	3175.2		(224)	1,2,4	11.2	89600
	112*	1	17.778	4445.28		315	1	15.75	126000
					25	(180)	1,2,4	7.2	112500
						200	1,2,4	8	125000
						(280)	1,2,4	11.2	175000
						400	1	16	250000

注：①括号内的数字尽量不采用；

　　②带 * 的是导程角 γ 小于 $3°30'$ 的圆柱蜗杆；

　　③本表摘自 GB/T 10085—2018。

3. 蜗杆头数 z_1

蜗杆头数 z_1 可根据要求的传动比和效率来选定。单头蜗杆传动的传动比可以较大，但效率较低。如要提高效率，应增加蜗杆的头数。但蜗杆头数过多，导程角增大，又会给加工带来困难。所以，通常蜗杆头数取为 1、2、4、6。

4. 蜗杆分度圆柱导程角 γ

蜗杆直径系数 q 和蜗杆头数 z_1 选定之后，蜗杆分度圆柱上的导程角也就确定了。由图 7-10 可知。

$$\tan\gamma = \frac{p_z}{\pi d_1} = \frac{z_1 p_a}{\pi d_1} = \frac{z_1 m}{d_1} = \frac{z_1}{q} \quad (7\text{-}2)$$

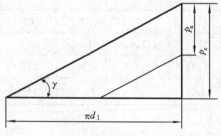

图 7-10　导程角与导程的关系

式中：p_z——蜗杆导程；

　　　p_a——蜗杆轴向齿距。

导程角大，传动效率高；导程角 $\gamma \leqslant 3°30'$ 时，蜗杆传动具有自锁性。由蜗杆传动的正确啮合条件可知，当两轴线交错角为 $90°$ 时，导程角 γ 应与蜗轮分度圆柱螺旋角 β 等值且同方向。

5. 传动比 i 和齿数比 u

传动比
$$i = \frac{n_1}{n_2}$$

式中：n_1、n_2——蜗杆和蜗轮的转速（r/min）。

齿数比
$$u = \frac{z_2}{z_1}$$

式中：z_2——蜗轮的齿数。

当蜗杆为主动时，有

$$i = \frac{n_1}{n_2} = \frac{z_2}{z_1} = u \tag{7-3}$$

6. 蜗轮齿数 z_2

蜗轮齿数 z_2 主要根据传动比来确定。传递动力时，为增加传动的平稳性，蜗轮齿数 z_2 大于 28。对于动力传动，z_2 一般不大于 80。z_2 增大，当蜗轮直径不变时，模数会减小，这将削弱轮齿的弯曲强度；当模数不变时，蜗轮尺寸将要增大，使相啮合的蜗杆支承间距加长，这将降低蜗杆的弯曲刚度，影响正常的啮合。z_1、z_2 的荐用值见表 7-3。当设计非标准或分度传动时，z_2 的选择可不受限制。

表 7-3　蜗杆头数 z_1 与蜗轮齿数 z_2 的荐用值

$i = z_2/z_1$	z_1	z_2
5～8	6	29～31
7～16	4	29～61
15～32	2	29～61
29～82	1	29～82

7. 蜗杆传动的标准中心距 a

蜗杆传动的标准中心距为

$$a = \frac{1}{2}(d_1 + d_2) = \frac{1}{2}(q + z_2)m \tag{7-4}$$

普通圆柱蜗杆传动的基本尺寸和参数列于表 7-2 中。设计普通圆柱蜗杆减速装置时，在按接触强度或弯曲强度确定了中心距 a 或 $m^2 d_1$ 后，一般按表 7-2 的数据确定蜗杆与蜗轮的尺寸和参数。

7.2.2　蜗杆传动变位的特点

为了配凑中心距或提高蜗杆传动的承载能力及传动效率，常采用变位蜗杆传动。图 7-11 表示了几种变位情况（其中 a'、z_2' 分别为变位后的中心距及蜗轮齿数，x_2 为蜗轮变位系数）。变位后，蜗轮的分度圆和节圆仍旧重合，只是蜗杆在中间平面上的节线有所改变，不再与其分度线重合。变位蜗杆传动根据使用场合的不同，可在下述两种变位方式中选取一种。

（1）凑中心距的变位。变位前后，蜗轮的齿数不变（$z_2' = z_2$），蜗杆传动的中心距改变（$a' \neq a$），如图 7-11(a)、(c) 所示，其中心距的计算式如下：

$$a' = a + x_2 m = \frac{d_1 + d_2 + 2x_2 m}{2} \tag{7-5}$$

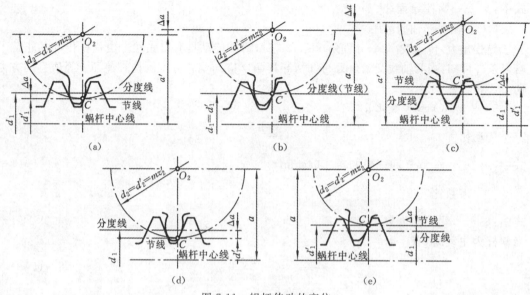

图 7-11 蜗杆传动的变位

(a) 变位传动 $x_2<0, z_2'=z_2, a'<a$；(b) 标准传动 $x_2=0$；(c) 变位传动 $x_2>0, z_2'=z_2, a'>a$；

(d) 变位传动 $x_2<0, a'=a, z_2'>z_2$；(e) 变位传动 $x_2>0, a'=a, z_2'<z_2$

(2) 凑传动比的变位。变位前后，蜗杆传动的中心距不变（$a'=a$），蜗轮的齿数改变（$z_2'\neq z_2$），如图 7-11(d)、(e)所示，z_2' 的计算式如下：

$$\frac{d_1+d_2+2x_2 m}{2}=\frac{m}{2}(q+z_2'+2x_2)=\frac{m}{2}(q+z_2)$$

$$z_2'=z_2-2x_2$$

$$x_2=\frac{z_2-z_2'}{2} \qquad (7-6)$$

蜗轮的变位系数推荐为 $-0.5\leqslant x_2\leqslant0.5$，并建议尽量取正值，以防止根圆直径小于基圆直径。

7.2.3 蜗杆传动的几何尺寸计算

蜗杆传动的几何尺寸及其计算公式见图 7-12、表 7-4 及表 7-5。

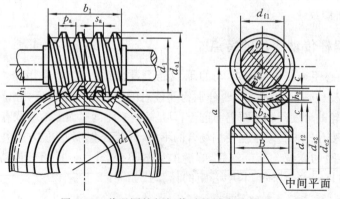

图 7-12 普通圆柱蜗杆传动的基本几何尺寸

表 7-4 普通圆柱蜗杆传动基本几何尺寸计算关系式

名 称	代 号	计算关系式	说 明
中心距	a	$a=(d_1+d_2+2x_2m)/2$	按规定选取
蜗杆头数	z_1	—	按规定选取
蜗轮齿数	z_2	—	按传动比确定
齿形角	α	$\alpha_a=20°$或 $\alpha_n=20°$	按蜗杆类型确定
模数	m	$m=m_a=m_n/\cos\gamma$	按规定选取
传动比	i	$i=n_1/n_2$	蜗杆为主动,按规定选取
齿数比	u	$u=z_2/z_1$,当蜗杆主动时,$i=u$	—
蜗轮变位系数	x_2	$x_2=a/m-(d_1+d_2)/2m$	—
蜗杆直径系数	q	$q=d_1/m$	—
蜗杆轴向齿距	p_a	$p_a=\pi m$	—
蜗杆导程	p_z	$p_z=\pi m z_1$	—
蜗杆分度圆直径	d_1	$d_1=mq$	按规定选取
蜗杆齿顶圆直径	d_{a1}	$d_{a1}=d_1+2h_{a1}=d_1+2h_a^* m$	—
蜗杆齿根圆直径	d_{f1}	$d_{f1}=d_1-2h_{f1}=d_1-2(h_a^* m+c)$	—
顶隙	c	$c=c^* m$	按规定选取
渐开线蜗杆基圆直径	d_{b1}	$d_{b1}=d_1\cdot\tan\gamma/\tan\gamma_b=mz_1/\tan\gamma_b$	—
蜗杆齿顶高	h_{a1}	$h_{a1}=h_a^*\cdot m=0.5(d_{a1}-d_1)$	按规定选取
蜗杆齿根高	h_{f1}	$h_{f1}=(h_a^*+c^*)m=0.5(d_1-d_{f1})$	—
蜗杆齿高	h_1	$h_1=h_{a1}+h_{f1}=0.5(d_{a1}-d_{f1})$	—
蜗杆导程角	γ	$\tan\gamma=mz_1/d_1=z_1/q$	—
渐开线蜗杆基圆导程角	γ_b	$\cos\gamma_b=\cos\gamma\cdot\cos\alpha_n$	—
蜗杆齿宽	b_1	见表 7-5	由设计确定
蜗轮分度圆直径	d_2	$d_2=mz_2=2a-d_1-2x_2m$	—
蜗轮喉圆直径	d_{a2}	$d_{a2}=d_2+2h_{a2}$	—
蜗轮齿根圆直径	d_{f2}	$d_{f2}=d_2-2h_{f2}$	—
蜗轮齿顶高	h_{a2}	$h_{a2}=0.5(d_{a2}-d_2)=m(h_a^*+x_2)$	—
蜗轮齿根高	h_{f2}	$h_{f2}=0.5(d_2-d_{f2})=m(h_a^*-x_2+c^*)$	—
蜗轮齿高	h_2	$h_2=h_{a2}+h_{f2}=0.5(d_{a2}-d_{f2})$	—
蜗轮咽喉母圆半径	r_{g2}	$r_{g2}=a-0.5d_{a2}$	—
蜗轮齿宽	b_2		由设计确定
蜗轮齿宽角	θ	$\theta=2\arcsin(b_2/d_1)$	—
蜗杆轴向齿厚	s_a	$s_a=0.5\pi m$	—
蜗杆法向齿厚	s_n	$s_n=s_a\cos\gamma$	—
蜗轮齿厚	s_t	按蜗杆节圆处轴向齿槽宽 e_a' 确定	—
蜗杆节圆直径	d_1'	$d_1'=d_1+2x_2m=m(q+2x_2)$	—
蜗轮节圆直径	d_2'	$d_2'=d_2$	—

注:取齿顶高系数 $h_a^*=1$,径向间隙系数 $c^*=0.2$。

表 7-5　蜗轮宽度 B、顶圆直径 d_{e2} 及蜗杆齿宽 b_1 的计算公式

z_1	B	d_{e2}	x_2		b_1
1		$\leqslant d_{a2}+2\,m$	0	$\geqslant(11+0.06\,z_2)m$	当变位系数 x_2 为中间值时，蜗杆齿宽 b_1 取 x_2 邻近两公式所求值的较大者。
	$\leqslant 0.75\,d_{a1}$		-0.5	$\geqslant(8+0.06\,z_2)m$	
2		$\leqslant d_{a2}+1.5\,m$	-1.0	$\geqslant(10.5+z_1)m$	经磨削的蜗杆，按左式所求的蜗杆齿宽 b_1 应再增加下列值：
			0.5	$\geqslant(11+0.1\,z_2)m$	当 $m<10$ mm 时，增加 25 mm；
			1.0	$\geqslant(12+0.1\,z_2)m$	
4	$\leqslant 0.67\,d_{a1}$	$\leqslant d_{a2}+2\,m$	0	$\geqslant(12.5+0.09\,z_2)m$	当 $m=10\sim16$ mm 时，增加 $35\sim40$ mm；
			-0.5	$\geqslant(9.5+0.09\,z_2)m$	
			-1.0	$\geqslant(10.5+z_1)m$	当 $m>16$ mm 时，增加 50 mm
			0.5	$\geqslant(12.5+0.1\,z_2)m$	
			1.0	$\geqslant(13+0.1\,z_2)m$	

7.3　蜗杆传动的失效形式和材料选择

7.3.1　蜗杆传动的失效形式及设计准则

蜗杆传动的失效形式有点蚀（齿面接触疲劳破坏）、齿根折断、齿面胶合及过度磨损等。其主要失效形式是胶合、点蚀和磨损。由于材料和结构上的原因，蜗杆螺旋齿部分的强度总是高于蜗轮轮齿的强度，所以失效经常发生在蜗轮轮齿上。因此，一般只对蜗轮轮齿进行承载能力计算。由于蜗杆与蜗轮齿面间有较大的相对滑动，从而增加了产生胶合和磨损失效的可能性，尤其在某些条件下（如润滑不良），蜗杆传动因齿面胶合而失效的可能性更大，因此，蜗杆传动的承载能力往往受到抗胶合能力的限制。

在开式传动中多发生齿面磨损和轮齿折断，因此应以保证齿根弯曲疲劳强度作为开式传动的主要设计准则。

在闭式传动中，蜗杆副多因齿面胶合或点蚀而失效。因此，通常是按齿面接触疲劳强度进行设计，而按齿根弯曲疲劳强度进行校核。此外，闭式蜗杆传动，由于散热较为困难，还应作热平衡核算。

由上述蜗杆传动的失效形式可知，蜗杆、蜗轮的材料不仅要求具有足够的强度，更重要的是要具有良好的磨合和耐磨性能。

7.3.2　常用材料

针对蜗杆的主要失效形式，要求蜗杆蜗轮的材料组合具有良好的减摩和耐磨性能。对于闭式传动的材料，还要注意抗胶合性能，并满足强度的条件。

蜗杆一般是用碳钢或合金钢制成（见表 7-6），高速重载蜗杆常用 15 Cr 或 20 Cr，并经渗碳淬火；也可用 40、45 钢或 40 Cr 并经淬火。这样可以提高表面硬度，增加耐磨性。通常要求蜗杆淬火后的硬度为 $40\sim55$ HRC，经氮化处理后的硬度为 $55\sim62$ HRC。一般不

太重要的低速中载的蜗杆,可采用 40 或 45 钢,并经调质处理,其硬度为 220～270 HBW。

表 7-6　蜗杆材料及工艺要求

蜗杆材料	热处理	硬度	表面粗糙度/μm
40　45　40Cr　40CrNi　42SiMn	表面淬火	(45～55) HRC	1.60～0.80
20Cr　20CrMnTi　12CrNi3A	表面渗碳淬火	(58～63) HRC	1.60～0.80
45	调质	≤270 HBW	6.3

常用的蜗轮材料为铸造锡青铜(ZCuSn10P1 和 ZCuSn5Pb5Zn5)、铸造铝铁青铜(ZCuAl10Fe3和ZCuAl10Fe3Mn2)及灰铸铁(HT150 和 HT200)等。锡青铜耐磨性最好,但价格较高,一般用于滑动速度 v_s≥8 m/s 的重要传动;铝铁青铜的耐磨性较锡青铜差一些,但价格便宜,一般用于滑动速度 v_s≤8 m/s 的传动;如果滑动速度不高(v_s≤2 m/s),对效率要求也不高时,可采用灰铸铁制造。为了防止变形,常对蜗轮进行时效处理,见表 7-7。

表 7-7　常用蜗轮材料的极限强度

材料极限强度	ZCuSn10P1		ZCuSn5Pb5Zn5			ZCuAl10Fe3 ZCuAl10Fe3Mn2			HT200	HT150
	砂型	金属型	砂型	金属型	离心铸	砂型	金属型	离心铸	砂型	砂型
抗拉强度 σ_b/MPa	220	250	180	200	200	400	500	500	200	200
屈服强度 σ_s/MPa	140	200	80	80	90	200	200			
抗弯强度 σ_{bb}/MPa									400	360
适用滑动速度 v_s/(m·s^{-1})	≤12	≤26	≤10		≤12		≤8			≤2

7.4　圆柱蜗杆传动的强度计算

7.4.1　蜗杆传动的受力分析

蜗杆传动的受力分析和斜齿圆柱齿轮传动相似。在进行蜗杆传动的受力分析时,通常不考虑摩擦力的影响,但在重要的传动设计中,摩擦力 F_f(图 7-13(a))在受力分析中应计入。

图 7-13 表示以右旋蜗杆为主动件,并沿图示的方向旋转时,蜗杆螺旋面上的受力情况。设 F_n 为集中作用于节点 C 处的法向载荷,它作用于法向截面 $Cabc$ 内(见图 7-13(a))。F_n 可分解为三个互相垂直的分力,即圆周力 F_{t1}、径向力 F_{r1} 和轴向力 F_{a1}。显然,在蜗杆与蜗轮间,相互作用着 F_{t1} 与 F_{a2}、F_{r1} 与 F_{r2}、F_{a1} 与 F_{t2} 这三对大小相等、方向相反的力(见图 7-13(c))。

确定各分力的方向时,先确定蜗杆受力的方向。因蜗杆主动,所以蜗杆所受的圆周力 F_{t1} 的方向与它的转向相反;径向力 F_{r1} 的方向总是沿半径指向轴心;轴向力 F_{a1} 的方向,分析方法与斜齿圆柱齿轮传动相同(用力的分析方法或"主动轮左、右手定则")。蜗轮所受的三个分力的方向可由图 7-13(c)所示的关系确定。

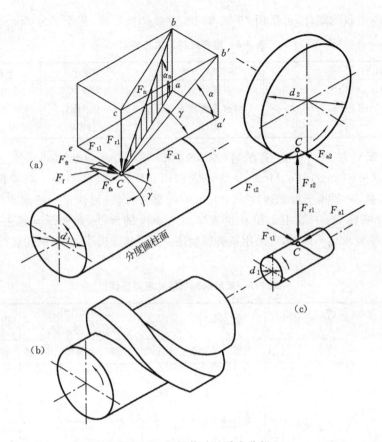

图 7-13 蜗杆传动的受力分析

当不计摩擦力的影响时,各力的大小按下列公式计算,各力的单位均为 N。

$$F_{t1} = F_{a2} = \frac{2T_1}{d_1} \qquad (7\text{-}7)$$

$$F_{a1} = F_{t2} = \frac{2T_2}{d_2} \qquad (7\text{-}8)$$

$$F_{r1} = F_{r2} = F_{t2}\tan\alpha \qquad (7\text{-}9)$$

$$F_n = \frac{F_{a1}}{\cos\alpha_n\cos\gamma} = \frac{F_{t2}}{\cos\alpha_n\cos\gamma} = \frac{2T_2}{d_2\cos\alpha_n\cos\gamma} \qquad (7\text{-}10)$$

式中:T_1、T_2——蜗杆及蜗轮上的名义转矩(N·mm);

d_1、d_2——蜗杆及蜗轮的分度圆直径(mm);

γ——蜗杆分度圆柱导程角(°)。

7.4.2 蜗杆传动强度计算

1. 蜗轮齿面接触疲劳强度计算

根据赫兹公式(2-21),蜗轮齿面接触应力 σ_H(单位为 MPa)可按下式计算。

$$\sigma_H = \sqrt{\frac{KF_n}{L_0\rho_\Sigma}}Z_E \qquad (7\text{-}11)$$

式中：F_n——啮合齿面上的法向载荷(N)；

L_0——接触线总长(mm)；

Z_E——材料的弹性影响系数($\sqrt{\text{MPa}}$)，对于青铜或铸铁蜗轮与钢蜗杆配对时，取$Z_E = 160\sqrt{\text{MPa}}$；

ρ_Σ——综合曲率半径(mm)；

K——载荷系数，$K = K_A K_v K_\beta$。其中K_A为使用系数，查表7-8。K_v为动载系数，由于蜗杆传动一般较平稳，动载荷要比齿轮传动的小得多，故K_v值可取定如下：对于精确制造，且蜗轮圆周速度$v_2 \leqslant 3$ m/s时，取$K_v = 1.0 \sim 1.1$；$v_2 > 3$ m/s时，$K_v = 1.1 \sim 1.2$。K_β为齿向载荷分布系数，当蜗杆传动在平稳载荷下工作时，载荷分布不均现象将由于工作表面良好的磨合而得到改善，此时可取$K_\beta = 1$；当载荷变化较大，或有冲击、振动时，可取$K_\beta = 1.3 \sim 1.6$。

表 7-8　使用系数 K_A

工 作 类 型	I	II	III
载荷性质	均匀、无冲击	不均匀、小冲击	不均匀、大冲击
每小时启动次数	<25	25~50	>50
启动载荷	—	较大	大
K_A	1	1.15	1.2

将式(7-11)中的法向载荷F_n换算成蜗轮分度圆直径d_2与蜗轮转矩T_2的关系式，再将d_2、L_0、ρ_Σ等换算成中心距a的函数后，即得蜗轮齿面接触疲劳强度的校核计算公式为

$$\sigma_H = Z_E Z_\rho \sqrt{\frac{KT_2}{a^3}} \leqslant [\sigma_H] \tag{7-12}$$

式中：Z_ρ——蜗杆传动的接触线长度和曲率半径对接触强度的影响系数，简称接触系数，按d_1/a从图7-14中查得；

a——中心距(mm)；

$[\sigma_H]$——蜗轮齿面的许用接触应力(MPa)。

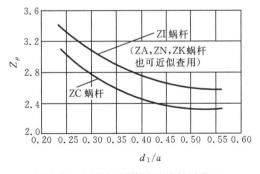

图 7-14　圆柱蜗杆传动的接触系数 Z_ρ

当蜗轮材料为灰铸铁或高强度青铜($\sigma_b \geqslant 300$ MPa)时，蜗杆传动的承载能力主要取决于齿面胶合强度。但因目前尚无完善的胶合强度计算公式，故采用接触强度计算，即条件性计算，在查取蜗轮齿面的许用接触应力时，要考虑相对滑动速度的大小。由于胶合不

属于疲劳失效，$[\sigma_H]$ 的值与应力循环次数 N 无关，因而可直接从表7-9中查出许用接触应力 $[\sigma_H]$ 的值。

表7-9　灰铸铁及铸铝铁青铜蜗轮的许用接触应力 $[\sigma_H]$　　　　（MPa）

材　　料		滑动速度 v_s/(m·s^{-1})						
蜗　　杆	蜗　　轮	<0.25	0.25	0.5	1	2	3	4
20或20 Cr渗碳、淬火，45钢淬火，齿面硬度大于45 HRC	灰铸铁 HT150	206	166	150	127	95	—	
	灰铸铁 HT200	250	202	182	154	115	—	
	铸铝铁青铜 ZCuAl10Fe3	—		250	230	210	180	160
45钢或Q275	灰铸铁 HT150	172	139	125	106	79	—	
	灰铸铁 HT200	208	168	152	128	96	—	

若蜗轮材料为抗拉强度 $\sigma_b<300$ MPa的锡青铜，因蜗轮主要为接触疲劳失效，故应先从表7-10中查出蜗轮的基本许用接触应力 $[\sigma_H]'$，再按 $[\sigma_H]=K_{HN}[\sigma_H]'$，算出许用接触应力的值。其中，$K_{HN}$ 为接触强度的寿命系数，$K_{HN}=\sqrt[8]{\dfrac{10^7}{N}}$。应力循环次数 $N=60jn_2L_h$，此处 n_2 为蜗轮转速(r/min)，L_h 为工作寿命(h)，j 为蜗轮每转一转每个轮齿啮合的次数。

表7-10　铸锡青铜蜗轮的基本许用接触应力 $[\sigma_H]'$　　　　（MPa）

蜗轮材料	铸造方法	蜗杆螺旋面的硬度	
		≤45 HRC	>45 HRC
铸锡磷青铜 ZCuSn10P1	砂模铸造	150	180
	金属模铸造	220	268
铸锡锌铅青铜 ZCuSn5Pb5Zn5	砂模铸造	113	135
	金属模铸造	128	140

注：锡青铜的基本许用接触应力为应力循环次数 $N=10^7$ 时的值。当 $N\neq10^7$ 时，需将表中数值乘以寿命系数 K_{HN}；当 $N>25\times10^7$ 时，取 $N=25\times10^7$；当 $N<2.6\times10^5$ 时，取 $N=2.6\times10^5$。

式(7-12)经变换，可得蜗轮齿面接触疲劳强度的设计计算公式为

$$a\geqslant\sqrt[3]{KT_2\left(\frac{Z_E Z_\rho}{[\sigma_H]}\right)^2} \tag{7-13}$$

按式(7-13)算出蜗杆传动的中心距 a 后，可由下列公式粗算出蜗杆分度圆直径 d_1 和模数 m：

$$\left.\begin{array}{l} d_1\approx0.68a^{0.875}\\[2mm] m=\dfrac{2a-d_1}{z_2} \end{array}\right\} \tag{7-14}$$

再由表7-2选定标准模数值。

2. 蜗轮齿根弯曲疲劳强度计算

蜗轮轮齿因弯曲强度不足而失效的情况，多发生在蜗轮齿数较多（如 $z_2>90$ 时）或开式传动中。因此，对闭式蜗杆传动，常只作弯曲强度的校核计算，这种计算是必须进行的。

因为校核蜗轮轮齿的弯曲强度绝不只是为了判别其弯曲断裂的可能性,对那些承受重载的动力蜗杆副,蜗轮轮齿的弯曲变形量还会直接影响到蜗杆副的运动平稳性精度。

由于蜗轮轮齿的齿形比较复杂,要精确计算齿根的弯曲应力是比较困难的,所以常用的齿根弯曲疲劳强度计算方法就带有很大的条件性。通常是把蜗轮近似地当作斜齿圆柱齿轮来考虑,仿照式(6-38)蜗轮的齿根弯曲应力 σ_F(单位为 MPa)为

$$\sigma_F = \frac{2KT_2}{\hat{b}_2 d_2 m_n} Y_{Fa2} Y_{Sa2} Y_\varepsilon Y_\beta \qquad (7\text{-}15)$$

式中:$\hat{b}_2$——蜗轮轮齿弧长(mm),$\hat{b}_2 = \pi d_1 \theta / (360° \cos\gamma)$,其中,$\theta$ 为蜗轮齿宽角(参看图 7-12),按表 7-4 中的公式计算,一般取 $\theta \approx 100°$;

m_n——法向模数(mm),$m_n = m\cos\gamma$;

Y_{Fa2}——蜗轮齿形系数,可由蜗轮的当量齿数 $z_{v2} = z_2 / \cos^3\gamma$ 及蜗轮的变位系数 x_2 从图 7-15 中查得;

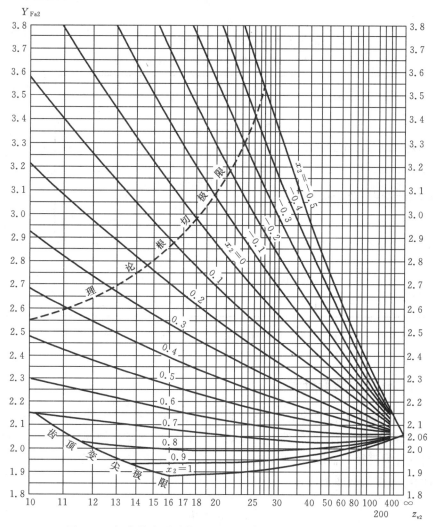

图 7-15   蜗轮的齿形系数 Y_{Fa2}($\alpha = 20°$,$h_a^* = 1$,$\rho_{a0} = 0.3\, m_n$)

Y_{Sa2}——齿根应力修正系数，放在$[\sigma_F]$中考虑；

Y_ε——弯曲疲劳强度的重合度系数，取$Y_\varepsilon = 0.667$；

Y_β——螺旋角系数，$Y_\beta = 1 - \dfrac{\gamma}{140°}$。

将以上参数代入式(7-15)可得蜗轮齿根弯曲疲劳强度的校核计算公式为

$$\sigma_F = \frac{1.53 KT_2}{d_1 d_2 m} Y_{Fa2} Y_\beta \leqslant [\sigma_F] \tag{7-16}$$

式中：$[\sigma_F]$——蜗轮的许用弯曲应力(MPa)，$[\sigma_F] = [\sigma_F]' K_{FN}$。其中$[\sigma_F]'$为计入齿根应力修正系数$Y_{Sa2}$后蜗轮的基本许用弯曲应力，由表 7-11 中选取；K_{FN}为寿命系数，$K_{FN} = \sqrt[9]{\dfrac{10^6}{N}}$，其中应力循环次数 N 的计算方法同前。

式(7-16)经变换，可得蜗轮齿根弯曲疲劳强度的设计计算公式为

$$m^2 d_1 \geqslant \frac{1.53 \, KT_2}{z_2 [\sigma_F]} Y_\beta Y_{Fa2} \tag{7-17}$$

计算出 $m^2 d_1 (\text{mm}^3)$后，可从表 7-2 中查出相应的参数。

表 7-11　蜗轮的基本许用弯曲应力　　　　　　　　　　(MPa)

蜗轮材料		铸造方法	单侧工作 $[\sigma_{0F}]'$	双侧工作 $[\sigma_{-1F}]'$
铸锡磷青铜　ZCuSn10P1		砂模铸造	40	29
		金属模铸造	56	40
铸锡锌铅青铜　ZCuSn5Pb5Zn5		砂模铸造	26	22
		金属模铸造	32	26
铸铝铁青铜　ZCuAl10Fe3		砂模铸造	80	57
		金属模铸造	90	64
灰铸铁	HT150	砂模铸造	40	28
	HT200	砂模铸造	48	34

注：表中各种青铜的基本许用弯曲应力为应力循环次数 $N = 10^6$时的值。当$N \neq 10^6$时，需将表中的值乘以 K_{FN}；当$N > 25 \times 10^7$时，取 $N = 25 \times 10^7$；当$N < 10^5$时，取 $N = 10^5$。

7.4.3　蜗杆的刚度计算

蜗杆受力后如产生过大的变形，就会造成轮齿上的载荷集中，影响蜗杆与蜗轮的正确啮合，所以蜗杆还须进行刚度校核。校核蜗杆的刚度时，通常是把蜗杆螺旋部分看作以蜗杆齿根圆直径为直径的轴段，主要是校核蜗杆的弯曲刚度，其最大挠度 y(mm)可按下式作近似计算，并得其刚度条件为

$$y = \frac{\sqrt{F_{t1}^2 + F_{r1}^2}}{48 \, EI} L'^3 \leqslant [y] \tag{7-18}$$

式中：F_{t1}——蜗杆所受的圆周力(N)；

F_{r1}——蜗杆所受的径向力(N);

E——蜗杆材料的弹性模量(MPa);

I——蜗杆危险截面的惯性矩(mm^4),$I=\dfrac{\pi d_{f1}^{4}}{64}$,其中 d_{f1} 为蜗杆齿根圆直径(mm);

L'——蜗杆两端支承间的跨距(mm),视具体结构要求而定,初步计算时可取 $L'=0.9d_2$,d_2 为蜗轮分度圆直径(mm);

$[y]$——许用最大挠度(mm),$[y]=\dfrac{d_1}{1\,000}$,此处 d_1 为蜗杆分度圆直径(mm)。

7.5 蜗杆传动的效率、润滑及热平衡计算

7.5.1 蜗杆传动的效率

闭式蜗杆传动的功率损耗一般包括三部分,即啮合摩擦损耗、轴承摩擦损耗及浸入油池中的零件搅油时的溅油损耗。因此总效率为

$$\eta = \eta_1 \cdot \eta_2 \cdot \eta_3 \tag{7-19}$$

式中的 η_1、η_2、η_3 分别为单独考虑啮合摩擦损耗、轴承摩擦损耗及溅油损耗时的效率。而蜗杆传动的总效率,主要取决于计入啮合摩擦损耗时的效率 η_1。当蜗杆主动时,则

$$\eta_1 = \frac{\tan \gamma}{\tan(\gamma + \varphi_v)} \tag{7-20}$$

式中:γ——普通圆柱蜗杆分度圆柱上的导程角;

φ_v——当量摩擦角,$\varphi_v = \arctan f_v$,其值可根据滑动速度 v_s 由表 7-12 查取。

表 7-12 普通圆柱蜗杆传动的 v_s、f_v、φ_v 值

蜗轮齿圈材料	锡 青 铜				无锡青铜		灰 铸 铁			
蜗杆齿面硬度	≥45 HRC		其 他		≥45 HRC		≥45 HRC		其 他	
滑动速度 v_s[①]/(m·s^{-1})	f_v[②]	φ_v[②]	f_v	φ_v	f_v[②]	φ_v[②]	f_v[②]	φ_v[②]	f_v	φ_v
0.01	0.110	6°17′	0.120	6°51′	0.180	10°12′	0.180	10°12′	0.190	10°45′
0.05	0.090	5°09′	0.100	5°43′	0.140	7°58′	0.140	7°58′	0.160	9°05′
0.10	0.080	4°34′	0.090	5°09′	0.130	7°24′	0.130	7°24′	0.140	7°58′
0.25	0.065	3°43′	0.075	4°17′	0.100	5°43′	0.100	5°43′	0.120	6°51′
0.50	0.055	3°09′	0.065	3°43′	0.090	5°09′	0.090	5°09′	0.100	5°43′
1.0	0.045	2°35′	0.055	3°09′	0.070	4°00′	0.070	4°00′	0.090	5°09′
1.5	0.040	2°17′	0.050	2°52′	0.065	3°43′	0.065	3°43′	0.080	4°34′
2.0	0.035	2°00′	0.045	2°35′	0.055	3°09′	0.055	3°09′	0.070	4°00′
2.5	0.030	1°43′	0.040	2°17′	0.050	2°52′	—	—	—	—
3.0	0.028	1°36′	0.035	2°00′	0.045	2°35′	—	—	—	—
4.0	0.024	1°22′	0.031	1°47′	0.040	2°17′	—	—	—	—

蜗轮齿圈材料	锡　青　铜				无锡青铜		灰　铸　铁			
蜗杆齿面硬度	≥45 HRC		其　他		≥45 HRC		≥45 HRC		其　他	
滑动速度 v_s[①]/(m·s⁻¹)	f_v[②]	φ_v[②]	f_v	φ_v	f_v[②]	φ_v[②]	f_v[②]	φ_v[②]	f_v	φ_v
5.0	0.022	1°16′	0.029	1°40′	0.035	2°00′	—	—	—	—
8.0	0.018	1°02′	0.026	1°29′	0.030	1°43′	—	—	—	—
10.0	0.016	0°55′	0.024	1°22′	—	—	—	—	—	—
15.0	0.014	0°48′	0.020	1°09′	—	—	—	—	—	—
24.0	0.013	0°45′	—	—	—	—	—	—	—	—

注：① 如滑动速度与表中数值不一致时，可用插入法求得 f_v 和 φ_v 值；

② 适用于蜗杆齿面经磨削或抛光并仔细磨合、正确安装，采用黏度合适的润滑油进行充分的润滑时。

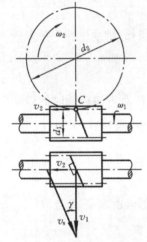

图 7-16　蜗杆传动的滑动速度

滑动速度 v_s（单位为 m/s）由图 7-16 得

$$v_s = \frac{v_1}{\cos\gamma} = \frac{\pi d_1 n_1}{60 \times 1\,000\cos\gamma}$$

式中：v_1——蜗杆分度圆的圆周速度（m/s）；

　　　d_1——蜗杆分度圆直径（mm）；

　　　n_1——蜗杆的转速（r/min）。

由于轴承摩擦及溅油这两项功率损耗不大，一般取 $\eta_2 \cdot \eta_3 = 0.95 \sim 0.96$，则总效率 η 为

$$\eta = \eta_1 \cdot \eta_2 \cdot \eta_3$$
$$= (0.95 \sim 0.96)\frac{\tan\gamma}{\tan(\gamma + \varphi_v)} \quad (7\text{-}21)$$

在设计之初，为了近似地求出蜗轮轴上的转矩 T_2，η 值可按表 7-13 估取。

表 7-13　蜗杆传动总效率的近似值

蜗杆头数 z_1	1	2	4	6
总效率 η	0.7	0.8	0.9	0.95

7.5.2　蜗杆传动的润滑

润滑对蜗杆传动来说，特别重要。因为当润滑不良时，传动效率将显著降低，并且会带来剧烈的磨损和产生胶合破坏的危险，所以往往采用黏度大的矿物油进行良好的润滑，在润滑油中还常加入添加剂，使其提高抗胶合能力。

蜗杆传动所采用的润滑油、润滑方法及润滑装置与齿轮传动的基本相同。

1. 润滑油

润滑油的种类很多，需根据蜗杆、蜗轮配对材料和运转条件合理选用。在钢蜗杆配青铜蜗轮时，常用的润滑油见表 7-14。

表 7-14　蜗杆传动常用的润滑油

CKE 轻负荷蜗轮蜗杆油黏度等级	220	320	460	680	1000
运动黏度 ν_{40}/cSt	198～242	288～352	414～506	612～748	900～1100
黏度指数不小于	90				
闪点(开口)/℃不小于	180				
倾点/℃不高于	—6				

注:其余指标参见 SH/T 0094—1991。

2. 润滑油黏度及给油方法

润滑油黏度及给油方法,一般根据相对滑动速度及载荷类型进行选择。对于闭式传动,常用的润滑油黏度荐用值及给油方法见表 7-15;对于开式传动,则采用黏度较高的齿轮油或润滑脂。

表 7-15　蜗杆传动的润滑油黏度荐用值及给油方法

蜗杆传动的相对滑动速度 v_s/(m · s^{-1})	0～1	0～2.5	0～5	>5～10	>10～15	>15～25	>25
载荷类型	重	重	中	不限	不限	不限	不限
运动黏度 ν_{40}/cSt	900	500	350	220	150	100	80
给油方法	油池润滑			喷油润滑或油池润滑	喷油润滑的喷油压力/MPa		
					0.7	2	3

如果采用喷油润滑,喷油嘴要对准蜗杆啮入端;蜗杆正反转时,两边都要装有喷油嘴,而且要控制一定的油压。

3. 润滑油量

对闭式蜗杆传动采用油池润滑时,在搅油损耗不致过大的情况下,应有适当的油量。这样不仅有利于动压油膜的形成,而且有助于散热。对于蜗杆下置式或蜗杆侧置式的传动,浸油深度应为蜗杆的一个齿高;当为蜗杆上置式时,浸油深度约为蜗轮外径的 1/3。

7.5.3　蜗杆传动的热平衡计算

蜗杆传动由于效率低,所以工作时发热量大。在闭式传动中,如果产生的热量不能及时散逸,将因油温不断升高而使润滑油稀释,从而增大摩擦损失,甚至发生胶合。所以,必须根据单位时间内的发热量 H_1 等于同时间内的散热量 H_2 的条件进行热平衡计算,以保证油温稳定地处于规定的范围内。

由于摩擦损耗的功率 $P_f = P(1-\eta)$,因而产生的热流量 H_1(单位为 W,1 W=1 J/s)为

$$H_1 = 1\,000\,P(1-\eta)$$

式中:P——蜗杆传动的输入功率(kW)。

以自然冷却方式,从箱体外壁散发到周围空气中去的热流量 H_2(单位为 W)为

$$H_2 = \alpha_d S(t_0 - t_a)$$

式中：α_d——箱体的表面传热系数，可取 $\alpha_d = (8.15 \sim 17.45)$ W/(m² · ℃)，当周围空气流通良好时，取偏大值；

S——内表面能被润滑油所飞溅到、而外表面又可为周围空气所冷却的箱体表面面积（m²），凸缘及散热片面积按 50%计算；

t_0——油的工作温度，一般限制在 60~70 ℃，最高不应超过 80 ℃；

t_a——周围空气的温度，常温情况可取为 20 ℃。

按热平衡条件 $H_1 = H_2$，可求得既定工作条件下的油温 t_0（单位为℃）为

$$t_0 = t_a + \frac{1\,000\,P(1-\eta)}{\alpha_d S} \tag{7-22}$$

或在既定条件下，保持正常工作温度所需要的散热面积 S（单位为 m²）为

$$S = \frac{1\,000P(1-\eta)}{\alpha_d(t_0 - t_a)} \tag{7-23}$$

在 $t_0 > 80$ ℃或有效的散热面积不足时，则必须采取措施，以提高散热能力。通常采取：

（1）加散热片以增大散热面积（见图 7-17）。

（2）在蜗杆轴端加装风扇（见图 7-17）以加速空气的流通。

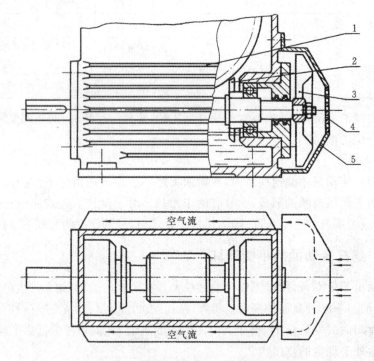

图 7-17 加散热片和风扇的蜗杆传动
1—散热片；2—溅油轮；3—风扇；4—过滤网；5—集气罩

由于在蜗杆轴端加装风扇，这就增加了功率损耗。由于摩擦损耗的功率 P_f（单位为kW）为

$$P_{\mathrm{f}} = (P - \Delta P_{\mathrm{F}})(1 - \eta) \qquad (7\text{-}24)$$

式中：ΔP_{F}——风扇消耗的功率(kW)，可按下式计算。

$$\Delta P_{\mathrm{F}} \approx \frac{1.5\, v_{\mathrm{F}}^3}{10^5}$$

此处 v_{F} 为风扇叶轮的圆周速度(m/s)，$v_{\mathrm{F}} = \dfrac{\pi D_{\mathrm{F}} n_{\mathrm{F}}}{60 \times 1\,000}$。其中 D_{F} 为风扇叶轮外径(mm)；

n_{F} 为风扇叶轮转速(r/min)。

由摩擦消耗的功率所产生的热流量为

$$H_1 = 1\,000(P - \Delta P_{\mathrm{F}})(1 - \eta) \qquad (7\text{-}25)$$

散发到空气中的热流量为

$$H_2 = (\alpha'_{\mathrm{d}} S_1 + \alpha_{\mathrm{d}} S_2)(t_0 - t_{\mathrm{a}}) \qquad (7\text{-}26)$$

式中：S_1、S_2——风冷面积及自然冷却面积(m²)；

　　　α'_{d}——风冷时的表面传热系数，按表 7-16 选取。

(3) 在传动箱内装循环冷却管路(见图 7-18)。

表 7-16　风冷时的表面传热系数 α'_{d}

蜗杆转速/(r/min)	750	1 000	1 250	1 550
α'_{d}/[W/(m² · ℃)]	27	31	35	38

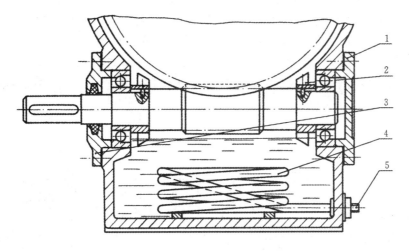

图 7-18　装有循环冷却管路的蜗杆传动

1—闷盖；2—溅油轮；3—透盖；4—蛇形管；5—冷却水出、入接口

7.6　圆柱蜗杆和蜗轮的结构设计

7.6.1　蜗杆的结构形式

蜗杆螺旋部分的直径不大，所以常和轴做成一个整体，称为蜗杆轴，结构形式如图 7-19所示。其中图 7-19(a)所示的结构无退刀槽，加工螺旋部分时只能用铣制的办法；图

7-19(b)所示的结构则有退刀槽,螺旋部分可以车制,也可以铣制,但这种结构的刚度比前一种差。当蜗杆螺旋部分的直径较大时,可以将蜗杆与轴分开制作。

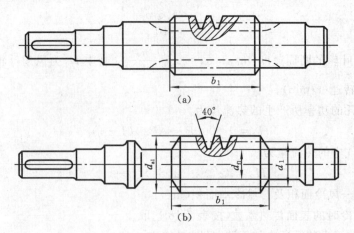

图 7-19　蜗杆的结构形式

7.6.2　蜗轮的结构形式

1. 齿圈式

这种结构由青铜齿圈及铸铁轮芯组成(见图 7-20(a))。齿圈与轮芯多用 H7/r6 配合,并加装 4～6 个紧定螺钉(或用螺钉拧紧后将头部锯掉),以增强连接的可靠性。螺钉直径取作 $(1.2～1.5)m$,m 为蜗轮的模数。螺钉拧入深度为 $(0.3～0.4)B$,B 为蜗轮宽度。为了便于钻孔,应将螺孔中心线由配合缝向材料较硬的轮芯部分偏移 2～3 mm。这种结构多用于尺寸不太大或工作温度变化较小的地方,以免热胀冷缩影响配合的质量。

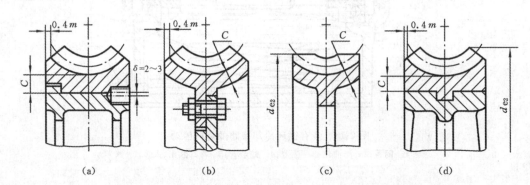

图 7-20　蜗轮的结构形式(m 为模数,m 和 C 的单位均为 mm)
(a) $C≈1.6\,m+1.5$；(b) $C≈1.5\,m$；(c) $C≈1.5\,m$；(d) $C≈1.6\,m+1.5$

2. 螺栓连接式

可用普通螺栓连接,或用铰制孔用螺栓连接,螺栓的尺寸和数目可参考蜗轮的结构尺寸取定,然后作适当的校核。这种结构装拆比较方便,多用于尺寸较大或容易磨损的蜗轮(见图 7-20(b))。

3. 整体浇铸式

主要用于铸铁蜗轮或尺寸很小的青铜蜗轮(见图 7-20(c))。

4. 拼铸式

这是在铸铁轮芯上加铸青铜齿圈,然后切齿。只用于成批制造的蜗轮(图 7-20(d))。

蜗轮的几何尺寸可按表 7-4、表 7-5 中的计算公式和图 7-12、图 7-20 的结构来确定;轮芯部分的结构尺寸可参考齿轮的结构尺寸。

例 7-1 试设计一搅拌机用的闭式蜗杆减速器中的普通圆柱蜗杆传动。已知:输入功率 $P=9$ kW,蜗杆转速 $n_1=1\,450$ r/min,传动比 $i_{12}=20$。传动不反向,工作载荷较稳定,但有不大的冲击。要求寿命 L_h 为 12 000 h。

解 (1)选择蜗杆传动类型。

根据 GB/T 10085—2018 的推荐,采用渐开线蜗杆(ZI 蜗杆)。

(2)选择材料。

考虑到蜗杆传动传递的功率不大,速度只是中等,故蜗杆用 45 钢;因希望效率高,耐磨性好,故蜗杆螺旋面要求淬火,硬度为 45～55 HRC。蜗轮用铸锡磷青铜 ZCuSn10P1,金属模铸造。为了节约贵重的有色金属,仅齿圈用青铜制造,而轮芯用灰铸铁 HT100 制造。

(3)按齿面接触疲劳强度初步计算蜗杆传动参数。

按式(7-13)试算传动中心距,即

$$a \geqslant \sqrt[3]{KT_2\left(\frac{Z_E Z_\rho}{[\sigma_H]}\right)^2}$$

① 确定作用在蜗轮上的转矩 T_2。

按 $z_1=2$,估取效率 $\eta=0.8$,则

$$T_2 = 9.55 \times 10^6 \frac{P_2}{n_2} = 9.55 \times 10^6 \times \frac{9 \times 0.8}{1\,450/20} \text{ N·mm} = 948\,400 \text{ N·mm}$$

② 确定载荷系数 K。

由表 7-8 选取使用系数 $K_A=1.15$;由于转速不高,冲击不大,可取动载系数 $K_v=1.05$;因工作载荷较稳定,所以选取齿向载荷分布系数 $K_\beta=1$。则

$$K = K_A K_v K_\beta = 1.15 \times 1.05 \times 1 = 1.21$$

③ 确定弹性影响系数 Z_E。

因选用的是铸锡磷青铜蜗轮和钢蜗杆相配,故 $Z_E=160\sqrt{\text{MPa}}$。

④ 确定接触系数 Z_ρ。

先假设蜗杆分度圆直径 d_1 和传动中心距 a 的比值 $d_1/a=0.35$,从图 7-14 中可查得 $Z_\rho=2.9$。

⑤ 确定许用接触应力 $[\sigma_H]$。

根据蜗轮材料为铸锡磷青铜 ZCuSn10P1,金属模铸造,蜗杆硬度>45 HRC,可从表 7-10 中查得蜗轮的基本许用接触应力 $[\sigma_H]'=268$ MPa。

应力循环次数 $\quad N=60jn_2L_h=60 \times 1 \times \dfrac{1\,450}{20} \times 12\,000=5.22 \times 10^7$

寿命系数 $\quad K_{HN}=\sqrt[8]{\dfrac{10^7}{N}}=\sqrt[8]{\dfrac{10^7}{5.22 \times 10^7}}=0.813\,4$

则 $[\sigma_H]=K_{HN}[\sigma_H]'=0.813\,4\times268\ \text{MPa}=218\ \text{MPa}$

⑥ 计算中心距。

$$a\geqslant\sqrt[3]{KT_2\left(\frac{Z_E Z_\rho}{[\sigma]_H}\right)^2}=\sqrt[3]{1.21\times948\,400\times\left(\frac{160\times2.9}{218}\right)^2}\ \text{mm}=173.234\ \text{mm}$$

由式(7-14)得

$$d_1\approx0.68\,a^{0.875}=0.68\times173.234^{0.875}\ \text{mm}=61.85\ \text{mm}$$

$$m=\frac{2a-d_1}{z_2}=\frac{2\times173.234-61.85}{40}\ \text{mm}=7.12\ \text{mm}$$

由表 7-2 中取模数 $m=8$ mm,蜗杆分度圆直径 $d_1=80$ mm,直径系数 $q=10$, $a=m(q+z_2)/2=200$ mm,这时 $d_1/a=0.4$,从图 7-14 中可查得接触系数 $Z'_\rho=2.74$,因为 $Z'_\rho<Z_\rho$,因此以上计算结果可用。

(4) 蜗杆与蜗轮的主要参数与几何尺寸。

① 蜗杆。

轴向齿距 $p_a=25.133$ mm;直径系数 $q=10$;齿顶圆直径 $d_{a1}=96$ mm;齿根圆直径 $d_{f1}=60.8$ mm;分度圆导程角 $\gamma=11°18'36''=11.31°$;蜗杆轴向齿厚 $s_a=12.566\,4$ mm。

② 蜗轮。

蜗轮齿数 $z_2=40$;

变位系数 $x_2=0$;

蜗轮分度圆直径 $d_2=mz_2=8\times40$ mm$=320$ mm;

蜗轮喉圆直径 $d_{a2}=d_2+2h_{a2}=320+2\times8$ mm$=336$ mm;

蜗轮齿根圆直径 $d_{f2}=d_2-2h_{f2}=320-2\times1.2\times8$ mm$=300.8$ mm;

蜗轮咽喉母圆半径 $r_{g2}=a-0.5d_{a2}=200-0.5\times336$ mm$=32$ mm。

(5) 校核齿根弯曲疲劳强度。

按式(7-16)验算,即

$$\sigma_F=\frac{1.53KT_2}{d_1 d_2 m}Y_{Fa2}Y_\beta\leqslant[\sigma_F]$$

当量齿数 $\qquad z_{v2}=\dfrac{z_2}{\cos^3\gamma}=\dfrac{40}{(\cos 11.31°)^3}=42.42$

根据 $x_2=0$, $z_{v2}=42.42$,从图 7-15 中可查得齿形系数 $Y_{Fa2}=2.41$。

螺旋角系数 $\qquad Y_\beta=1-\dfrac{11.31°}{140°}=0.9192$

从表 7-11 中查得由 ZCuSn10P1 制造的蜗轮的基本许用弯曲应力 $[\sigma_F]'=56$ MPa

寿命系数 $\qquad K_{FN}=\sqrt[9]{\dfrac{10^6}{N}}=\sqrt[9]{\dfrac{10^6}{5.22\times10^7}}=0.644$

许用弯曲应力 $[\sigma_F]=[\sigma_F]'K_{FN}=56\times0.644$ MPa$=36.06$ (MPa)

$$\sigma_F=\frac{1.53KT_2}{d_1 d_2 m}Y_{Fa2}Y_\beta=\frac{1.53\times1.21\times948\,400}{80\times320\times8}\times2.41\times0.9192\ \text{MPa}=18.99\ \text{MPa}<[\sigma_F]$$

故齿根弯曲疲劳强度是满足的。

(6) 验算效率 η。

$$\eta = (0.95 \sim 0.96) \frac{\tan\gamma}{\tan(\gamma + \varphi_v)}$$

已知 $\gamma = 11.31°$，$\varphi_v = \arctan f_v$，f_v 与相对滑动速度 v_s 有关。

$$v_s = \frac{\pi d_1 n_1}{60 \times 1000\cos\gamma} = \frac{\pi \times 80 \times 1450}{60 \times 1000 \times \cos 11.31°} \text{ m/s} = 6.194 \text{ m/s}$$

从表 7-12 中用插值法查得 $f_v = 0.0204$，求得 $\varphi_v = 1.168\,7°$，代入式中得 $\eta = 0.86$，大于原估计值，因此应该根据 $\eta = 0.86$，重算 $T_2 = 1\,019\,530$ N·mm，$a \geqslant 177.461$ mm。已经选定 $m = 8$ mm，$d_1 = 80$ mm，$a = 200$ mm，满足齿面接触强度。重算齿根弯曲应力 $\sigma_F = 20.42$ MPa，满足弯曲强度。

（7）精度等级公差和表面粗糙度的确定。

考虑到所设计的蜗杆传动是动力传动，属于通用机械减速器，从 GB/T 10089—2018 圆柱蜗杆、蜗轮精度中选择 8 级精度，侧隙种类为 f，标注为 8f GB/T 10089—2018。然后由有关手册查得要求的公差项目及表面粗糙度，此处从略。

（8）热平衡核算（略）。

（9）绘制工作图（略）。

7.7　圆弧圆柱蜗杆传动简介

7.7.1　圆弧圆柱蜗杆传动的类型

圆弧圆柱蜗杆传动是一种新型的蜗杆传动。它是在普通圆柱蜗杆传动的基础上发展起来的。圆弧圆柱蜗杆的齿面一般为圆弧形凹面，由此命名，代号为 ZC 蜗杆。

圆弧圆柱蜗杆传动可分为圆环面包络圆柱蜗杆传动和轴向圆弧圆柱蜗杆传动两种类型。

1. 圆环面包络圆柱蜗杆（ZC_1 和 ZC_2 蜗杆）传动

蜗杆齿面是圆环面砂轮与蜗杆做相对螺旋运动时，砂轮曲面族的包络面。

圆环面包络圆柱蜗杆传动又分为两种形式。

1）ZC_1 蜗杆传动

蜗杆齿面是由圆环面（砂轮）形成的，蜗杆轴线与砂轮轴线的公垂线通过蜗杆齿槽的某一位置，砂轮与蜗杆齿面的瞬时接触线是一条固定的空间曲线，砂轮与蜗杆的相对位置如图 7-21(a)所示。

2）ZC_2 蜗杆传动

蜗杆齿面是由圆环面（砂轮）形成的，蜗杆轴线与砂轮轴线的轴交角为某一角度，该二轴线的公垂线通过砂轮齿廓曲率中心。砂轮与蜗杆齿面的瞬时接触线是一条与砂轮的轴向齿廓互相重合的固定平面曲线。砂轮与蜗杆的相对位置如图 7-21(b)所示。

2. 轴向圆弧圆柱蜗杆（ZC_3 蜗杆）传动

蜗杆齿面是由蜗杆轴向平面（含轴平面）内一段凹圆弧绕蜗杆轴线做螺旋运动时形成的，也就是将凸圆弧车刀前刀面置于蜗杆轴向平面内，车刀绕蜗杆轴线做相对螺旋运动时所形成的轨迹曲面。车刀与蜗杆的相对位置如图 7-22 所示。

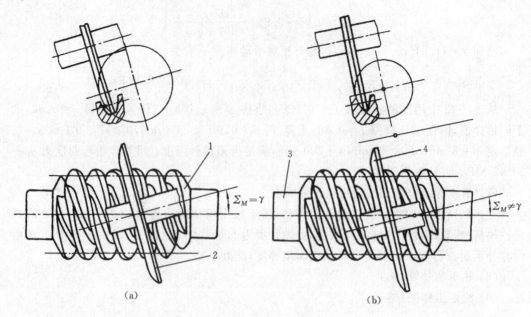

图 7-21　圆环面包络圆柱蜗杆的加工
1、3—蜗杆；2、4—砂轮

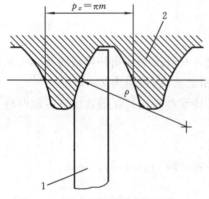

图 7-22　轴向圆弧圆柱蜗杆的加工
1—车刀；2—蜗杆

7.7.2　圆弧圆柱蜗杆传动的特点

圆弧圆柱蜗杆传动和普通圆柱蜗杆传动相比，具有以下主要特点。

（1）蜗杆和蜗轮两共轭齿面是凹凸啮合，综合曲率半径较大，因而降低了齿面接触应力，增大了齿面强度。

（2）蜗杆与蜗轮啮合时的瞬时接触线方向与相对滑动方向的夹角（润滑角）较大（见图 7-23），易于形成和保持油膜，从而减少了啮合面间的摩擦，故磨损小，发热量低，传动效率高。

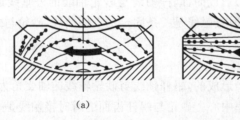

图 7-23　蜗杆与蜗轮啮合时的瞬时接触线
(a) 圆弧圆柱蜗杆；(b) 普通蜗杆

（3）在蜗杆齿强度不减弱的情况下，能够增大蜗轮的齿根厚度，使蜗轮齿的弯曲强度增大。

（4）由于齿面和齿根强度的提高，使承载能力增大。与普通圆柱蜗杆传动相比，在传递同样功率的情况下，体积小，重量轻，结构也较为紧凑。

（5）蜗杆与蜗轮相啮合时，蜗轮为正变位，啮合节线位于接近蜗杆齿顶的位置，啮合性能好。

此外，在加工和装配工艺方面也不复杂。因此，这种传动方式已逐渐广泛地应用到冶金、矿山、化工及起重运输等机械中。

本章重点、难点和知识拓展

本章重点是蜗杆传动的受力分析、失效形式与设计准则、常用材料与结构、强度计算及热平衡计算。本章难点是蜗杆传动的受力分析及强度计算。

蜗杆传动具有传动比大、结构紧凑等优点，在机床、汽车、冶金、矿山和起重、运输机械设备等的传动系统及仪表中得到广泛的应用，也是一般低速转动工作台和分度机构最常用的传动形式。

在掌握了蜗杆传动的基本内容后，可以在精度和公差方面看一看机械设计手册。在需要设计其他类型的蜗杆传动时，如圆弧齿圆柱蜗杆传动、直廓环面蜗杆传动、包络环面蜗杆传动、锥蜗杆传动等，可以参考本章参考文献[1]。在一般的机械设计手册中也有一些其他类型蜗杆传动的设计资料，但不如本章参考文献[1]多。选择标准的蜗杆减速器则以本章参考文献[2]、本章参考文献[3]中的资料多一些。设计蜗杆传动装置，在结构设计方面可以参考本章参考文献[4]。

国内外有一些专门从事蜗杆传动研究的专家，他们的数学基础与那些研究曲齿锥齿轮的专家一样，都要涉及空间啮合关系的基本理论，但是由于具体问题和工艺有较大差异，往往各有专长。从事这方面的研究不是短期可以得到成果的。本章参考文献[5]可以作为这方面的入门参考书。本章参考文献[6]至[8]可供深入学习之用。

本章参考文献[9]则是蜗杆减速器用于电梯的专著。

本章参考文献

[1] 《齿轮手册》编委会. 齿轮手册 [M]. 2 版. 北京：机械工业出版社，2004.

[2] 《机械传动装置选用手册》编委会. 机械传动装置选用手册 [M]. 北京：机械工业出版社，1999.

[3] 周明衡. 减速器选择手册 [M]. 北京：化学工业出版社，2002.

[4] 王太辰. 宝钢减速器图册 [M]. 北京：机械工业出版社，1995.

[5] 复旦大学数学系《曲线与曲面》编写组. 曲线与曲面 [M]. 北京：科学出版社，1977.

[6] 王树人. 圆弧圆柱蜗杆传动 [M]. 天津：天津大学出版社，1991.

［7］　王树人.圆柱蜗杆传动啮合原理［M］.天津:天津科技出版社,1982.

［8］　吴序堂.齿轮啮合原理［M］.2版.西安:西安交通大学出版社,2009.

［9］　杨兰春.电梯曳引机设计、安装、维修［M］.北京:机械工业出版社,2000.

思考题与习题

问答题

7-1　与齿轮传动相比,蜗杆传动有哪些特点?

7-2　装配式蜗轮的结构有哪几种? 加紧定螺钉及止口的目的是什么? 为什么在止口处两圆柱体表面留有间隙?

7-3　为什么蜗轮齿圈常用青铜制造? 当采用无锡青铜或铸铁制造蜗轮时,失效形式是哪一种? 此时[σ_H]值与什么有关?

7-4　蜗杆传动的总效率包括哪几部分? 如何提高啮合效率?

7-5　蜗杆传动在什么情况下必须进行热平衡计算? 采取哪些措施可改善散热条件?

分析题

7-6　指出题7-6图中未注明的蜗杆或蜗轮的转向,并绘出其(a)图中蜗杆和蜗轮力作用点三个分力的方向(蜗杆均为主动)。

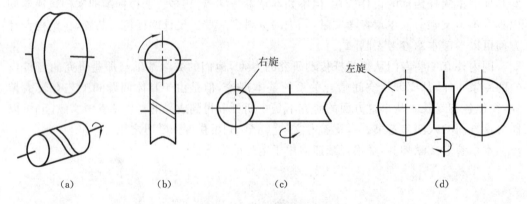

题7-6图　蜗杆传动的几种形式

7-7　试分析题7-7图所示蜗杆传动中各轴的回转方向、蜗轮轮齿的螺旋方向及蜗杆、蜗轮所受各力的作用位置及方向。

设计计算题

7-8　有一蜗杆减速器,蜗轮遗失,蜗杆是双头圆柱蜗杆,并测出蜗杆轴向齿距p_{a1}为6.283 mm,外径$d_{a1}=30$ mm和中心距$a=60$ mm。试按一般情况补出蜗轮几何尺寸并画出其草图(即求m、z_2、γ、q)。

7-9　题7-9图所示为热处理车间所用的可控气氛加热炉拉料机传动简图。已知:蜗轮传递的转矩$T_2=405$ N·m,蜗杆减速器的传动比$i_2=20$,蜗杆转速$n_1=480$ r/min,传动较平稳,冲击不大。工作时间为每天8 h,要求工作寿命为5年(每年按250工作日计)。

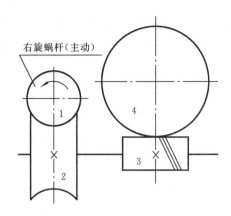

题 7-7 图　蜗杆传动

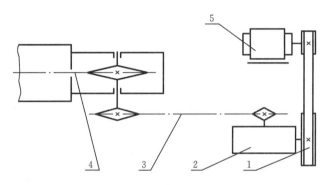

题 7-9 图　加热炉拉料机传动简图

1—V 带传动;2—蜗杆减速器;3—链传动;4—链条(用于拉取炉内料盘);5—电动机

试设计该蜗杆传动。

7-10　已知蜗杆转速 $n_1 = 1\,450$ r/min,输入功率 $P = 7.5$ kW,模数 $m = 8$ mm,直径系数 $q = 10$,蜗杆头数 $z_1 = 2$,传动比 $i = 20$,传动效率 $\eta = 0.8$。试计算作用在蜗杆和蜗轮上三个分力的大小和蜗杆最大挠度 y。

7-11　设计一圆柱蜗杆减速器中的蜗杆传动。已知:蜗杆传递的功率 $P = 5.5$ kW,转速 $n_1 = 960$ r/min,传动比 $i = 20$,载荷平稳,连续运转。绘出蜗轮的结构草图(蜗轮轴直径为 45 mm)。

7-12　已知一蜗杆传动的 $m = 6$ mm,$q = 9$,$z_1 = 1$,$z_2 = 60$,蜗杆材料为 40 Cr,高频表面淬火,蜗轮材料为 ZQAl9-4,载荷平稳,传动效率 $\eta = 0.7$。当蜗轮转速为 $n_2 = 23.5$ r/min时,蜗轮轴输出多大的转矩(T_2)与功率(P_2)?此时蜗杆轴的转速(n_1)和功率(P_1)为多少?

7-13　设计一起重设备用的蜗杆传动,载荷有中等冲击。蜗杆轴由电动机驱动,传递的额定功率 $P_1 = 10.3$ kW,$n_1 = 1\,460$ r/min,$n_2 = 120$ r/min,间歇工作,平均工作时间约为每日 2 h,要求工作寿命为 10 年(每年按 250 工作日计)。

7-14　试设计轻纺机械中的一单级蜗杆减速器,传递功率 $P = 8.5$ kW,主动轴转速 $n_1 = 1\,460$ r/min,传动比 $i = 20$,工作载荷稳定,单向工作,长期连续运转,润滑情况良好。

要求工作寿命为 15 000 h。

7-15　试设计某钻机用的单级圆柱蜗杆减速器。已知蜗轮轴上的转矩 $T_2 = 10\,600$ N·m,蜗杆转速 $n_1 = 910$ r/min,蜗轮转速 $n_2 = 18$ r/min,断续工作,有轻微振动,有效工作时间为 3 000 h。

第4篇 轴系零部件及弹簧设计

第8章 轴 的 设 计

引言 前几章研究的旋转零件如齿轮、蜗轮、链轮等在工作中需要支承,是由什么来支承的呢?这些旋转零件在实际的机械中是如何工作的?该怎样保证这些零件正常工作?本章介绍轴的设计,可以回答以上问题。

8.1 概 述

8.1.1 轴的功用和类型

轴是机器中的重要支承件之一,用来支承做回转运动的传动零件,如齿轮、蜗轮、带轮、链轮、联轴器等。大多数轴还起着传递运动和转矩的作用。

根据承载情况的不同,轴可分为转轴、心轴和传动轴三类。其应用举例、受力简图和特点见表8-1。转轴在各种机器中最为常见。根据轴的外形,按其轴线形状的不同可分为直轴和曲轴两大类。直轴又可分为阶梯轴和光轴,前者便于轴上零件的装配,故应用很广,而后者应用很少。曲轴通过连杆机构可以将旋转运动转变为往复直线运动,或做相反的运动转换。曲轴是活塞式动力机械及一些专门设备(如曲柄压力机、内燃机等)中的专用零件,故本章不予讨论。

此外还有一种能把回转运动灵活地传到任何位置的钢丝软轴(见图 8-1),它具有良好的挠性,也称为钢丝挠性轴,常用于软轴砂轮机、软轴电动工具及某些控制仪器的传动装置中。

8.1.2 轴设计时应满足的要求

轴的失效形式有断裂、磨损、振动和变形。为了保证轴具有足够的工作能力和可靠性,设计轴时应满足下列要求:具有足够的强度和刚度、良好的振动稳定性和合理的结构。由于轴的工作条件不同,轴的设计要求也不同:机床主轴,对于刚度要求严格,主要应满足刚度的要求;一些高速轴,如高速磨床主轴、汽轮机主轴等,对振动稳定性的要求应特别加以考虑,以防止共振造成机器的严重破坏。所有的轴都应该满足强度和结构的基本要求。对于一般情况下的转轴,其失效形式为交变应力下的疲劳断裂,因此轴的工作能力主要取决于疲劳强度。

表 8-1　轴的应用举例、受力简图和特点

分类	转轴	心轴		传动轴
		轴转动	轴不转	
举例	装齿轮的轴	滑轮轴	滑轮轴	万向联轴器的中间轴
受力简图	T ω T	ω		T ω T
特点	转轴同时受转矩和弯矩	心轴只受弯矩，不受转矩。转动的心轴受变应力，不转动的心轴受静应力		传动轴主要受转矩，不受弯矩或弯矩很小

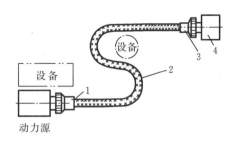

图 8-1 钢丝软轴

1、3—接头；2—钢丝软轴（外层为护套）；4—被驱动装置

在转轴设计中，其特点是不能首先通过精确计算确定轴的截面尺寸。因为转轴工作时，受弯矩和转矩联合作用，而弯矩又与轴上载荷的大小和轴上零件的相互位置有关，所以在轴的结构尺寸未确定前，无法求出轴所受的弯矩。因此设计转轴时，只能首先按扭转强度或经验公式估算轴的直径，然后进行轴的结构设计，最后进行轴的强度验算。

8.1.3 轴的材料

考虑到轴的失效形式，其材料应具有一定的强度、刚度及耐磨性；同时还应考虑工艺性和经济性要求。轴的常用材料有碳素钢和合金钢。相较于合金钢，碳素钢价格低廉，对应力集中敏感性小，故应用最广。

常用的碳素钢有 35、45、50 钢等优质碳素钢，其中 45 钢用得最多。为了保证其力学性能，轴应进行正火或调质处理。对于受力不大或不重要的轴，可用 Q235、Q275 等普通碳素钢。

合金钢的力学性能和淬火性能比碳素钢的要好，但对应力集中比较敏感，且价格较贵，多用于对强度和耐磨性要求较高的场合。如 20Cr、20CrMnTi 等低碳合金钢，经渗碳淬火后耐磨性能可提高；20Cr2MoV、38CrMoAlA 等合金钢，有良好的高温力学性能，常用于高温、高速及重载的场合；40Cr 经调质处理后，综合力学性能很好，是轴最常用的合金钢。值得注意的是：钢的种类和热处理对其材料的弹性模量影响很小，故当其他条件相同时，用合金钢或通过热处理来提高轴的刚度并无实效。

轴的材料也可以采用球墨铸铁及高强度铸铁，它们具有优良的工艺性，不需要锻压设备，吸振性好，对应力集中敏感性低，适用于制造形状复杂的轴，但难以控制铸件的质量。

用作轴的毛坯材料有轧制的圆钢、锻钢和铸钢。对于直径小、重量轻的轴（$d < 100$ mm），可用圆钢；锻钢的内部组织比较均匀，强度较好，重要的、大尺寸的轴，常用于锻造毛坯；对于形状复杂的轴常用铸钢做毛坯。

表 8-2 列出了轴的常用材料、主要力学性能、许用弯曲应力及用途。

表 8-2　轴的常用材料、主要力学性能、许用弯曲应力及用途

材料	牌号	热处理	毛坯直径/mm	硬度/HBW	力学性能/MPa 抗拉强度 σ_b	屈服强度 σ_s	弯曲疲劳极限 σ_{-1}	扭转疲劳极限 τ_{-1}	许用弯曲应力/MPa $[\sigma_{+1b}]$	$[\sigma_{0b}]$	$[\sigma_{-1b}]$	用途
普通碳素钢	Q235	热轧或锻后空冷	≤100		400~420	250	170	105	125	70	40	用于不重要或载荷不大的轴
			>100~250		375~390	215	170	105	125	70	40	
优质碳素钢	45	正火 回火	≤100	170~217	590	295	255	140	195	95	55	应用最广泛
			>100~300	162~217	570	285	245	135	195	95	55	
		调质	≤200	217~255	640	355	275	155	215	100	60	
合金钢	40Cr	调质	≤100	241~286	735	540	355	200	245	120	70	用于载荷较大而无很大冲击的重要轴
			>100~300	241~286	685	490	335	185	245	120	70	
	35SiMn (42SiMn)	调质	≤100	229~286	785	510	355	205	245	120	70	性能接近于40Cr,用于中小型轴
			>100~300	219~269	735	440	335	185				
	40MnB	调质	≤200	241~286	735	490	345	195	245	120	70	性能接近于40Cr,用于重要的轴
	40CrNi	调质	≤100	270~300	900	735	430	260	285	130	75	低温性能好,用于很重要的轴
			>100~300	240~270	785	570	370	210				
	38SiMnMo	调质	≤100	229~286	735	590	365	210	275	120	70	性能接近40CrNi,用于重要轴
			>100~300	217~269	685	540	345	195				
	20Cr	渗碳淬火回火	≤60	渗碳56~62HRC	640	390	305	160	215	100	60	用于要求强度和韧性均较高的轴
	20CrMnTi		15	渗碳56~62HRC	1 080	835	480	300	365	165	100	
	38CrMoAlA	调质	≤60	293~321	930	785	440	280	275	125	75	用于要求高强度,且热处理变形很小的轴
			>60~100	277~302	835	685	410	270				
			>100~160	241~277	>85	590	370	220				
铸铁	QT400-15			156~197	400	300	145	125	100			用于曲轴、凸轮轴、水轮机主轴
	QT600-3			197~269	600	420	215	185	150			

注：① 表中所列疲劳极限的计算公式为：碳钢 $\sigma_{-1}\approx0.43\sigma_b$；合金钢 $\sigma_{-1}\approx0.2(\sigma_b+\sigma_s)+100$，不锈钢 $\sigma_{-1}\approx0.2(\sigma_b+\sigma_s)$，$\tau_{-1}\approx0.27(\sigma_b+\sigma_s)$，$\tau_{-1}\approx0.156(\sigma_b+\sigma_s)$；球墨铸铁 $\sigma_{-1}\approx0.36\sigma_b$，$\tau_{-1}\approx0.31\sigma_b$。

② 等效系数 ψ：对于碳钢，$\psi_\sigma=0.1\sim0.2$，$\psi_\tau=0.05\sim0.1$，对于合金钢，$\psi_\sigma=0.2\sim0.3$，$\psi_\tau=0.1\sim0.5$。

8.2 轴的结构设计

　　轴主要由轴颈、轴头、轴身三部分组成(见图 8-2)。轴上支承旋转零件部分称为轴头(如图 8-2(a)中的①、④段),其直径尺寸必须符合标准直径;与轴承配合的部分称为轴颈(如图 8-2(a)中的③、⑦段),其直径尺寸必须符合轴承内径尺寸;连接轴颈和轴头的部分称为轴身(如图 8-2(a)中的②、⑥段)。轴颈、轴头与轴上零件的配合要根据工作条件合理地确定,同时还要规定这些部分的表面粗糙度,这些技术条件与轴的运转性能关联很大。为了使运转平稳,必要时还应对轴颈和轴头提出平行度和同轴度等要求。

　　轴的结构设计是确定轴的合理外形和全部结构尺寸。影响轴的结构因素很多,因此轴的结构没有标准形式,设计时应根据不同情况进行具体分析。其设计原则是:①轴应便于加工,轴上零件应便于装拆和调整（制造安装要求）;②轴和轴上零件要有准确的工作位置(定位要求);③各零件要牢固而可靠地相对固定(固定要求);④改善受力状况,减小应力集中。

　　根据上述原则,实际上大多数轴为阶梯轴。因为从受力的角度看,阶梯轴的强度接近等强度,材料得到充分利用。而且阶梯轴容易加工,也便于轴上零件的定位及装拆。在阶梯轴中,轴段间直径变化的部分称为轴肩,而直径最大的轴段称为轴环。轴肩分为定位轴肩和非定位轴肩两类。在图 8-2(a)中,轴段①、②间的轴肩为定位轴肩,用于限定联轴器 2 装配时的轴向位置,同时用于对联轴器的轴向固定;②、③间的轴肩为非定位轴肩,以便

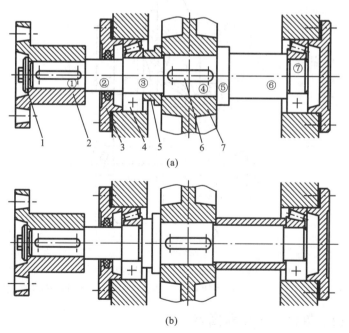

图 8-2 轴上零件的装配方案

(a)齿轮从左端装入;(b)齿轮从右端装入

1—轴端挡圈;2—联轴器;3—轴承端盖;4—轴承;5—套筒;6—键;7—圆柱齿轮

于轴承装拆及区分加工面；③、④间的非定位轴肩便于齿轮的装拆；轴环⑤的左侧为齿轮的定位轴肩；⑥、⑦间的轴肩为轴承的定位轴肩，兼起固定轴承的作用，同时必须满足轴承的拆卸要求（详见 10.5 节）。

下面讨论轴的结构设计中要解决的几个问题。

8.2.1 拟订轴上零件的装配方案

轴的结构合理性和装配工艺性与轴上零件的装配方案有关，其装配方案有时甚至关系到能否改善轴的受力情况，提高轴的强度等问题。因此，拟定轴上零件的装配方案是进行轴的结构设计的前提。所谓装配方案，就是考虑合理安排动力传递路线并预定轴上主要零件的装配方向、顺序和相互关系。因为轴上零件的装配方案不同，轴将会有不同的结构形状，因此在拟定装配方案时，一般应先考虑几个方案，进行分析比较与选择。现以图 8-3 所示的圆锥-圆柱齿轮减速器简图中输出轴的两种布置方案为例进行对比分析。图 8-2(a)布置方案的装配方法是：依次从轴的左端安装齿轮、套筒、左端轴承、轴承端盖、半联轴器，右端只装轴承及其端盖。而图 8-2(b)布置方案的装配方法是：左端轴承、轴承端盖、半联轴器依次从轴的左端安装，而齿轮、套筒、轴承及其端盖依次从轴的右端安装。相比之下可知，图 8-2(b)较图8-2(a)多了一个用于轴向定位的长套筒，使机器的零件增多，质量增大，所以图 8-2(a)中的装配方案较为合理。

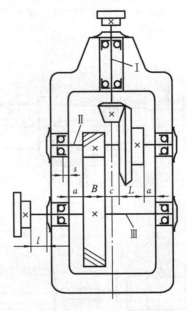

图 8-3　圆锥-圆柱齿轮减速器简图

注：a、c 取 10～20 mm，s 取 5～10 mm，l 根据轴承端盖和联轴器的装拆要求定出

8.2.2 轴上零件的定位和固定

为了防止轴上零件受力时做沿轴向或周向的相对运动，轴上零件除了有特殊的结构要求外（如游动或空转），一般都必须要求定位准确、可靠。常用的周向定位方法有键、花键、销、紧定螺钉及过盈配合等，其中紧定螺钉只用于传力不大的零件。轴上零件的轴向

定位和固定方法有轴肩、套筒、轴端挡圈和圆螺母等,详见表 8-3。

表 8-3　轴上零件的轴向定位和固定方法

轴向固定方法及结构简图		特点和应用	设计注意要点
轴肩与轴环		简单可靠,无须附加零件,能承受较大轴向力。广泛用于各种轴上零件的固定。 该方法会使轴径增大,阶梯处形成应力集中,且阶梯过多将不利于加工	为保证零件与定位面靠紧,轴上过渡圆角半径 r 应小于零件圆角半径 R 或倒角尺寸 c,即 $r<c<h,r<R<h$。 一般取定位轴肩高度 $h=(0.07\sim0.1)d$,滚动轴承的定位轴肩高度 h 可查轴承标准;轴环宽度 $b\geqslant1.4h$
套筒		简单可靠,简化了轴的结构且不削弱轴的强度。 常用于轴上两个近距离零件间的相对固定。 不宜用于高转速轴	套筒内径与轴一般为动配合,套筒结构、尺寸可视需要灵活设计,但一般套筒壁厚大于 3 mm
轴端挡圈	轴端挡圈(GB 891—1986,GB 892—1986)	工作可靠,能承受较大轴向力,应用广泛	只用于轴端。 应采用止动垫片等防松措施

续表

轴向固定方法及结构简图		特点和应用	设计注意要点
圆锥面	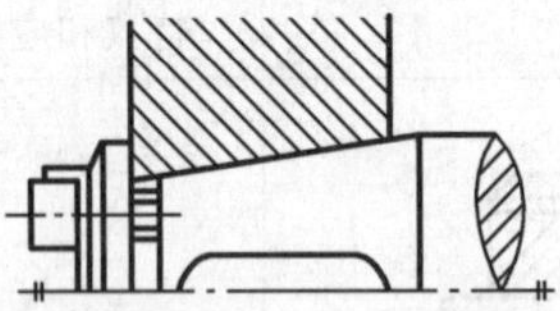	装拆方便，且可兼做周向固定。宜用于高速、冲击及对中性要求高的场合	只用于轴端。常与轴端挡圈联合使用，实现零件的双向固定
圆螺母	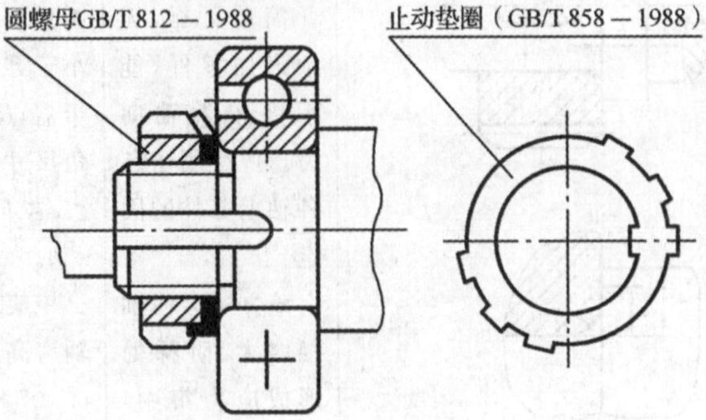 圆螺母GB/T 812—1988　止动垫圈（GB/T 858—1988）	固定可靠，可承受较大轴向力，能实现轴上零件的间隙调整。常用于轴上两零件间距较大处，亦可用于轴端	为减小对轴强度的削弱，常用细牙螺纹。为防松，需加止动垫圈或使用双螺母
弹性挡圈	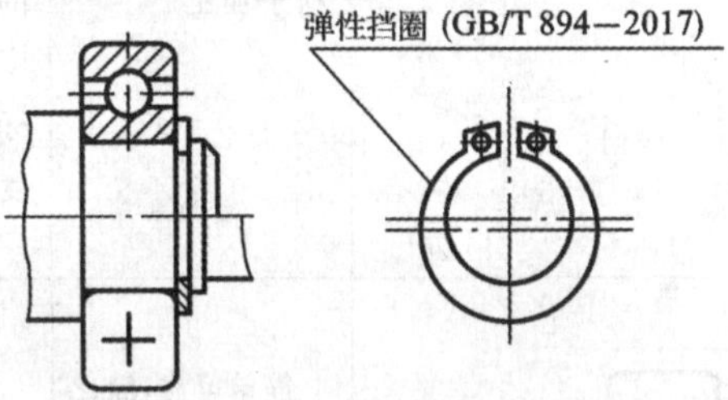 弹性挡圈（GB/T 894—2017）	结构紧凑、简单，装拆方便，但受力较小，且轴上切槽将引起应力集中。常用于轴承的固定	轴上切槽尺寸见 GB/T 894—2017
紧定螺钉与锁紧挡圈	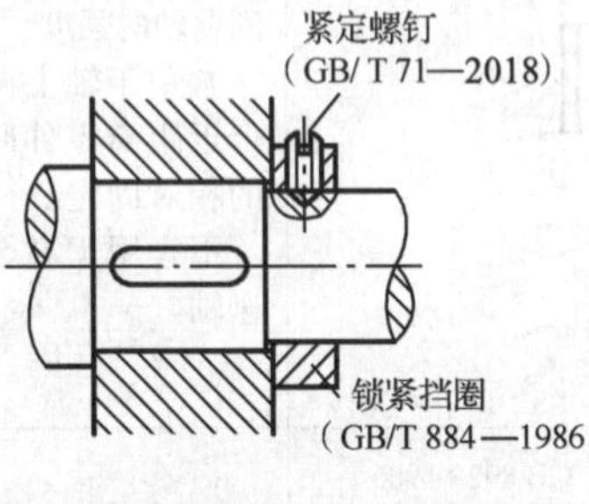 紧定螺钉（GB/T 71—2018）　锁紧挡圈（GB/T 884—1986）	结构简单，但受力较小，且不适用于高速场合	

8.2.3　各轴段直径和长度的确定

在轴上零件的装配方案及定位方式确定后，可初步估算轴所需的最小直径 $d_{\min}$（通常是轴端），进而初步确定阶梯轴各段的直径、长度和配合类型。轴径的初步估算常用如下两种方法。

1. 按扭转强度初估轴径

轴的扭转强度条件为

$$\tau_T = \frac{T}{W_T} = \frac{9.55 \times 10^6 P}{W_T n} \leqslant [\tau_T] \tag{8-1}$$

式中：τ_T——轴的扭转切应力（MPa）；

    T——轴所传递的转矩（N·mm）；

    W_T——轴的抗扭截面系数（mm³）；

    P——轴所传递的功率（kW）；

    n——轴的转速（r/min）；

    $[\tau_T]$——轴的许用扭转切应力（MPa）。

对实心圆轴 $W_T = \pi d^3/16 \approx 0.2d^3$，代入式(8-1)，可得轴的直径为

$$d \geqslant \sqrt[3]{\frac{9.55 \times 10^6}{0.2[\tau_T]}} \cdot \sqrt[3]{\frac{P}{n}} = C\sqrt[3]{\frac{P}{n}} \tag{8-2}$$

式中：C——由轴的材料和承载情况确定的常数，其值可查表8-4；d 的单位为 mm。

表 8-4 轴的几种材料的 C 值

轴的材料	Q235、20	35	45	40Cr、35SiMn
C	160～135	135～118	118～107	107～98

注：对于一定材料的转轴，当弯矩相对于转矩的影响较大及对轴的刚度要求较高时，C 取大值，例如圆柱齿轮减速器中的高速轴、跨距较大的轴等。当弯矩相对于转矩的影响较小时，C 取小值，例如圆柱齿轮减速器中的低速轴、跨距较小的轴等。

按式(8-2)求直径，应考虑到轴上键槽会削弱轴的强度。因此，如果轴上有一个键槽，则轴径应增大 5%，如果有两个键槽，则应增大 10%。

2. 按经验公式估算轴径

对一般减速器中高速级输入轴，可按 $d_{min} = (0.8 \sim 1.2)D$ 估算（D 为电动机轴径）；相应各级低速轴的最小直径可按同级齿轮中心距 a 估算，$d_{min} = (0.3 \sim 0.4)a$。

估算出轴的最小直径后，按轴上零件的装配方案和定位要求，从轴端段起逐一确定各段轴的直径。需要注意的是：当轴段有配合需求时，应尽量采用推荐的标准直径。标准件（如滚动轴承、联轴器等）部位的轴径尺寸应取相应的标准值。另外，为了使齿轮、轴承等有配合要求的零件装拆方便，避免配合表面的刮伤，应在配合段前（非配合段）采用较小的直径，或在同一轴段的两个部位上采用不同的配合公差值（见图 8-4）。

轴的各段长度主要由各零件与轴配合部分的轴向尺寸和相邻零件必要的空隙来确定。为了保证轴上零件轴向定位可靠，如齿轮、带轮、联轴器等轴上零件相配合部分的轴段长度一般应比轮毂长度短 2～3 mm。

8.2.4 轴的结构工艺性

轴的结构工艺性是指轴的结构应便于轴的加工和轴上零件的装配。为了便于轴的装拆和去掉加工时的毛刺，轴及轴肩的端部应制出 45°的倒角；在需磨削加工的轴段应留有砂轮越程槽（见图 8-5(a)）；需要切制螺纹的轴段应留有螺纹退刀槽（见图 8-5(b)），它们的尺寸参见标准或手册。此外，为便于加工，应使轴上直径相近处的圆角、倒角、键槽、砂轮越程槽、螺纹退刀槽等尺寸一致；轴上不同段的键槽应布置在轴的同一母线上。

轴的结构越简单,工艺性越好。因此在满足使用要求的前提下,应尽量简化轴的结构形状。

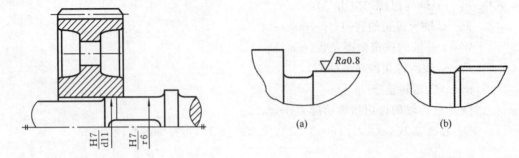

图 8-4　采用不同的尺寸公差,方便装配

图 8-5　越程槽与退刀槽
(a) 砂轮越程槽；(b) 螺纹退刀槽

8.2.5　提高轴的强度与刚度措施

1. 改善轴的受力情况

通过合理布置轴上零件,改善轴的受力情况,提高轴的强度。在图 8-6 所示起重卷筒的两种结构方案中,图 8-6(a)的方案是大齿轮和卷筒做成一体,转矩经大齿轮直接传给卷筒,卷筒轴只受弯矩而不受转矩；而图 8-6(b)的方案是大齿轮将转矩通过轴传到卷筒,因而卷筒轴既受弯矩又受转矩。在同样的载荷 F 作用下,图 8-6(a)中轴的直径显然比图 8-6(b)中的轴的直径小。如图 8-7 所示的两种布置方案,输入转矩为 $T_1 = T_2 + T_3 + T_4$,若按图 8-7(a)的布置方式,轴所受最大转矩为 $T_2 + T_3 + T_4$,若按图 8-7(b)的布置方式,轴所受最大转矩仅为 $T_3 + T_4$。

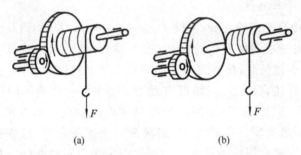

(a)　　　　　　　(b)

图 8-6　起重卷筒的两种结构方案
(a) 卷筒轴只受弯矩；(b) 卷筒轴既受弯矩又受转矩

2. 减小轴的应力集中,提高轴的疲劳强度

改善轴受力状况的另一方面是减小应力集中。合金钢对应力集中比较敏感,尤其需要加以注意。轴通常是在变应力条件下工作的,轴肩的过渡截面、轮毂与轴的配合、键槽及有小孔的截面各处,都会产生应力集中(见图 8-8),导致轴的疲劳破坏。为了减小应力集中,阶梯轴的相邻截面变化不要太大,轴肩过渡圆角半径不要太小。如果结构上不宜增大圆角半径,可采用轴上卸载槽(见图 8-9(a))、过渡轴肩(见图 8-9(b))、凹切圆角(见图 8-9(c))等结构。

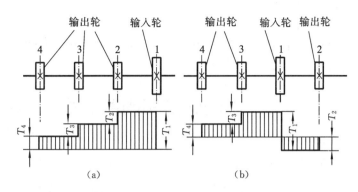

图 8-7 轴的两种布置方案

（a）不合理的布置；（b）合理的布置

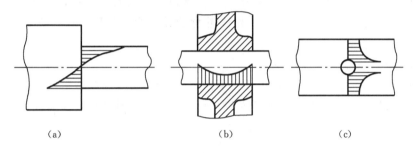

图 8-8 应力集中现象

（a）截面尺寸变化处的应力集中；（b）过盈配合处的应力集中；（c）小孔处的应力集中

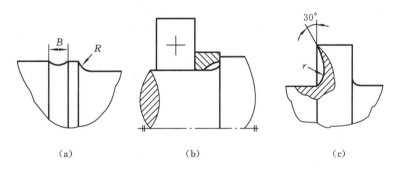

图 8-9 减小应力集中的措施

（a）轴上卸载槽；（b）过渡轴肩；（c）凹切圆角

3. 采用力平衡或局部互相抵消的方法减小轴的载荷

若一根轴上装有两个斜齿圆柱齿轮，则可以合理确定轮齿的螺旋线方向，使轴向力互相抵消一部分。

4. 改进轴的表面质量，提高轴的疲劳强度

表面越粗糙，其疲劳强度越低，因此，设计时应合理减小轴的表面及圆角处的加工粗糙度值。采用对应力集中甚为敏感的高强度材料制作轴时，应尤其重视表面质量。

对轴的表面进行强化处理，也可提高轴的疲劳强度。其主要方法有表面高频淬火、表面渗碳、碳氮共渗、渗氮、碾压、喷丸等。此外，必须减少材料的内部缺陷，对重要的轴要进行探伤检验。

5. 减小跨度，提高刚度

在满足机器零件相互位置尺寸要求的前提下，为提高轴的刚度，应尽量减小轴在支承间的跨度，以及悬臂布置的工件的悬臂尺寸。

8.3　轴的强度和刚度计算

8.3.1　轴的强度计算

工程上常用的轴的强度计算方法有以下几种：①按扭转强度条件计算，此种方法常用于结构设计前的初步计算（前面已介绍），对于仅承受转矩或主要承受转矩的传动轴，也可采用此法进行设计计算；②按弯扭合成强度条件计算，对于不太重要的轴，也可作为最后的校核计算；③按安全系数法进行校核计算，是考虑影响轴疲劳强度的诸多因素的精确计算。

1. 按弯扭合成强度条件计算

在结构设计后，对于同时受弯矩和转矩作用的转轴，可针对某些危险截面（即弯矩大、有应力集中或截面直径相对较小的截面），按弯扭合成强度条件进行校核计算。根据第三强度理论，其强度条件为

$$\sigma_e = \sqrt{\sigma_B^2 + 4\tau_T^2} \leqslant [\sigma_{-1b}] \tag{8-3}$$

对于直径为 d 的实心圆轴，弯曲应力为 $\sigma_B = \dfrac{M}{W}$，扭转切应力为 $\tau_T = \dfrac{T}{W_T}$，式（8-3）变为

$$\sigma_e = \sqrt{\left(\frac{M}{W}\right)^2 + 4\left(\frac{T}{W_T}\right)^2} \leqslant [\sigma_{-1b}] \tag{8-4}$$

式中：σ_e——当量应力（MPa）；

M——轴危险截面的弯矩（N·mm）；

T——轴危险截面的转矩（N·mm）；

W——轴的抗弯截面系数，对实心圆轴 $W = \pi d^3/32$；

W_T——轴的抗扭截面系数，对实心圆轴 $W_T = \pi d^3/16$；

$[\sigma_{-1b}]$——对称循环变应力作用时的许用弯曲应力（MPa）。

则式（8-4）又可写成

$$\sigma_e = \frac{\sqrt{M^2 + T^2}}{W} = \frac{M_e}{W} \leqslant [\sigma_{-1b}] \tag{8-5}$$

其中，$M_e = \sqrt{M^2 + T^2}$ 称为当量弯矩。

转矩 T 所产生的扭转切应力 τ_T 和弯矩 M 所产生的弯曲应力 σ_B 的性质往往是不同的。对于转轴和转动心轴，由弯矩所产生的弯曲应力通常是对称循环变应力。而由转矩所产生的扭转切应力往往不是对称循环变应力，因此在计算弯矩时，必须考虑这种应力循环特性差异对轴疲劳强度的影响，要将转矩 T 转化为相当于对称循环时的当量弯矩。可将式（8-5）修正为

$$\sigma_e = \frac{M_e}{W} = \frac{\sqrt{M^2 + (\alpha T)^2}}{W} \leqslant [\sigma_{-1b}] \tag{8-6}$$

式中：α——考虑转矩性质的应力校正系数。对于不变的转矩，取 $\alpha = \dfrac{[\sigma_{-1b}]}{[\sigma_{+1b}]} \approx 0.3$；对于受

脉动循环变化的转矩，取 $\alpha = \dfrac{[\sigma_{-1b}]}{[\sigma_{0b}]} \approx 0.6$；对于受对称循环变化的转矩，取 $\alpha = \dfrac{[\sigma_{-1b}]}{[\sigma_{-1b}]} =$

1。$[\sigma_{-1b}]$、$[\sigma_{0b}]$、$[\sigma_{+1b}]$ 分别为对称循环、脉动循环、静应力状态下的许用弯曲应力，其值可查表 8-2。应该说明，所谓不变的转矩只是一个理论值，实际上机器运转时常有扭转振动的存在，为安全起见，单向回转的轴常按脉动转矩计算，双向回转的轴常按对称循环转矩计算。

表 8-2 中所列的许用弯曲应力 $[\sigma_{-1b}]$、$[\sigma_{0b}]$、$[\sigma_{+1b}]$ 都比材料实际的许用弯曲应力低。这是因为在进行弯扭合成强度计算时，轴的结构尚未完全确定，影响轴强度的各因素（如应力集中、绝对尺寸、表面状态等）尚未考虑。故在计算中轴的许用弯曲应力有所降低。由式(8-6)且取 $W = 0.1d^3$ 时的轴所需直径为

$$d \geqslant \sqrt[3]{\frac{M_e}{0.1[\sigma_{-1b}]}} \tag{8-7}$$

对于有键槽的截面，应将计算出来的轴径 d 加大 5% 左右。

2. 危险截面安全系数的校核

按转矩计算轴径，是一种轴强度的估计计算；而按弯扭合成强度条件计算，也没有考虑应力集中、轴径尺寸和表面状况等因素对轴的疲劳强度的影响。因此，对于重要的轴，还需要进行精确的计算，即对轴的危险截面进行安全系数校核计算，它包括疲劳强度和静强度的校核计算两项内容。

1) 按轴的疲劳强度校核

轴的安全系数的计算公式为

$$S_{ca} = \frac{S_\sigma S_\tau}{\sqrt{S_\sigma^2 + S_\tau^2}} \geqslant [S] \tag{8-8}$$

$$S_\sigma = \frac{\sigma_{-1}}{\dfrac{K_\sigma}{\beta \varepsilon_\sigma}\sigma_a + \psi_\sigma \sigma_m} \tag{8-9}$$

$$S_\tau = \frac{\tau_{-1}}{\dfrac{K_\tau}{\beta \varepsilon_\tau}\tau_a + \psi_\tau \tau_m} \tag{8-10}$$

式中：S_{ca}——计算安全系数；

$[S]$——许用安全系数，$[S]=1.3\sim1.5$，用于材质均匀，载荷及应力计算精确时；$[S]=1.5\sim1.8$，用于材质不够均匀，计算精确度较低时；$[S]=1.8\sim2.5$，用于材料均匀性及计算精确度很低或轴的直径 $d>200$ mm 时；

S_σ、S_τ——受弯矩、转矩作用时的安全系数；

σ_{-1}、τ_{-1}——对称循环应力时试件材料的弯曲、扭转疲劳极限（见表 8-2）；

K_σ、K_τ——受弯曲、扭转时轴的有效应力集中系数（见表 8-5、表 8-6、表 8-7）；

ε_σ、ε_τ——受弯曲、扭转时轴的绝对尺寸影响系数（见表 8-8）；

β——轴的表面质量系数（见表 8-9、表 8-10、表 8-11）；

ψ_σ、ψ_τ——弯曲、扭转时平均应力折合为应力幅的等效系数（见表 8-2 注②）；

σ_a、τ_a——弯曲、扭转的应力幅；

σ_m、τ_m——弯曲、扭转的平均应力。

对于一般转轴，弯曲应力按对称循环变化，故 $\sigma_a=M/W$，$\sigma_m=0$；当轴不转动或载荷随轴一起转动时，考虑到载荷的波动情况，弯曲应力按脉动循环考虑，即 $\sigma_a=\sigma_m=M/(2W)$。扭转切应力常按脉动循环来计算，即 $\tau_a=\tau_m=T/(2W_T)$；若轴经常正反转，应按对称循环来处理，即 $\tau_a=T/W_T$，$\tau_m=0$。

如果同一个截面上有很多种产生应力集中的结构，应分别求出其有效应力集中系数，然后从中取最大值进行计算。

表 8-5　螺纹、键、花键、横孔处及配合边缘处的有效应力集中系数 K_σ、K_τ

σ_b/MPa	螺纹 $(K_\tau=1)$ K_σ	键　槽			花 键 槽			横　孔			配　合					
		K_σ		K_τ	K_σ	K_τ		K_σ		K_τ	H7/r6		H7/k6		H7/h6	
		A 型	B 型	A、B 型		矩形	渐开线形	d_0/d =0.05 ~0.15	d_0/d =0.05 ~0.25	d_0/d =0.05 ~0.25	K_σ	K_τ	K_σ	K_τ	K_σ	K_τ
400	1.45	1.51	1.30	1.20	1.35	2.10	1.40	1.90	1.70	1.70	2.05	1.55	1.55	1.25	1.33	1.14
500	1.78	1.64	1.38	1.37	1.45	2.25	1.43	1.95	1.75	1.75	2.30	1.69	1.72	1.36	1.49	1.23
600	1.96	1.76	1.46	1.54	1.55	2.35	1.46	2.00	1.80	1.80	2.52	1.82	1.89	1.46	1.64	1.31
700	2.20	1.89	1.54	1.71	1.60	2.45	1.49	2.05	1.85	1.80	2.73	1.96	2.05	1.56	1.77	1.40
800	2.32	2.01	1.62	1.88	1.65	2.55	1.52	2.10	1.90	1.85	2.96	2.09	2.22	1.65	1.92	1.49
900	2.47	2.14	1.69	2.05	1.70	2.65	1.55	2.15	1.95	1.90	3.18	2.22	2.39	1.76	2.08	1.57
1 000	2.61	2.26	1.77	2.22	1.72	2.70	1.58	2.20	2.00	1.90	3.41	2.36	2.56	1.86	2.22	1.66
1 200	2.90	2.50	1.92	2.39	1.75	2.80	1.60	2.30	2.10	2.00	3.87	2.62	2.90	2.05	2.50	1.83

注：① 表中数值为标号 1 处的有效应力集中系数，标号 2 处 K_τ＝表中值，$K_\sigma=1$；

② 蜗杆螺旋根部的有效应力集中系数可取 $K_\sigma=2.3\sim2.5$，$K_\tau=1.7\sim1.9$（$\sigma_b\leqslant700$ MPa 时取小值，$\sigma_b\geqslant1\,000$ MPa 时取大值）；

③ 齿轮轴的齿根取 $K_\sigma=1$，K_τ 与渐开线花键相同；

④ 滚动轴承与轴的配合按 H7/r6 配合选择系数。

表 8-6　圆角处的有效应力集中系数 K_σ、K_τ

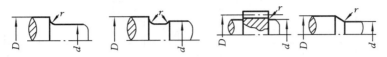

$\dfrac{D-d}{r}$	$\dfrac{r}{d}$	K_σ								K_τ							
		σ_b/MPa								σ_b/MPa							
		400	500	600	700	800	900	1 000	1 200	400	500	600	700	800	900	1 000	1 200
2	0.01	1.34	1.36	1.38	1.40	1.41	1.43	1.45	1.49	1.26	1.28	1.29	1.29	1.30	1.30	1.31	1.32
	0.02	1.41	1.44	1.47	1.49	1.52	1.54	1.57	1.62	1.33	1.35	1.36	1.37	1.37	1.38	1.39	1.42
	0.03	1.59	1.63	1.67	1.71	1.76	1.80	1.84	1.92	1.39	1.40	1.42	1.44	1.45	1.47	1.48	1.52
	0.05	1.54	1.59	1.64	1.69	1.73	1.78	1.83	1.93	1.42	1.43	1.44	1.46	1.47	1.50	1.51	1.54
	0.10	1.38	1.44	1.50	1.55	1.61	1.66	1.72	1.83	1.37	1.38	1.39	1.42	1.43	1.45	1.46	1.50
4	0.01	1.51	1.54	1.57	1.59	1.62	1.64	1.67	1.72	1.37	1.39	1.40	1.42	1.43	1.44	1.46	1.47
	0.20	1.76	1.81	1.86	1.91	1.96	2.01	2.06	2.16	1.53	1.55	1.58	1.59	1.61	1.62	1.65	1.68
	0.03	1.76	1.82	1.88	1.94	1.99	2.05	2.11	2.23	1.52	1.54	1.57	1.59	1.61	1.64	1.66	1.71
	0.05	1.70	1.76	1.82	1.88	1.95	2.01	2.07	2.19	1.50	1.53	1.57	1.59	1.62	1.65	1.68	1.74
6	0.01	1.86	1.90	1.94	1.99	2.03	2.08	2.12	2.21	1.54	1.57	1.59	1.61	1.64	1.66	1.68	1.73
	0.02	1.90	1.96	2.02	2.08	2.13	2.19	2.25	2.37	1.59	1.62	1.66	1.69	1.72	1.75	1.79	1.86
	0.03	1.89	1.96	2.03	2.10	2.16	2.23	2.30	2.44	1.61	1.65	1.68	1.72	1.74	1.77	1.81	1.88
10	0.01	2.07	2.12	2.17	2.23	2.28	2.34	2.40	2.50	2.12	2.18	2.24	2.30	2.37	2.42	2.48	2.60
	0.02	2.09	2.16	2.23	2.30	2.38	2.45	2.52	2.66	2.03	2.08	2.12	2.17	2.22	2.26	2.31	2.40

注：当 r/d 值超过表中给出的最大值时，按最大值查取 K_σ、K_τ。

表 8-7　环槽处的有效应力集中系数 K_σ、K_τ

系数	$\dfrac{D-d}{r}$	$\dfrac{r}{d}$	σ_b/MPa						
			400	500	600	700	800	900	1 000
K_σ	1	0.01	1.88	1.93	1.98	2.04	2.09	2.15	2.20
		0.02	1.79	1.84	1.89	1.95	2.00	2.06	2.11
		0.03	1.72	1.77	1.82	1.87	1.92	1.97	2.02
		0.05	1.61	1.66	1.71	1.77	1.82	1.88	1.93
		0.10	1.44	1.48	1.52	1.55	1.59	1.62	1.66
K_σ	2	0.01	2.09	2.15	2.21	2.27	2.34	2.39	2.45
		0.02	1.99	2.05	2.11	2.17	2.23	2.28	2.35
		0.03	1.91	1.97	2.03	2.08	2.14	2.19	2.25
		0.05	1.79	1.85	1.91	1.97	2.03	2.09	2.15
	4	0.01	2.29	2.36	2.43	2.50	2.56	2.63	2.70

系数	$\dfrac{D-d}{r}$	$\dfrac{r}{d}$	σ_b/MPa						
			400	500	600	700	800	900	1 000
K_σ	4	0.02	2.18	2.25	2.32	2.38	2.45	2.51	2.58
		0.03	2.10	2.16	2.22	2.28	2.35	2.41	2.47
	6	0.01	2.38	2.47	2.56	2.64	2.73	2.81	2.90
		0.02	2.28	2.35	2.42	2.49	2.56	2.63	2.70
K_τ	任何比值	0.01	1.60	1.70	1.80	1.90	2.00	2.10	2.20
		0.02	1.51	1.60	1.69	1.77	1.86	1.94	2.03
		0.03	1.44	1.52	1.60	1.67	1.75	1.82	1.90
		0.05	1.34	1.40	1.46	1.52	1.57	1.63	1.69
		0.10	1.17	1.20	1.23	1.26	1.28	1.31	1.34

表 8-8　绝对尺寸影响系数 ε_σ、ε_τ

直径 d/mm		>20 ~30	>30 ~40	>40 ~50	>50 ~60	>60 ~70	>70 ~80	>80 ~100	>100 ~120	>120 ~150	>150 ~500
ε_σ	碳素钢	0.91	0.88	0.84	0.81	0.78	0.75	0.73	0.70	0.68	0.60
	合金钢	0.83	0.77	0.73	0.70	0.68	0.66	0.64	0.62	0.60	0.54
ε_τ	各种钢	0.89	0.81	0.78	0.76	0.74	0.73	0.72	0.70	0.68	0.60

表 8-9　不同表面粗糙度的表面质量系数 β

加工方法	轴表面粗糙度 Ra/mm	σ_b/MPa		
		600	800	1 200
磨削	$Ra=0.000\,4\sim0.000\,2$	1	1	1
车削	$Ra=0.003\,2\sim0.000\,8$	0.95	0.90	0.80
粗车	$Ra=0.025\sim0.006\,3$	0.85	0.80	0.65
未加工面	—	0.75	0.65	0.45

表 8-10　各种腐蚀情况的表面质量系数 β

工作条件	σ_b/MPa										
	400	500	600	700	800	900	1 000	1 100	1 200	1 300	1 400
淡水中,有应力集中	0.7	0.63	0.56	0.52	0.46	0.43	0.40	0.38	0.36	0.35	0.33
淡水中,无应力集中 海水中,有应力集中	0.58	0.50	0.44	0.37	0.33	0.28	0.25	0.23	0.21	0.20	0.19
海水中,无应力集中	0.37	0.30	0.26	0.23	0.21	0.18	0.16	0.14	0.13	0.12	0.12

表 8-11　各种强化方法的表面质量系数 β

强化方法	芯部强度 σ_b/MPa	β		
		光　轴	低应力集中的轴 $K_\sigma \leqslant 1.5$	高应力集中的轴 $K_\sigma \geqslant 1.8 \sim 2$
高频淬火	600~800	1.5~1.7	1.6~1.7	2.4~2.8
	800~1 000	1.3~1.5	—	—
渗氮	900~1 200	1.1~1.25	1.5~1.7	1.7~2.1
渗碳	400~600	1.8~2.0	3	—
	700~800	1.4~1.5	—	—
	1 000~1 200	1.2~1.3	2	—
喷丸硬化	600~1 500	1.1~1.25	1.5~1.6	1.7~2.1
滚子滚压	600~1 500	1.1~1.3	1.3~1.5	1.6~2.0

注:① 高频淬火是根据直径为 10~20 mm,淬硬层厚度为(0.05~0.20)d 的试件,试验求得的数据,对大尺寸试样,强化系数的值会有所降低;

② 渗氮层厚度为 0.01 d 时用小值,为(0.03~0.04)d 时用大值;

③ 喷丸硬化是根据 8~40 mm 的试样求得的数据,喷丸速度低时用小值,速度高时用大值;

④ 滚子滚压是根据 17~130 mm 的试样求得的数据。

2) 按静强度条件校核

对于瞬时过载较大的轴,在尖峰载荷的作用下,可能产生塑性变形,为防止过大的塑性变形,应按尖峰载荷进行静强度校核,其计算式为

$$S_{Sca} = \frac{S_{S\sigma} S_{S\tau}}{\sqrt{S_{0\sigma}^2 + S_{0\tau}^2}} \geqslant [S_S] \tag{8-11}$$

$$S_{S\sigma} = \frac{\sigma_s}{\sigma_{max}}, \quad S_{S\tau} = \frac{\tau_s}{\tau_{max}} \tag{8-12}$$

式中:S_{Sca}——静强度计算安全系数;

$S_{S\sigma}$、$S_{S\tau}$——受弯矩、转矩作用时的静强度安全系数;

$[S_S]$——静强度许用安全系数,若轴的材料塑性高($\sigma_s/\sigma_b \leqslant 0.6$),取$[S_S]=1.2 \sim 1.4$;若轴的材料塑性中等($\sigma_s/\sigma_b \leqslant 0.6 \sim 0.8$),取$[S_S]=1.4 \sim 1.8$;若轴的材料塑性较低,取$[S_S]=1.8 \sim 2$;对铸造的轴,取$[S_S]=2 \sim 3$;

σ_s、τ_s——材料的拉伸、剪切屈服强度(MPa),一般取 $\tau_s = (0.55 \sim 0.62)\sigma_s$;

σ_{max}、τ_{max}——尖峰载荷所产生的弯曲、扭转切应力(MPa)。

8.3.2　轴的刚度计算概述

若轴的刚度不足,其受载后会发生弯曲变形和扭转变形(见图 8-10、图 8-11)。变形过大将影响轴的正常工作,甚至导致轴被破坏。例如,机床主轴由于刚度不足产生过大的变形,将影响加工零件的精度;电动机主轴变形过大将改变转子与定子间的气隙而影响电动机的性能等。对于刚度要求较高的轴,需要进行弯曲刚度和扭转刚度的计算,使其满足下列刚度条件。

$$y \leqslant [y], \quad \theta \leqslant [\theta], \quad \varphi \leqslant [\varphi] \tag{8-13}$$

式中:y、$[y]$——挠度、许用挠度(mm);

θ、$[\theta]$——偏转角、许用偏转角（rad）；

φ、$[\varphi]$——扭转角、许用扭转角（°/m）。

$[y]$、$[\theta]$、$[\varphi]$值可参考表 8-12。

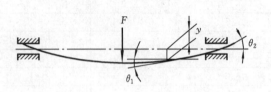

图 8-10　轴的弯曲变形

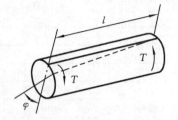

图 8-11　轴的扭转变形

表 8-12　轴的许用挠度$[y]$、许用偏转角$[\theta]$和许用扭转角$[\varphi]$

应用场合	$[y]$/mm	应用场合	$[\theta]$/rad	应用场合	$[\varphi]$/(°/m)
一般用途的轴	$(0.000\ 3\sim0.000\ 5)l$	滑动轴承	$\leqslant0.001$	一般传动	$0.5\sim1$
刚度要求较高的轴	$\leqslant0.000\ 2l$	向心球轴承	$\leqslant0.005$	较精密的传动	$0.25\sim0.5$
安装齿轮的轴	$(0.01\sim0.05)m_n$	向心球面轴承	$\leqslant0.05$	向心球面轴承	$\leqslant0.05$
安装蜗轮的轴	$(0.02\sim0.05)m_t$	圆柱滚子轴承	$\leqslant0.002\ 5$	重要传动	0.25
蜗杆轴	$(0.01\sim0.02)m_t$	圆锥滚子轴承	$\leqslant0.001\ 6$	l—支承间跨距； Δ—电动机定子与转子间的气隙； m_n—齿轮法向模数； m_t—蜗轮端面模数	
电动机轴	$\leqslant0.1\Delta$	安装齿轮处	$\leqslant0.001\sim0.002$		

1. 弯曲刚度的计算

计算轴弯矩作用下产生的挠度 y 和偏转角 θ，对等直径轴一般采用挠曲线的近似微分方程式积分求解的方法，对阶梯轴一般采用当量轴径法或能量法。具体计算参看《材料力学》的有关部分。

2. 扭转刚度的计算

1）等直径轴

等直径轴受转矩 T 作用时，其扭转角 $\varphi=Tl/(GI_P)$，由此可得单位轴长的扭转角为

$$\varphi/l=\frac{T}{GI_P}\frac{180°}{\pi}\leqslant[\varphi] \tag{8-14}$$

式中：l——轴受转矩的长度（mm）；

$\quad\quad G$——轴材料的切变模量（MPa）；

$\quad\quad I_P$——轴截面的极惯性矩（mm^4）；

$\quad\quad[\varphi]$——每米轴长许用扭转角（°/m）。

对于钢制实心轴，极惯性矩和切变模量为

$$I_p=\frac{\pi d^4}{32},\quad G=81\ 000\ \text{MPa}$$

$$T=9.55\times10^6\frac{P}{n}$$

将 T、I_p、G 的值代入式（8-14）并简化得到

$$d \geqslant \sqrt[4]{\frac{9.55 \times 10^6 \times 1\,000}{81\,000 \times \frac{\pi}{32} \frac{[\varphi]}{57.3}}} \sqrt[4]{\frac{P}{n}} \geqslant A\sqrt[4]{\frac{P}{n}} \qquad (8-15)$$

式中：P——轴传递功率(kW)；

n——转速(r/min)；

A 值可查表 8-13。

表 8-13 A 值表

$[\varphi]$	0.1	0.2	0.3	0.4	0.5	0.75	1
A 值	162	136	123	115	108	98	91

2）阶梯轴

阶梯轴扭转角的计算公式及刚度条件为

$$\varphi = \frac{57.3°}{G} \sum_{i=1}^{n} \frac{T_i}{I_{Pi}} \leqslant [\varphi]$$

式中：i——阶梯轴的分段数，$i=1,2,\cdots,n$；

T_i——第 i 段轴的转矩(N·mm)；

I_{Pi}——第 i 段轴的截面极惯性矩(mm^4)。

8.4 轴的设计举例

8.4.1 轴的设计实例分析

轴的设计包括结构设计和强度计算两部分内容。下面通过典型实例对轴的设计的具体方法和步骤进行分析。

例 8-1 设计带式运输机二级圆锥-圆柱齿轮减速器输出轴。减速器传动简图见图 8-3。输入轴Ⅰ与电动机相连，输出轴Ⅲ与工作机相连，该运输机为单向转动（从Ⅲ轴左端看为逆时针方向）。已知电动机功率 $P=10$ kW，转速 $n_1=1\,450$ r/min，齿轮机构的参数列于表 8-14。

表 8-14 齿轮机构的参数

级别	z_1	z_2	m_n/mm	m_t/mm	β	α_n	h_{an}^*	齿宽/mm
高速级	20	75	—	3.5	—	20°	1	$b=45$（大锥齿轮轮毂宽 $L=50$）
低速级	23	95	4	4.040 4	8°06′34″			$b_1=85,b_2=80$

解 （1）选择轴的材料。

该轴无特殊要求，因而选用调质处理的 45 钢，由表 8-2 可知，$\sigma_b=640$ MPa。

（2）求输出轴Ⅲ的功率 P_3、转速 n_3 及转矩 T_3。

若取每对齿轮的机械效率（包括轴承效率在内，且忽略联轴器的机械效率）$\eta=0.97$，则

$$P_3 = P\eta^2 = 10 \times 0.97^2 \text{ kW} = 9.4 \text{ kW}$$

又 $n_3 = \dfrac{n_1}{i} = 1\,450 \times \dfrac{20}{75} \times \dfrac{23}{95}$ r/min $= 93.6$ r/min

于是

$$T_3 = 9.55 \times 10^6 \dfrac{P_3}{n_3}$$

$$= 9.55 \times 10^6 \times \dfrac{9.4}{93.6} \text{ N} \cdot \text{mm}$$

$$\approx 959\,000 \text{ N} \cdot \text{mm}$$

（3）初步估算最小轴径。

先按式(8-2)初步估算轴的最小直径：由表8-4可知，当选取轴的材料为 45 钢时，取 C = 110，于是得

$$d_{\min} = C\sqrt[3]{\dfrac{P_3}{n_3}} = 110 \times \sqrt[3]{\dfrac{9.4}{93.6}} \text{ mm} = 51.1 \text{ mm}$$

输出轴的最小直径显然是安装联轴器处轴的直径 $d_{\text{I-II}}$（见图 8-12）。考虑轴上开有键槽对轴强度的削弱，轴径需增大 5%，则 $d_{\text{I-II}} = 53.7$ mm。

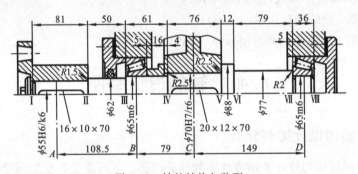

图 8-12　轴的结构与装配

为使所选的直径 $d_{\text{I-II}}$ 与联轴器的孔径相适应，需同时选择联轴器。从设计手册上查得采用 LT9 J55×84 型弹性套柱销联轴器，该联轴器传递的公称转矩 $T_n = 1\,000$ N·m；取与轴配合的半联轴器孔径 $d_1 = 55$ mm，故轴径 $d_{\text{I-II}} = 55$ mm；半联轴器的长度 $L = 112$ mm，与轴配合部分的长度 $L_1 = 84$ mm。

（4）轴的结构设计。

① 拟定轴上零件的装配方案。

根据减速器的安装要求，图 8-3 中给出了减速器中主要零件的相互位置关系：圆柱齿轮端面距箱体内壁的距离 a，锥齿轮与圆柱齿轮之间的轴向距离 c，以及滚动轴承内侧端面与箱体内壁间的距离 s（用以考虑箱体的铸造误差）等。设计时选择合适的尺寸确定轴上主要零件的相互位置（见图 8-13）。本题的装配方案已在前面分析比较，现选用图 8-2(a)所示的装配方案。

② 根据轴向定位的要求确定轴的各段直径和长度（见图 8-12）。

轴的各段直径和长度如表 8-15 所示。

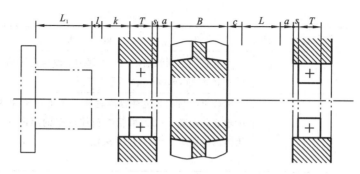

图 8-13　轴上主要零件的布置图

表 8-15　轴的各段直径和长度

轴段位置	轴段直径和长度	说　明
装联轴器轴段 Ⅰ—Ⅱ	$d_{Ⅰ-Ⅱ}=55$	已在步骤(3)中说明
	$l_{Ⅰ-Ⅱ}=81$	因为半联轴器与轴配合部分的长度 $L_1=84$,为保证轴端挡板压紧联轴器,而不会压在轴的端面上,使 $l_{Ⅰ-Ⅱ}$ 略小于 L_1,取 $l_{Ⅰ-Ⅱ}=81$
装左轴承端盖轴段 Ⅱ—Ⅲ	$d_{Ⅱ-Ⅲ}=62$	联轴器右端用轴肩定位,故取 $d_{Ⅱ-Ⅲ}=62$
	$l_{Ⅱ-Ⅲ}=50$	轴段Ⅱ—Ⅲ的长度由轴承端盖宽度 k 及其固定螺钉的拆装空间要求 l 决定。轴承端盖的宽度由减速器及轴承端盖的结构设计而定,本题取 $k=24,l=26$。故取 $l_{Ⅱ-Ⅲ}=l+k=26+24=50$
装轴承轴段 Ⅲ—Ⅳ Ⅶ—Ⅷ	$d_{Ⅲ-Ⅳ}=d_{Ⅶ-Ⅷ}$ $=65$	这两段直径由滚动轴承内孔决定。由于圆柱斜齿轮有轴向力及 $d_{Ⅱ-Ⅲ}=62$,初选圆锥滚子轴承,型号为30313,其尺寸 d(内径)$\times D$(外径)$\times T$(宽度)$=65\times140\times36$,故 $d_{Ⅲ-Ⅳ}=d_{Ⅶ-Ⅷ}=65$(Ⅲ处为非定位轴肩)
	$l_{Ⅲ-Ⅳ}=61$	轴段Ⅲ—Ⅳ的长度由滚动轴承宽度 $T=36$,轴承与箱体内壁距离 $s=5\sim10$(取 $s=5$),箱体内壁与齿轮轮毂距离 $a=10\sim20$(取 $a=16$)及大齿轮轮毂与装配轴段的长度差(此例取4)等尺寸决定,$l_{Ⅲ-Ⅳ}=T+s+a+4=36+5+16+4=61$
	$l_{Ⅶ-Ⅷ}=36$	轴段Ⅶ—Ⅷ的长度,即为滚动轴承的宽度 $T=36$(取为轴承内圈宽度则更为准确,此处为简化,未区分两个宽度)
装齿轮轴段 Ⅳ—Ⅴ	$d_{Ⅳ-Ⅴ}=70$	考虑齿轮装拆方便,应使 $d_{Ⅳ-Ⅴ}>d_{Ⅲ-Ⅳ}=65$ 取 $d_{Ⅳ-Ⅴ}=70$
	$l_{Ⅳ-Ⅴ}=76$	轴段Ⅳ—Ⅴ的长度由齿轮轮毂宽度 $B=b_2$(齿宽)$=80$决定,为保证套筒紧靠齿轮左端,使齿轮轴向固定,$l_{Ⅳ-Ⅴ}$ 应略小于 B,故取 $l_{Ⅳ-Ⅴ}=76$
轴环段 Ⅴ—Ⅵ	$d_{Ⅴ-Ⅵ}=80$	考虑齿轮右端用轴环进行轴向定位,故取 $d_{Ⅴ-Ⅵ}=80$
	$l_{Ⅴ-Ⅵ}=12$	轴环宽度一般大于或等于轴肩高度的 1.4 倍,即 $l_{Ⅴ-Ⅵ}\geq1.4h=1.4\times(80-70)/2=7$,取 $l_{Ⅴ-Ⅵ}=12$

轴段位置	轴段直径和长度	说　　明
自由段 Ⅵ—Ⅶ	$d_{Ⅵ-Ⅶ}=77$	考虑右轴承用轴肩定位，由 30313 轴承查手册得轴肩处安装尺寸 $d_a=77$，取 $d_{Ⅵ-Ⅶ}=77$
	$l_{Ⅵ-Ⅶ}=79$	轴段Ⅵ—Ⅶ的长度由锥齿轮轮毂长 $L=50$、锥齿轮与圆柱斜齿轮之间距离 $c=20$、齿轮距箱体内壁的距离 $a=16$ 和轴承与箱体内壁距离 $s=5$ 等尺寸决定，$l_{Ⅵ-Ⅶ}=c+L+a+s-l_{Ⅴ-Ⅵ}=20+50+16+5-12=79$

注：表中尺寸数字单位均为 mm。

③ 轴上零件的周向定位。

齿轮、半联轴器与轴的周向定位均采用平键连接。按 $d_{Ⅳ-Ⅴ}$ 由手册查得平键剖面 $b×h=20×12$（GB/T 1095—2003），键槽用键槽铣刀加工，长为 70 mm。为保证齿轮与轴配合有良好的对中性，选择齿轮轮毂与轴的配合代号为 H7/r6；同样，半联轴器与轴连接，选用平键为 $16×10×70$，半联轴器与轴的配合代号为 H7/k6。滚动轴承与轴的周向定位是靠过盈配合来保证的，此处选 m6。

④ 考虑轴的结构工艺性。

考虑轴的结构工艺性，轴肩处的圆角半径的值见图 8-12，轴端倒角取 $c=2$ mm；为便于加工，齿轮、半联轴器处的键槽布置在同一母线上。

⑤ 轴的强度验算。

先作出轴的受力计算简图（即力学模型），如图 8-14（a）所示，取集中载荷作用于齿轮及轴承宽度的中点。

a. 计算齿轮上作用力的大小。

低速级大齿轮的分度圆直径为

$$d_2=m_t z_2=4.040\ 4×95\ mm=383.84\ mm$$

则

$$F_t=\frac{2T_3}{d_2}=\frac{2×959\ 000}{383.84}\ N≈5\ 000\ N$$

$$F_r=F_t\frac{\tan\alpha_n}{\cos\beta}=5\ 000×\frac{\tan20°}{\cos8°06'34''}\ N≈1\ 840\ N$$

$$F_a=F_t\tan\beta=5\ 000×\tan8°06'34''\ N≈715\ N$$

圆周力 F_t、径向力 F_r 及轴向力 F_a 的方向如图 8-14（a）所示。

b. 计算轴承的支反力。

Ⅰ. 水平面上支反力（见图 8-14（b））。

$$R_{HB}=\frac{F_t·L_3}{L_2+L_3}=\frac{5\ 000×149}{79+149}\ N≈3\ 270\ N$$

$$R_{HD}=\frac{F_t·L_2}{L_2+L_3}=\frac{5\ 000×79}{79+149}\ N≈1\ 730\ N$$

Ⅱ. 垂直面上支反力（见图 8-14（d））。

$$R_{VB}=\frac{F_r·L_3-F_a·\dfrac{d_2}{2}}{L_2+L_3}=\frac{1\ 840×149-715×\dfrac{384}{2}}{79+149}\ N=600\ N$$

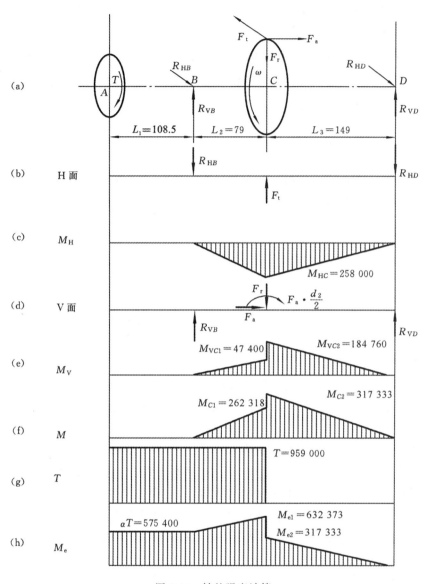

图 8-14 轴的强度计算

$$R_{VD} = \frac{F_r \cdot L_2 + F_a \cdot \dfrac{d_2}{2}}{L_2 + L_3} = \frac{1\,840 \times 79 + 715 \times \dfrac{384}{2}}{79 + 149} \text{ N} = 1\,240 \text{ N}$$

c. 画弯矩图。

截面 C 处的弯矩

Ⅰ. 水平面上的弯矩图(见图 8-14(c))。

$$M_{HC} = R_{HB} \times L_2 = 3\,270 \times 79 \text{ N} \cdot \text{mm} \approx 258\,000 \text{ N} \cdot \text{mm}$$

Ⅱ. 垂直面上的弯矩图(见图 8-14(e))。

$$M_{VC1} = R_{VB} \times L_2 = 600 \times 79 \text{ N} \cdot \text{mm} = 47\,400 \text{ N} \cdot \text{mm}$$

$$M_{VC2} = R_{VD} \times L_3 = 1\ 240 \times 149\ \text{N} \cdot \text{mm} = 184\ 760\ \text{N} \cdot \text{mm}$$

Ⅲ. 合成弯矩 M（见图 8-14(f)）。

$$M_{C1} = \sqrt{M_{HC}^2 + M_{VC1}^2} = \sqrt{258\ 000^2 + 47\ 400^2}\ \text{N} \cdot \text{mm} = 262\ 318\ \text{N} \cdot \text{mm}$$

$$M_{C2} = \sqrt{M_{HC}^2 + M_{VC2}^2} = \sqrt{258\ 000^2 + 184\ 760^2}\ \text{N} \cdot \text{mm} = 317\ 333\ \text{N} \cdot \text{mm}$$

d. 画转矩图（见图 8-14(g)）。

$$T = 959\ 000\ \text{N} \cdot \text{mm}$$

e. 画计算弯矩图（见图 8-14(h)）。

因单向回转，视转矩为脉动循环，$\alpha = \dfrac{[\sigma_{-1b}]}{[\sigma_{0b}]} \approx 0.6$，则截面 C 处的当量弯矩为

$$M_{e1} = \sqrt{M_{C1}^2 + (\alpha T)^2} = \sqrt{262\ 318^2 + (0.6 \times 959\ 000)^2}\ \text{N} \cdot \text{mm} = 632\ 373\ \text{N} \cdot \text{mm}$$

$$M_{e2} = M_{C2} = 317\ 333\ \text{N} \cdot \text{mm}$$

f. 按弯扭合成应力校核轴的强度。

由图 8-14(h) 可见截面 C 的当量弯矩最大，故校核该截面的强度

$$\sigma_e = \frac{M_{e1}}{W} = \frac{632\ 373}{0.1 \times 70^3}\ \text{MPa} = 18.4\ \text{MPa}$$

查表 8-2 得 $[\sigma_{-1b}] = 60$ MPa。$\sigma_e < [\sigma_{-1b}]$，故安全。

g. 判断危险剖面。

剖面 A、Ⅱ、Ⅲ、B 只受转矩作用，虽然键槽、轴肩及过渡配合所引起的应力集中均将削弱轴的疲劳强度，但由于轴的最小直径是按扭转强度较为宽裕地确定的，因此剖面 A、Ⅱ、Ⅲ、B 均无须校核。

从应力集中对轴的疲劳强度的影响来看，剖面Ⅳ和Ⅴ处过盈配合引起的应力集中最严重；从受载的情况来看，剖面 C 上 M_e 最大。剖面Ⅴ的应力集中的影响和剖面Ⅳ的相近，但剖面Ⅴ不受转矩作用，同时轴径也较大，故不必作强度校核。剖面 C 上虽然 M_e 最大，但应力集中不大（过盈配合及键槽引起的应力集中均在两端），而且这里轴的直径最大，故剖面 C 也不必校核。剖面Ⅵ显然更不必校核。又由于键槽的应力集中系数比过盈配合的小，因此该轴只需校核Ⅳ即可。

h. 精确校核轴的疲劳强度。

精确校核轴的疲劳强度的计算参见表 8-16。

表 8-16　精确校核轴的疲劳强度的计算

计算内容及公式	计 算 结 果		备　注
	剖面Ⅳ左	剖面Ⅳ右	
转矩 $T/(\text{N} \cdot \text{mm})$	959 000	959 000	—
合成弯矩 $M/(\text{N} \cdot \text{mm})$	$262\ 318 \times \dfrac{79-36}{79} = 142\ 780.7$	$262\ 318 \times \dfrac{79-36}{79} = 142\ 780.7$	—
轴径 d/mm	65	70	—
抗弯截面系数 W/mm^3	$W = \dfrac{\pi d^3}{32} \approx 0.1 d^3 = 27\ 462.5$	$W = \dfrac{\pi d^3}{32} \approx 0.1 d^3 = 34\ 300$	—

续表

计算内容及公式	计算结果		备 注
	剖面Ⅳ左	剖面Ⅳ右	
抗扭截面系数 W_T/mm³	$W_T=\dfrac{\pi d^3}{16}\approx0.2d^3=54\,925$	$W_T=\dfrac{\pi d^3}{16}\approx0.2d^3=68\,600$	—
弯曲应力幅 $\sigma_a=\dfrac{M}{W}$/MPa	5.20	4.16	对称循环
弯曲平均应力 σ_m/MPa	0	0	
扭转应力幅 $\tau_a=\dfrac{T}{2W_T}$/MPa	8.73	6.99	脉动循环
扭转平均应力 $\tau_m=\tau_a$/MPa	8.73	6.99	
弯曲、扭转疲劳极限/MPa	$\sigma_{-1}=275,\quad \tau_{-1}=155$		查表8-2
弯曲、扭转的等效系数	$\psi_\sigma=0.2,\psi_\tau=0.1$		查表8-2注②
绝对尺寸系数 ε_σ	0.78	0.78	查表8-8
绝对尺寸系数 ε_τ	0.74	0.74	
表面质量系数 β	0.94(内插法)		查表8-9
弯曲时有效应力集中系数 K_σ	$K_\sigma=1.676$　圆角（查表8-6）	$K_\sigma=2.604$　过盈配合（查表8-5）	$r=2.5$ mm,　$\dfrac{r}{d}=0.038$,
扭转时有效应力集中系数 K_τ	$K_\tau=1.436$	$K_\tau=1.876$	$\dfrac{D-d}{r}=2$
只考虑弯矩作用的安全系数 S_σ	$S_\sigma=\dfrac{\sigma_{-1}}{\dfrac{K_\sigma\cdot\sigma_a}{\varepsilon_\sigma\cdot\beta}+\psi_\sigma\cdot\sigma_m}=23.14$	$S_\sigma=\dfrac{\sigma_{-1}}{\dfrac{K_\sigma\cdot\sigma_a}{\varepsilon_\sigma\cdot\beta}+\psi_\sigma\cdot\sigma_m}=18.6$	—
只考虑转矩作用的安全系数 S_τ	$S_\tau=\dfrac{\tau_{-1}}{\dfrac{K_\tau\cdot\tau_a}{\varepsilon_\tau\cdot\beta}+\psi_\tau\cdot\tau_m}=8.20$	$S_\tau=\dfrac{\tau_{-1}}{\dfrac{K_\tau\cdot\tau_a}{\varepsilon_\tau\cdot\beta}+\psi_\tau\cdot\tau_m}=7.93$	—
计算安全系数 $S_{ca}=\dfrac{S_\sigma S_\tau}{\sqrt{S_\sigma^2+S_\tau^2}}$	7.73	7.29	
许用安全系数[S]	1.3~1.5		
校核结果	$S_{ca}>[S]$,故安全		

8.4.2　轴设计时应注意的事项

（1）轴的设计不能孤立地考虑一根轴本身,也不能仅仅考虑强度计算。它必须和轴系及整台机器的结构与尺寸结合起来考虑。

（2）轴的强度有三种计算方法,分别应用于不同场合。选取计算方法的一般原则是:①只受转矩的轴和受弯矩不大又不重要的轴,可只用第一种方法(按扭转强度条件估算轴径)计算;②一般转轴可按第一种方法先估算受转矩段的最小轴径,进行结构设计后再按第二种方法(弯矩、转矩合成强度)计算轴径或验算强度;③重要转轴在用第二种方法计算后,再按第三种方法验算有应力集中的各危险截面的安全系数。当计算不能满足要求时,需修改轴的结构与尺寸并重新计算,直到满足要求为止。

（3）轴的结构设计,是轴设计中最重要的一步,其目的就是确定各段直径和长度。确定直径时，应由轴端最小直径开始，根据轴上安装零件的尺寸及安装要求，确定各阶梯轴段的直径与长度，设计时必须保证：轴上零件有准确的周向、轴向定位和可靠的固定（参见表8-3所列"设计注意要点"）；轴上零件应装拆和调整方便；轴具有良好的结构工艺性；轴的结构有利于提高其强度与刚度，尤其有利于减少应力集中。

（4）轴的材料、热处理和加工方法对轴的强度有较大的影响；合金钢在常温下的弹性模量和碳素钢的差不多，故当其他条件相同时，用合金钢代替碳素钢虽然强度得到提高，但并不能提高轴的刚度。

本章重点、难点和知识拓展

本章重点是掌握轴的结构设计及轴的强度计算方法，了解轴的材料选择和刚度计算，本章难点是轴的弯扭合成强度计算和安全系数的精确校核。

在设计轴的工作中会遇到其他问题，如阶梯轴的刚度计算、自振频率计算、曲轴的计算、软轴设计等。可以参考大型的手册，如本章参考文献[1]至[3]等。其中软轴属于专门的产品，其规格和生产单位可以上网查询。

专门介绍轴的专著很少，本章参考文献[4]、[5]可供参考。

有人问：在转轴弯曲应力和扭转切应力合成时，按第三强度理论将其合成，但第三强度理论通用于静强度，而转轴所受的是变应力。在这方面是经过证明的，经实验得到，在双向变应力作用下求得试件的疲劳强度，其合成应力计算可以采用第三强度理论的计算公式。徐灏教授在他的著作（本章参考文献[6]、[7]）中对"平面（复合）应力下的疲劳强度设计"问题有较详细的介绍，这对读者深入掌握轴的强度计算方法有很大的参考价值。

本章参考文献

[1] 余梦生，吴宗泽. 机械零部件手册选型、设计、指南[M]. 北京：机械工业出版社，1996.

[2] 徐灏. 机械设计手册（第1、3、4卷）[M]. 2版. 北京：机械工业出版社，2000.

[3] 中国机械工程学会中国机械设计大典编委会. 中国机械设计大典（第1～6卷）[M]. 南昌：江西科学技术出版社，2002.

[4] 牛锡传，王文生. 轴的设计[M]. 北京：国防工业出版社，1993.

[5] 中国机械工程学会材料学会. 轴及紧固件的失效分析[M]. 北京：机械工业出版社，1988.

[6] 徐灏. 疲劳强度设计[M]. 北京：机械工业出版社，1981.

[7] 徐灏. 疲劳强度[M]. 北京：高等教育出版社，1988.

思考题与习题

问答题

8-1 心轴、转轴、传动轴各有何特点？为什么要这样分类？试分析自行车的前轴、中轴和后轴的受载，说明它们分别属于哪类轴？

8-2 对轴的材料有什么要求？什么情况下要采用铸造的轴？

8-3 轴的强度计算方法有几种？建立这些公式的依据是什么？如何选择和使用这些公式？

8-4 按扭转强度条件计算，只考虑了扭转切应力，为什么可以用于既受转矩又受弯矩的转轴的强度计算？

8-5 在按弯扭合成强度条件的计算中，系数 α 的意义是什么？如何选取 α 值？如果弯曲应力是对称循环应力，扭转切应力是脉动循环应力，α 值应取多少？

8-6 按疲劳强度条件进行精确校核的计算公式中各符号的意义和单位是什么？在求出弯矩和转矩作用的安全系数 S_σ、S_τ 后，为什么还要求合成的计算安全系数 S_{ca}？

8-7 轴的弯矩图中弯矩最大的截面是否一定是最危险的截面？应如何选择危险截面进行轴的弯曲疲劳强度计算？

8-8 如果一个截面存在三种应力集中因素：键、过盈配合、圆角，在精确校核轴的安全系数时，如何选取应力集中系数？

8-9 当轴的强度不够时应如何改进？试举出三种改进措施。

8-10 如果一根由碳素钢制造的轴刚度不够，是否可以改用合金钢轴以提高其刚度？

8-11 常见的轴为什么多为阶梯轴？一根轴有多少个阶梯和各部分直径是如何确定的？

8-12 题 8-12 图中有几种轴上零件的轴向固定方式？试说出它们的名称和特点。哪些可以用于轴端零件的固定？哪些固定零件是有国家标准的？试查手册找到它们的标准。

设计计算题

8-13 设计某搅拌机用的单级斜齿圆柱齿轮减速器中的低速轴（包括选择两端的轴承及外伸端的联轴器），如题 8-13 图所示。

已知电动机功率 $P=4$ kW，转速 $n_1=750$ r/min；低速轴的转速 $n_2=130$ r/min；大齿轮分度圆直径 $d_2=300$ mm，宽度 $b_2=90$ mm，轮齿螺旋角 $\beta=12°$，法面压力角 $\alpha=20°$。

要求：①完成轴的全部结构设计；②根据弯扭合成理论验算轴的强度；③精确校核轴的危险剖面是否安全。

8-14 指出题 8-14 图所示的轴系结构的错误，并提出改正意见。

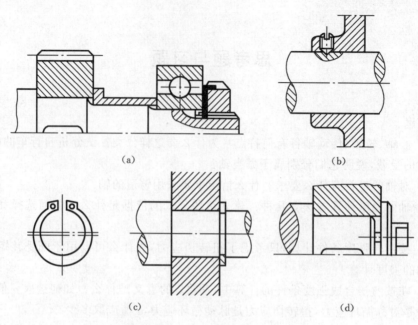

题 8-12 图　轴上零件的轴向固定

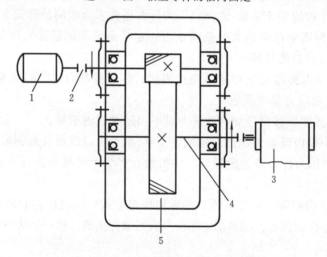

题 8-13 图　单级斜齿圆柱齿轮减速器简图

1—电动机；2—联轴器；3—输送带；4—低速轴；5—减速器

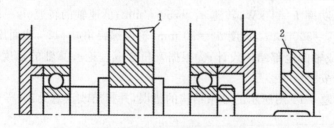

题 8-14 图　轴系的结构

1—斜齿轮；2—带轮

第9章 滑动轴承

引言 在大型汽轮机、发电机、离心式压缩机、轧钢机及高速磨床等机械设备中多采用滑动轴承。此外,在低速而带有冲击的机器中,如水泥搅拌机、破碎机等也采用滑动轴承,并且在这些机器中,滑动轴承是关键部件之一,其工作性能的好坏直接影响整机的质量。

本章重点介绍滑动轴承的特点、典型结构、承载机理、轴瓦的材料及设计中的参数选择等问题,同时对滑动轴承的设计计算进行了简单的介绍;学习时要着重掌握滑动轴承的承载机理、影响轴承性能的因素、设计时参数的选择原则和一般的设计过程。

9.1 概 述

轴承是用于支承旋转零件(如转轴、心轴等)并且保持旋转零件的旋转精度和减少旋转零件与支承之间的摩擦和磨损的装置。

根据轴承工作的摩擦性质,轴承可分为滑动摩擦轴承(简称滑动轴承)和滚动摩擦轴承(简称滚动轴承)两类。本章只讨论滑动轴承。

与滚动轴承相比,滑动轴承具有承载能力大、工作平稳可靠、噪声小、耐冲击、吸振、可以剖分等优点。特别是工作在流体摩擦状态的滑动轴承,可以在很高的转速下工作,并且旋转精度高、摩擦系数小、寿命长。因此在高速重载、高精度及有巨大冲击、振动的场合,滚动轴承不能胜任工作时,应采用滑动轴承。对结构上要求剖分、要求径向尺寸小及在水或腐蚀性介质中工作的场合,也应采用滑动轴承。此外,在一些简单支承和不重要的场合,也常采用结构简单的滑动轴承。因此,滑动轴承在燃气轮机、高速离心机、高速精密机床、内燃机、轧钢机、铁路机车,以及仪表、化工机械、橡胶机械等方面有着较广泛的应用。

滑动轴承按其所能承受的载荷方向的不同,可分为径向滑动轴承(承受径向载荷)、止推滑动轴承(承受轴向载荷)和径向止推滑动轴承(同时承受径向载荷和轴向载荷)。根据润滑状态,滑动轴承可分为流体润滑轴承、非完全流体润滑(指滑动表面间处于边界润滑或混合润滑状态)轴承和自润滑(指工作时不加润滑剂)轴承。根据承载机理的不同,流体润滑轴承又分为使用液体润滑剂的流体动压轴承和流体静压轴承,以及使用气体润滑剂的气体动压轴承和气体静压轴承。本章主要讨论非完全流体润滑轴承和流体动压轴承。

滑动轴承设计的主要任务是:①合理地确定轴承的形式和结构;②合理地选择轴瓦的结构和材料;③合理地选择润滑剂、润滑方法及润滑装置;④在既能满足功能要求,又能满足设计约束条件的前提下,确定轴承的主要参数。

9.2 滑动轴承的结构形式

9.2.1 径向滑动轴承的结构形式

径向滑动轴承有整体式、对开式、调心式、间隙可调式、多叶式等结构形式。

1. 整体式滑动轴承

如图 9-1 所示，整体式滑动轴承主要由轴承座与轴承套组成，即在轴承座孔内压入用减摩材料制成的轴承套。轴承座材料常为铸铁，并用螺栓与机座连接固定，顶部常设有装油杯的螺纹孔及油孔，有时轴承座孔可在机器的箱壁上直接做成。整体式滑动轴承结构简单，易于制造，但在装拆时，轴或轴承需要沿轴向移动，因而装拆不便。此外，在轴承磨损后，轴承间隙无法调整。所以这种轴承多用于低速、轻载、间歇性工作并具有相应的装拆条件的简单机器中，如手动机械、某些农业机械等。

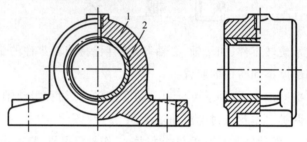

图 9-1 整体式滑动轴承

1—轴承座；2—轴承套

2. 对开式滑动轴承

对开式滑动轴承由轴承座、轴承盖、对开式轴瓦、座盖连接螺栓、润滑装置等组成。轴承座与轴承盖的剖分面常做成阶梯形，以便定位和防止工作时发生错动。应注意使径向载荷的方向与轴承剖分面法线的夹角小于或等于 35°。剖分面为水平的，称为对开式正滑动轴承（见图 9-2）；剖分面与水平面成 45°的，称为对开式斜滑动轴承（见图 9-3）。对开式滑动轴承磨损后，可用调整剖分面间垫片厚度的方法来调整轴承间隙。对开式滑动轴承装拆方便，易于调整轴承间隙，应用很广。轴承座、轴承盖材料一般为铸铁，重载、冲击、

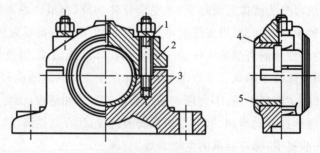

图 9-2 对开式正滑动轴承

1—座盖连接螺栓；2—轴承盖；3—轴承座；4、5—对开式轴瓦

振动时可用铸钢。

3. 调心式滑动轴承

轴承宽度与轴颈直径之比(B/d)称为宽径比。当宽径比大于1.5时,或轴的弯曲变形较大时,应采用调心式滑动轴承。调心式滑动轴承能防止轴承与轴颈的"边缘摩擦",以避免轴承端部局部的迅速磨损。图9-4所示为一种常用的调心式滑动轴承,轴瓦外表面做成球面,轴承可随轴的变形自动调整以适应轴的偏斜。

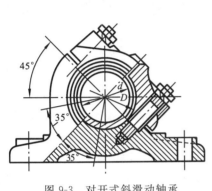

图9-3 对开式斜滑动轴承

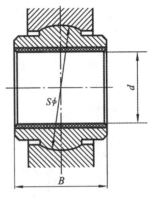

图9-4 调心式滑动轴承

4. 间隙可调式滑动轴承

如图9-5所示,间隙可调式滑动轴承内有锥形轴套,可通过调节轴套两端的螺母使轴套沿轴向移动,从而调整轴承间隙。锥形轴套有外锥面(见图9-5(a))和内锥面(见图9-5(b))两种结构。外锥面轴套的外表面开有纵向切槽,轴套上还开有一条纵向切口,使轴套具有弹性,依靠轴套的弹性变形便可调整轴承间隙。间隙可调式滑动轴承常用做一般用途的机床主轴轴承。

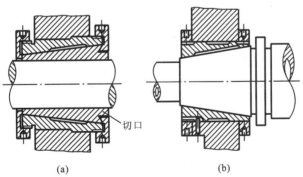

(a)　　　　　　　　　(b)

图9-5 间隙可调式滑动轴承

(a) 外锥面;(b) 内锥面

5. 流体动压多叶式滑动轴承

流体动压多叶式滑动轴承的滑动表面呈规律性特殊形状,工作时可沿其圆周形成多个楔形动压油膜,从而提高轴承工作的稳定性和旋转精度。图9-6(a)所示为椭圆轴承,可形成双油叶,并允许轴双向旋转。图9-6(b)所示为错位轴承,也可形成双油叶,但只允许轴单向旋转。

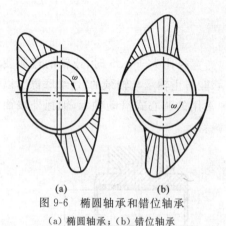

图 9-6　椭圆轴承和错位轴承

(a) 椭圆轴承；(b) 错位轴承

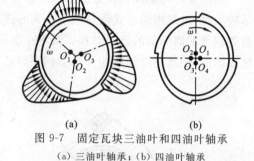

图 9-7　固定瓦块三油叶和四油叶轴承

(a) 三油叶轴承；(b) 四油叶轴承

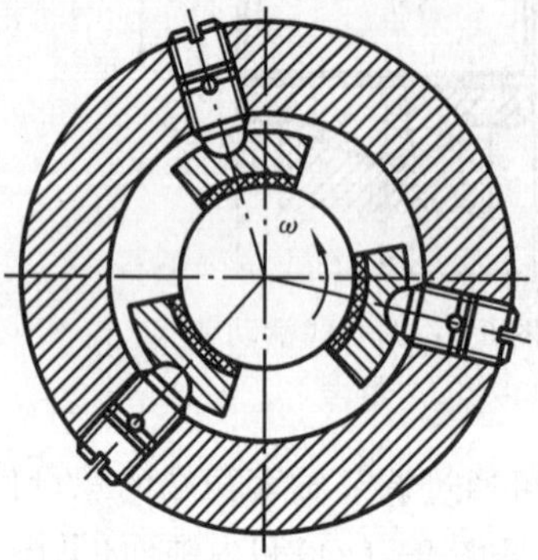

图 9-7(a)、(b)所示分别为固定瓦块三油叶和四油叶轴承，只允许轴单向旋转。图9-8所示为可倾瓦块三叶轴承，其中扇形瓦块以背面的球窝支承在调整螺钉尾端的球面上，瓦块的倾斜度可以随轴颈位置的不同而自动调整，以适应不同的载荷、转速、轴的弹性变形和偏斜，以建立可靠的润滑油膜，保证轴承的正常工作。

多叶滑动轴承承载能力不及普通流体动压轴承的承载能力，常用于高速场合，可倾瓦块多叶轴承特别适用于高速轻载的场合。

图 9-8　可倾瓦块三叶轴承

9.2.2　止推滑动轴承的结构形式

1. 普通止推轴承

普通止推轴承主要由轴承座和止推轴颈组成，按照轴颈结构的不同可分为实心式、空心式、单环式、多环式几种，如图 9-9 所示。其中实心式的止推面由于滑动端面中心与边缘的磨损不均匀，造成止推面上的压力分布不均匀，以致中心部分的压强极高，因此应用不多。一般机器中通常采用空心式及单环式结构，此时的止推面为圆环形。轴向载荷较

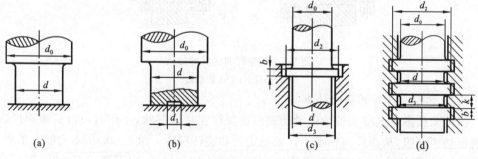

图 9-9　普通止推轴承结构简图

(a) 实心式；(b) 空心式；(c) 单环式；(d) 多环式

大时可采用多环式轴颈,多环式结构还可承受双向轴向载荷。止推轴承轴颈的基本尺寸可按表9-1所示的经验公式确定。

表 9-1　普通止推轴承轴颈的基本尺寸计算公式

符号	名称	经验公式或说明	符号	名称	经验公式或说明
d_0	轴直径	由计算决定	d_3	轴承孔直径	$d_3 = 1.1d$
d	推力轴颈直径	由计算决定	b	轴环宽度	$b \approx (0.12 \sim 0.15)d$
d_1	空心轴颈内径	$d_1 \approx (0.4 \sim 0.6)d$	k	轴环距离	$k \approx (2 \sim 3)b$
d_2	轴环外径	$d_2 \approx (1.2 \sim 1.6)d$	z	轴环数	由计算及结构而定

2. 流体动压止推轴承

流体动压止推轴承按结构不同可分为固定瓦块止推轴承和可倾瓦块止推轴承两种。

如图9-10所示,固定瓦块止推轴承的各瓦块呈扇形,瓦块固定并且倾斜方向一致,工作时可沿各瓦块形成多个动压油膜。固定瓦块止推轴承结构简单,只允许轴单向运转。如图9-11所示,可倾瓦块止推轴承的各瓦块支承在圆柱面或球面上,轴承工作时,各瓦块可自动调位,以适应不同的工作条件,保证运转的稳定性。

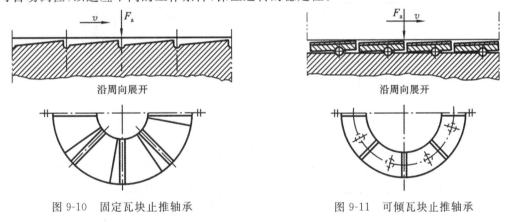

图 9-10　固定瓦块止推轴承　　　　　　图 9-11　可倾瓦块止推轴承

9.3　轴瓦结构和轴承材料

9.3.1　轴瓦的结构

1. 轴瓦的形式与构造

径向滑动轴承常用的轴瓦分整体式轴套和对开式轴瓦两种。

轴套用于整体式轴承,轴套又分为无油槽(见图9-12(a))和有油槽(见图9-12(b))两种。除轴承合金外,其他金属材料、多孔质金属材料及碳-石墨等非金属材料都可制成这样的结构。

如图9-13所示,对开式轴瓦用于对开式轴承,主要由上、下两半轴瓦组成,在剖分面上开有轴向油槽,工作时由下轴瓦承受载荷。

轴瓦可由单层材料或多层材料制成。双层轴瓦(双金属轴瓦)由轴承衬背和轴承减摩层组成,如图9-14所示。轴承衬背具有一定的强度和刚度,轴承减摩层则具有较好的减

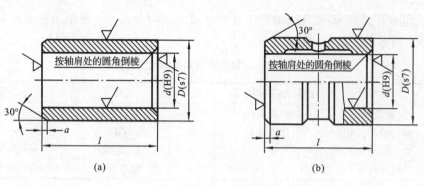

图 9-12　整体式轴套

（a）无油槽；（b）有油槽

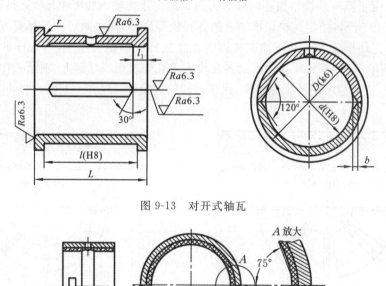

图 9-13　对开式轴瓦

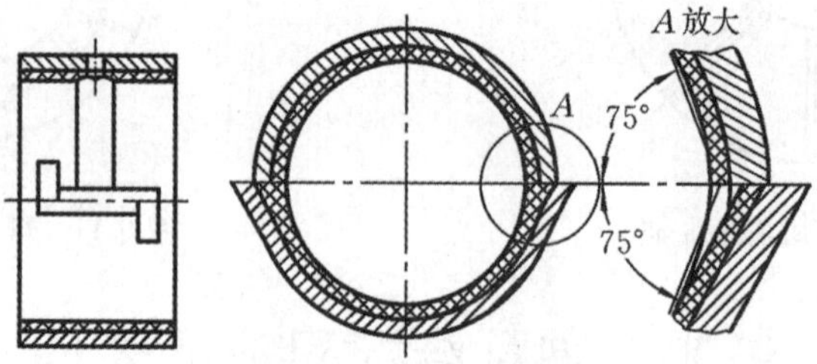

图 9-14　双金属轴瓦

摩、耐磨等性能。三层轴瓦（三金属轴瓦）是在轴承衬背与减摩层之间再加上一中间层，以提高轴承减摩层的疲劳强度。采用多层轴瓦结构可以显著节省价格较高的轴承合金等减摩材料。

　　2. 轴瓦的制作

　　金属轴套常在浇铸成形后经切削加工制成。在大批量生产中，双层或三层金属轧制轴瓦是采用轧制的方法，使轴承减摩层材料贴附在低碳钢带上，然后经冲压、弯曲成形及精加工制成。烧结轴瓦是采用金属粉末烧结的方法使之附在钢带上而制成的。对于批量小或尺寸大的轴承，常采用离心铸造的方法，将轴承减摩层材料浇铸在轴承衬背的内表面上。为了使轴承减摩层与轴承衬背贴附牢固，可在轴承衬背上制出各种形式的沟槽，如图9-15 所示。

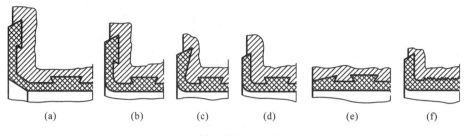

图 9-15   轴承衬背上沟槽的形式

3. 轴瓦的定位与配合

轴瓦和轴承座之间不允许有相对移动。为了防止轴瓦在轴承座中沿轴向和周向移动,可将轴瓦两端做出凸缘用作轴向定位(见图 9-13),或采用紧定螺钉(见图 9-16(a))、销钉(见图 9-16(b))将轴瓦固定在轴承座上。

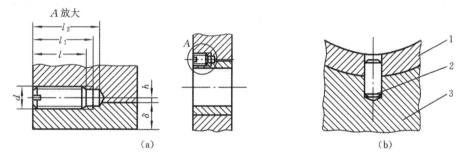

图 9-16   轴瓦的定位

(a)紧定螺钉;(b)销钉

1—轴瓦;2—圆柱销;3—轴承座

为了增强轴瓦的刚度和散热性能,并保证轴瓦与轴承的同轴度,轴瓦与轴承座应紧密配合,贴合牢靠,一般轴瓦与轴承座孔采用较小过盈量的配合,如 H7/S6、H7/r6 等。

4. 油孔、油槽和油腔

为了给轴承的滑动表面供给润滑油,轴瓦上常开设油孔、油槽和油腔。油孔用来供油,油槽用来输送和分布润滑油,油腔主要用于沿轴向均匀分布润滑油,并起贮油和稳定供油作用。对于宽径比较小的轴承,只需开设一个油孔。对于宽径比大、可靠性要求高的轴承,需开设油槽或油腔。常见的油槽形式如图 9-17 所示。轴向油槽应比轴承宽度稍小,以免油从轴承端部大量流失。油腔一般开设于轴瓦的剖分处,其结构如图 9-18 所示。油孔和油槽的位置及形状对轴承的工作能力和寿命影响很大。对于流体动压滑动轴承,应将油孔和油槽开设在轴承的非承载区,若在承载油膜区内开设油孔和油槽,将会显著降低油膜的承载能力,如图 9-19 所示。对于不完全油膜滑动轴承,应使油槽尽量延伸到轴承的最大压力区附近,以便充分供油。

9.3.2   滑动轴承材料

滑动轴承材料主要指轴套、轴承衬背和轴承减摩层的材料。

滑动轴承的主要失效形式是磨损和胶合,受变载荷时也会发生疲劳破坏或轴承减摩层脱落,因此对轴承材料性能的基本要求是:①与轴颈材料配合后应具有良好的减摩性、

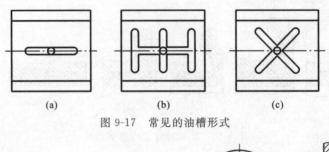

图 9-17 常见的油槽形式

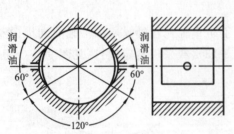

图 9-18 油腔的结构

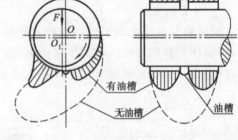

图 9-19 油槽对动压油膜压力（承载能力）的影响

耐磨性、磨合性和摩擦相容性，其中磨合性是指轴承材料在磨合过程中降低摩擦力、温度和磨损度的性能，摩擦相容性是指防止轴承材料与轴颈材料发生黏附的性能；②具有足够的强度，包括抗压、抗冲击和抗疲劳强度；③具有良好的摩擦顺应性和嵌入性，摩擦顺应性是指轴承材料靠表层的弹塑性变形来补偿滑动表面初始配合不良的性能，嵌入性是指轴承材料容许硬质颗粒嵌入而降低刮伤或磨粒磨损的性能，一般硬度低、弹性模量低、塑性好的材料具有良好的摩擦顺应性，其嵌入性也较好；④具有良好的其他性能，如工艺性、导热性、热膨胀性，耐蚀性等；⑤价格低廉，便于供应。

常用的轴承材料分金属材料、多孔质金属材料和非金属材料三大类。常用材料的性能、特点及应用场合见表 9-2、表 9-3。

表 9-2 常用金属轴承材料性能

名称	代　号	许用值[1]			最高工作温度 t /℃	硬度[2] /HBW	性能比较[3]					备　注
		$[\bar{p}]$ /MPa	$[v]$ /(m·s^{-1})	$[\bar{pv}]$ /(MPa·m·s^{-1})			抗胶合性	摩擦顺应性	嵌入性	耐蚀性	耐疲劳性	
锡基轴承合金	ZSnSb12Pb10Cu4 ZSnSb11Cu6 ZSnSb8Cu4 ZSnSb4Cu4	25(40) 20	平稳载荷 80 冲击载荷 60	20(100) 15	150	20～30 (150)	1	1	1	5		用于高速、重载下工作的重要轴承。变载下易疲劳，价贵

续表

名称	代号	许用值①			最高工作温度 t /℃	硬度② /HBW	性能比较③					备注
		$[\bar{p}]$ /MPa	$[v]$ /(m·s⁻¹)	$[\bar{pv}]$ /(MPa·m·s⁻¹)			抗胶合性	摩擦顺应性	嵌入性	耐蚀性	耐疲劳性	
铅基轴承合金	ZPbSb16Sn16Cu2 ZPbSb15Sn5Cu3Cd2 ZPbSb15Sn10	12 5 20	12 8 15	10(50) 5 15	150	15～30 (150)	1	1		3	5	用于中速、中载轴承,不宜受显著冲击,可作为锡基轴承合金的代用品
铸造锡青铜	ZCuSn10P1 ZCuPb5Sn5Zn5	15 8	10 3	15(50) 15	280	50～100 (200)	5	3		1	1	用于中速、重载及受变载的轴承 用于中速、中载轴承
铸造铅青铜	ZCuPb10Sn10 ZCuPb30	25	12	30(90)	280	40～280 (300)	3	4		4	2	用于高速、重载,能承受变载和冲击载荷
铸造铝铁青铜	ZCuAl10Fe3 ZCuAl10Fe3Mn2	15(30)	4(10)	12(60)	280	100～120 (200)	5	5		5	2	最宜用于润滑充分的低速重载轴承
铸造黄铜	ZCuZn38Mn2Pb2 ZCuZn16Si4	10 12	1 2	10 10	200	80～150 (200)	3	5		1	1	用于低速中载轴承,耐蚀、耐热
铝基轴承合金	20高锡铝合金 铝硅合金	28～35	14		140	45～50 (300)	4	3		1	2	用于高速中载的变载荷轴承
铸铁	HT150 HT200 HT250	2～4	0.5～1	1～4	150	160～180 (200～250)	4	5		1	1	用于低速轻载的不重要轴承,价廉

注:① 括号内的数值为极限值,其余为一般值(润滑良好)。对于流体动压轴承,限制$[\bar{pv}]$值没有意义(因其与散热等条件关系很大)。

　② 括号外的数值为合金硬度,括号内的数值为最小轴颈硬度。

　③ 性能比较:1表示最佳,2表示良好,3表示较好,4表示一般,5表示最差。

表 9-3 常用非金属轴承材料和多孔质金属轴承材料性能

轴承材料		最大许用值			最高工作温度 $t/℃$	备注
		$[\overline{p}]$ /MPa	$[v]$/(m $\cdot$ s^{-1})	$[\overline{pv}]$ /(MPa $\cdot$ m $\cdot$ s^{-1})		
非金属轴承材料	酚醛树脂	41	13	0.18	120	由棉织物、石棉等填料经酚醛树脂黏结而成。抗咬合性好，强度、减振性也极好，能耐酸碱，导热性差，重载时需用水或油充分润滑，易膨胀，轴承间隙宜取大些
	尼龙	14	3	0.11(0.05 m/s) 0.09(0.5 m/s) <0.09(5 m/s)	90	摩擦系数低，耐磨性好，无噪声。金属瓦上覆以尼龙薄层，能受中等载荷。加入石墨、二硫化钼等填料可提高其机械性能、刚性和耐磨性。加入耐热成分的尼龙可提高工作温度
	聚碳酸酯	7	5	0.03(0.05 m/s) 0.01(0.5 m/s) <0.01(5 m/s)	105	聚碳酸酯、醛缩醇、聚酰亚胺等都是较新的塑料。物理性能好。易于喷射成形，比较经济。醛缩醇和聚碳酸酯稳定性好，填充石墨的聚酰亚胺温度可达280 ℃
	醛缩醇	14	3	0.1	100	
	聚酰亚胺	—	—	4(0.05 m/s)	260	
	聚四氟乙烯（PTFE）	3	1.3	0.04(0.05 m/s) 0.06(0.5 m/s) <0.09(5 m/s)	250	摩擦系数很低，自润滑性能好，能耐任何化学药品的侵蚀。适用温度范围宽（温度高于280 ℃时，有少量有害气体放出），但成本高，承载能力低。用玻璃丝、石墨为填料，则承载能力和$[\overline{pv}]$值可大为提高
	PTFE织物	400	0.8	0.9	250	
	填充PTFE	17	5	0.5	250	

续表

轴承材料		最大许用值			最高工作温度 t/℃	备注
		$[\overline{p}]$/MPa	$[v]$/(m·s⁻¹)	$[\overline{pv}]$/(MPa·m·s⁻¹)		
非金属轴承材料	碳-石墨	4	13	0.5(干) 5.25(润滑)	400	有自润滑性及高的导磁性和导电性,耐蚀能力强,常用于水泵和风动设备中的轴套
	橡胶	0.34	5	0.53	65	橡胶能隔振、降低噪声、减小动载、补偿误差。导热性差,需加强冷却,温度高时易老化。常用于有水、泥浆等的工业设备中
多孔质金属轴承材料	多孔铁 (Fe95%, Cu2%,石墨和其他3%)	55(低速,间歇) 21(0.013 m/s) 4.8(0.51~0.76 m/s) 2.1(0.76~1 m/s)	7.6	1.8	125	具有成本低、含油量高、耐磨性好、强度高等特点,应用很广
	多孔青铜 (Cu90%, Sn10%)	27(低速,间歇) 14(0.013 m/s) 3.4(0.51~0.76 m/s) 1.8(0.76~1 m/s)	4	1.6	125	孔隙度大的多用于高速、轻载轴承,孔隙度小的多用于摆动或往复运动的轴承。长期运转而不补充润滑剂的应降低$[\overline{pv}]$值。高温或连续工作的应定期补充润滑剂

9.4　滑动轴承的润滑

　　由于滑动轴承的润滑对其工作能力和使用寿命有着重大的影响,因此选择合适的润滑剂和润滑装置是设计轴承的一个重要环节。

9.4.1　滑动轴承的润滑剂及其选用

　　滑动轴承常用润滑油作为润滑剂,轴颈圆周速度较低时可用润滑脂,在速度特别高时可用气体润滑剂(如空气),当工作温度特高或特低时可使用固体润滑剂(如石墨、二硫化钼等)。

1. 润滑油的选择

　　润滑油的选择主要考虑油的黏度和润滑性(油性)。由于润滑性尚无定量的指标,故通常按黏度来选择。润滑油选择的一般原则是:低速、重载、工作温度高时,选较高黏度的润滑油;反之,可选用较低黏度的润滑油。具体选择时,可按轴承比压、滑动速度和工作温度参考表 9-4 选用。当轴承工作温度较高时,选用润滑油的黏度应比表中的要高一些。此外,通常也可根据现有机器的成功使用经验,采用类比的方法来选择合适的润滑油。

表 9-4　滑动轴承润滑油选择(非完全流体润滑,工作温度 10～60 ℃)

轴颈圆周速度 v/(m·s^{-1})	轻载($\bar{p}<3$ MPa)	中载($\bar{p}=3～7.5$ MPa)	重载($\bar{p}>7.5$ MPa)
	润滑油黏度等级	润滑油黏度等级	润滑油黏度等级
<0.1	68、100、150	150	460、680、1000
0.1～0.3	68、100	100、150	220、320、460
0.3～1.0	46、68	100	100、150、220、320
1.0～2.5	32、46、68	68、100	—
2.5～5.0	32、46	—	—
5～9	15、22、32、46	—	—
>9	7、10、15、22	—	—

2. 润滑脂的选择

润滑脂主要用于工作要求不高、难以经常供油的不完全油膜滑动轴承的润滑。

选用润滑脂时,主要考虑其稠度(用针入度表示)和滴点。选用的一般原则是:①低速、重载时应选用针入度小的润滑脂,反之,则选用针入度大的润滑脂;②所选用润滑脂的滴点一般应高于轴承工作温度 20～30 ℃或更高;③在潮湿或有水淋的环境下,应选用抗水性好的钙基脂或锂基脂;④温度高时应选用耐热性好的钠基脂或锂基脂。具体选用时可参考表 9-5。

表 9-5　滑动轴承润滑脂的选择

轴承比压 $\bar{p}$/MPa	轴颈圆周速度 v/(m/s)	最高工作温度/℃	润滑脂型号
<1.0	到 1.0	60	钙基脂 3 号
1.0～6.5	0.5～5.0	60	钙基脂 2 号
>6.5	到 0.5	60	钙基脂 1 号
≤6.5	0.5～5.0	110	钠基脂 2 号
1.0～6.5	到 0.5	100	钙钠基脂 1 号
1.0～6.5	到 1.0	120	通用锂基脂 2 号
>5.0	到 0.5	60	压延机脂 2 号

9.4.2　滑动轴承润滑方式及装置

为了获得良好的润滑效果,除了要正确选择润滑剂外,还要考虑合适的润滑方法和相应的润滑装置。

1. 润滑油润滑

根据供油方式的不同,润滑油润滑可分为间断润滑和连续润滑。间断润滑只适用于低速、轻载和不重要的轴承。需要可靠润滑的轴承应采用连续润滑。

1）人工加油润滑

在轴承上方设置油孔或油杯,采用人工方式,用油壶或油枪定期地向油孔或油杯供油,只能起到间断润滑的作用。

2）滴油润滑

图 2-19 为针阀油杯。当手柄卧倒时,针阀受弹簧推压向下而堵住底部阀座油孔;当手柄直立时便提起针阀,打开下端油孔,油杯中润滑油流进轴承,处于供油状态。调节螺母可用来控制油的流量。定期提起针阀也可做间断润滑。

3）油绳润滑

油绳润滑的润滑装置为油芯油杯(见图 2-20)。油绳的一端浸入油中,利用毛细管作用将润滑油引到轴颈表面,其供油量不易调节。

4）油环润滑

如图 2-21 所示,轴颈上套一油环,油环下部浸入油池内,靠轴颈摩擦力带动油环旋转,从而将润滑油带到轴颈表面。这种装置只适用于连续运转的水平轴轴承的润滑,并且轴转速应在 50~3 000 r/min 以内。

5）飞溅润滑

飞溅润滑常用于闭式箱体内的轴承润滑,利用浸入油池中的齿轮、曲轴等旋转零件,将润滑油飞溅到箱壁上,再沿油槽进入轴承。溅油零件的圆周速度不宜超过 12~14 m/s,浸油深度也不宜过大。

6）压力循环润滑

压力循环润滑是利用油泵供给的充足的润滑油来润滑和冷却轴承,用过的油可流回油池,经过冷却和过滤后可循环使用,其供油压力和流量都可调节。

2. 润滑脂润滑

润滑脂润滑一般为间断供应,常用旋盖式油杯(见图 2-22)或黄油枪加脂,即定期旋转杯盖将杯内润滑脂压进轴承,或用黄油枪通过压注油杯向轴承补充润滑脂。润滑脂润滑也可以集中供应,适用于多点润滑的场合,其供脂可靠,但组成设备比较复杂。

9.4.3　润滑方法的选择

滑动轴承的润滑方法可根据由经验公式求得的 k 值来选择,即

$$k = \sqrt{\bar{p}v^3} \tag{9-1}$$

式中:$\bar{p}$——轴承比压(MPa);

v——轴颈圆周速度(m/s)。

当 $k \leqslant 2$ 时,用润滑脂润滑;当 $2 < k \leqslant 16$ 时,用润滑油润滑(可用针阀式滴油油杯等);当 $16 < k \leqslant 32$ 时,用油环润滑或飞溅润滑;当 $k > 32$ 时,必须用压力循环润滑。

<u>9.5</u>　非完全流体润滑滑动轴承的设计计算

工程实际中，对于在工作环境要求不高、速度较低、载荷不大、难以维护等条件下工作的轴承，往往设计成使用润滑脂、滴油或油绳润滑的非完全流体润滑滑动轴承。

9.5.1　非完全流体润滑滑动轴承的失效形式和计算准则

非完全流体润滑滑动轴承工作时，轴颈与轴瓦表面间处于边界摩擦或混合摩擦状态，其主要的失效形式是磨粒磨损和黏附磨损。因此，防止失效的关键是在轴颈与轴瓦表面之间形成一层边界油膜，以避免轴瓦的过度磨粒磨损和因轴承温度升高而引起的黏附磨损。目前，非完全流体润滑滑动轴承的设计计算主要是进行轴承比压 $\bar{p}$、轴承 $\bar{p}v$ 值和轴承滑动速度 v 的验算，使其不超过轴承材料的许用值。此外，在设计流体动压滑动轴承时，由于其启动和制动阶段也处于边界摩擦或混合摩擦状态，因而也需要对 $\bar{p}$、$\bar{p}v$、v 进行验算。

9.5.2　径向滑动轴承的设计计算

设计时，一般已知轴颈直径 d(mm)，轴的转速 n(r/min) 及轴承径向载荷 F_r(N)。其设计计算步骤如下。

(1) 根据轴承使用要求和工作条件，确定轴承的结构形式，选择轴承材料。

(2) 选定轴承宽径比 B/d，一般取 $B/d=0.7\sim1.3$，确定轴承宽度。

(3) 验算轴承的工作能力。

① 轴承比压 $\bar{p}$ 的验算。为防止过度磨损，应限制轴承比压 $\bar{p}$(MPa)。

$$\bar{p}=\frac{F_r}{Bd}\leqslant[\bar{p}] \tag{9-2}$$

式中：B——轴承宽度(mm)；

$[\bar{p}]$——轴承材料的许用比压(MPa)，见表 9-2、表 9-3。

对于低速($v\leqslant0.1$ m/s)或间歇工作的轴承，当其工作时间不超过停歇时间时，仅需进行轴承比压的验算。

② 轴承 $\bar{p}v$ 值的验算。轴承工作时摩擦发热量大，温升过高时，易发生黏附磨损。轴承单位投影面积单位时间内的发热量与 $\bar{p}v$ 值成正比，因此要限制 $\bar{p}v$(MPa·m/s)值。

$$\bar{p}v=\frac{F_r}{Bd}\cdot\frac{\pi dn}{60\times1\,000}=\frac{F_r n}{19\,100B}\leqslant[\bar{p}v] \tag{9-3}$$

式中：$[\bar{p}v]$——轴承材料的许用 $\bar{p}v$ 值(MPa·m/s)，见表 9-2、表 9-3。

③ 滑动速度 v 的验算。当比压 $\bar{p}$ 较小，$\bar{p}$ 与 $\bar{p}v$ 值都在许用范围内时，也可能因滑动速度过高而加速轴承磨损，此时应限制滑动速度 v(m/s)。

$$v=\frac{\pi dn}{60\times1\,000}\leqslant[v] \tag{9-4}$$

式中：$[v]$——轴承材料的许用滑动速度(m/s)，见表 9-2、表 9-3。

若 $\bar{p}$、$\bar{p}v$ 和 v 的验算结果超出许用范围时，可加大轴颈直径和轴承宽度，或选用较好的轴承材料,使之满足工作要求。

④ 选择轴承的配合。为了保证一定的旋转精度,必须根据不同的使用要求,可参考表 9-6 合理地选择轴承的配合。

表 9-6　滑动轴承的常用配合及应用

精度等级	配合符号	应用举例
2	H7/g6	磨床与车床分度头主轴承
2	H7/f7	铣床、钻床及车床的轴承,汽车发动机曲轴的主轴承及连杆轴承,齿轮减速器及蜗杆减速器轴承
4	H9/f9	电动机、离心泵、风扇及惰齿轮轴的轴承,蒸汽机与内燃机曲轴的主轴承和连杆轴承
2	H7/e8	汽轮发电机轴、内燃机凸轮轴、高速转轴、刀架丝杠、机车多支点轴等的轴承
6	H11/b11 或 H11/d11	农业机械用的轴承

9.5.3　止推滑动轴承的设计计算

止推滑动轴承的设计计算方法与径向滑动轴承的设计计算方法基本相同。在已知轴承的轴向载荷 F_a(N)和轴的转速 n 后,可按以下步骤进行设计。

(1) 根据载荷的大小、性质及空间尺寸等条件确定轴承的结构形式,选择轴承材料。

(2) 参照图 9-9、表 9-1 初定止推轴承的基本尺寸。

(3) 验算轴承的工作能力。下面以多环式止推滑动轴承(见图 9-9(d))为例,介绍验算轴承的工作能力的步骤。

① 轴承比压 $\bar{p}$ 的验算。

$$\bar{p} = \frac{F_a}{z\dfrac{\pi}{4}(d_2^2 - d_3^2)} \leqslant [\bar{p}] \tag{9-5}$$

式中:d_2——轴环外径(mm);

d_3——轴承孔直径(mm);

z——止推轴环数;

$[\bar{p}]$——止推轴承的许用比压(MPa),见表 9-7,多环时降低 50%。

② $\bar{p}v_m$ 值的验算。

$$\bar{p}v_m \leqslant [\bar{p}v] \tag{9-6}$$

式中:$[\bar{p}v]$——止推轴承的许用 $\bar{p}v$ 值(MPa·m/s),见表 9-7,多环时降低 50%;

v_m——止推轴承平均直径处的圆周速度(m/s),$v_m = \dfrac{\pi d_m n}{60 \times 1\,000}$,$d_m$ 为止推轴环的平均直径(mm),$d_m = (d_2 + d_3)/2$。

表 9-7　止推轴承材料及 $[\overline{p}]$、$[\overline{pv}]$ 值

轴材料	未淬火钢			淬火钢		
轴承材料	铸铁	青铜	轴承合金	青铜	轴承合金	淬火钢
$[\overline{p}]$/MPa	2～2.5	4～5	5～6	7.5～8	8～9	12～15
$[\overline{pv}]$/(MPa·m·s^{-1})	1～2.5					

例 9-1　试设计一起重机卷筒的滑动轴承。已知轴承受径向载荷 $F_r = 100\ 000$ N，轴颈直径 $d = 90$ mm，轴的工作转速 $n = 10$ r/min。

解　（1）选择轴承类型和轴承材料。

为装拆方便，轴承采用对开式结构。由于轴承载荷大、速度低，由表 9-2 选取铸造铝铁青铜 ZCuAl10Fe3 作为轴承材料，其 $[\overline{p}] = 15$ MPa，$[\overline{pv}] = 12$ MPa·m/s，$[v] = 4$ m/s。

（2）选择轴承宽径比。

选取 $B/d = 1.2$，则 $B = 1.2 \times 90 = 108$ mm，取 $B = 110$ mm。

（3）验算轴承工作能力。

① 验算 $\overline{p}$ 值。

$$\overline{p} = \frac{F_r}{Bd} = \frac{100\ 000}{110 \times 90} \text{ MPa} = 10.1 \text{ MPa} \leqslant [\overline{p}]$$

② 验算 $\overline{pv}$ 值。

$$\overline{pv} = \frac{F_r n}{19\ 100\ B} = \frac{100\ 000 \times 10}{19\ 100 \times 110} \text{ MPa·m/s} = 0.476 \text{ MPa·m/s} \leqslant [\overline{pv}]$$

由以上计算可知，轴承 $\overline{p}$、$\overline{pv}$ 值均未超出许用范围。由于轴颈工作转速较低，故不必验算 v。所设计的轴承满足工作能力要求。

（4）选择轴承配合和表面粗糙度。

参考有关资料，选取轴承与轴颈的配合为 H8/f7，轴瓦滑动表面粗糙度为 $Ra = 3.2$ μm，轴颈表面粗糙度为 $Ra = 1.6$ μm。

（5）选择轴承润滑剂、润滑方法和润滑装置等，略。

9.6　流体动压径向滑动轴承设计计算

对工作于流体摩擦状态的油润滑滑动轴承，轴颈和轴瓦的两个表面并不直接接触，所以这种摩擦的性质取决于所用润滑油的黏度，而与两个摩擦表面的材料无关。

这类轴承获得流体摩擦的方法主要有以下两种。

（1）在滑动表面间，用足以平衡外载的压力输入润滑油，人为地使两个表面分离。或者说，用油压把轴颈顶起，用这种方法来实现流体摩擦的轴承称为流体静压轴承。

（2）利用轴颈本身回转时的泵油作用，把油带入摩擦面间，建立压力油膜把摩擦面分开，用这种方法来实现流体摩擦的轴承称为流体动压轴承。

由于静压轴承需要附加的设备，故其应用不如动压轴承的普遍。本节讨论流体动压径向滑动轴承的设计计算。

9.6.1 流体动压润滑基本方程的建立

流体动压径向滑动轴承工作时,其轴颈与轴承之间形成具有一定厚度并能承受径向外载荷的动压油膜,将轴颈与轴承的滑动表面完全隔开,从而实现流体动压润滑,因而其摩擦系数和磨损极小,具有较大的承载范围,常用于高速、中速、重载和回转精度要求较高的场合。

1. 流体动压润滑的基本方程式

如图 9-20 所示,取被润滑油隔开的两平板,板 B 倾斜一角度,与板 A 组成一收敛的楔形空间,板 B 静止不动,板 A 以速度 v 沿 x 轴向右(楔形空间的收敛方向)运动。为简化分析,需做如下假设:①两平板间的润滑油为牛顿流体,且做层流流动;②润滑油的黏度为常数,不随压力变化;③润滑油的惯性力和重力忽略不计;④沿油膜厚度方向(y 轴方向)油压为常数,⑤润滑油不可压缩;⑥两平板为无限宽,润滑油沿平板宽度方向(z 轴方向)无流动;⑦润滑油与两平板表面吸附牢固。根据假设可得,两平板间润滑油的流动为沿 x 轴方向的一维流动。

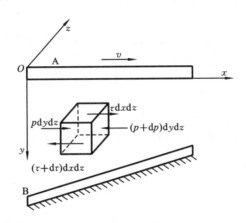

图 9-20 做相对运动的两平板间油膜的动力分析

1)速度分布方程

从做层流运动的油膜中取一微小单元体,如图 9-20 所示。单元体左、右侧面的压力分别为 p 和 $p+\mathrm{d}p$,其合力分别为 $p\mathrm{d}y\mathrm{d}z$ 和 $(p+\mathrm{d}p)\mathrm{d}y\mathrm{d}z$,单元体上、下侧面的内摩擦切应力分别为 τ 和 $\tau+\mathrm{d}\tau$,其合力分别为 $\tau\mathrm{d}x\mathrm{d}z$ 和 $(\tau+\mathrm{d}\tau)\mathrm{d}x\mathrm{d}z$,由单元体的平衡条件,可得

$$\frac{\mathrm{d}p}{\mathrm{d}x}=-\frac{\mathrm{d}\tau}{\mathrm{d}y} \tag{a}$$

将牛顿黏性定律 $\tau=-\eta\mathrm{d}u/\mathrm{d}y$ 代入式(a)得

$$\frac{\mathrm{d}p}{\mathrm{d}x}=\eta\frac{\mathrm{d}^2u}{\mathrm{d}y^2} \tag{b}$$

将式(b)对 y 进行积分得

$$u=\frac{1}{2\eta}\frac{\mathrm{d}p}{\mathrm{d}x}y^2+C_1y+C_2 \tag{c}$$

由边界条件 $y=0$ 时 $u=v$,$y=h$(单元体处两平板间油膜厚度)时 $u=0$,可求得积分常数为

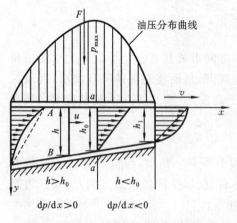

图 9-21　两相对运动平板间油层中的
速度分布和压力分布

$$C_1 = -\frac{h}{2\eta} \cdot \frac{\mathrm{d}p}{\mathrm{d}x} - \frac{v}{h}, \quad C_2 = v$$

代入式（c）后得

$$u = \frac{v(h-y)}{h} - \frac{y(h-y)}{2\eta} \cdot \frac{\mathrm{d}p}{\mathrm{d}x} \qquad (9\text{-}7)$$

式中：η——润滑油的动力黏度；

　　　　h——截面 x 处的油膜厚度；

　　　　$\dfrac{\mathrm{d}p}{\mathrm{d}x}$——油膜内油压沿 x 轴方向的变化率。

由式（9-7）可知，两平板间各油层的速度 u 由两部分组成：式中前一项的速度呈线性分布，见图 9-21 中虚线所示，这是在板 A 的运动下直接由各油层间的内摩擦力的剪切作用所引起的流动，称为剪切流；式中后一项的速度呈抛物线分布，如图 9-21 中实线所示，这是由油膜中压力沿 x 轴方向的变化所引起的流动，称为压力流。

2）流量方程

在两平板间 x 处任取一截面，截面高度为 h，截面宽度为单位宽度（沿 z 轴方向），则单位时间内沿 x 轴方向流经此截面的润滑油流量 q 为

$$q = \int_0^h u\,\mathrm{d}y = \frac{vh}{2} - \frac{h^3}{12\eta} \cdot \frac{\mathrm{d}p}{\mathrm{d}x} \qquad (9\text{-}8)$$

3）流体动压润滑的基本方程

设油压最大处的油膜厚度为 h_0（即 $\mathrm{d}p/\mathrm{d}x = 0$ 时，$h = h_0$），由式（9-7）可知此截面处的速度呈线性分布，其流量为

$$q = \frac{1}{2}vh_0 \qquad (9\text{-}9)$$

由于润滑油不可压缩，且流经各截面处的流量应相等，因此将式（9-9）代入式（9-8）可得

$$\frac{\mathrm{d}p}{\mathrm{d}x} = \frac{6\eta v}{h^3}(h - h_0) \qquad (9\text{-}10)$$

式（9-10）即为流体动压润滑的基本方程，称为一维雷诺方程。它描述了两平板间油膜油压的变化与润滑油黏度 η、相对滑动速度 v 及油膜厚度 h 之间的关系。由式（9-10）可求出油膜油压 p 沿 x 轴方向的分布规律（见图 9-21），再根据油膜油压的合力便可确定油膜的承载能力。但实际的轴承宽度是有限的，计算中必须考虑润滑油从轴承两端泄漏对油膜承载能力的影响。

2. 油楔承载机理

若将平板 A、B 平行放置，板 B 静止不动，板 A 以速度 v 相对于板 B 滑动，此时两平板间各截面处的油膜厚度相等，有 $h = h_0$，由式（9-10）有 $\mathrm{d}p/\mathrm{d}x = 0$，即油膜油压 p 沿 x 轴方向不发生变化，因而内部油压与左端进口和右端出口处的油压相等。在平板 B 上加一向下载荷 F 时，板 A 将下沉，直至与板 B 接触。由此可见，由于两平板间不能形成压力油膜，故板 A 不能承受外载荷。

将板 B 倾斜与板 A 组成收敛楔形空间后,两板间润滑油形成油楔。由式(9-10)可知,在截面 h_0 的左侧(见图 9-21),$h>h_0$,则 $\mathrm{d}p/\mathrm{d}x>0$,油压 p 沿 x 轴方向逐渐增大;在 h_0 的右侧,$h<h_0$,则 $\mathrm{d}p/\mathrm{d}x<0$,油压 p 沿 x 轴方向逐渐减小;在 $h=h_0$ 处,$\mathrm{d}p/\mathrm{d}x=0$,油压有最大值 $p_{\max}$,油楔的全部油压之和即为油楔的承载能力。所以在两平板间形成动压油膜后油楔便具有一定的承载能力。

3. 形成动压油膜的条件

形成流体动压油膜必须满足一定的条件。由式(9-10)可知形成动压油膜的基本条件如下:

(1)两相对滑动表面间必须形成收敛的楔形间隙,即 $h\neq h_0$;

(2)两表面间必须具有一定的相对滑动速度,即 $v\neq0$,其润滑油的运动方向必须从大口流进,小口流出;

(3)润滑油要有一定的黏度,且供油充分。

9.6.2 径向滑动轴承形成流体动压润滑的过程

将移动平板 A、静止平板 B 分别卷成圆筒形,则其分别相当于轴颈和轴承。因轴颈直径小于轴承孔直径,两者间存在一定间隙,静止时轴颈位于轴承孔的最低位置(见图 9-22(a)),在轴颈与轴承表面间自然形成了一弯曲的楔形空间,此时轴颈与轴承直接接触。当轴颈开始顺时针转动时,在摩擦力的作用下,轴颈沿轴承孔内壁向右滚动上爬(见图 9-22(b))。由于轴颈转速不高,进入楔形空间的油量很少,不足以形成动压油膜将轴颈与轴承表面分开,两者间处于非完全流体润滑状态。随着转速的增大,动压油膜逐渐形成,将轴颈与轴承表面逐渐分开,摩擦力也逐渐减小,轴颈将向左下方移动。在转速增大到一定数值后,足够多的润滑油进入楔形空间,形成能平衡外载荷的动压油膜,轴颈被动压油膜抬起,稳定地在偏左的某一位置上转动(见图 9-22(c))。此时轴颈与轴承间形成流体动压润滑。若外载荷、转速及润滑油黏度保持不变,轴颈将在这一位置稳定地转动。

在一定的载荷作用下,转速发生变化时,轴颈的工作位置将发生变化。研究结果表明,轴颈转速越高,轴颈中心将被抬得越高而接近于轴承孔的中心(见图 9-22(d))。在转速变化时,轴颈中心的运动轨迹接近于半圆形。

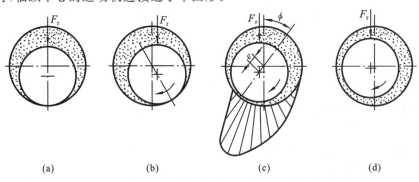

| (a) | (b) | (c) | (d) |

图 9-22 形成流体动压润滑的过程

9.6.3　径向滑动轴承的主要几何关系

图 9-23 所示为轴承工作时轴颈的位置，轴承和轴颈的连心线 OO_1 与外载荷 F（载荷

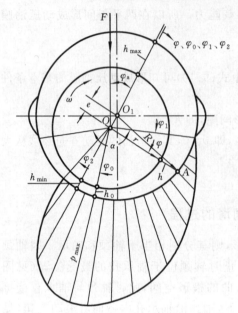

图 9-23　径向滑动轴承的几何参数和压力分布

作用在轴颈的中心上）的方向形成一偏位置 φ_a。轴承孔和轴颈直径分别用 D 和 d 表示，则轴承直径间隙为

$$\Delta = D - d \tag{9-11}$$

半径间隙为轴承孔半径 R 与轴颈半径 r 之差，则

$$\delta = R - r = \frac{\Delta}{2} \tag{9-12}$$

直径间隙与轴颈公称直径之比称为相对间隙，以 ψ 表示，则

$$\psi = \frac{\Delta}{d} = \frac{\varphi}{r} \tag{9-13}$$

轴颈在稳定运转时，其中心 O 与轴承中心 O_1 的距离，称为偏心距，用 e 表示；而偏心距与半径间隙的比值，称为偏心率，以 ε 表示，则

$$\varepsilon = \frac{e}{\delta}$$

于是由图 9-23 可见，最小油膜厚度为

$$h_{\min} = \delta - e = r\psi(1 - \varepsilon) \tag{9-14}$$

对于径向滑动轴承，采用极坐标描述比较方便。取轴颈中心 O 为极点，连心线 OO_1 为极轴，对应于任意角 φ（包括 φ_0、φ_1、φ_2 均由 OO_1 算起）的油膜厚度为 h，h 的大小可在 $\triangle AOO_1$ 中应用余弦定理求得，即

$$R^2 = e^2 + (r+h)^2 - 2e(r+h)\cos\varphi$$

解上式得

$$r + h = e\cos\varphi \pm R\sqrt{1 - \left(\frac{e}{R}\right)^2 \sin^2\varphi}$$

若略去微量 $\left(\dfrac{e}{R}\right)^2 \sin^2\varphi$，并取根式的正号，则得任意位置的油膜厚度为

$$h = \delta(1 + \varepsilon\cos\varphi) = r\psi(1 + \varepsilon\cos\varphi) \tag{9-15}$$

在压力最大处的油膜厚度 h_0 为

$$h_0 = \delta(1 + \varepsilon\cos\varphi_0) \tag{9-16}$$

式中：φ_0——相应于最大压力处的极角。

9.6.4　径向滑动轴承工作能力计算简介

径向滑动轴承的工作能力计算是在轴承结构参数和润滑油参数初步选定后进行的工作，目的是校核参数选择的正确性。通过工作能力计算，若参数选择是正确的，则轴承的

设计工作基本完成;否则,需要重新选择有关参数并再进行相应的计算。滑动轴承的这一设计思路将在后面的设计举例中体现出来。

径向滑动轴承的工作能力计算主要包括轴承的承载能力计算、最小油膜厚度确定和热平衡计算等。下面对此做简单的介绍。

1. 轴承的承载量计算和承载量系数

为了分析问题方便,假设轴承为无限宽,则可以认为润滑油沿轴向没有流动。将一维雷诺方程(9-10)改写成极坐标表达式,即将 $\mathrm{d}x = \gamma\mathrm{d}\varphi, v = r\omega$ 及式(9-15)、式(9-16)代入式(9-10)得到极坐标形式的雷诺方程

$$\frac{\mathrm{d}p}{\mathrm{d}\varphi} = 6\eta\frac{\omega}{\psi^2}\frac{\varepsilon(\cos\varphi - \cos\varphi_0)}{(1 + \varepsilon\cos\varphi)^3} \tag{9-17}$$

将式(9-17)对油膜起始角 φ_1 到任意角 φ 进行积分,得到任意位置的压力,即

$$p_\varphi = 6\eta\frac{\omega}{\psi^2}\int_{\varphi_1}^{\varphi}\frac{\varepsilon(\cos\varphi - \cos\varphi_0)}{(1 - \varepsilon\cos\varphi)^3}\mathrm{d}\varphi \tag{9-18}$$

压力 p_φ 在外载荷方向上的分量为

$$p_{\varphi y} = p_\varphi\cos\left[180° - (\varphi_a + \varphi)\right] = -p_\varphi\cos(\varphi_a + \varphi) \tag{9-19}$$

把式(9-19)在 φ_1 到 φ_2 的区间内积分,就得出在轴承单位宽度上的油膜承载力,即

$$p_y = \int_{\varphi_1}^{\varphi_2}p_{\varphi y}r\mathrm{d}\varphi = -\int_{\varphi_1}^{\varphi_2}p_\varphi\cos(\varphi_a + \varphi)r\mathrm{d}\varphi$$

$$= 6\frac{\eta\omega r}{\psi^2}\int_{\varphi_1}^{\varphi_2}\left[\int_{\varphi_1}^{\varphi}\frac{\varepsilon(\cos\varphi - \cos\varphi_0)}{(1 + \varepsilon\cos\varphi)^3}\mathrm{d}\varphi\right][-\cos(\varphi_a + \varphi)]\mathrm{d}\varphi \tag{9-20}$$

为了求出油膜的承载能力,理论上只需将 p_y 乘以轴承宽度 B 即可。但是在实际轴承中,由于油可能从轴承的两个端面流出,故必须考虑端泄的影响。这时,压力沿轴承宽度的变化呈抛物线分布,而且其油膜压力也比无限宽轴承的油膜压力低(见图9-24),所以乘以系数 C' 以考虑这种情况的影响,C' 的值取决于宽径比 B/d 和偏心率 ε 的大小。这样,距轴承中线为 z 处的油膜压力的数学表达式为

$$p'_y = p_y C'\left[1 - \left(\frac{2z}{B}\right)^2\right] \tag{9-21}$$

因此,对有限宽轴承,油膜的总承载能力为

$$F = \int_{-B/2}^{+B/2}p'_y\mathrm{d}z$$

$$= \frac{6\eta\omega r}{\psi^2}\int_{-B/2}^{+B/2}\int_{\varphi_1}^{\varphi_2}\int_{\varphi_1}^{\varphi}\left[\frac{\varepsilon(\cos\varphi - \cos\varphi_0)}{(1 + \varepsilon\cos\varphi)^3}\mathrm{d}\varphi\right][-\cos(\varphi_a + \varphi)\mathrm{d}\varphi]C'\left[1 - \left(\frac{2z}{B}\right)^2\right]\mathrm{d}z \tag{9-22}$$

由上式得

$$F = \frac{\eta\omega dB}{\psi^2}C_p \tag{9-23}$$

式中:

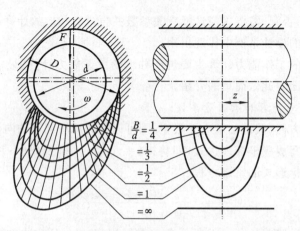

图 9-24　不同宽径比时沿轴承周向和轴向的压力分布

$$C_p = 3 \int_{-B/2}^{+B/2} \int_{\varphi_1}^{\varphi_2} \int_{\varphi_1}^{\varphi} \left[\frac{\varepsilon(\cos\varphi - \cos\varphi_0)}{B(1 + \varepsilon\cos\varphi)^3} d\varphi \right] \left[-\cos(\varphi_a + \varphi) d\varphi \right] C' \left[1 - \left(\frac{2z}{B} \right)^2 \right] dz \quad (9\text{-}24)$$

又由式(9-23)得

$$C_p = \frac{F\psi^2}{\eta\omega dB} = \frac{F\psi^2}{2\eta v B} \tag{9-25}$$

式中：F——外载荷(N)；

$\quad$ η—— 油在平均温度下的黏度($N \cdot s/m^2$)；

$\quad$ B——轴承宽度(m)；

$\quad$ v——圆周速度(m/s)；

$\quad$ C_p——承载量系数，与轴承包角 α、宽径比 B/d 和偏心率 ε 有关，包括了式(9-24)中的多重积分，其积分计算非常困难，需经数值计算确定，工程计算中常将积分值列表备用（见表9-8）。

表 9-8　有限长轴承的承载量系数 C_p

B/d	ε												
	0.3	0.4	0.5	0.6	0.65	0.7	0.75	0.8	0.85	0.9	0.925	0.95	0.975	0.99
	承载量系数 C_p												
0.3	0.052	0.083	0.13	0.2	0.26	0.35	0.475	0.7	1.122	2.074	3.352	5.73	15.15	50.52
0.4	0.089	0.141	0.22	0.34	0.43	0.57	0.776	1.08	1.775	3.195	5.055	8.393	21	65.26
0.5	0.133	0.209	0.32	0.49	0.62	0.82	1.098	1.57	2.428	4.261	6.615	10.71	25.62	75.66
0.6	0.182	0.283	0.43	0.66	0.82	1.07	1.418	2	3.036	5.214	7.956	12.64	29.17	83.21
0.7	0.234	0.361	0.54	0.82	1.01	1.31	1.72	2.4	3.58	6.029	9.072	14.14	31.88	88.9
0.8	0.287	0.439	0.65	0.97	1.2	1.54	1.965	2.75	4.053	6.721	9.992	15.37	33.99	92.89
0.9	0.339	0.515	0.75	1.12	1.37	1.75	2.248	3.07	4.459	7.294	10.75	16.37	35.66	96.35
1	0.391	0.589	0.85	1.25	1.53	1.93	2.469	3.37	4.808	7.772	11.38	17.18	37	98.95

B/d	ε													
	0.3	0.4	0.5	0.6	0.65	0.7	0.75	0.8	0.85	0.9	0.925	0.95	0.975	0.99
	承载量系数 C_p													
1.1	0.44	0.658	0.95	1.38	1.67	2.1	2.664	3.58	5.106	8.168	11.91	17.86	38.12	101.15
1.2	0.487	0.732	1.03	1.49	1.8	2.25	2.838	3.79	5.364	8.533	12.35	18.43	39.04	102.9
1.3	0.529	0.784	1.11	1.59	1.91	2.38	2.99	3.97	5.586	8.831	12.73	18.91	39.81	104.42
1.5	0.61	0.891	1.25	1.76	2.1	2.6	3.242	4.27	5.947	9.304	13.34	19.68	41.07	106.84
2	0.763	1.091	1.48	2.07	2.45	2.98	3.671	4.78	6.545	10.09	14.34	20.97	43.11	110.79

2. 最小油膜厚度的验算

为了安全运转,必须满足 $h_{\min} \geqslant [h]$ 的条件。许用值 $[h]$ 主要取决于下列各因素:轴颈和轴承的表面粗糙度、轴承工作表面的几何形状误差、制造和安装中的对中误差、轴和轴承的变形、润滑油的过滤质量等。

$$[h] = S(Rz_1 + Rz_2) \tag{9-26}$$

式中:Rz_1、Rz_2——两滑动表面的微观不平度的十点高度,见表 9-9;

　　　S——安全系数,常取 $S \geqslant 2$。

表 9-9　表面微观不平度的十点高度 Rz

加工方法	粗车或精镗,中等磨光		铰,精磨		钻石刀头镗,镗磨		研磨,抛光,超精加工		
表面粗糙度等级	3.2	1.6	0.8	0.4	0.2	0.1	0.05	0.025	0.012
$Rz/\mu m$	10	6.3	3.2	1.6	0.8	0.4	0.2	0.1	0.05

3. 热平衡计算

轴承工作时,摩擦功将转化为热量。这些热量一部分被流动的润滑油带走,另一部分由于轴承座的温度上升将散发到四周空气中。在热平衡状态下,润滑油和轴承的温度不应超过许用值。

热平衡条件是:轴承所产生的热流量 H 等于流动的油所带走的热流量 H_1 与轴承表面散发的热流量 H_2 之和,即

$$H = H_1 + H_2 \tag{9-27}$$

轴承中的热流量是由摩擦损失的功转变而来的。因此,在轴承中产生的热流量 H 为

$$H = fFv \tag{9-28a}$$

流出的油带走的热流量 H_1 为

$$H_1 = q\rho c(t_o - t_i) \tag{9-28b}$$

式中:q——轴承的耗油量(m^3/s);

　　　ρ——润滑油的密度,对矿物油为 $850 \sim 900$ kg/m^3;

　　　c——润滑油的比热容,对矿物油为 $1\,680 \sim 2\,100$ J/(kg·℃);

t_o——油的出口温度（℃）；

t_i——油的入口温度，通常由于冷却设备的限制，取为 35～40 ℃。

热量除了被润滑油带走以外，还可以由轴承的金属表面通过传导和辐射散发到周围的介质中去。这部分热量与轴承的散热表面的面积、空气流动速度有关，很难精确计算，因此，通常采用近似计算。若以 H_2 代表这部分热流量，并以油的出口温度 t_o 代表轴承温度，油的入口温度 t_i 代表周围介质的温度，则

$$H_2 = \alpha_s \pi dB(t_o - t_i) \tag{9-28c}$$

式中：α_s——轴承的表面传热系数，随轴承结构的散热条件而定。对于轻型结构的轴承，或者周围介质温度高和难以散热的环境，取 $\alpha_s = 50$ W/(m²·℃)；对于中型结构或一般通风条件，取 $\alpha_s = 80$ W/(m²·℃)；对于在良好冷却条件下工作的重型轴承，可取 $\alpha_s = 140$ W/(m²·℃)。

热平衡时，$H = H_1 + H_2$，即

$$fFv = q\rho c(t_o - t_i) + \alpha_s \pi dB(t_o - t_i)$$

于是得出为了达到热平衡而必须具备的润滑油温度差 Δt 为

$$\Delta t = t_o - t_i = \frac{\left(\frac{f}{\psi}\right)\overline{p}}{c\rho\left(\frac{q}{\psi v B d}\right) + \frac{\pi\alpha_s}{\psi v}} \tag{9-29}$$

式中：$\dfrac{q}{\psi v B d}$——润滑油流量系数，是一个无量纲数，可根据轴承的宽径比 B/d 及偏心率 ε 由图 9-25 查出；

v——轴颈圆周速度，m/s；

f——摩擦系数，$f = \dfrac{\pi}{\psi}\dfrac{\eta\omega}{\overline{p}} + 0.55\psi\xi$，其中 ξ 为随轴承宽径比而变化的系数，对于 $B/d < 1$ 的轴承，$\xi = \left(\dfrac{d}{B}\right)^{\frac{3}{2}}$；$B/d \geqslant 1$ 时，$\xi = 1$。ω 为轴颈角速度，rad/s；B、d 的单位为 mm；$\overline{p}$ 为轴承的比压，Pa；η 为润滑油的动力黏度，Pa·S。

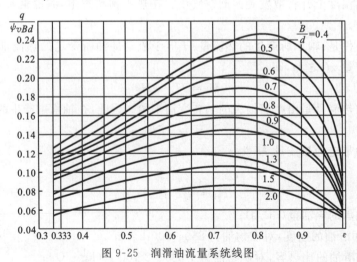

图 9-25　润滑油流量系统线图

式(9-29)只是求出了平均温度差,实际上轴承上各点的温度是不相同的。润滑油从入口流入到流出轴承,温度逐渐升高,因而在轴承中不同位置的油的黏度也将不相同。研究表明,在利用式(9-23)计算轴承的承载能力时,可以采用平均温度下润滑油的黏度。润滑油的平均温度 $t_m = \dfrac{t_i + t_o}{2}$,而温升 $\Delta t = t_o - t_i$,所以润滑油的平均温度为

$$t_m = t_i + \frac{\Delta t}{2} \tag{9-30}$$

为了保证轴承的承载能力,建议平均温度不超过 75 ℃。

设计时,通常是先给定平均温度 t_m,按式(9-29)求出的温升 Δt 来校核油的入口温度 t_i,即

$$t_i = t_m - \frac{\Delta t}{2} \tag{9-31}$$

若 $t_i > 35 \sim 40$ ℃,则表示轴承热平衡易于建立,轴承的承载能力尚未用尽。此时应降低给定的平均温度,并允许适当地加大轴瓦及轴颈的表面粗糙度,再行计算。

若 $t_i < 35 \sim 40$ ℃,则表示轴承不易达到热平衡状态。此时需要加大间隙,并适当地降低轴瓦及轴颈的表面粗糙度,再行计算。

9.6.5　参数选择

轴承直径和轴颈直径的名义尺寸是相同的。轴颈直径一般由轴的尺寸和结构确定,除应满足强度和刚度外,还要满足润滑及散热等条件。此外,还需要选择轴承的宽径比 B/d、相对间隙 ψ 和比压 $\overline{p}$ 等参数。

1. 宽径比 B/d

常用范围是 $B/d = 0.5 \sim 1.5$。宽径比小时,占用空间较小。对于高速轻载轴承,由于比压增大,可提高运转平稳性。但 B/d 减小,轴承承载力也随之降低。目前 B/d 有减小的趋势。

2. 相对间隙 ψ

一般情况下,ψ 值主要根据载荷和速度选取:速度高时,ψ 值应取大一些,可以减少发热;载荷大时,ψ 值应取小一些,可以提高承载能力。ψ 值可按轴颈圆周速度 v 参照下列经验公式计算,即

$$\psi \approx \frac{\left(\dfrac{n}{60}\right)}{10^{\frac{31}{9}}} \tag{9-32}$$

对于重载、$B/d < 0.8$、能自动调心的轴承,或当轴承材料硬度较低时,ψ 可取小值,反之取大值。式中 v 的单位为 m/s。

3. 比压 $\overline{p}$

比压 $\overline{p}$ 取值大一些,可以减小轴承尺寸,并使运转平稳。但比压过高,轴承容易损坏。

4. 润滑油黏度 η

润滑油黏度影响轴承的承载力、油温和耗油量。黏度大,轴承的承载力可提高,但摩

擦阻力大，流量小，油温升高。而温度升高又使黏度、承载力下降。其选择原则为：低速、重载选用黏度大的油；高速、轻载选用黏度小的油。对于一般轴承，也可以按轴颈转速 n 先初估油的动力黏度 η'，即

$$\eta' = \frac{\left(\frac{n}{60}\right)^{-\frac{1}{3}}}{10^{\frac{7}{6}}} \tag{9-33}$$

再计算相应的运动黏度 ν'，选定平均油温 t_m。然后选定润滑油的黏度牌号，重新确定 t_m 时的运动黏度 ν_{tm} 及动力黏度 η_{tm}。最后再验算入口油温。

9.6.6　流体动压径向滑动轴承设计举例

例 9-2　一流体动压径向滑动轴承，工作载荷 $F = 100\ 000$ N，轴颈直径 $d = 0.2$ m，轴的转速为 $n = 500$ r/min，试选择轴承材料并进行流体动压润滑计算。

解　（1）选择轴承宽径比。取 $B/d = 1$。

（2）计算轴承宽度：$B = (B/d) \times d = 1 \times 0.2$ m $= 0.2$ m。

（3）计算轴颈圆周速度：$v = \dfrac{\pi dn}{60 \times 1\ 000} = \dfrac{\pi \times 200 \times 500}{60 \times 1\ 000}$ m/s $= 5.23$ m/s。

（4）计算轴承比压：$\bar{p} = \dfrac{F}{dB} = \dfrac{100\ 000}{0.2 \times 0.2}$ Pa $= 2.5$ MPa。

（5）选择轴瓦材料。

查表 9-7，在保证 $\bar{p} \leqslant [\bar{p}]$、$v \leqslant [v]$、$\bar{p}v \leqslant [\bar{p}v]$ 的条件下，选定轴承材料为铸造锡青铜 ZCuSn10P1。

（6）初估润滑油动力黏度。

由式（9-33），得

$$\eta' = \frac{\left(\frac{n}{60}\right)^{-\frac{1}{3}}}{10^{\frac{7}{6}}} = \frac{\left(\frac{500}{60}\right)^{-\frac{1}{3}}}{10^{\frac{7}{6}}} \text{ Pa} \cdot \text{s} = 0.034 \text{ Pa} \cdot \text{s}$$

（7）计算相应的运动黏度。

取润滑油密度 $\rho = 900$ kg/m³，则

$$\nu' = \frac{\eta'}{\rho} \times 10^6 = \frac{0.034}{900} \times 10^6 \text{ cSt} = 38 \text{ cSt}$$

（8）选定平均油温。现选平均油温 $t_m = 50$ ℃。

（9）选定润滑油型号。参照表 9-4，选定黏度等级为 68 的润滑油。

（10）按 $t_m = 50$ ℃查图 2-16 得全损耗系统用油 L-AN68 的运动黏度为 $\nu_{50} = 40$ cSt。

（11）换算出润滑油在 50 ℃时的动力黏度。

$$\eta_{50} = \rho \nu_{50} \times 10^{-6} = 900 \times 40 \times 10^{-6} \text{ Pa} \cdot \text{s} = 0.036 \text{ Pa} \cdot \text{s}$$

（12）计算相对间隙。

$$\psi \approx \frac{\left(\frac{n}{60}\right)^{\frac{4}{9}}}{10^{\frac{31}{9}}} = \frac{\left(\frac{500}{60}\right)^{\frac{4}{9}}}{10^{\frac{31}{9}}} \approx 0.001$$

取 ψ 为 0.001 25。

（13）计算直径间隙。

$$\Delta = \psi d = 0.001\ 25 \times 200\ \text{mm} = 0.25\ \text{mm}$$

（14）计算承载量系数。

$$C_{\text{p}} = \frac{F\psi^2}{2\eta vB} = \frac{100\ 000 \times 0.001\ 25^2}{2 \times 0.036 \times 5.23 \times 0.2} = 2.075$$

（15）求出轴承偏心率。根据 C_{p} 及 B/d 的值查表 9-8，经过插值求出偏心率 $\varepsilon = 0.713$。

（16）计算最小油膜厚度。

$$h_{\min} = \frac{d}{2}\psi(1-\varepsilon) = \frac{200}{2} \times 0.001\ 25 \times (1-0.713)\ \text{mm} = 35.8\ \mu\text{m}。$$

（17）确定轴颈、轴承孔表面粗糙度十点高度。

按照加工精度要求经过查表取轴颈 $Rz_1 = 0.003\ 2$ mm，轴承孔 $Rz_2 = 0.006\ 3$ mm。

（18）计算许用油膜厚度。

取安全系数 $S = 2$，则

$$[h] = S(Rz_1 + Rz_2) = 2 \times (0.003\ 2 + 0.006\ 3)\ \text{mm} = 19\ \mu\text{m}，$$

由于 $h_{\min} > [h]$，故满足工作可靠性要求。

（19）计算轴承与轴颈的摩擦系数。

因轴承的宽径比 $B/d = 1$，取随宽径比变化的系数 $\xi = 1$，计算摩擦系数

$$f = \frac{\pi}{\psi}\frac{\eta\omega}{\bar{p}} + 0.55\psi\xi = \frac{\pi \times 0.036 \times \left(2\pi \times \dfrac{500}{60}\right)}{0.001\ 25 \times 2.5 \times 10^6} + 0.55 \times 0.001\ 25 \times 1 = 0.002\ 58$$

（20）查出润滑油流量系数。由宽径比 $B/d = 1$ 及偏心率 $\varepsilon = 0.713$ 查得润滑油流量系数 $\dfrac{q}{\psi vBd} = 0.145$。

（21）计算润滑油温升。按润滑油密度 $\rho = 900$ kg/m³，取比热容 $c = 1\ 800$ J/(kg·℃)，表面传热系数 $\alpha_{\text{s}} = 80$ W/(m²·℃)，则

$$\Delta t = \frac{\left(\dfrac{f}{\psi}\right)\bar{p}}{c\rho\left(\dfrac{q}{\psi vBd}\right) + \dfrac{\pi\alpha_{\text{s}}}{\psi v}} = \frac{\dfrac{0.002\ 58}{0.001\ 25} \times 2.5 \times 10^6}{1\ 800 \times 900 \times 0.145 + \dfrac{\pi \times 80}{0.001\ 25 \times 5.23}}\ ℃ = 18.866\ ℃$$

（22）计算润滑油入口温度。

$$t_{\text{i}} = t_{\text{m}} - \frac{\Delta t}{2} = 50\ ℃ - \frac{18.866}{2}\ ℃ = 40.567\ ℃$$

由于一般取 $t_{\text{i}} = 35 \sim 40$ ℃，故上述入口温度合适。

（23）选择配合。

根据直径间隙 $\Delta = 0.25$ mm，按照 GB/T 1801—2009 选配合 $\dfrac{\text{F6}}{\text{d7}}$，查得轴承孔尺寸公差为 $\phi 200^{+0.079}_{+0.050}$，轴颈尺寸公差为 $\phi 200^{-0.170}_{-0.216}$。

（24）求最大、最小间隙。

$$\Delta_{\max} = 0.079\ \text{mm} - (-0.216)\ \text{mm} = 0.295\ \text{mm}$$

$$\Delta_{\min} = 0.050 \text{ mm} - (-0.170) \text{ mm} = 0.22 \text{ mm}$$

由于 $\Delta = 0.25$ mm 在 $\Delta_{\max}$ 与 $\Delta_{\min}$ 之间，故所选配合合适。

（25）校核轴承的承载能力、最小油膜厚度及润滑由温升。

分别按 $\Delta_{\max}$ 与 $\Delta_{\min}$ 进行校核，如果在允许值范围内，则绘制轴承工作图；否则需要重新选择参数，再进行设计及校核计算。

9.7　其他形式滑动轴承简介

9.7.1　流体静压滑动轴承

流体静压轴承是利用外部供油装置将高压油送到轴承间隙里，强制形成静压承载油膜，从而将轴颈与轴承表面完全隔开，实现流体静压润滑，并靠流体的静压来平衡外载荷。

流体静压径向轴承的工作原理如图 9-26 所示。压力为 p_s 的高压油经节流器分别进入四个油腔。当轴承未受径向载荷时，四个油腔内油压相等，轴颈中心与轴承孔中心重合。当轴承受径向载荷 F_r 时，轴颈将下沉，使得各油腔附近的间隙发生变化。下部油腔处的间隙减小，因而流经节流器的油流量也减小，由于节流器的作用，油腔 3 内的油压将增大为 p_3。同时由于下油腔流量增大，在节流器的作用下，油压将减小为 p_1。从而在上、下油腔间形成一压力差 $p_3 - p_1$，产生的向上的合力与加在轴颈上的径向载荷 F_r 平衡。

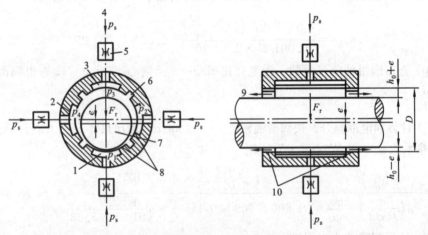

图 9-26　流体静压径向轴承示意图

1、3—油腔；2—轴承；4—进油压力；5—节流器(4 个)；6—回油槽；
7—主轴；8—径向封油面；9—回油；10—轴向封油面

流体静压原理也可用于止推滑动轴承。

流体静压轴承的主要优点是：①静压油膜的形成受轴颈转速的影响很小，因而可在极广的转速范围内正常工作，即使在启动、制动的过程中也能实现流体润滑，轴承磨损小，使用寿命长；②油膜刚度大，具有良好的吸振性，工作平稳，旋转精度高；③承载能力可通过供油压力调节，在低转速下也可满足重载的工作要求。其缺点是必须有一套较复杂的供油系统，因而成本较高，管理、维护也较麻烦。流体静压轴承适用于回转精度要求高、低速重载的场合,还可用来配合流体动压轴承的启动,在各种机床、轧钢机及天文望远镜中都有广泛的应用。

9.7.2　气体润滑轴承

气体润滑轴承(简称气体轴承)采用气体作为润滑剂,如空气、氢气、氮气等,其中空气最为常用。空气黏度极低,约为润滑油黏度的1/4 000,摩擦系数极小,所以气体轴承可在极高的转速下工作,最高可达几十万转每分钟甚至百万转每分钟。此外,空气黏度几乎不随温度变化而变化,因而气体轴承可在很大的温度范围内使用。气体轴承的主要缺点是承载能力较低,轴承刚度较小,制造精度要求高。

气体轴承可分为气体动压轴承与气体静压轴承两类,其工作原理分别与流体动压轴承和流体静压轴承的基本相同。

气体轴承在航空陀螺仪、高速风动磨头、高速离心机中都有所应用。动压气体轴承适用于持续高速运转的场合,如磨削小孔径的内圆磨床。静压气体轴承在低转速下也能正常工作,可用在高温设备、精密机床和仪器中。

本章重点、难点和知识拓展

本章重点是了解轴承的用途和分类、滑动轴承的特点和应用、轴瓦材料和轴瓦结构,掌握非完全流体润滑滑动轴承失效形式、设计准则及设计计算方法,掌握流体动压润滑的基本理论。

难点是流体动压径向滑动轴承的主要参数和设计。

前述的流体动压径向滑动轴承只有一个油楔产生油膜压力,也称单油楔滑动轴承。在工作时如果轴颈偏离了平衡位置,则轴颈将做无规则的运动,这种状态就是轴承的失稳。为了保证轴承的工作稳定性和旋转精度,常把轴承做成多油楔形状。但多油楔轴承的缺点是承载能力低,摩擦损耗大。在流体润滑状态下工作的轴承还有流体静压轴承,它是利用专门的供油系统装置,把具有一定压力的润滑油输入轴承静压油腔,形成具有压力的油膜,利用静压腔间的压力差,平衡外载荷,保证轴承在完全流体润滑状态下工作。流体静压轴承的主要特点是承载能力与轴颈的速度无关,其承载能力不是靠油楔作用形成的,因此摩擦系数小、承载能力强、旋转精度高,但要配备一套专门的供油系统,故成本比较高。

学习本章时,欲扩大在润滑方面的知识面,可以参考本章参考文献[1]。此外,为了巩固和加深对流体动压润滑原理的理解,可以对雷诺方程的建立及其解法的知识多加了解。雷诺方程的解法以本章参考文献[2]介绍的比较典型,求得计算图表,按图表进行计算。

欲对摩擦学方面的知识有较多了解,可以参考一些大型手册中的有关介绍,若要深入了解,可以参考有关的专著,如本章参考文献[3]至本章参考文献[5],这些都是供机械学专业硕士研究生用的"摩擦学"课程的教材,可以作为摩擦学研究的基础。

对于从事滑动轴承设计的读者,如果遇到高速、可倾瓦、多油楔等滑动轴承的设计计算,可以查阅一些大型手册,那里提供了有关滑动轴承的基本资料;若要深入研究,则可参阅专著或学术论文。

本章参考文献

[1] 钱祥摩,陈耕. 润滑剂与添加剂[M]. 北京:高等教育出版社,1993.

[2] 吴联兴. 机械设计基础[M]. 北京:冶金工业出版社,2000.

[3] 全永晰. 工程摩擦学[M]. 杭州:浙江大学出版社,1994.

[4] 郑林庆. 摩擦学原理[M]. 北京:高等教育出版社,1994.

[5] 温诗铸. 摩擦学原理[M]. 北京:清华大学出版社,1990.

[6] 张萍. 机械设计基础[M]. 北京:化学工业出版社,2004.

[7] 杨可桢,程光蕴. 机械设计基础[M]. 5 版. 北京:高等教育出版社,2006.

[8] 濮良贵,纪名刚. 机械设计[M]. 8 版. 北京:高等教育出版社,2010.

思考题与习题

问答题

9-1 什么场合下应采用滑动轴承?

9-2 在条件性计算中限制 $\overline{p}$、v、$\overline{pv}$ 的主要原因是什么?

9-3 滑动轴承中的油孔、油槽和油腔有何作用? 开在何处? 为什么?

设计计算题

9-4 有一非完全流体润滑的径向滑动轴承,宽径比 $B/d=1$,轴颈直径 $d=80$ mm,已知轴承材料的许用值 $[\overline{p}]=5$ MPa,$[v]=5$ m/s,$[\overline{pv}]=10$ MPa·m/s,要求轴承在 $n_1=320$ r/min 和 $n_2=640$ r/min 两种转速下均能正常工作,求轴承的许用载荷大小。

9-5 有一径向滑动轴承,宽径比 $B/d=1$,轴颈直径 $d=80$ mm,轴承的相对间隙 $\psi=0.0015$,动压润滑时允许的最小油膜厚度为 6 μm,设计所得的最小油膜厚度为 12 μm。求:

(1) 当轴颈速度提高到 $v'=1.7v$ 时,油膜厚度为多少?

(2) 当轴颈速度降低到 $v''=0.7v$ 时,能否达到流体动压润滑?

9-6 有一滑动轴承,宽径比 $B/d=1$,轴颈直径 $d=100$ mm,直径间隙 $\Delta=0.12$ mm,转速 $n=2\,000$ r/min,径向载荷 $F=8\,000$ N,润滑油动力黏度 $\eta=0.009$ Pa·s,轴径和轴瓦表面不平度分别为 $Rz_1=0.001\,6$ mm ,$Rz_2=0.003\,2$ mm 。问其是否达到流体动压润滑? 若未达到,在保持轴承尺寸不变的条件下,流体动压润滑需要改变哪些参数?

第10章 滚 动 轴 承

引言 除滑动轴承外,滚动轴承是轴承家族中的另外一个分支。在机械行业中,滚动轴承应用十分广泛。本章将从滚动轴承的类型代号开始,着重介绍滚动轴承的失效形式及其选择计算。另外滚动轴承的润滑和密封也是设计中必不可少的考虑因素。学习本章的主要目的是获得能够进行滚动轴承组合设计及分析现有的轴承组合结构的能力。

10.1 概 述

滚动轴承是现代机器中应用广泛的部件之一,它是依靠主要元件间的滚动接触来支承转动零件的。与滑动轴承相比,滚动轴承具有摩擦阻力小、启动灵活、效率高、润滑方便和互换性好等优点;其缺点是抗干扰能力差,工作时有噪声,工作寿命不及流体摩擦的滑动轴承。

绝大多数常用的滚动轴承已经标准化,并由专业工厂大量制造,即供应各种常用规格的轴承。因而本章只讨论如何根据具体工作条件正确选择轴承类型和计算所需尺寸的问题,以及与轴承的安装、调整、润滑、密封等有关的"轴承组合设计"问题。

滚动轴承的基本结构如图10-1所示,它由内圈1、外圈2、滚动体3和保持架4四部分组成。内圈用来和轴颈装配,外圈用来和轴承座装配。通常,内圈随轴颈回转,外圈固定,但有时,外圈回转而内圈不动,或内、外圈同时回转。当内、外圈相对转动时,滚动体即在内、外圈的滚道间滚动。常用的滚动体,如图10-2所示,有球、圆柱滚子、滚针、圆锥滚子、球面滚子、非对称球面滚子等几种。轴承内、外圈上的滚道,有限制滚动体侧向位移的作用。

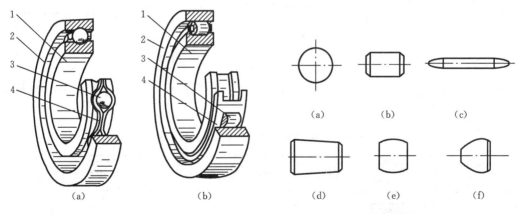

图10-1 滚动轴承的基本结构
1—内圈;2—外圈;3—滚动体;4—保持架

图10-2 常用的滚动体

保持架的主要作用是均匀地隔开滚动体。如果没有保持架,则相邻滚动体转动时将会因接触处产生较大的相对滑动速度而引起磨损。保持架有冲压的(见图10-1(a))和实体的(见图 10-1(b))两种。冲压保持架一般用低碳钢冲压制成,它与滚动体间有较大的间隙。实体保持架常用铜合金、铝合金或塑料经切削加工制成,有较好的定心作用。

内圈、外圈和滚动体的材料通常采用强度高、耐磨性好的专用钢材,如高碳铬轴承钢、渗碳轴承钢等,淬火后硬度不低于 61～65 HRC,滚动体和滚道表面要求磨削抛光。保持架常选用减摩性较好的材料,如铜合金、铝合金、低碳钢及工程塑料等。近年来,塑料保持架的应用日益广泛。

10.2 滚动轴承的类型、代号及其选择

10.2.1 滚动轴承的主要类型

滚动轴承按所能承受的载荷方向,主要分为向心轴承和推力轴承两大类,前者主要承受径向载荷,后者主要承受轴向载荷。滚动体和套圈接触处的法线与轴承径向平面间的夹角称为轴承的接触角。公称接触角用 α 表示,轴承所能承受载荷的方向和大小均与其有关,它是滚动轴承重要的几何参数。按公称接触角 α 的不同,滚动轴承的分类如表 10-1 所示。

表 10-1 滚动轴承的分类

轴承类型	向 心 轴 承		推 力 轴 承	
	径向接触轴承	角接触向心轴承	角接触推力轴承	轴向接触轴承
公称接触角 α	$\alpha=0°$	$0°<\alpha\leqslant45°$	$45°<\alpha<90°$	$\alpha=90°$
轴承举例	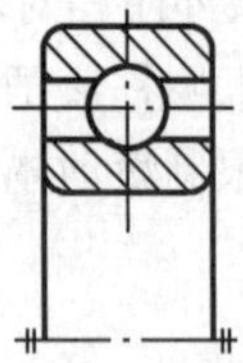 深沟球轴承	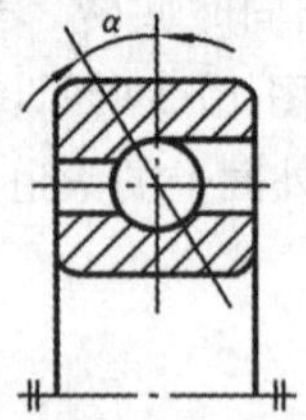 角接触球轴承	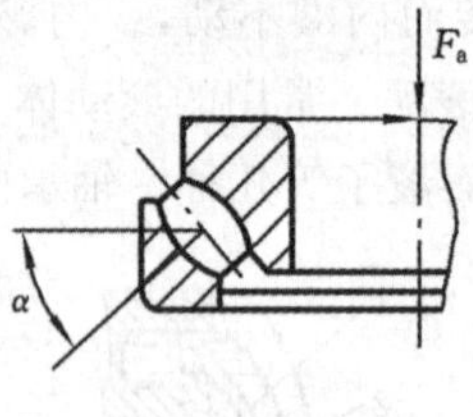 推力调心滚子轴承	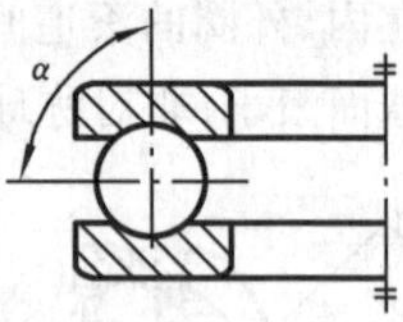 推力球轴承

为满足各种机械工况的要求,滚动轴承有很多类型,表 10-2 列出了常用滚动轴承的类型及主要性能。

表 10-2 常用滚动轴承的类型及主要性能

轴承类型及类型代号	结构简图与结构代号	载荷方向	极限转速	允许偏斜角	性能和应用
调心球轴承 1	 10000		中	2°～3°	主要承受径向载荷和较小的双向轴向载荷。外圈内表面为球面,故具有调心性能。适用于刚性小、对中性差的轴及多支点的轴

续表

轴承类型及类型代号	结构简图与结构代号	载荷方向	极限转速	允许偏斜角	性能和应用
调心滚子轴承 2	20000		低	0.5°～2°	性能同调心球轴承的性能,但具有较大的承载能力。适用于其他类型轴承不能胜任的重载荷场合,如轧钢机、破碎机、吊车走轮的轴承
圆锥滚子轴承 3	30000 ($\alpha=10°～18°$) 30000B ($\alpha=27°～30°$)		中	2'	能同时承受较大的径向载荷和单向轴向载荷,内外圈可分离,装拆方便,一般成对使用。适用于刚性大、载荷大的轴,应用广泛
推力球轴承 5	51000(单向) 52000(双向)		低	不允许	只能承受轴向载荷,轴线必须与轴承底座面垂直,极限转速低。一般与径向轴承组合使用;当仅承受轴向载荷时,可单独使用,如起重机吊钩等
深沟球轴承 6	60000		高	8'	主要承受径向载荷及较小的双向轴向载荷,极限转速高。适用于转速高、刚度大的轴,常用于中、小功率的轴
角接触球轴承 7	70000C ($\alpha=15°$) 70000AC ($\alpha=25°$) 70000B ($\alpha=40°$)		较高	2'～8'	能同时承受径向和单向轴向载荷,接触角 α 越大,轴向承载能力也越大,一般成对使用。适用于刚性较大、跨度不大、转速高的轴

续表

轴承类型及类型代号	结构简图与结构代号	载荷方向	极限转速	允许偏斜角	性能和应用
圆柱滚子轴承 N	N0000	↕	较高	$2'\sim4'$	能承受大的径向载荷,不能承受轴向载荷,内外圈可分离。其结构形式有外圈无挡边(N)、内圈无挡边(NU)、外圈单挡边(NF)、内圈单挡边(NJ)等

10.2.2 滚动轴承的代号

不同的滚动轴承有不同的结构、尺寸、公差等级和技术要求,为便于设计时选用,GB/T 272—1993规定了滚动轴承代号的表示方法。常用的滚动轴承代号由前置代号、基本代号和后置代号组成,见表10-3。

表10-3　常用的滚动轴承代号的构成

前置代号	基本代号					后置代号					
	五	四	三	二 一		内部结构代号	密封与防尘结构代号	保持架及其材料代号	特殊轴承材料代号	公差等级代号	游隙代号	多轴承配置代号	其他代号
轴承分部件代号	类型代号	尺寸系列代号		内径代号							
		宽度系列代号	直径系列代号								

注:基本代号下面的一至五表示代号自右向左的位置序数。

1. 基本代号

基本代号表示轴承的类型和尺寸,是轴承代号的核心。它由类型代号、尺寸系列代号和内径代号组成。

(1)轴承类型代号:用基本代号右起第五位数字或字母表示,见表10-2第1栏。

(2)尺寸系列代号:它由轴承的直径系列代号和宽(高)度系列代号组成。基本代号右起第三位数字是轴承的直径系列代号,为了适应不同工作条件的需要,对于内径相同的轴承可取不同的外径、宽度和滚动体。直径系列代号有7、8、9、0、1、2、3、4和5,对应于相同内径的轴承,其外径尺寸依次递增。部分直径系列之间的尺寸对比见图10-3。

基本代号右起第四位数字是宽度系列代号,它表示结构、内径和直径系列都相同的轴承,可取不同的宽度(对推力轴承是指高度)。宽度系列代号有8、0、1、2、3、4、5和6,对应于同一直径系列的轴承,其宽度依次递增。宽度系列代号为0时,除调心滚子轴承和圆锥滚子轴承外不标出。

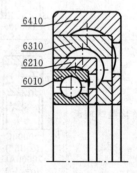

图10-3　直径系列的对比

向心轴承、推力轴承尺寸系列代号表示方法见表10-4。

表 10-4　轴承尺寸系列代号表示方法

直径系列代号	向心轴承								推力轴承			
	宽度系列代号								高度系列代号			
	8	0	1	2	3	4	5	6	7	9	1	2
	尺寸系列代号											
7	—	—	17	—	37	—	—	—	—	—	—	—
8	—	08	18	28	38	48	58	68	—	—	—	—
9	—	09	19	29	39	49	59	69	—	—	—	—
0	—	00	10	20	30	40	50	60	70	90	10	—
1	—	01	11	21	31	41	51	61	71	91	11	—
2	82	02	12	22	32	42	52	62	72	92	12	22
3	83	03	13	23	33	—	—	—	73	93	13	23
4	—	04	—	24	—	—	—	—	74	94	14	24
5	—	—	—	—	—	—	—	—	—	95	—	—

（3）内径代号：用基本代号右起第一、二位数字表示，滚动轴承内径的表示方法见表10-5。其他轴承内径的表示方法，可参阅轴承手册。

表 10-5　滚动轴承内径代号

| 内径尺寸代号 | 00 | 01 | 02 | 03 | 04～96 |
| 轴承内径/mm | 10 | 12 | 15 | 17 | 内径代号×5 |

2. 前置代号

轴承的前置代号表示成套轴承分部件，用字母表示。例如：L 表示可分离轴承的可分离内圈和外圈；K 表示滚子和保持架组件等。

3. 后置代号

后置代号用字母（或加数字）表示，具体表示内容见表10-3，常用代号如下。

（1）内部结构代号：例如角接触轴承的内部结构代号表示公称接触角，分别用 C、AC 和 B 表示公称接触角 15°、25°和 40°；同一类型的加强型用 E 表示。

（2）公差等级代号：轴承的公差等级分为 2 级、4 级、5 级、6 级（或 6X 级）和 N 级，共 5 个级别，依次由高级到低级，其代号分别为/P2、/P4、/P5、/P6（或/P6X）和/PN，其中 6X 级仅适用于圆锥滚子轴承；N 级为普通级，代号不标出。

（3）游隙代号：常用的轴承径向游隙系列分为 2 组、N 组、3 组、4 组和 5 组，共 5 个组别，径向游隙依次由小到大。N 组游隙是常用的游隙组别，在轴承代号中不标出，其余游隙组别分别用/C2、/C3、/C4、/C5 表示。当游隙与公差等级同时表示时，C 可省略。

例 10-1 说明轴承代号 6206、7312AC/P4、31415E、N308/P5 的含义。

解 6206 表示轴承类型为深沟球轴承，尺寸系列为 02（其中宽度系列代号为 0，直径系列代号为 2），内径代号为 06，轴承内径为 $d = 6 \times 5$ mm $= 30$ mm，公差等级为普通级，游隙为 N 组。

7312AC/P4 表示轴承类型为角接触球轴承，尺寸系列为 03（其中宽度系列代号为 0，直径系列代号为 3），轴承内径为 $d = 12 \times 5$ mm $= 60$ mm，AC 表示接触角 $\alpha = 25°$，公差等级为 4 级，游隙为 N 组。

31415E 表示轴承类型为圆锥滚子轴承，尺寸系列为 14（其中宽度系列代号为 1，直径系列代号为 4），轴承内径为 $d = 15 \times 5$ mm $= 75$ mm，E 表示加强型，公差等级为普通级，游隙为 N 组。

N308/P5 表示轴承类型为圆柱滚子轴承，尺寸系列为 03（其中宽度系列代号为 0，直径系列代号为 3），轴承内径为 $d = 8 \times 5$ mm $= 40$ mm，公差等级为 5 级，游隙为 N 组。

10.2.3 滚动轴承的类型选择

选择滚动轴承的类型时，应考虑轴承所承受载荷的大小、方向和性质，转速的高低，调心性能的要求，轴承的装拆，以及经济性等。

（1）轴承的载荷 载荷较大且有冲击时，宜选用滚子轴承；载荷较轻且冲击较小时，选球轴承；同时承受径向和轴向载荷时，当轴向载荷相对较小时，可选用深沟球轴承或接触角较小的角接触球轴承；当轴向载荷相对较大时，应选接触角较大的角接触球轴承或圆锥滚子轴承。

（2）轴承转速 轴承的工作转速应低于其极限转速。球轴承（推力球轴承除外）较滚子轴承极限转速高。当转速较高时，应优先选用球轴承。在同类型轴承中，直径系列中外径较小的轴承，宜用于高速，外径较大的轴承，宜用于低速。

（3）轴承调心性能 当轴的弯曲变形大、跨距大、轴承座刚度低时或在多支点轴及轴承座分别安装难以对中的场合，应选用调心轴承。

（4）轴承的安装 对需经常装拆的轴承或支持长轴的轴承，为了便于装拆，宜选用内、外圈可分离轴承，如 N0000，NA0000，30000 等。

（5）经济性 特殊结构轴承比一般结构轴承价格高；滚子轴承比球轴承价格高；型号相同而公差等级不同的轴承，价格差别很大。所以，在满足使用要求的情况下，应先选用球轴承和 0 级（普通级）公差轴承。

10.3 滚动轴承的工作情况及计算准则

10.3.1 滚动轴承的工作情况

滚动轴承的类型很多，工作时载荷情况也各不相同，下面仅以深沟球轴承为例进行分析。

1．只受径向载荷的情况

如图 10-4 所示，轴承只受径向载荷 F_r 时，若滚动体与套圈间无过盈，最多只有半圈滚动体受载。假设内、外圈不变形，由于滚动体弹性变形的影响，内圈将沿 F_r 方向移动一个距离 δ，显然，在承载区位于 F_r 作用线上的滚动体变形量最大，故其承受的载荷也最大。根据力的平衡条件和变形条件可以求出，受载最大的滚动体的载荷为

$$F_{r0} \approx \frac{5}{z} F_r \left(滚子轴承时\ F_{r0} \approx \frac{4.6}{z} F_r \right) \tag{10-1}$$

式中：z——滚动体的总个数。

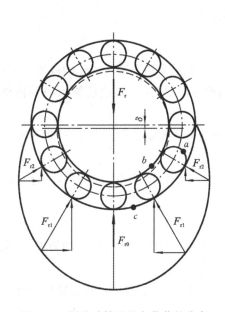 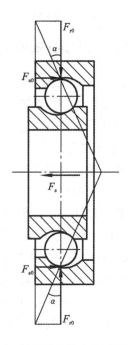

图 10-4　深沟球轴承径向载荷的分布　　　　图 10-5　深沟球轴承轴向载荷的分布

2．只受轴向载荷的情况

如图 10-5 所示，轴承只受中心轴向载荷 F_a 时，可认为载荷由各滚动体平均分担。由于 F_a 被支承的方向不是轴承的轴线方向而是滚动体与套圈接触点的法线方向，因此每个滚动体都受相同的轴向分力 F_{a0} 和相同的径向分力 F_{r0} 的作用，有

$$F_{a0} = \frac{F_a}{z} \tag{10-2}$$

$$F_{r0} = F_{a0} \cot\alpha = \frac{F_a}{z} \cot\alpha \tag{10-3}$$

式中：α——滚动轴承的实际接触角，其值在一定范围内随载荷 F_a 的大小而变化，且与滚道曲率半径和弹性变形量等因素有关。

3．径向载荷、轴向载荷联合分布的情况

此时，载荷分布情况主要取决于轴向载荷 F_a 和径向载荷 F_r 的大小比例关系。当 F_a 比 F_r 小很多，即 F_a/F_r 很小时，轴向力的影响相对较小。此时，随着 F_a 的增大，受载滚动

体的个数将会增多,对轴承寿命是有利的,但作用并不显著,故可忽略轴向力的影响,仍按受纯径向载荷处理。

相反,当 F_a/F_r 较大时,则必须计入 F_a 的影响。此时,轴承的载荷情况相当于图 10-4 和图 10-5 的叠加,显然位于径向载荷 F_r 作用线上的滚动体所受径向力最大,其总径向力 F_{rmax} 可由式(10-1)和式(10-3)得

$$F_{rmax} = \frac{5}{z}F_r + \frac{F_a}{z}\cot\alpha \qquad (10\text{-}4)$$

由式(10-4)可知,这种情况下,滚动体的受力和轴承的载荷分布不仅与径向载荷和轴向载荷的大小有关,还与接触角 α 的变化有关。

10.3.2 滚动轴承的失效形式及计算准则

1. 滚动轴承的失效形式

对于在安装、润滑、维护良好条件下工作的轴承,由于受到周期性变化的应力作用,滚动体与滚道接触表面会产生疲劳点蚀,此时,强烈的振动、噪声和发热使轴承的旋转精度降低,致使轴承失效。

对于转速很低或间歇摆动的轴承,在过大的静载荷或冲击载荷的作用下,轴承元件接触处的局部产生塑性变形。

新结构的设计、装配、润滑、密封、维护不当可能导致轴承出现过度磨损,胶合,内、外套圈断裂,滚动体和保持架破裂等失效形式。

2. 滚动轴承的设计准则

为保证轴承正常工作,应针对其主要失效形式进行计算。对于一般转动的轴承,疲劳点蚀是其主要失效形式,故应进行寿命计算。

对于摆动或转速极低的轴承,塑性变形是其主要失效形式,故应进行静强度计算。

10.4 滚动轴承的计算

10.4.1 滚动轴承的寿命计算

1. 滚动轴承的寿命和基本额定寿命

在单个轴承中的任一元件出现疲劳点蚀前,两套圈相对转动的总转数或工作小时数称为该轴承的寿命。

由于材质和热处理的不均匀及制造误差等因素,即使是同一型号、同一批生产的轴承,在同样条件下工作,其寿命也各不相同。图 10-6 所示为试验所得的轴承寿命分布曲线,可以看出,轴承寿命呈现很大的离散性,最高寿命与最低寿命可相差几十倍。为此,引入一种在概率条件下的基本额定寿命,并将其作为轴承计算的依据。

轴承的基本额定寿命是指当一组相同的轴承,在相同条件下运转时,90％的轴承不发生点蚀破坏前的总转数 L_{10}(单位为 10^6 r(转))或一定转速下的工作小时数,即可靠度 $R=$

90%(或失效概率 $R_f = 10\%$)时的轴承寿命。

2. 滚动轴承的基本额定动载荷

轴承的寿命与所受载荷的大小有关,当轴承的基本额定寿命为 $L_{10} = 1 \times 10^6$ r 时,轴承所能承受的载荷为基本额定动载荷,用 C 表示,单位为 N。各种型号轴承的 C 值可从轴承手册中查取。基本额定动载荷对于径向轴承是指纯径向载荷,称为径向基本额定动载荷,用 C_r 表示;对于推力轴承是指纯轴向载荷,称为轴向基本额定动载荷,用 C_a 表示。基本额定动载荷 C 表征不同型号轴承的抗疲劳点蚀失效的能力,它是选择轴承型号的重要依据。

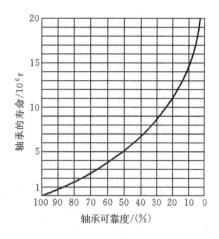

图 10-6 轴承寿命分布曲线

3. 滚动轴承的当量动载荷

滚动轴承的基本额定动载荷是在一定的载荷条件下得到的,即径向轴承仅承受纯径向载荷 F_r,推力轴承仅承受轴向载荷 F_a。如果轴承同时承受径向载荷 F_r 和轴向载荷 F_a,在进行轴承寿命计算时,必须将实际载荷转换为与确定基本额定动载荷时的载荷条件一致的假想载荷,在其作用下的轴承寿命与实际载荷作用下的轴承寿命相同,这一假想载荷称为当量动载荷,用 P 表示。其计算公式为

$$P = XF_r + YF_a \tag{10-5}$$

式中:X——径向动载荷系数;

Y——轴向动载荷系数,X、Y 值如表 10-6 所示。

表 10-6 径向动载荷系数 X 和轴向动载荷系数 Y

轴承类型	$\dfrac{F_a}{C_0}$ ①	e	单列轴承				双列轴承			
			$F_a/F_r \leqslant e$		$F_a/F_r > e$		$F_a/F_r \leqslant e$		$F_a/F_r > e$	
			X	Y	X	Y	X	Y	X	Y
深沟球轴承 (60000)	0.014	0.19	1	0	0.56	2.30	1	0	0.56	2.30
	0.028	0.22				1.99				1.99
	0.056	0.26				1.71				1.71
	0.084	0.28				1.55				1.55
	0.11	0.30				1.45				1.45
	0.17	0.34				1.31				1.31
	0.28	0.38				1.15				1.15
	0.42	0.42				1.04				1.04
	0.56	0.44				1.00				1.00

续表

轴承类型	$\dfrac{F_a}{C_0}$ ①	e	单列轴承				双列轴承			
			$F_a/F_r \le e$		$F_a/F_r > e$		$F_a/F_r \le e$		$F_a/F_r > e$	
			X	Y	X	Y	X	Y	X	Y
角接触球轴承 $\alpha=15°$ (70000C)	0.015	0.38				1.47		1.65		2.39
	0.029	0.40				1.40		1.57		2.28
	0.058	0.43				1.30		1.46		2.11
	0.087	0.46				1.23		1.38		2.00
	0.12	0.47	1	0	0.44	1.19	1	1.34	0.72	1.93
	0.17	0.50				1.12		1.26		1.82
	0.29	0.55				1.02		1.14		1.66
	0.44	0.56				1.00		1.12		1.63
	0.58	0.56				1.00		1.12		1.63
$\alpha=25°$ (70000AC)	—	0.68	1	0	0.41	0.87	1	0.92	0.67	1.41
$\alpha=40°$ (70000B)	—	1.14	1	0	0.35	0.57	1	0.55	0.57	0.93
圆锥滚子轴承 (30000)		②	1	0	0.4	②	1	②	0.67	②
调心球轴承 (10000)	—	②					1	②	0.65	②
调心滚子轴承 (20000)	—	②	—	—	—	—	1	②	0.67	②

注：① 式中 C_0 为轴承的额定静载荷，由手册查取；

　　② 由接触角 α 决定的 e、Y 值，根据轴承型号由手册查取。

4. 轴承寿命的计算公式

滚动轴承的载荷与寿命之间的关系，可用疲劳曲线表示，如图 10-7 所示。图中纵坐标表示载荷，横坐标表示寿命，其曲线方程为

$$P^\varepsilon L_{10} = 常数 \tag{10-6}$$

式中：P——当量动载荷（N）；

L_{10}——基本额定寿命（10^6 r）；

ε——寿命指数，对球轴承 $\varepsilon=3$，对滚子轴承 $\varepsilon=10/3$。

由基本额定动载荷的定义可知，当轴承寿命 $L_{10}=1\times10^6$ r 时，轴承的载荷 $P=C$，由式（10-6）可得到滚动轴承寿命计算的基本公式，为

$$L_{10} = \left(\dfrac{C}{P}\right)^\varepsilon \tag{10-7}$$

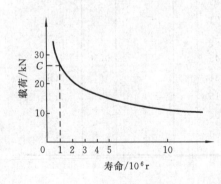

图 10-7　滚动轴承的疲劳曲线

以小时(h)表示的轴承寿命 L_h 计算公式为

$$L_h = \frac{10^6}{60n} \left(\frac{C}{P}\right)^\varepsilon \qquad (10\text{-}8)$$

式中: n——轴承转速(r/min)。

标准中列出的是轴承在工作温度 $t \leqslant 120\ ℃$ 下的基本额定动载荷值,当温度超过 $120\ ℃$ 时,将对轴承元件的材料性能产生影响,需引入温度系数 f_t(见表10-7),对轴承的基本额定动载荷值进行修正。

表 10-7 温度系数 f_t

轴承工作温度/℃	≤120	125	150	175	200	225	250	300	350
f_t	1.0	0.95	0.9	0.85	0.80	0.75	0.70	0.60	0.5

考虑到载荷性质对轴承工作的影响引入载荷系数 f_p(见表10-8)。

表 10-8 载荷系数 f_p

载荷性质	f_p	举 例
无载荷或轻微冲击	1.0~1.2	电动机、汽轮机、通风机、水泵
中等载荷和振动	1.2~1.8	车辆、机床、传动装置、起重机、内燃机、冶金设备、减速器
强大载荷和振动	1.8~3.0	破碎机、轧钢机、石油钻机、振动筛

引入温度系数和载荷系数后式(10-7)和式(10-8)分别变为

$$L_{10} = \left(\frac{f_t C}{f_p P}\right)^\varepsilon \qquad (10\text{-}9)$$

$$L_h = \frac{10^6}{60n} \left(\frac{f_t C}{f_p P}\right)^\varepsilon \qquad (10\text{-}10)$$

各类机器中滚动轴承的预期寿命 L_h' 可参照表10-9确定。

表 10-9 滚动轴承的预期寿命 L_h'

机 器 种 类		预期寿命/h
不经常使用的仪器及设备		500
航空发动机		500~2 000
间断使用的机械	中断使用不致引起严重后果的手动机械、农业机械等	4 000~8 000
	中断使用会引起严重后果,如升降机、运输机、吊车等	8 000~12 000
每天工作8 h的机械	利用率不高的齿轮传动、电动机等	12 000~20 000
	利用率较高的通风设备、机床等	20 000~30 000
连续工作24 h的机械	一般可靠性的空气压缩机、电动机、水泵等	50 000~60 000
	高可靠性的电站设备、给排水装置等	>100 000

10.4.2 角接触球轴承和圆锥滚子轴承轴向载荷 F_a 的计算

1. 内部轴向力 F_S

角接触轴承受径向载荷 F_r 作用时，由于存在接触角 α，承载区内每个滚动体的反力都是沿滚动体与套圈接触点的法线方向传递的（见图 10-8）。设第 i 个滚动体的反力为 F_i，将其分解为径向分力 F_{ri} 和轴向分力 F_{Si}，各受载滚动体的轴向分力之和用 F_S 表示。由于 F_S 是因轴承的内部结构特点伴随径向载荷而产生的轴向力，故称其为轴承的内部轴向力。F_S 的计算公式见表 10-10。

内部轴向力 F_S 的方向和轴承的安装方式有关，但内圈所受的内部轴向力总是指向内圈与滚动体相对外圈脱离的方向。F_S 通过内圈作用在轴上，为避免轴在 F_S 作用下产生轴向移动，角接触球轴承和圆锥滚子轴承通常成对使用，反向安装，以便两轴承的 F_S 方向相反。

表 10-10　角接触轴承的内部轴向力 F_S

轴承类型	角接触球轴承			圆锥滚子轴承
	70000C($\alpha=15°$)	70000AC($\alpha=25°$)	70000B($\alpha=40°$)	30000
F_S	eF_r	$0.68F_r$	$1.14F_r$	$F_r/(2Y)$

注：表中 Y 值为 $F_a/F_r>e$ 时的轴向载荷系数，e、Y 值可查表 10-6。

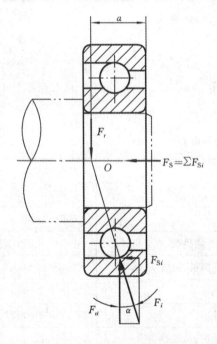

图 10-8　角接触球轴承的内部轴向力

2. 支反力作用点

计算轴的支反力时，首先需确定支反力作用点的位置。由图 10-8 可知，由于结构的原因，角接触球轴承和圆锥滚子轴承的支点位置应处于各滚动体的法向反力 F_i 的作用线与轴线的交点即点 O，而不是轴承宽度的中点。点 O 与轴承远端面的距离 a 可根据轴承型号由手册查出。

为简化计算，也可假设支点位置就在轴承宽度中点，但对跨距较小的轴误差较大，不宜做此简化计算。

3. 轴向载荷 F_a 的计算

图 10-9 中，F_{re} 和 F_{ae} 分别为作用在轴上的径向载荷和轴向载荷，两轴承所受的径向载荷分别为 F_{r1} 和 F_{r2}，产生的内部轴向力分别为 F_{S1} 和 F_{S2}。两轴承的轴向载荷 F_{a1}、F_{a2} 可按下列两种情况分析。

（1）若 $F_{S1}+F_{ae}>F_{S2}$，轴有向右移动并压紧轴承 2 的趋势，此时由于右端盖（图 10-9(a)）或左轴承座孔挡肩（图 10-9(b)）的止动作用，轴受到一平衡反力 F'_{S2}（图中未示出），因此轴上各轴向力处于平衡状态。轴承 2 所受的轴向载荷

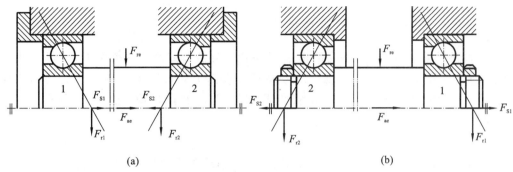

图 10-9 角接触球轴承轴向载荷的分析

(a)正装;(b)反装

为

$$F_{a2} = F_{S2} + F'_{S2} = F_{S1} + F_{ae}$$

而轴承 1 只受自身的内部轴向力,故

$$F_{a1} = F_{S1}$$

(2) 若 $F_{S1} + F_{ae} < F_{S2}$,轴有向左移动并压紧轴承 1 的趋势,此时由于左端盖(见图 10-9(a))或右轴承座孔挡肩(见图 10-9(b))的止动作用,轴受到一平衡反力 F'_{S1}(图中未示出),因此轴上各轴向力处于平衡状态。轴承 1 所受的轴向载荷为

$$F_{a1} = F_{S1} + F'_{S1} = F_{S2} - F_{ae}$$

而轴承 2 只受自身内部轴向力,故

$$F_{a2} = F_{S2}$$

例 10-2 某安装有斜齿轮的转轴由一对代号为 7210AC 的轴承支承。已知两轴承所受径向载荷分别为 $F_{r1} = 2\ 600$ N,$F_{r2} = 600$ N,安装方式如图10-10 所示,齿轮上的轴向载荷 $F_{ae} = 1\ 200$ N,载荷平稳。求轴承所受的轴向载荷。

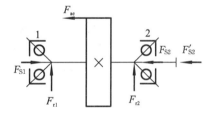

图 10-10 转轴受力简图

解 (1) 计算内部轴向力。

由表 10-10 可知,7210AC 轴承的内部轴向力 F_S = 0.68F_r,则

$$F_{S1} = 0.68F_{r1} = 0.68 \times 2\ 600\ \text{N} = 1\ 768\ \text{N}$$
$$F_{S2} = 0.68F_{r2} = 0.68 \times 600\ \text{N} = 408\ \text{N}$$

(2) 计算轴承所受的轴向载荷。

因为 $$F_{S2} + F_{ae} = 408\ \text{N} + 1\ 200\ \text{N} = 1\ 608\ \text{N}$$

所以 $$F_{S2} + F_{ae} < F_{S1}$$

故轴有向右移动并压紧轴承 2 的趋势,此时由于右端盖的止动作用,轴受到一平衡反力 F'_{S2},因此轴上各轴向力处于平衡状态。轴承 2 所受的轴向载荷为

$$F_{a2} = F_{S2} + F'_{S2} = F_{S1} - F_{ae} = (1\ 768 - 1\ 200)\ \text{N} = 568\ \text{N}$$

而轴承 1 只受自身的内部轴向力,故

$$F_{a1} = F_{S1} = 1\ 768\ \text{N}$$

所以,轴承 1、2 受到的轴向载荷分别为 1 768 N、568 N。

10.4.3　滚动轴承的静强度计算

计算滚动轴承的静强度的目的是：防止轴承在静载荷或冲击载荷作用下产生过大的塑性变形。GB/T 4662—2012 规定：使受载最大的滚动体与滚道接触中心处的计算接触应力达到一定数值时的静载荷，称为基本额定静载荷，用 C_0 表示，C_0 值可由设计手册查出。

轴承静强度条件为

$$C_0 \geqslant S_0 P_0 \tag{10-11}$$

式中：S_0——轴承静强度安全系数，其值可根据使用条件参考表 10-11 确定。

表 10-11　静强度安全系数 S_0

工 作 条 件		S_0	
		球轴承	滚子轴承
旋转轴承	对旋转精度及平稳性要求高，或受冲击载荷	1.5～2	2.5～4
	正常使用	0.5～2	1～3.5
	对旋转精度及平稳性要求较低，没有冲击载荷	0.5～2	1～3
静止或摆动轴承	水坝闸门装置、附加动载荷小的大型起重吊钩	≥1	
	吊桥、附加动载荷大的小型起重吊钩	≥1.5～1.6	

轴承上作用的径向载荷 F_r 和轴向载荷 F_a，应折合成一个假想静载荷，称为当量静载荷，用 P_0 表示。

$$P_0 = X_0 F_r + Y_0 F_a \tag{10-12}$$

式中：X_0 和 Y_0——当量静载荷的径向和轴向静载荷系数，其值可查表 10-12。

表 10-12　径向和轴向静载荷系数 X_0、Y_0

轴承类型	代　号	单 列 轴 承		双列轴承（或成对使用）	
		X_0	Y_0	X_0	Y_0
深沟球轴承	60000	0.6	0.5	0.6	0.5
角接触球轴承	70000C	0.5	0.46	1	0.92
	70000AC	0.5	0.38	1	0.76
	70000B	0.5	0.26	1	0.52
圆锥滚子轴承	30000	0.5	0.22cotα[①]	1	0.44cotα[①]
圆柱滚子轴承	N0000 NU0000	1	0	1	0
调心球轴承	10000	—	—	1	0.44cotα[①]
调心滚子轴承	20000C	—	—	1	0.44cotα[①]
滚针轴承	NA0000	1	0	1	0
推力球轴承	50000	0	1	0	1

注：① 具体数值按轴承型号由设计手册查取。

例 10-3 有一 6314 型轴承,所受径向载荷 $F_r = 5\ 000$ N,轴向载荷 $F_a = 2\ 500$ N,轴承转速 $n = 1\ 500$ r/min,有轻微冲击,常温下工作,试求其寿命。

解 (1) 确定 C_r。

查手册可得,6314 型轴承的基本额定动载荷 $C_r = 105\ 000$ N,基本额定静载荷 $C_0 = 68\ 000$ N。

(2) 计算 F_a/C_0 值,并确定 e 值。

$$\frac{F_a}{C_0} = \frac{2\ 500}{68\ 000} = 0.037$$

由表 10-6 查得 F_a/C_0 为 0.028、0.056 时,对应的 e 值分别为 0.22、0.26。

用线性插值法确定 e 值,有

$$e \approx 0.23$$

(3) 计算当量动载荷 P。

由式(10-5)得

$$P = XF_r + YF_a$$

$$\frac{F_a}{F_r} = \frac{2\ 500}{5\ 000} = 0.5 > e$$

由表 10-6 查得 $X = 0.56$,$Y = 1.92$,则

$$P = (0.56 \times 5\ 000 + 1.92 \times 2\ 500)\ \text{N} = 7\ 600\ \text{N}$$

(4) 计算轴承寿命。

由式(10-8)得

$$L_h = \frac{10^6}{60n}\left(\frac{f_t C}{f_p P}\right)^\varepsilon$$

由表 10-8 查得 $f_p = 1.0 \sim 1.2$,取 $f_p = 1.2$;由表 10-7 查得 $f_t = 1$(常温下工作);6314 型轴承为深沟球轴承,寿命指数 $\varepsilon = 3$。则

$$L_h = \frac{10^6}{60 \times 1\ 500}\left(\frac{1 \times 105\ 000}{1.2 \times 7\ 600}\right)^3\ \text{h} = 16\ 957\ \text{h}$$

例 10-4 对于某卷扬机的传动装置,根据工作条件决定采用一对圆锥滚子轴承(见图 10-11)。初选 30207 轴承,两轴承为面对面安装,运转过程中受中等冲击。已知轴承载荷:$F_{r1} = 1\ 000$ N,$F_{r2} = 2\ 000$ N,$F_{ae} = 800$ N,转速 $n = 1\ 440$ r/min,预期寿命 $L_h = 50\ 000 \sim 60\ 000$ h,试问所选轴承是否合适?

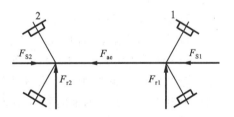

图 10-11 圆锥滚子轴承受力分析

解 按式(10-8)

$$L_h = \frac{10^6}{60n}\left(\frac{C}{P}\right)^\varepsilon$$

查有关机械设计手册,30207 轴承 $C_r = 51\ 500$ N,$e = 0.37$,$Y = 1.6$。

(1) 求轴承的轴向载荷 F_a。

轴承内部轴向力 F_S 由表 10-10 可得

$$F_{S1} = F_{r1}/(2Y) = 1\ 000/(2 \times 1.6)\ \text{N} = 313\ \text{N}$$

$$F_{S2} = F_{r2}/(2Y) = 2\ 000/(2 \times 1.6)\ \text{N} = 625\ \text{N}$$

轴承的轴向载荷：由于 $F_{S1}+F_{ae}=(313+800)\,\text{N}=1\,113\,\text{N}>F_{S2}=625\,\text{N}$，故轴承1"放松"，轴承2"压紧"，则

$$F_{a1}=F_{S1}=313\,\text{N}$$
$$F_{a2}=F_{S1}+F_{ae}=1\,113\,\text{N}$$

（2）求轴承的当量动载荷 P。

轴承1 　　　　　　$F_{a1}/F_{r1}=313/1\,000=0.313<e=0.37$

查表10-6，得　　　　　　$X=1,\quad Y=0$

$$P_1=XF_{r1}+YF_{a1}=(1\times1\,000+0\times313)\,\text{N}=1\,000\,\text{N}$$

轴承2 　　　　　　$F_{a2}/F_{r2}=1\,113/2\,000=0.556\,5>e$

查有关设计手册，得　　　　$X=0.4,\quad Y=1.6$

$$P_2=XF_{r2}+YF_{a2}=(0.4\times2\,000+1.6\times1\,113)\,\text{N}=2\,581\,\text{N}$$

根据轴的结构要求，两端选择同样尺寸的轴承，而且 $P_2>P_1$，故应以 P_2 作为轴承寿命计算依据。

（3）求轴承的实际寿命。

查表10-7，$f_t=1$；查表10-8，$f_p=1.5$；已知滚子轴承 $\varepsilon=10/3$

$$L_h=\frac{10^6}{60n}\left(\frac{f_tC_r}{f_pP}\right)^\varepsilon=\frac{10^6}{60\times1\,440}\left(\frac{1\times51\,500}{1.5\times2\,581}\right)^{10/3}\,\text{h}=64\,552\,\text{h}$$

实际寿命比预期寿命略长，故所选轴承合适。

10.5　滚动轴承的组合设计

为使轴承正常工作，除应正确选择轴承的类型和尺寸外，还应合理进行轴承的组合设计。轴承组合设计主要是正确解决轴承的支承结构、固定、配合、调整、润滑和密封等问题。

1. 滚动轴承的支承结构

滚动轴承的支承结构有以下三种基本形式。

（1）两端固定式　当轴较短（通常支点跨距 $l\leqslant400\,\text{mm}$），工作温度不高时，可采用两端固定结构，图10-12所示为采用两个深沟球轴承的支承结构。在这种结构中，两端轴承各限制轴在一个方向的轴向移动，两个轴承合在一起就限制了轴的双向轴向移动。为了补偿轴的受热伸长，可在一端轴承的外圈和轴承端面间留出 $0.2\sim0.4\,\text{mm}$ 的轴向间隙 c。

（2）一端固定，一端游动式　当轴较长（通常支点跨距 $l>400\,\text{mm}$）或工作温度较高时，轴的伸缩量较大，应采用一端固定一端游动的支承结构（见图10-13）。固定端轴承用来限制轴两个方向的轴向移动，而游动端轴承的外圈可以在机座孔内沿轴向游动。

（3）两端游动式　图10-14所示为人字齿轮轴的结构，其两端均为游动支承。因人字齿轮的啮合作用，当大齿轮的轴向位置固定后，小齿轮轴的轴向位置将随之确定，如果再将小齿轮轴的轴向位置也固定，则会发生干涉以至于卡死。

2. 滚动轴承的轴向固定

滚动轴承的支承结构，需要通过轴承内圈和外圈的轴向固定来实现。

轴承内圈在轴上通常以轴肩固定一端的位置，轴肩的高度不仅要保证与轴承端面充

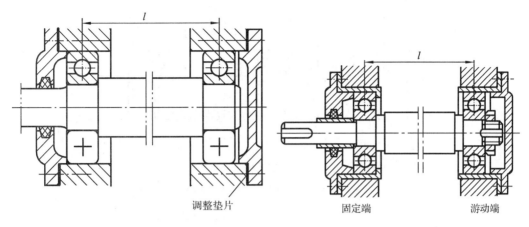

图 10-12 深沟球轴承两端固定的支承结构　　图 10-13 一端固定一端游动支承

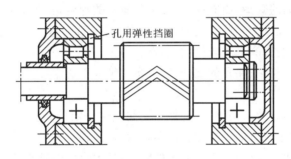

图 10-14 两端游动支承

分接触,还要使轴承便于拆卸。若需两端固定时,另一端可用弹性挡圈、轴端挡圈、圆螺母与止动垫圈等固定(见图 10-15)。弹性挡圈结构紧凑,装拆方便,用于承受较小的轴向载荷和转速不高的场合;轴端挡圈用螺钉固定在轴端,可承受中等轴向载荷;圆螺母与止动垫圈用于轴向载荷较大、转速较高的场合。

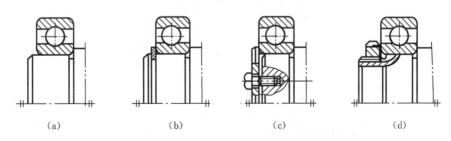

（a）　　　　　　（b）　　　　　　（c）　　　　　　（d）

图 10-15 内圈的轴向固定装置
（a）挡肩；（b）弹性挡圈；（c）轴端挡圈；（d）圆螺母与止动垫圈

　　轴承外圈在座孔中的轴向位置通常用挡肩、轴承盖和弹性挡圈等固定(见图10-16)。座孔挡肩和轴承盖用于承受较大的轴向载荷,弹性挡圈用于承受较小的轴向载荷。

　　3. 滚动轴承的配合
　　轴承的配合是指内圈与轴、外圈与座孔的配合。
　　滚动轴承是标准件,因此轴承内圈与轴的配合采用基孔制,外圈与座孔的配合采用基

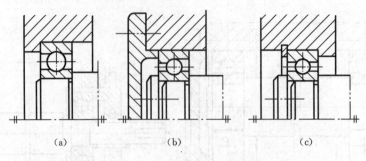

图 10-16　外圈的轴向固定装置

(a) 挡肩；(b) 轴承盖；(c) 弹性挡圈

轴制。

　　轴承配合种类的选取应根据载荷的大小、方向、性质、工作温度、旋转精度和装拆等因素来确定。对于转动的套圈（内圈或外圈）采用较紧的配合，固定的套圈采用较松的配合；当转速越高、载荷越大、振动越大、旋转精度越高、工作温度越高时，一般应采用较紧的配合；经常拆卸或游动的套圈采用较松的配合。

　　在具体选择轴承与轴、座孔的配合时，可参阅轴承手册。

　　4. 滚动轴承的预紧

　　轴承预紧的目的是使滚动体和内、外圈之间产生一定的预变形，用以消除游隙，提高支承的刚度，减小轴运转时的径向和轴向摆动量，提高轴承的旋转精度，减少振动和噪声。但是选择预紧力要适当，过小达不到要求的效果，过大会影响轴承寿命。

　　常用的预紧方法有：用弹簧预紧（见图 10-17(a)）；用锁紧圆螺母压紧一对磨窄的外圈而预紧（见图 10-17(b)）；用锁紧圆螺母压紧一对轴承中间装入长度不等的套筒而预紧（见图 10-17(c)）等。

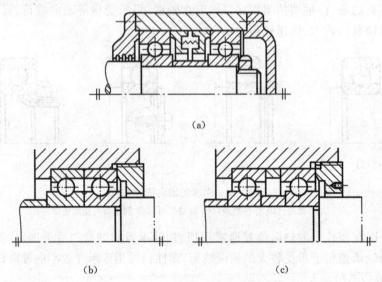

图 10-17　滚动轴承的预紧装置

(a) 弹簧；(b) 磨窄外圈；(c) 长度不等的套筒

5. 滚动轴承的装拆

对轴承进行组合设计时,必须考虑轴承的装拆。轴承的安装、拆卸方法,应根据轴承的结构、尺寸及配合性质来决定。装拆轴承的作用力应加在紧配合套圈端面上,不允许通过滚动体传递装拆压力,以免轴承工作表面出现压痕,影响其正常工作。

为了不损伤轴承及轴,对于尺寸较大的轴承,可先将轴承放进温度低于100 ℃的油中预热,然后热装;中、小轴承可用软锤直接打入。拆卸轴承应借助压力机和其他拆卸工具,图 10-18 所示为滚动轴承的装拆。

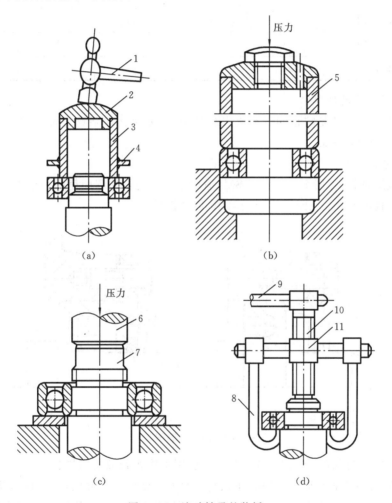

图 10-18 滚动轴承的装拆

(a)用手锤将轴承装配到轴上;(b)将轴承压装在壳体孔中;(c)用压力机拆卸轴承;(d)用拆卸器拆卸轴承

1—手锤;2—托杯;3—装配管;4—防护片;5—装配管;6—压头;7—轴;8—钩爪;9—手柄;10—螺杆;11—螺母

6. 滚动轴承的润滑

轴承润滑的目的是降低摩擦力、减少磨损、散热、防锈、吸收振动、减小接触应力等。

常用润滑剂有润滑油和润滑脂两种。一般轴承采用润滑脂润滑。

滚动轴承的润滑方式可根据 dn 值来确定(d 为滚动轴承内径,mm;n 为轴承转速,r/min),表 10-13 列出了各种润滑方式下轴承的允许 dn 值。

表 10-13　　各种润滑方式下轴承的允许 dn 值　　　　　（$\times 10^4$ mm·r/min）

轴 承 类 型	润 滑 脂	油浴润滑	滴 油 润 滑	循环油润滑	喷 雾 润 滑
深沟球轴承	16	25	40	60	＞60
调心球轴承	16	25	40	—	—
角接触球轴承	16	25	40	60	＞60
圆柱滚子轴承	12	25	40	60	＞60
圆锥滚子轴承	10	16	23	30	—
调心滚子轴承	8	12	—	25	
推力球轴承	4	6	12	15	—

7. 滚动轴承的密封

轴承密封的目的是防止润滑剂流失和灰尘、水分及其他杂物等侵入。密封方式分为接触式和非接触式两类。

1）接触式密封

（1）毡圈密封（见图 10-19）　该密封适用于接触处轴的圆周速度小于 4～5 m/s,温度低于 90 ℃的脂润滑。毡圈密封结构简单,但摩擦较大。

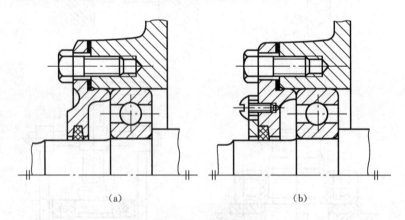

（a）　　　　　　　　　　　　　（b）

图 10-19　毡圈密封

（2）唇式密封圈（见图 10-20）　该密封适用于接触处轴的圆周速度小于 7 m/s,温度低于 100 ℃的脂或油润滑。使用时注意密封唇方向朝向密封部位,如密封唇朝向轴承,用于防止润滑油或润滑脂泄出（见图 10-20(a)）;密封唇背向轴承,用于防止灰尘和杂物侵入（见图 10-20(b)）。必要时可以同时安装两个密封（见图 10-20(c)）,以提高密封效果。唇式密封圈使用方便,密封可靠。接触式密封要求轴颈硬度大于 40 HRC,表面粗糙度 Ra ＜0.8 μm。

2）非接触式密封

使用非接触式密封,可避免接触处产生滑动摩擦,故该密封常用于速度较高的场合。

（1）缝隙密封（见图 10-21）　该密封在轴和轴承盖间留有细小的径向缝隙,为增强密封效果,可在缝隙中填充润滑脂。

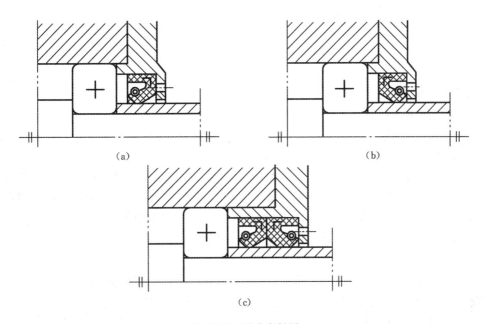

图 10-20   唇式密封圈

(a) 密封唇朝向轴承;(b) 密封唇背向轴承;(c) 双密封唇

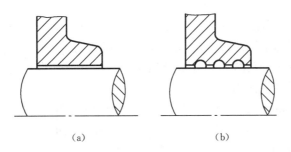

图 10-21   缝隙密封

(a) 缝隙式间隙密封;(b) 沟槽式密封

（2）曲路式密封（见图 10-22）　该密封在旋转的与固定的密封零件之间组成曲折的缝隙来实现密封,缝隙中填充润滑油,可提高密封效果。这种密封形式对脂、油润滑都有较好的密封效果,但结构较复杂,制造、安装不太方便。

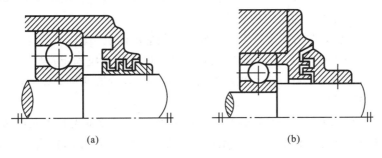

图 10-22   曲路式密封

本章重点、难点和知识拓展

1．重点、难点

1）角接触轴承轴向力的计算

角接触轴承轴向力计算不仅是当量动载荷计算的难点，也是本章应熟练掌握的关键问题。学习这一部分内容应注意以下几个问题。

（1）角接触轴承的轴向力 F_a、内部轴向力 F_S 以及轴上的外部轴向力 F_{ae} 应从概念上区分清楚。内部轴向力 F_S 是角接触轴承受纯径向力时，因轴承自身的结构特点（即存在接触角 α）而派生出来的；外部轴向力 F_{ae} 是指轴系工作过程中轴承以外的其他零件（如齿轮等）作用在轴上的所有轴向力的合力；轴向力 F_a 是内部轴向力 F_S 及外部轴向力 F_{ae} 综合作用下轴承所受的轴向力。

（2）正确判断内部轴向力 F_S 的方向是轴向力 F_a 计算无误的前提条件。F_S 的方向与轴承的安装方式有关，但总是与滚动体相对于外圈脱离的方向一致。

（3）角接触球轴承和圆锥滚子轴承轴向力 F_a 的计算公式是在综合考虑内部轴向力 F_S 及外部轴向力 F_{ae} 的基础上按力的平衡关系分析导出的，为便于应用，可将具体算法归纳为以下两种。

① "压紧、放松" 判别法　首先判明轴上全部轴向力（包括外部轴向力和内部轴向力）合力的指向，确定 "压紧端" 和 "放松端" 轴承；"压紧端" 轴承的轴向力等于除本身的内部轴向力外其余所有轴向力的代数和；"放松端" 轴承的轴向力等于其本身的内部轴向力。

②公式归纳法　其公式为

$$F_{a1} = \max\{F_{S1}, F_{S2} \pm F_{ae}(F_{ae} 与 F_{S2} 同向取正，反向取负)\}$$
$$F_{a2} = \max\{F_{S2}, F_{S1} \pm F_{ae}(F_{ae} 与 F_{S1} 同向取正，反向取负)\}$$

方法①计算方便，但需借助轴系结构图进行力分析，以确定 "压紧"、"放松"。方法②无须进行力分析，不易出错。两种方法计算结果相同。

2）滚动轴承支承结构设计的几点要求

（1）轴上零件固定（包括轴向和周向）可靠，并应注意按轴向力的大小合理选择轴向固定法。如果轴（孔）用弹性挡圈、紧定螺钉连接，则只能承担较小的轴向力。

（2）在两个方向轴向力作用下，轴系均不发生窜动，轴向力能通过固定端传到机座上。学生应掌握轴向力传递路线的分析方法。

（3）游动端支承应根据轴承是否可分离设计相应的固定结构。对于轴承内圈回转的轴系，若采用可分离型轴承作为游动支承，内圈及外圈两侧均应固定，以保证游动灵活，且内、外圈不分离；若采用不可分离型轴承作为游动支承，仅内圈两侧固定，外圈两侧均不应固定，以保证游动灵活。

（4）为保证轴承具有合理的初始装配间隙及磨损后间隙增大时能及时进行补偿，必须设置调整环节。当传动件对轴系的轴向位置有严格要求时（如两锥齿轮的节锥顶点必须重合、蜗杆轴线必须通过蜗轮的中间平面等），也应设置调整环节。这些调整环节在结构上除满足功能要求外，还应符合结构简单、操作方便的原则。

2. 知识拓展

学习本章时应该同时阅读机械设计手册的有关内容,查阅其数据和资料,并做一些习题。

若要深入学习本章内容可以参考本章参考文献[1],该书由浅入深,是掌握滚动轴承知识很好的入门书。本章参考文献[2]介绍了许多工程知识,有很好的启发作用。

在机械设计工作中,常常遇到一些一般手册中找不到的内容,如小尺寸、高速、高精度、高可靠度,或特别大直径、重载的滚动轴承,这时候要用到大型手册或专门的滚动轴承手册(见本章参考文献[3]、[4])。

从事滚动轴承研究的人,应该以本章参考文献[2]、[5]、[6]作为入门的材料,以后阅读国内外有关杂志上刊登的文章。此外,还应该在指导教师的引导下,充实有关理论基础,如摩擦学、弹性力学、可靠性理论等方面的知识。

本章参考文献

[1]　刘泽九,贺士荃. 滚动轴承的额定负荷与寿命[M]. 北京:机械工业出版社,1982.

[2]　孙首群,郝镇寰. 当代中国滚动轴承发展史[M]. 北京:兵器工业出版社,1997.

[3]　徐灏. 机械设计手册(第1、3、4卷)[M]. 2版. 北京:机械工业出版社,2000.

[4]　中国机械工程学会中国机械设计大典编委会. 中国机械设计大典(第1~6卷)[M]. 南昌:江西科学技术出版社,2002.

[5]　万长森. 滚动轴承的分析方法[M]. 北京:机械工业出版社,1987.

[6]　余俊. 滚动轴承计算[M]. 北京:高等教育出版社,1993.

思考题与习题

问答题

10-1　试说明下列轴承代号的含义:6241、1210、30207、51307/P6、7208AC/P5、7008C/P4、6308/P53、N307/P2。

10-2　选择滚动轴承类型时应考虑哪些因素?

10-3　角接触球轴承和圆锥滚子轴承通常为什么要成对使用? 这两个成对使用的轴承的安装方向为什么要相反?

10-4　滚动轴承的主要失效形式是什么? 与这些失效形式相对应,轴承的基本性能参数是什么?

10-5　深沟球轴承、圆锥滚子轴承和调心球轴承各适用于什么样的工作条件?

设计计算题

10-6　根据工作要求选用深沟球轴承,轴承的径向载荷 $F_r = 5\,500$ N,轴向载荷 $F_a =$

2 700 N,轴承转速 $n = 2$ 560 r/min,运转有轻微冲击,若要求轴承能工作 4 000 h,轴颈直径不大于 60 mm,试确定该轴承的型号。

10-7 锥齿轮减速器输入轴由一对代号为 30206 的轴承支承,已知两轴承外圈间距为 72 mm,锥齿轮齿宽中点分度圆直径 $d_m = 56$ mm,齿面上的圆周力 $F_{te} = 1$ 240 N,径向力 $F_{re} = 400$ N,轴向力 $F_{ae} = 240$ N,各力方向如题 10-7 图所示。求轴承的当量动载荷。

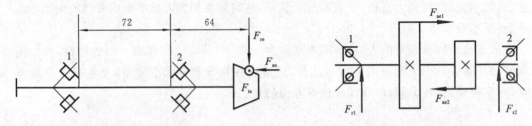

题 10-7 图　受力简图 1　　　　　　　　　题 10-8 图　受力简图 2

10-8 如题 10-8 图所示,某转轴上装有两个斜齿圆柱齿轮,工作时齿轮产生的轴向力分别为 $F_{ae1} = 3$ 000 N,$F_{ae2} = 5$ 000 N,若选择一对 7210B 型轴承支承转轴,轴承所受的径向载荷分别为 $F_{r1} = 8$ 600 N,$F_{r2} = 12$ 500 N,求两轴承的轴向载荷 F_{a1} 和 F_{a2}。

10-9 已知某转轴由两个代号为 7207AC 的轴承支承,支点处的径向反力 $F_{r1} = 875$ N,$F_{r2} = 1$ 520 N,齿轮上的轴向力 $F_{ae} = 400$ N,方向如题 10-9 图所示。轴的转速 $n = 520$ r/min,运转中有中等冲击,轴承预期寿命为 30 000 h,试验算轴承寿命。

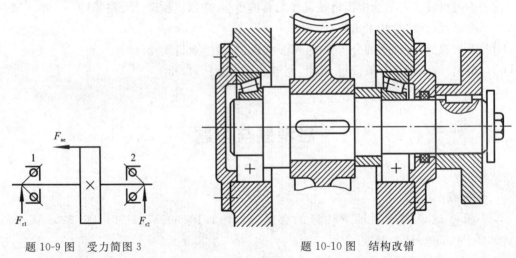

题 10-9 图　受力简图 3　　　　　　　　题 10-10 图　结构改错

实践题

10-10 指出题 10-10 图中轴在结构上不合理和不完善的地方,并说明错误原因及改正意见,同时画出合理的结构图。

10-11 一台机器使用的轴承类型有哪些? 这些轴承的安装方式如何? 采用了哪种润滑与密封方式?

第11章　联轴器、离合器和制动器

引言　汽车前部发动机的动力如何传递给后轮？自行车后轮如何实现单向驱动？车辆的刹车动作是怎样实现的？本章有关联轴器、离合器和制动器的讨论将回答这些问题。

11.1　联　轴　器

11.1.1　联轴器的功用与分类

联轴器的基本功用是连接轴与轴、轴与其他回转零件一起转动，并传递运动和动力。有时，联轴器也用作安全保险装置。联轴器所连接的两轴，在运动过程中不能脱开，只有在运动停止后经过拆卸才能使其分离。

在机器中，联轴器作为一种独立部件，可以很方便地将机器的各个部分——原动机、传动机构、工作机连接起来。

如图 11-1 所示，需要连接的两轴因安装和制造误差，或因负载和温差引起变形，在两轴的中心线上存在径向或轴向位移，或两轴的中心线存在角位移的情况。联轴器在连接两轴时除了传递运动和动力外，还需补偿这些位移，否则将会在轴、轴承、联轴器上引起附加载荷，甚至发生振动。由于这些位移的大小不同，加上需要连接的两轴工作条件不同，便产生了各种各样的联轴器。

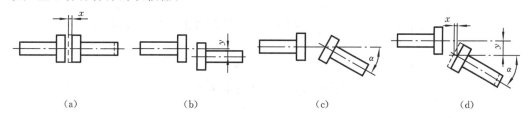

(a)　　　　　　(b)　　　　　　(c)　　　　　　(d)

图 11-1　两轴轴线相对位移

(a) 轴向位移 x；(b) 径向位移 y；(c) 角位移 α；(d) 综合位移 x、y、α

联轴器的类型很多，总体上可分为三大类：普通联轴器、安全联轴器和特殊联轴器。普通联轴器是通过机械装置来连接两轴并传递运动和动力的，可分为刚性联轴器和挠性联轴器两类；安全联轴器中装有剪切销，在连接两轴并传递运动和动力的同时又能起到过载保护作用；特殊联轴器是通过非机械力来传递两轴间的运动和动力的，常用的有液力联轴器、电磁联轴器等。

普通联轴器是最常用的，这里主要讨论普通联轴器。

11.1.2 普通联轴器

1. 刚性联轴器

刚性联轴器中的连接元件由刚性材料组成,不能补偿两轴间的相对位移,因此刚性联轴器用在两轴要求严格对中且工作中无相对位移的场合。在刚性联轴器中比较常见的类型有套筒式、夹壳式和凸缘式。

1) 凸缘联轴器

凸缘联轴器由两个带凸缘的半联轴器通过一组螺栓连接组成。如图 11-2 所示,凸缘联轴器轴线的对中方式有两种:图 11-2(a)所示为以两半联轴器端面的凸肩和凹槽进行对中,其对中精度高,通过拧紧螺栓后在凸缘接合面上产生的摩擦力来传递转矩;图 11-2(b)所示为用铰制孔用螺栓对中,它靠螺栓受剪切和挤压来传递转矩,这种联轴器能传递较大的转矩。

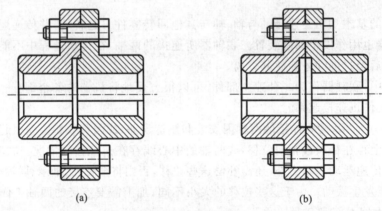

(a)   (b)

图 11-2 凸缘联轴器

半联轴器的材料一般采用 35、45、ZG310-570 等碳素钢,当外缘圆周速度 $v \leqslant 35$ m/s 时,也可用中等强度的铸铁。

凸缘联轴器结构简单,对中精确,工作可靠,维护简便,因而应用广泛。但凸缘联轴器要求两轴有良好的对中性,所以这种联轴器适用于制造和安装精度较高且载荷较平稳的场合。

凸缘联轴已标准化(见 GB/T 5843—2003),可按需要直接选用,重要的场合需对连接两个半联轴器的螺栓进行强度校核。

2) 套筒联轴器

套筒联轴器结构非常简单,它用一个套筒通过键、销或花键将主动轴和从动轴连接起来。如图 11-3 所示,图 11-3(a)为键连接,这种连接需加一个紧定螺钉将套筒固定起来;图 11-3(b)为销连接,一般使用圆锥销。

套筒联轴器的优点是结构简单、径向尺寸小、成本低,缺点是传递转矩不大,装拆不便。套筒联轴器一般用于轻载、低速和安装尺寸受限制的场合。

2. 挠性联轴器

挠性联轴器用在被连接的两轴有较大的安装误差或工作中有相对位移的场合。挠性

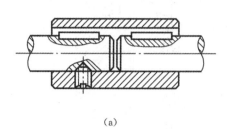 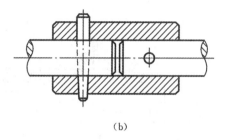

(a)　　　　　　　　　　　　　　　　(b)

图 11-3　套筒联轴器

联轴器按是否具有弹性元件分为无弹性元件的挠性联轴器和有弹性元件的挠性联轴器。

1) 无弹性元件的挠性联轴器

(1) 滑块联轴器。滑块联轴器有几种不同的结构形式。图 11-4 所示为十字滑块联轴器,它由两个端面均开有径向凹槽的半联轴器 1、3 和一个两面带凸牙的中间圆盘 2 所组成。中间圆盘两侧的方形凸块互相垂直,分别嵌装在两半联轴器的凹槽中。工作时十字滑块可在凹槽中滑动,这种滑动可补偿安装及运动时两轴间产生的径向位移($y\leqslant 0.04d$,d 为轴径)和角位移($\alpha\leqslant 30'$),也能补偿一定的轴向位移。

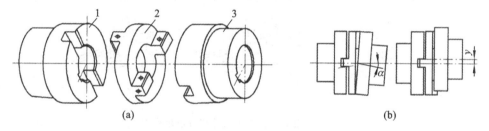

(a)　　　　　　　　　　　　　　　　　　(b)

图 11-4　十字滑块联轴器
1、3—半联轴器;2—中间圆盘

十字滑块联轴器结构简单,径向尺寸小。在工作时,中间圆盘与两个半联轴器之间只有滑动而没有转动,故联轴器两端的主动轴和从动轴的转速相等。但是,中间圆盘与两个半联轴器之间因相对滑动存在磨损;当转速较高时,中间圆盘因偏心将产生较大的动载荷,所以十字滑块联轴器一般适用于有较大径向位移、工作平稳、低速大转矩的场合。

十字滑块联轴器一般用中碳钢制成,又因表面有摩擦,需对其表面进行淬火处理。

除了十字滑块联轴器,还有尼龙滑块联轴器和酚醛层压布材滑块联轴器。这两种联轴器的滑块是方形的,滑块材料都是高分子材料,具有一定的弹性,故允许的转速较高。尼龙滑块联轴器和酚醛层压布材滑块联轴器用于轻载、高速、冲击不大的场合。

(2) 齿式联轴器。齿式联轴器利用内外啮合的齿轮实现两轴的连接和传递动力,如图 11-5 所示。齿式联轴器由两个具有外齿的半联轴器和两个带内齿的外壳组成,两个外壳在凸缘处用螺栓连接,两个半联轴器分别用键同主动轴和被动轴连接。

齿式联轴器中的两对内外啮合的齿轮齿廓曲线为渐开线,啮合角为 20°,内齿轮与外齿轮的齿数相等,一般为 30～80。与一般渐开线圆柱齿轮不同的是,齿式联轴器中的外齿轮齿顶被加工成球面,球面的中心在联轴器的中心线上(见图 11-5(b)),另外轮齿间的

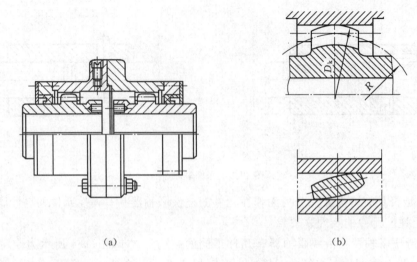

(a)   (b)

图 11-5　齿式联轴器

齿侧间隙较大。因为具有这些特点，齿式联轴器能够补偿主动轴和被动轴的径向位移 x、轴向位移 y 和角位移 α。有的齿式联轴器将外齿轮轮齿修成鼓形齿，如图 11-6 所示，因此联轴器的综合补偿能力进一步增强，这种联轴器称为鼓形齿联轴器。

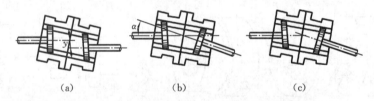

(a)   (b)   (c)

图 11-6　鼓形齿式联轴器位移补偿示意图

　　齿式联轴器的外壳中储有润滑油，联轴器旋转时将油甩向四周，齿轮因此得到润滑，从而轮齿间的摩擦减小。为防止润滑油的泄漏，在联轴器的侧面装有密封圈。

　　齿式联轴器的半联轴器和外壳一般用合金钢制作，要求较低时也可采用 45 钢制作，但都需进行表面淬火或渗氮处理。

　　齿式联轴器由于有较多的轮齿同时啮合，因此能传递大的载荷，加上其综合补偿能力较强，转速适应范围广，故齿式联轴器广泛应用于各种重型机械中。它的缺点是结构复杂，制造较难，重量较大，成本较高。

　　齿式联轴器一般根据计算转矩直接从标准中选用。

　　（3）万向联轴器。万向联轴器是通过万向铰链机构来传递和补偿轴线偏斜的。万向联轴器的种类很多，常见的有十字轴万向联轴器（见图 11-7），它由两个叉形半联轴器 1、2，圆锥销 3，十字形元件 4，套筒 6 和销轴 5、7 等组成。两销轴互相垂直，分别把两个叉形零件与十字形元件连接起来，从而构成万向铰链。当主动轴的位置固定后，从动轴可以在任意方向偏斜，允许两轴有较大的偏斜，最大角位移 α 可达 $35°\sim45°$。十字轴万向联轴器的缺点是：当两轴轴线存在角位移 α 时，从动轴的角速度 ω_2 在 $[\omega_1\cos\alpha, \omega_1/\cos\alpha]$ 之间变化，因而引起动载荷，且角位移 α 愈大，产生的动载荷愈大，传动效率也愈低。

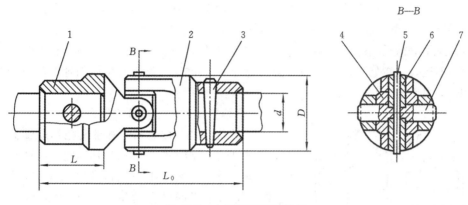

图 11-7　十字轴万向联轴器

　　为了克服上述缺点,常采用双万向联轴器,双万向联轴器由两个万向联轴器构成,如图 11-8 所示。双万向联轴器用于连接平行轴或相交轴,此时中间轴与主动轴、从动轴位于同一平面内,且中间轴与主、从动轴之间的夹角 α 相等。当主动轴等速回转时,尽管中间轴本身的转速是不均匀的,但从动轴的角速度是恒定的,且与主动轴的角速度相等。

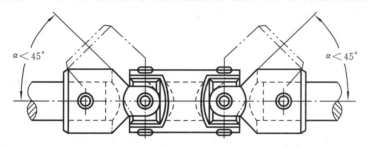

图 11-8　双万向联轴器

　　这类联轴器适用于两轴有较大角位移的场合,结构紧凑,维护方便,在汽车、多头钻床的传动系统中得到了广泛的应用。小型十字轴万向联轴器已标准化,设计时可直接选用。

　　(4) 滚子链联轴器。滚子链联轴器由一条公共滚子链和两个齿轮数相同的链轮组成。两个链轮分别与主动轴、从动轴连接,靠滚子链连接两链轮并传递动力,如图 11-9 所示。滚子链联轴器是利用链与链轮间的啮合间隙来补偿主动轴、从动轴的相对位移的,设

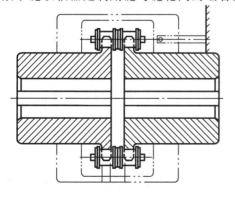
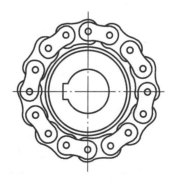

图 11-9　滚子链联轴器

p 为链节距，一般滚子链联轴器能补偿的径向位移 $x \leqslant 0.02p$，角位移 $\alpha < 1°$。

滚子链联轴器的特点是结构简单，装拆方便，尺寸较小，质量较轻，效率高，成本低，工作可靠，使用寿命长，在高温、潮湿、多尘、油污等恶劣环境下也能工作。但由于缓冲、吸振能力差，不适合在频繁启动和强烈冲击的场合下工作，也不适合在轴线与地面垂直的场合下工作，又由于链条存在离心力，不适用于高速度的传动。

2）有弹性元件的挠性联轴器

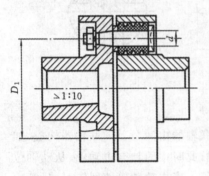

图 11-10　弹性套柱销联轴器

（1）弹性套柱销联轴器。弹性套柱销联轴器在结构上与凸缘联轴器类似（见图11-10），它也有两个带凸缘的半联轴器，这两个半联轴器分别与主、从动轴相连，但连接两个半联轴器的不是普通的螺栓，而是柱销，柱销上带有弹性套。安装时柱销的一端以圆锥面与一个半联轴器上的圆锥孔相配合，另一端通过弹性套与另一个半联轴器上的圆柱孔相配合，对主、从动轴相对位移的补偿是靠弹性套的弹性变形来实现的，缓冲吸振也是靠弹性套的弹性变形来实现的。

弹性套的材料是耐油橡胶，常做成蛹状结构以提高其弹性；柱销常用 45 钢制成，半联轴器的材料常用 HT200，有时也采用 ZG310-570。

这种联轴器制造容易，装拆方便，成本较低；但弹性套容易磨损，寿命较短。它适用于连接载荷平稳，需正反转，启动频繁的中、小转矩的轴。弹性套柱销联轴器已标准化，设计时，可从标准中直接选用，必要时可对弹性套与孔壁间的压强 p 及柱销的弯曲应力 σ_b 进行验算。

设计时机器与联轴器之间应留出一定的距离，以便于更换橡胶套；为了对两轴的轴向位移进行补偿，安装时应注意在两个半联轴器之间留出相应的间隙。

（2）弹性柱销联轴器。弹性柱销联轴器与弹性套柱销联轴器也十分类似，如图 11-11 所示，这种联轴器是直接用弹性柱销，将两个半联轴器连接起来，而不是使用带弹性套的柱销。工作时主动轴的运动和动力是通过半联轴器、柱销、半联轴器传到从动轴上去的。为了防止柱销在工作时脱落，在半联轴器的外侧装有挡板，挡板用螺钉固定在半联轴器上。

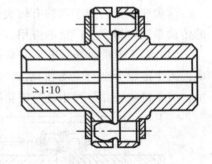

图 11-11　弹性柱销联轴器

柱销由尼龙制成，与弹性套相比，具有更高的强度和耐磨能力。一般柱销的形状一端为圆柱体，另一端为鼓形，目的是提高联轴器补偿位移的能力。在载荷平稳和安装精度较高的场合，也可采用截面没有变化的圆柱形柱销。

弹性柱销联轴器比弹性套柱销联轴器的结构更简单，而且传递转矩的能力更大，也有一定的缓冲吸振和补偿位移能力，适用于冲击载荷不大、轴向窜动较大、正反转变化较多和启动频繁的场合。由于尼龙柱销对温度较敏感，尺寸温度性差，因此使用中其温度应控制在 $-20 \sim +70$ ℃的范围内。

弹性柱销联轴器也已标准化,设计时可直接选用。

11.1.3 联轴器的选择

由于联轴器大多已标准化和系列化,因此设计时主要解决联轴器类型和型号的合理选择问题。

1. 联轴器类型的选择

联轴器类型的选择主要是根据机器的工作特点和性能要求来进行的。一般来说,应从以下几个方面来考虑:

(1) 传递载荷的大小和性质;

(2) 转速的高低;

(3) 需要补偿相对位移的大小和性质;

(4) 启动频率、正反转的要求、对缓冲减振的要求、工作温度、安全要求等;

(5) 制造、安装和维护的成本。

一般情况,对载荷平稳、无相对位移的两轴的连接可选用刚性联轴器,反之应选用挠性联轴器。对传递转矩较大的重型机械,可选用齿轮联轴器;对需有一定补偿量、单向转动、冲击载荷不大的中低速水平轴的连接,可选用滚子链联轴器;对轴线相交、相对位移较大的两轴,可选择万向联轴器;对高速轴,一般应选用挠性联轴器。

2. 联轴器型号的确定

在确定类型之后,可根据计算转矩、转速、轴的结构及尺寸等,确定联轴器型号和尺寸,一般情况下不需要对联轴器进行强度计算。在重要的场合,为防止因联轴器的失效而造成严重事故,应对联轴器主要零件的工作能力进行验算。

计算转矩的公式为

$$T_{ca} = KT$$

式中:T_{ca}——计算转矩,N·m;

K——载荷系数,见表11-1;

T——名义转矩,N·m。

表 11-1 联轴器的载荷系数

原 动 机	工作机分类					
	I	II	III	IV	V	VI
电动机、汽轮机	1.3	1.5	1.7	1.9	2.3	3.1
四缸以上内燃机	1.5	1.7	1.9	2.1	2.5	3.3
双缸内燃机	1.8	2.0	2.2	2.4	2.8	3.6
单缸内燃机	2.2	2.4	2.6	2.8	3.2	4.0

注:I 类——转矩变化很小的机械,如发电机、小型通风机、小型离心泵;

II 类——转矩变化小的机械,如透平压缩机、土木机械、输送机;

III 类——转矩变化中等的机械,如搅拌机、增压泵、带飞轮的压缩机、冲床;

IV 类——转矩变化和冲击载荷中等的机械,如织布机、水泥搅拌机、拖拉机;

V 类——转矩变化和冲击载荷较大的机械,如挖掘机、碎石机、造纸机、起重机;

VI 类——转矩变化和冲击载荷很大的机械,如压延机、无飞轮的活塞泵、重型初轧机。

如果所需要的联轴器没有相应标准规格，一般需要自行设计。设计时可参照类似形式的联轴器，对联轴器的主要零件应进行强度、耐磨性计算和校核。其校核内容及方法可参照有关设计手册。

11.2　离　合　器

11.2.1　离合器的功用与分类

离合器是一种连接两轴和传递转矩，且能在运动过程中随时实现两轴接合或分离的装置。

离合器的种类较多，根据实现离合动作方式的不同，可分为操纵离合器和自动离合器两大类。

操纵离合器附加操纵机构，必须通过人为操纵才能使两轴接合或分离。按照操纵机构类型又可分为机械操纵离合器、电磁操纵离合器、气压离合器和液压离合器等。

自动离合器不需要专门的操纵装置，它依靠工作中某些参数的变化来实现自动离合。根据实现自动离合的原理，自动离合器可分为有离心离合器、超越离合器和安全离合器等。

采用自动离合器可简化操作过程，减轻操作者工作强度，提高机械工作效率、安全系数等，但有些场合中必须使用操纵离合器。

11.2.2　常用离合器

1. 操纵离合器

1）操纵式牙嵌离合器

图 11-12 所示为操纵式牙嵌离合器，它由两个端面带牙的半离合器 1、2 组成。其中半离合器 1 固定在主动轴上，另一半离合器 2 通过导键或花键与从动轴相连，并可由操纵机构的滑环 3 使其做轴向移动，以实现离合器的分离和接合。牙嵌式离合器借助端面牙之间的嵌合来传递运动和转矩。为了使两半离合器能够对中，安装在主动轴上的半离合

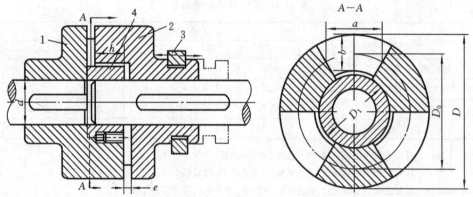

图 11-12　操纵式牙嵌离合器

1、2—半离合器；3—滑环；4—对中环

器有一个对中环 4,从动轴可以在对中环内自由移动。

牙嵌式离合器的牙型有矩形、梯形、锯齿形和三角形等(见图 11-13)。其中梯形牙应用最广,梯形牙强度较大,接合和脱开比矩形牙的容易,牙侧间隙较小且磨损后能自动补偿,从而可以避免在载荷和速度变化时因间隙而产生的冲击。矩形牙容易制造,无轴向分力,但接合、脱开困难,且牙与牙之间必须有间隙,只用于不经常开合的地方。锯齿形牙的强度最高,但只能传递单方向的转矩。三角形牙较弱,但传动时接合较快,主要用于低速轻载的场合。

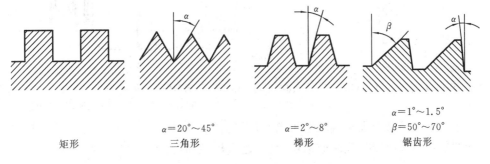

图 11-13　牙嵌式离合器的牙型

2) 操纵式圆盘摩擦离合器

摩擦离合器依靠工作面上的摩擦力来传递转矩,它分为盘式、圆锥式、摩擦块式和鼓式摩擦离合器等。这里主要介绍盘式摩擦离合器,它分为单盘式和多盘式两种形式。

图 11-14 所示为单盘式摩擦离合器。摩擦盘 3 固定在主动轴 5 上,另一摩擦盘 2 用导键与从动轴 4 连接,它可以沿轴向滑动,工作时利用操纵机构操纵环 1,移动摩擦盘 2 向摩擦盘 3 施加轴向压力,利用两盘压紧后产生的摩擦力来传递转矩。为了增大摩擦系数,可在一个盘子的表面贴上摩擦片。单盘式摩擦离合器结构简单,但传递转矩的能力受到结构尺寸的限制。在传递转矩较大时,往往采用多盘式摩擦离合器。

图 11-15 所示为多盘式摩擦离合器,主动轴 1 与外鼓轮 2 相连,从动轴 3 用键与内套筒 4 相连。离合器内有两组摩擦片:一组外摩擦片 5 和一组内摩擦片 6。外摩擦片的外圆与外鼓轮之间通过花键连接,而其内圆不与其他零件接触;内摩擦片的内圆与内套筒之间也通过花键连接,其外圆不与其他零件接触。工作时,向左移动滑环 7,带动杠杆 8 和压板 9 使两组摩擦片压紧,此时离合器便处于接合状态。若向右移动滑环时摩擦片被松开,则离合器被分开。由于多盘式摩擦离合器是通过多对摩擦盘的同时工作来提高摩擦力的,摩擦力提高了很多,但所需轴向力并没有明显增加,离合器的径向尺寸也没有增大,这是多盘式摩擦离合器最大的优点。但是,摩擦盘的数目过多,将会影响离合器分离的灵活性,所以摩擦盘的总数常限制在 25～30。

摩擦离合器工作时会产生滑动摩擦,引起发热和导致磨损。为了散热和减磨,可将离合器浸在油中工作。因此,摩擦离合器分为干式(不浸油)和湿式(浸入油中)两种类型。湿式摩擦离合器的摩擦片材料常用淬火钢和青铜,干式摩擦离合器的摩擦片材料最好采用石棉基材料。

电磁操纵的多盘摩擦离合器是利用电磁铁吸引力使内、外摩擦盘压紧,来传递转矩

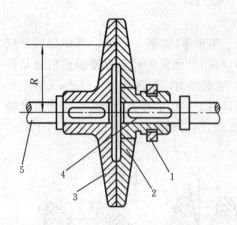

图 11-14　单盘式摩擦离合器

1—操纵环；2、3—摩擦盘；4—从动轴；5—主动轴

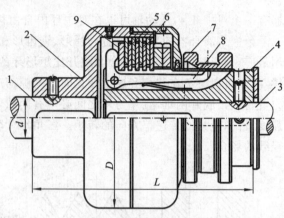

图 11-15　多盘式摩擦离合器

1—主动轴；2—外鼓轮；3—从动轴；4—内套筒；5—外摩擦片；
6—内摩擦片；7—滑环；8—杠杆；9—压板

的。由于电磁摩擦离合器可实现远距离操作，动作迅速，同时不会产生不平衡的轴向力，因此其在数控机床、轧钢机、冶金采矿设备、起重机、船舶上获得了广泛的应用。

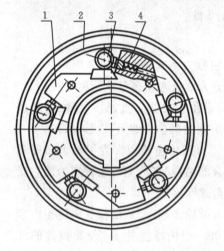

图 11-16　超越离合器

1—星轮；2—外环；3—滚柱；4—弹簧顶杆

2．自动离合器

1）超越离合器

超越离合器属定向离合器的一种。图 11-16 所示为内星轮滚柱超越离合器。它由星轮 1、外环 2、滚柱 3 和弹簧顶杆 4 等组成。当星轮作为主动件顺时针回转时，滚柱受摩擦力作用而楔紧在星轮和外环形成的窄狭空间内，从而带动外环同向旋转，此时离合器处于接合状态；当星轮逆时针旋转时，滚柱受摩擦力作用被推到星轮和外环形成的较宽敞的部分，从动外环不再随星轮回转，离合器处于分离状态。

如果星轮和外环都作为主动件顺时针转动，当外环转速较大时，星轮相对外环逆时针旋转，离合器处于分离状态，星轮和外环的运动互不影响；当星轮的转速超过外环的转速时，星轮相对外环顺时针旋转，离合器处于接合状态，星轮带动外环转动。即星轮和外环顺时针转动时，外环的转速大于或等于星轮的转速，这种现象称为超越现象。

2）安全离合器

当载荷达到某一数值时，离合器便自动脱开，从而防止机器中重要零件损坏，这种离合器称为安全离合器。安全离合器常见的有嵌合式和摩擦式。

图 11-17 所示的是牙嵌式安全离合器，属嵌合式的一种。它和牙嵌式离合器很相似，区别是牙的倾斜角 α 较大，以及由弹簧压紧机构代替滑环操纵机构。工作时，两个半离合器靠弹簧 2 的压紧力使牙盘 3、4 嵌合以传递转矩。转矩超载后，牙斜面间产生的轴向推力将克服弹簧弹力和摩擦阻力使离合器自动分离，两个半离合器的牙面打

滑。当转矩降低到某一数值时,离合器靠弹簧弹力自动接合。弹簧的压力可以通过螺母 1 调节。

　　摩擦盘式安全离合器与摩擦盘式离合器相似,只是用弹簧代替操纵机构,靠弹簧弹力压紧摩擦盘,并装有调节螺钉以调节摩擦盘压紧力的大小。转矩正常时,摩擦盘式安全离合器在弹簧弹力的作用下正常接合;当转矩超过极限时,摩擦盘发生打滑,从而起到了安全保护的作用。

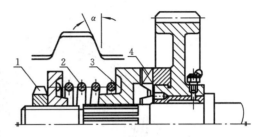

图 11-17　牙嵌式安全离合器
1—螺母;2—弹簧;3、4—牙盘

11.2.3　离合器的设计和选用

　　除了应满足正确连接两轴以传递运动和动力的基本要求外,离合器的设计还应满足接合可靠、分离彻底、操纵平稳省力、结构简单、使用寿命长等要求。离合器的设计可参照有关离合器设计的资料或机械设计手册。

　　目前大多数离合器已标准化和系列化,所以一般无须对离合器进行自行设计,只需要参考有关手册对离合器进行选用。

　　选用离合器时,首先根据机器的使用要求和工作条件,并结合各种离合器的性能特点,正确选择离合器的类型。在确定类型之后,可根据载荷、转速、轴的尺寸等,来确定离合器型号和尺寸,一般不需要对离合器进行强度计算。在重要的场合,应对离合器元件强度、耐磨性进行验算,具体方法可参照有关设计手册。

11.3　制动器简介

11.3.1　制动器的功能和分类

　　制动器是用来降低机械速度或迫使机械停止运动的装置,在起重机械中,制动器还起着保证重物不自行降落的作用。制动器由制动架、摩擦元件和驱动装置三个主要部分组成。制动器多采用摩擦制动原理,即利用摩擦元件之间产生的摩擦阻力矩来消耗机械运动部件的动能,以达到制动的目的。制动器的种类很多,按摩擦元件分为带式、块式、蹄式和盘式制动器;按工作状态分为常开式制动器和常闭式制动器;按驱动装置分为手动、电磁铁、液压制动器等。

　　下面介绍几种常用制动器的基本原理。

11.3.2　常用制动器简介

1. 带式制动器

带式制动器有简单式、差动式和综合式几种。图 11-18 所示为简单带式制动器示意图。当驱动力向下作用在制动杠杆 3 时,制动带 2 便抱住制动轮 1,靠带与轮之间的摩擦

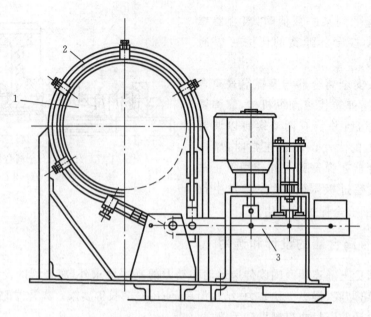

图 11-18　简单带式制动器示意图
1—制动轮；2—制动带；3—制动杠杆

力矩来实现制动。简单带式制动器结构简单，但制动力矩不大。为了增强制动效果，在制动钢带内表面上覆有制动衬片，衬片为石棉或夹铁砂帆布。另外，在制动轮边缘设有卡爪来防止制动带脱落。由于制动带磨损不均匀，散热性差，这类制动器适用于中小载荷的机械及人力操纵的场合。

2. 块式制动器

图 11-19 所示为块式制动器示意图，这种制动器是常闭式。紧闸装置 5 中的主弹簧拉紧制动架 4，使两个制动瓦块 2 对称地压紧制动轮 3 以实现制动；当松闸装置 6（电力液压推动器）的驱动力 F 向上推开制动架 4 时，制动瓦块 2 与制动轮 3 脱开，使制动器松闸。图 11-19 中 1 为退距调整装置。

这类制动器结构简单，散热性好，制动瓦块与制动轮的间隙可调，但价格较贵，一般用于工作要求较高的场合。

3. 内涨蹄式制动器

内涨蹄式制动器有双蹄、多蹄等形式，其中双蹄式制动器应用最广。图 11-20 所示为双蹄式制动器示意图，正常工作时，弹簧 4 拉紧左右两个制动蹄 1，制动蹄与制动轮是脱离的；需要制动时，压力油进入液压缸 3，活塞分别向左、向右推动两个制动蹄，使制动蹄对称地压紧在制动轮上以实现制动。为增强制动效果，在制动蹄的外表面装有摩擦片 2。

内涨蹄式制动器结构紧凑，散热性好，广泛用于各种车辆的制动。

4. 盘式制动器

盘式制动器有点盘式、全盘式和锥盘式三种。图 11-21 所示为点盘式制动器示意图。制动盘 1 随机械的轴旋转，固定在机架上的制动缸 2 通过制动块 3 压在制动盘 1 上而实现制动。由于参与制动的面只占制动盘的一小部分，故称点盘式。这种制动器结构简单，散热条件好，但制动力矩不大。如果采用圆盘为摩擦元件的全盘式制动器，则制动力矩大

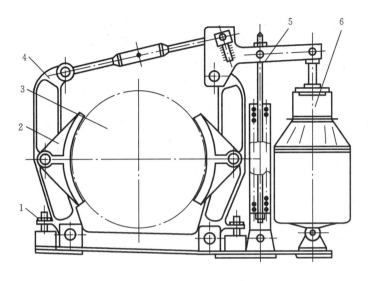

图 11-19 块式制动器示意图

1—退距调整装置；2—制动瓦块；3—制动轮；4—制动架；5—紧闸装置；6—松闸装置

大增加。

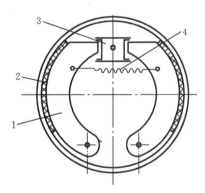

图 11-20 双蹄式制动器示意图

1—制动蹄；2—摩擦片；3—液压缸；4—弹簧

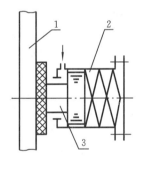

图 11-21 点盘式制动器示意图

1—制动盘；2—制动缸；3—制动块

盘式制动器适用于车辆中的自动抱死制动装置。

制动器通常安装在机械的高速轴上，一些重要的设备（如矿井提升机）则要求高速轴和靠近设备工作部分的低速轴上都安装制动器。

制动器已经标准化和系列化，并由专业工厂生产，因此设计者一般只需合理选用。具体选用方法可查阅有关标准和手册。

本章重点、难点和知识拓展

本章重点是了解联轴器、离合器和制动器的各种类型和选用原则，熟悉常用联轴器、离合器和制动器的工作原理、结构形式和选用方法。

本章只介绍了一些常用的联轴器、离合器和制动器，还有一些没有介绍，学习时不应局限于此。例如，有一类联轴器称为液力耦合器，这类联轴器可用于重载启动，提升机就经常使用液力耦合器来连接电动机与减速器，以处理突然停电后启动的问题。所以，学习时应对联轴器、离合器和制动器的类型有一个全面了解，这样才能在今后的设计工作中选择设备类型时得心应手。联轴器、离合器和制动器大多已标准化，设计时一般只需查阅有关手册正确选用即可。但随着技术的进步，一些新型的联轴器、离合器和制动器不断出现，如利用胶带作挠性元件的联轴器、以橡胶块作弹性元件的联轴器等，学习本章内容时，应对市场上出现的一些新型的联轴器、离合器和制动器有所了解。

本章参考文献

[1]　彭文生,李志明,黄华梁.机械设计[M].北京:高等教育出版社,2002.

[2]　徐锦康.机械设计[M].北京:高等教育出版社,2004.

[3]　吴宗泽.机械设计[M].北京:高等教育出版社,2001.

[4]　钟毅方,吴昌林,唐增宝.机械设计[M].2版.武汉:华中科技大学出版社,2001.

[5]　王中发.实用机械设计[M].北京:北京理工大学出版社,1998.

[6]　陈国定.机械设计基础[M].北京:机械工业出版社,2005.

思考题与习题

11-1　联轴器、离合器和制动器的功能有何不同？

11-2　联轴器的种类有哪些？

11-3　当两轴能保证严格对中或不能保证严格对中时,联轴器的选择有何区别？

11-4　两平行轴或两相交轴之间可用什么联轴器连接？

11-5　简述凸缘联轴器、弹性套柱销联轴器和弹性柱销联轴器的异同。

11-6　联轴器的选择包括哪些内容？

11-7　对于启动频繁,经常正、反转,转矩很大的传动,可选用什么联轴器？

11-8　牙嵌式离合器常用的牙型有哪些？各有什么特点？

11-9　从动件的角速度超过主动件时,不能带动主动件与它一起转动,此时用什么装置连接？为什么？

11-10　简述圆盘摩擦离合器的类型和特点。

11-11　简述制动器的类型和应用,并举例。

11-12　某机械设备电动机功率 $P=37$ kW,转速 $n=1\,470$ r/min,电动机轴径 $d=55$ mm。载荷有中等冲击,试选用该设备的联轴器。

第12章 弹 簧

引言 弹簧的应用很广,如电器开关按钮利用弹簧进行复位,钟表利用弹簧进行储能,车辆利用弹簧进行减振等。本章以圆柱螺旋弹簧为例,着重介绍弹簧的材料、结构、制造、受力状态、强度分析及设计计算方法。

12.1 概 述

12.1.1 弹簧的功用

弹簧是一种弹性元件,多数机械设备均离不开弹簧。弹簧利用本身的弹性,在受载后产生较大变形,卸载后,变形消失而弹簧将恢复原状。弹簧在产生变形和恢复原状时,能够把机械功或动能转变为变形能,或把变形能转变为机械功或动能。弹簧的这种特性可以满足机械中的一些特殊要求,其主要功用是:

(1) 控制机构的运动,如制动器、离合器中的控制弹簧,内燃机汽缸的阀门弹簧等;

(2) 减振和缓冲,如汽车、火车车厢下的减振弹簧,以及各种缓冲器用的弹簧等;

(3) 储存及输出能量,如钟表弹簧、枪栓弹簧等;

(4) 测量力的大小,如测力器和弹簧秤中的弹簧等。

12.1.2 弹簧的类型

按载荷特性,弹簧可分为压缩弹簧、拉伸弹簧、扭转弹簧和弯曲弹簧;按弹簧外形又可分为螺旋弹簧、碟形弹簧、环形弹簧、板弹簧等;按材料的不同还可以分为金属弹簧和非金属弹簧等。表 12-1 列出了几种常用弹簧。

表 12-1 几种常用弹簧

按外形分	按载荷特性分			
	拉 伸	压 缩	扭 转	弯 曲
螺旋形	圆柱螺旋拉伸弹簧 	圆柱螺旋压缩弹簧 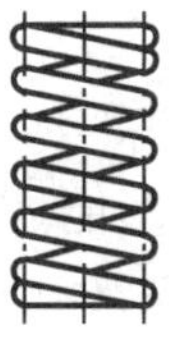　圆锥螺旋压缩弹簧 	圆柱螺旋扭转弹簧 	—

续表

按外形分	按载荷特性分			
	拉　伸	压　缩	扭　转	弯　曲
其他形状	—	环形弹簧 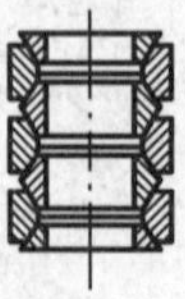　　碟形弹簧 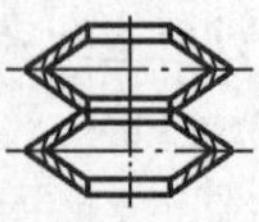	涡卷形盘簧 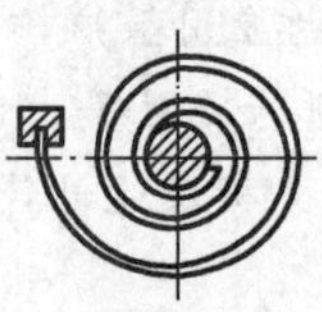	板　簧 

螺旋弹簧用簧丝卷绕制成，制造简便，适用范围广。在一般机械中，最为常用的是圆柱螺旋弹簧。故本章主要讲述这类弹簧的结构形式、设计理论和计算方法。

12.1.3　弹簧特性曲线

弹簧载荷 F 和变形量 λ 之间的关系曲线称为弹簧特性曲线，如图 12-1 所示。对于受压或受拉的弹簧，图中载荷是指压力或拉力，变形是指弹簧的压缩量或伸长量；对于受扭转的弹簧，载荷是指转矩，变形是指扭角。弹簧特性曲线有直线型、刚度渐增型、刚度渐减型或以上几种的组合。使弹簧产生单位变形所需的载荷称为弹簧刚度，用 c 表示，为载荷变量与变形量变量之比，即

$$c = \frac{\mathrm{d}F}{\mathrm{d}\lambda} \tag{12-1}$$

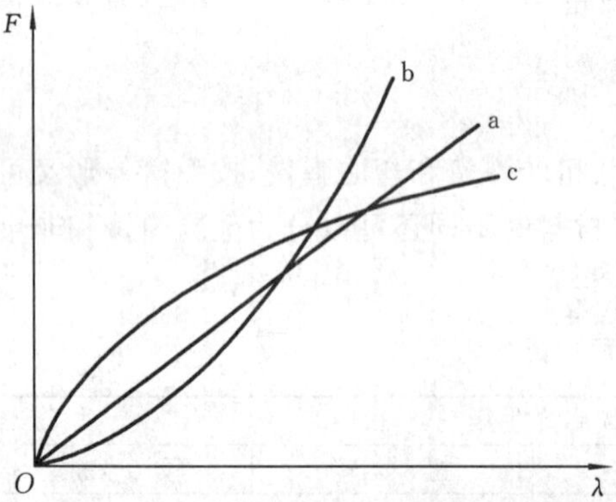

显然，直线型特性曲线的弹簧刚度 c 为常量，称为定刚度弹簧；对于刚度渐增型特性曲线，其弹簧受载愈大，弹簧刚度愈大；对于刚度渐减型特性曲线，其弹簧受载愈大，弹簧刚度愈小。弹簧刚度为变量的弹簧，称为变刚度弹簧。

对于非圆柱螺旋弹簧，其特性曲线是非线性的，对于圆柱螺旋弹簧（拉、压），可用改变弹簧节距的方法来实现非线性特性曲线。

弹簧特性曲线反映弹簧在受载过程中刚度的变化情况，它是设计、选择、制造和检验弹簧的重要依据之一。

图 12-1　弹簧特性曲线
a—直线型；b—刚度渐增型；c—刚度渐减型

12.1.4　弹簧变形能

弹簧受载后产生变形，所储存的能量称为变形能。当弹簧复原时，将其能量以弹簧功的形式放出。加载曲线与卸载曲线重合（见图 12-2(a)），表示弹簧变形能全部以做功的形式放出；加载曲线与卸载曲线不重合（见图 12-2(b)），表示只有部分能量以做功的形式放出，而另一部分能量由于摩擦等原因而消耗，图 12-2(b)中横竖线交叉的部分为消耗的能量。

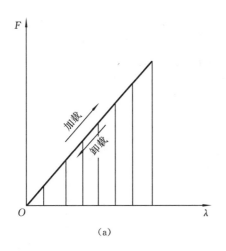 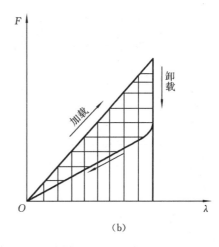

图 12-2 弹簧的变形能

显然,若需要弹簧的变形能做功,应选择两曲线尽可能重合的弹簧;若用弹簧来吸收振动,应选择加载曲线与卸载曲线所围面积大的弹簧,因为两曲线间的面积愈大,吸振能力愈强。

12.2 圆柱螺旋弹簧的材料、结构及制造

12.2.1 弹簧的材料

弹簧主要用于承受变载荷和冲击载荷,其失效形式主要是疲劳破坏。因此,要求弹簧材料必须具有较高的抗拉强度和疲劳强度、较好的弹性、足够的冲击韧性及稳定良好的热处理性能。同时,价格要便宜,易于购买。弹簧常用材料的力学性能和许用应力见表 12-2。

1. 常用弹簧钢

1)碳素弹簧钢

碳素弹簧钢(如 65、70 钢等)的优点是价格便宜,原材料来源广泛;其缺点是弹性极限低,多次重复变形后易失去弹性,且不能在高于 130℃的温度下正常工作。

2)低锰弹簧钢

与碳素弹簧钢相比,低锰弹簧钢(如 65Mn)的优点是淬透性较好和强度较高,缺点是淬火后容易产生裂纹,即具有热脆性。但由于价格便宜,因此一般机械上的这种材料常用于制造尺寸不大的弹簧,如离合器弹簧等。

3)硅锰弹簧钢

硅锰弹簧钢(如 60Si2MnA)中因加入了硅,可显著地提高弹性极限,并提高了回火稳定性,因而可在更高的温度下回火,有良好的力学性能。但含硅量高时,表面易于脱碳。由于锰的脱碳性小,故在钢中加入硅、锰这两种元素,就是为了发挥各自的优点,因此硅锰弹簧钢在工业中得到了广泛的应用。这种材料一般用于制造汽车、拖拉机的螺旋弹簧。

表 12-2　弹簧常用材料的力学性能和许用应力（摘自 GB/T 23935—2009）

类别	牌号	压缩弹簧许用切应力 [τ]/MPa			许用弯曲应力 [σ]/MPa			切变模量 G/MPa	弹性模量 E/MPa	推荐硬度范围 (HRC)	推荐使用温度/℃	特性及应用
		I类	II类	III类	I类	II类	III类					
钢丝	碳素弹簧钢丝、重要用途碳素弹簧钢丝	$(0.33\sim0.38)\sigma_b$	$(0.38\sim0.45)\sigma_b$	$0.45\sigma_b$	$(0.49\sim0.58)\sigma_b$	$(0.58\sim0.66)\sigma_b$	$0.70\sigma_b$	78.5×10^3	206×10^3	—	$-40\sim150$	适用于小弹簧（如安全阀弹簧）或要求不高的大弹簧
	油淬火-回火碳素弹簧钢丝	$(0.35\sim0.40)\sigma_b$	$(0.40\sim0.50)\sigma_b$	$0.50\sigma_b$	$(0.50\sim0.60)\sigma_b$	$(0.60\sim0.68)\sigma_b$	$0.72\sigma_b$				$-40\sim250$	回火稳定性好，易脱碳，用于受力大的弹簧
	60Si2Mn 60Si2MnA 60Si2CrA	拉伸 357~417 压缩 426~534	拉伸 405~507 压缩 568~712	拉伸 475~598 压缩 710~890								
	50CrVA				拉伸 636~788	795~986	994~1232			42~52	$-40\sim210$	疲劳性能高，耐高温，用于高温下的较大弹簧
	60CrMnA 60CrMnBA 55CrSiA											耐高温，用于重载的较大弹簧
	60Si2MnVA										$-40\sim250$	耐高温，耐冲击，弹性好

注：①按疲劳循环次数 N 的不同，弹簧分为三类：I 类，动载荷，无限寿命设计（$N>10^7$）；II 类，动载荷，有限寿命设计（$N>10^4\sim10^6$）；III 类，静载荷，$N<10^4$。
②采用碳素弹簧钢丝、重要用途碳素弹簧钢丝和油淬火-回火碳素弹簧钢丝时，拉伸弹簧的许用切应力为压缩弹簧的 80%。
③采用碳素弹簧钢丝、重要用途碳素弹簧钢丝和油淬火-回火碳素弹簧钢丝时，弹簧用冷卷法制作；采用合金弹簧钢丝时，弹簧用热卷法制作。
④抗拉强度 σ_b 取材料的下限值。
⑤若合金弹簧钢簧硬度接近下限，许用应力取下限；若硬度接近上限，许用应力取上限。
⑥用作油淬火-回火碳素弹簧钢丝的材料有：弹簧钢（60、70、65Mn）；硅锰弹簧钢（60Si2Mn、60Si2MnA）；铬锰弹簧钢（55CrSi）；铬钒弹簧钢（50CrVA、67CrV）。

4）铬钒钢

铬钒钢(如 50CrVA)中加入钒的目的是细化组织,提高钢的强度和韧性。这种材料的耐疲劳和抗冲击性能良好,并能在 $-40 \sim 210\ ℃$ 的温度下可靠工作,但价格较贵。铬钒钢多用于要求较高的场合,如用于航空发动机调节系统中。

此外,某些不锈钢和青铜等材料具有耐腐蚀的特点,青铜还具有防磁性和导电性,故常用于制造化工设备中或工作于腐蚀性介质中的弹簧。其缺点是不容易热处理,力学性能较差,所以在一般机械中很少采用。

在选择材料时,应考虑到弹簧的用途、重要程度、使用条件(包括载荷性质、尺寸大小及循环特性,工作持续时间,工作温度和周围介质情况等),以及加工、热处理和经济性等因素。同时,也要参照现有设备中使用的弹簧,选择较为合适的材料。

弹簧材料的许用扭转切应力 $[\tau]$ 和许用弯曲应力 $[\sigma_b]$ 的大小和载荷性质有关,静载荷时的 $[\tau]$ 和 $[\sigma_b]$ 较变载荷时的大。表 12-2 中推荐的几种常用材料及其 $[\tau]$ 和 $[\sigma_b]$ 值可供设计时参考。碳素弹簧钢丝抗拉强度 σ_b 按表 12-3 选取。

表 12-3　碳素弹簧钢丝的抗拉强度要求(摘自 GB/T 4357—2009)

钢丝公称直径/mm	碳素弹簧钢丝的抗拉强度 σ_b/MPa				
	SL 型	SM 型	DM 型	SH 型	DH 型
1.00	1 720～1 970	1 980～2 220	1 980～2 220	2 230～2 470	2 230～2 470
1.05	1 710～1 950	1 960～2 220	1 960～2 220	2 210～2 450	2 210～2 450
1.10	1 690～1 940	1 950～2 190	1 950～2 190	2 200～2 430	2 200～2 430
1.20	1 670～1 910	1 920～2 160	1 920～2 160	2 170～2 400	2 170～2 400
1.25	1 660～1 900	1 910～2 130	1 910～2 130	2 140～2 380	2 140～2 380
1.30	1 640～1 890	1 900～2 130	1 900～2 130	2 140～2 370	2 140～2 370
1.40	1 620～1 860	1 870～2 100	1 870～2 100	2 110～2 340	2 110～2 340
1.50	1 600～1 840	1 850～2 080	1 850～2 080	2 090～2 310	2 090～2 310
1.60	1 590～1 820	1 830～2 050	1 830～2 050	2 060～2 290	2 060～2 290
1.70	1 570～1 800	1 810～2 030	1 810～2 030	2 040～2 260	2 040～2 260
1.80	1 550～1 780	1 790～2 010	1 790～2 010	2 020～2 240	2 020～2 240
1.90	1 540～1 760	1 770～1 990	1 770～1 990	2 000～2 220	2 000～2 220
2.00	1 520～1 750	1760～1 970	1 760～1 970	1 980～2 200	1 980～2 200
2.10	1 510～1 730	1 740～1 960	1 740～1 960	1 970～2 180	1 970～2 180
2.25	1 490～1 710	1 720～1 930	1 720～1 930	1940～2 150	1 940～2 150
2.40	1 470～1 690	1 700～1 910	1 700～1 910	1 920～2 130	1 920～2 130
2.50	1 460～1 680	1 690～1 890	1 690～1 890	1 900～2 110	1 900～2 110
2.60	1 450～1 660	1 670～1 880	1 670～1 880	1 890～2 100	1 890～2 100
2.80	1 420～1 640	1 650～1 850	1 650～1 850	1 860～2 070	1 860～2 070

钢丝公称 直径/mm	碳素弹簧钢丝的抗拉强度 σ_b/MPa				
	SL 型	SM 型	DM 型	SH 型	DH 型
3.00	1 410～1 620	1 630～1 830	1 630～1 830	1 840～2 040	1 840～2 040
3.20	1 390～1 600	1 610～1 810	1 610～1 810	1 820～2 020	1 820～2 020
3.40	1 370～1 580	1 590～1 780	1 590～1 780	1 790～1 990	1 790～1 990
3.60	1 350～1 560	1 570～1 760	1 570～1 760	1 770～1 970	1 770～1 970
3.80	1 340～1 540	1 550～1 740	1 550～1 740	1 750～1 950	1 750～1 950
4.00	1 320～1 520	1 530～1 730	1 530～1 730	1 740～1 930	1 740～1 930
4.25	1 310～1 500	1 510～1 700	1 510～1 700	1 710～1 900	1 710～1 900
4.50	1 290～1 490	1 500～1 680	1 500～1 680	1 690～1 880	1 690～1 880
4.75	1 270～1 470	1 480～1 670	1 480～1 670	1 680～1 840	1 680～1 840
5.00	1 260～1 450	1 460～1 650	1 460～1 650	1 660～1 830	1 660～1 830

注：①中间尺寸钢丝抗拉强度值按表中相邻较大钢丝的规定执行；

②钢丝按照抗拉强度分为低抗拉强度、中等抗拉强度和高抗拉强度，分别用符号 L、M 和 H 表示；按照弹簧载荷特点分为静载荷和动载荷，分别用符号 S 和 D 表示。

12.2.2　圆柱螺旋弹簧的结构形式

由于圆柱螺旋压缩、拉伸弹簧应用最广，因此下面分别介绍这两种弹簧的基本结构特点。

1. 圆柱螺旋压缩弹簧

圆柱螺旋压缩弹簧如图 12-3 所示，弹簧的节距为 p，在自由状态下，各圈之间应有适当的间距 δ，以便弹簧受压时，有产生相应变形的可能。为了使弹簧在压缩后仍能保持一定的弹性，设计时还应考虑在最大载荷作用下，各圈之间仍需保留一定的间距 δ_1。δ_1 的大小一般推荐为

$$\delta_1 = 0.1d \geqslant 0.2 \text{ mm} \tag{12-2}$$

式中：d——弹簧丝的直径（mm）。

弹簧的两个端面圈应与邻圈并紧（无间隙），只起支承作用，不参与变形，故称为死圈。当弹簧的工作圈数 $n \leqslant 7$ 时，弹簧每端的死圈约为 0.75 圈；$n > 7$ 时，每端的死圈约为 1～1.75 圈。这种弹簧端部的结构有多种形式（见图 12-4），最常用的有两个端面圈均与邻圈并紧且磨平的 YⅠ型（见图 12-4(a)）、并紧不磨平的 YⅢ型（见图 12-4(c)）和加热卷绕时弹簧丝两端锻扁且与邻圈并紧（端面圈可磨平，也可不磨平）的 YⅡ型（见图 12-4(b)）三种。在重要的场合，应采用 YⅠ型，以保证两支承端面与弹簧的轴线垂直，从而使弹簧受压时不致歪斜。弹簧丝直径 $d \leqslant 0.5$ mm 时，弹簧的两支承端面可不必磨平；$d > 0.5$ mm 时，两支承端面则需磨平。磨平部分应不小于圆周长的 3/4，端头厚度一般不小于 $d/8$，端面粗糙度应低于 $Ra25$。

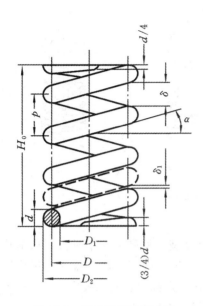

图 12-3　圆柱螺旋压缩弹簧

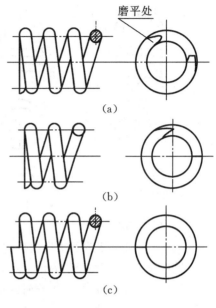

图 12-4　圆柱螺旋压缩弹簧的端面圈
（a）YⅠ型；（b）YⅡ型；（c）YⅢ型

2. 圆柱螺旋拉伸弹簧

如图 12-5 所示，圆柱螺旋拉伸弹簧空载时，各圈应相互并拢。另外，为了节省轴向工作空间，并保证弹簧在空载时各圈相互压紧，常在卷绕的过程中，同时使弹簧丝绕其本身的轴线产生扭转。这样制成的弹簧的各圈之间具有一定的压紧力，弹簧丝中也产生了一定的预应力，故该弹簧称为有预应力的拉伸弹簧。这种弹簧一定要在外加的拉力大于初拉力 F_0 后，各圈才开始分离，故可较无预应力的拉伸弹簧节省轴向的工作空间。拉伸弹簧的端部制有挂钩，以便安装和加载。圆柱螺旋拉伸弹簧挂钩的形式如图 12-6 所示。其中图 12-6(a)、(b)型挂钩制造方便，应用很广，但由于其在挂钩过渡处产生很大的弯曲应力，故只宜用于弹簧丝直径 $d \leqslant 10$ mm 的弹簧中。图 12-6(c)、(d)型挂钩不与弹簧丝连成一体，故无前述过渡处的缺点，而且这种挂钩可以转到任意方向，便于安装。在受力较大的场合，最好采用此种挂钩，但它的价格较贵。

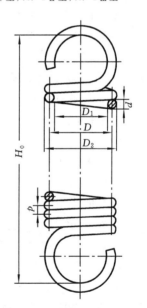

图 12-5　圆柱螺旋拉伸弹簧

12.2.3　螺旋弹簧的制造

螺旋弹簧的制造过程主要包括：

（1）卷绕。

（2）钩环的制作或端面圈的精加工。

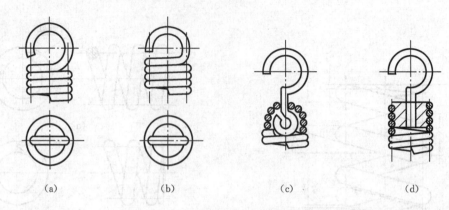

(a)　　　　　(b)　　　　　(c)　　　　　(d)

图 12-6　圆柱螺旋拉伸弹簧挂钩的形式

（3）热处理。

（4）工艺试验及必要的强压强化处理（强压强化处理是使弹簧在超过极限载荷作用下持续 6～48 h，以便在弹簧丝截面的表层高应力区产生塑性变形和有益的与工作应力反向的残余应力，使弹簧在工作时的最大应力下降，从而提高弹簧的承载能力。但用于长期振动、高温或腐蚀性介质中的弹簧，不宜进行强压强化处理）。

卷绕是把合乎技术条件规定的弹簧丝卷绕在芯棒上。大量生产时，在万能自动卷簧机上卷制；单件及小批生产时，则在普通车床和手动卷绕机上卷制。

卷绕分冷卷及热卷两种。冷卷用于经预先热处理后拉成的直径 $d<(8\sim10)\,\mathrm{mm}$ 的弹簧丝；热卷则用于直径较大的弹簧丝制作的强力弹簧。热卷时的温度随弹簧丝的粗细在 800～1 000 ℃的范围内选择。

对于重要的压缩弹簧，为了保证两端的承压面与其轴线垂直，应将端面圈在专用的磨床上磨平；对于拉伸及扭转弹簧，为了便于连接、固着及加载，两端应制有挂钩或杆臂（见图 12-6）。

在完成上述工序后，均应对弹簧进行热处理。冷卷的弹簧只需经回火处理，以消除卷制时产生的内应力。热卷的弹簧须经淬火及中温回火处理。热处理后的弹簧的表面不应出现明显的脱碳层。

此外，还须对弹簧进行工艺试验和根据弹簧的技术条件的规定进行精度、冲击、疲劳等试验，以检验弹簧是否符合技术要求。要特别指出的是，弹簧的持久强度和抗冲击强度，在很大程度上取决于弹簧丝的表面状况，所以弹簧丝表面必须光洁，没有裂纹和伤痕等缺陷。表面脱碳会严重影响材料的持久强度和抗冲击性能。因此脱碳层深度和其他表面缺陷应在验收弹簧的技术条件中详细规定。对于重要的弹簧，还须进行表面保护处理（如镀锌）；对普通的弹簧，一般涂以油或漆。

12.3　圆柱螺旋拉伸、压缩弹簧的设计

圆柱螺旋拉伸弹簧与圆柱螺旋压缩弹簧除结构有区别外，两者的应力、变形与作用力之间的关系等基本相同。

这类弹簧的设计计算内容主要有：确定结构形式与特性曲线；选择材料和确定许用应

力;由强度条件确定弹簧丝的直径和弹簧中径;由刚度条件确定弹簧的工作圈数;确定弹簧的基本参数、尺寸等。

12.3.1 几何参数计算

普通圆柱螺旋弹簧的主要几何尺寸有:中径 D、内径 D_1、外径 D_2、节距 p、螺旋升角 α 及弹簧丝直径 d。由图 12-7 可知,它们的关系为

$$\alpha = \arctan \frac{p}{\pi D} \tag{12-3}$$

式中:α——弹簧的螺旋升角,对圆柱螺旋压缩弹簧,α 一般应在 5°~9° 范围内选取。弹簧的旋向可以是右旋或左旋,但无特殊要求时,一般都用右旋。

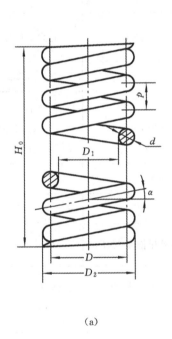

(a)

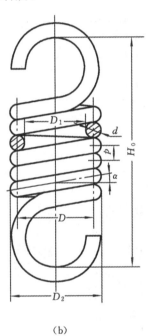

(b)

图 12-7 圆柱螺旋弹簧的几何尺寸

(a) 压缩弹簧;(b) 拉伸弹簧

普通圆柱螺旋压缩及拉伸弹簧的结构尺寸计算公式见表 12-4。普通圆柱螺旋弹簧尺寸系列见表 12-5。

表 12-4 普通圆柱螺旋压缩及拉伸弹簧的结构尺寸计算公式 (mm)

参数名称及代号	计算公式		备 注
	压缩弹簧	拉伸弹簧	
中径 D	$D = Cd$		按表 12-5 取标准值
内径 D_1	$D_1 = D - d$		—
外径 D_2	$D_2 = D + d$		—

参数名称及代号	计 算 公 式		备　　注
	压 缩 弹 簧	拉 伸 弹 簧	
旋绕比 C	$C=D/d$		一般 $4 \leqslant C \leqslant 16$
压缩弹簧长径比 b	—	—	b 在 $1 \sim 5.3$ 的范围内选取
自由高度或长度 H_0	两端并紧、磨平，则 $H_0 \approx pn+(1.5 \sim 2)d$ 两端并紧、不磨平，则 $H_0 \approx pn+(3 \sim 3.5)d$	$H_0 = nd+$ 钩环轴向长度	—
工作高度或长度 $H_1, H_2, \cdots, H_n$	$H_n = H_0 - \lambda_n$	$H_n = H_0 + \lambda_n$	λ_n 为工作变形量
有效圈数 n	由刚度计算确定		$n \geqslant 2$
总圈数 n_1	$n_1 = n+(2 \sim 2.5)$（冷卷） $n_1 = n+(1.5 \sim 2)$ （YⅡ型热卷）	$n_1 = n$	拉伸弹簧 n_1 尾数为 $1/4$、$1/2$、$3/4$、整圈。推荐用 $1/2$ 圈
节距 p	$p=(0.28 \sim 0.5)D$	$p=d$	—
轴向间距 δ	$\delta = p-d$	$\delta = 0$	—
展开长度 L	$L = \dfrac{\pi D n_1}{\cos \alpha}$	$L=$ 钩环展开长度 $+\pi Dn$	—
螺旋升角 α	$\alpha = \arctan \dfrac{p}{\pi D}$（对螺旋压缩弹簧，推荐 $\alpha = 5° \sim 9°$）		
质量 m_s			

表 12-5　普通圆柱螺旋弹簧尺寸系列（摘自 GB/T 1358—2009）

弹簧材料直径 d/mm	第一系列	0.10	0.12	0.14	0.16	0.20	0.25	0.30	0.35	0.40	0.45
		0.50	0.60	0.70	0.80	0.90	1.00	1.20	1.60	2.00	2.50
		3.00	3.50	4.00	4.50	5.00	5.00	8.00	10.0	12.0	15.0
		16.0	20.0	25.0	30.0	35.0	40.0	45.0	50.0	60.0	
	第二系列	0.05	0.06	0.07	0.08	0.09	0.18	0.22	0.28	0.32	
		0.55	0.65	1.40	1.80	2.20	2.80	3.20	5.50	6.50	
		7.00	9.00	11.0	14.0	18.0	22.0	28.0	32.0	38.0	
		42.0	55.0								

续表

弹簧中径 D/mm		0.3	0.4	0.5	0.6	0.7	0.8	0.9	1	1.2	1.4
		1.6	1.8	2	2.2	2.5	2.8	3	3.2	3.5	3.8
		4	4.2	4.5	4.8	5	5.5	6	6.5	7	7.5
		8	8.5	9	10	12	14	16	18	20	22
		25	28	30	32	38	42	45	48	50	52
		55	58	60	65	70	75	80	85	90	95
		100	105	110	115	120	125	130	135	140	145
		150	160	170	180	190	200	210	220	230	240
		250	260	270	280	290	300	320	340	360	380
		400	450	500	550	600					
有效圈数	压缩弹簧	2	2.25	2.5	2.75	3	3.25	3.5	3.75	4	4.25
		4.5	4.75	5	5.5	6	6.5	7	7.5	8	8.5
		9	9.5	10	10.5	11.5	12.5	13.5	14.5	15	16
		18	20	22	25	28	30				
	拉伸弹簧	2	3	4	5	6	7	8	9	10	11
		12	13	14	15	16	17	18	19	20	22
		25	28	30	35	40	45	50	55	60	65
		70	80	90	100						
自由高度 H_0/mm	压缩弹簧	2	3	4	5	6	7	8	9	10	11
		12	13	14	15	16	17	18	19	20	22
		24	26	28	30	32	35	38	40	42	45
		48	50	52	55	58	60	65	70	75	80
		85	90	95	100	105	110	115	120	130	140
		150	160	170	80	190	200	220	240	260	280
		300	320	340	360	380	400	420	450	480	500
		520	550	580	600	620	650	580	700	720	750
		780	800	850	900	950	1000				

注:① 本表适用于压缩、拉伸和扭转的圆截面弹簧丝的圆柱螺旋弹簧;

② 应优先采用第一系列,括号内尺寸只限于老产品采用;

③ 拉伸弹簧有效圈数除按表中规定外,由于两钩环相对位置不同,其尾数还可为 0.25、0.5、0.75。

12.3.2 圆柱螺旋压缩、拉伸弹簧的特性曲线

弹簧应具有经久不变的弹性,且不允许产生永久变形。因此在设计弹簧时,务必使其工作应力在弹性极限范围内。在这个范围内工作的压缩弹簧,当承受轴向载荷 F 时,弹簧将产生相应的弹性变形,如图 12-8(a)所示。对圆柱螺旋压缩弹簧,其特性曲线如图

12-8(b)所示。圆柱螺旋拉伸弹簧如图 12-9(a)所示。图 12-9(b)为无预应力的拉伸弹簧的特性曲线；图 12-9(c)为有预应力的拉伸弹簧的特性曲线。

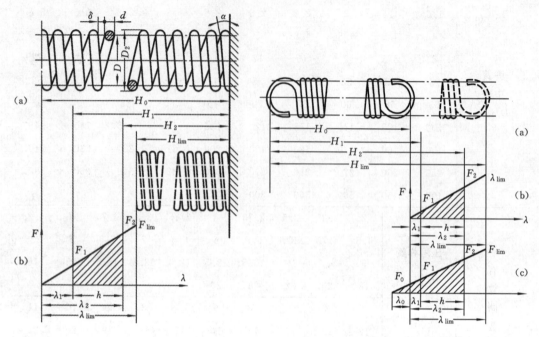

图 12-8　圆柱螺旋压缩弹簧的特性曲线　　图 12-9　圆柱螺旋拉伸弹簧的特性曲线

图 12-8(a)中的 H_0 是压缩弹簧在没有承受外力时的自由长度。在安装弹簧时，通常预加一个压力 F_1，使它可靠地稳定在安装位置上。F_1 称为弹簧承受的最小载荷（安装载荷）。在它的作用下，弹簧的长度被压缩到 H_1，其压缩变形量为 λ_1。F_2 为弹簧承受的最大工作载荷。在 F_2 作用下，弹簧长度减到 H_2，其压缩变形量增到 λ_2。λ_2 与 λ_1 的差即为弹簧的工作行程 h，$h = \lambda_2 - \lambda_1$。$F_{\lim}$ 为弹簧的极限载荷。在该力的作用下，弹簧丝内的应力达到了材料的弹性极限。与 $F_{\lim}$ 对应的弹簧长度为 H_3，压缩变形量为 $\lambda_{\lim}$。

等节距的圆柱螺旋压缩弹簧的特性曲线为一直线，即

$$\frac{F_1}{\lambda_1} = \frac{F_2}{\lambda_2} = \cdots = 常数 \tag{12-4}$$

压缩弹簧的最小工作载荷通常取为 $F_1 = (0.1 \sim 0.5)F_{\lim}$；但对有预应力的拉伸弹簧（见图 12-9(c)），$F_1 > F_0$，F_0 为使具有预应力的拉伸弹簧开始变形时所需的初拉力。弹簧的最大工作载荷 $F_{\max}$，由弹簧在机构中的工作条件决定，但不应达到它的极限载荷，通常应保持 $F_2 \leqslant 0.8F_{\lim}$。

弹簧的特性曲线应绘在弹簧工作图中，作为检验和试验时的依据之一。此外，在设计弹簧时，利用特性曲线分析受载与变形的关系也较方便。

12.3.3　圆柱螺旋弹簧受载时的应力及变形

圆柱螺旋弹簧受压或受拉时，弹簧丝的受力情况是完全一样的。现就图 12-10 所示的圆形截面弹簧丝的压缩弹簧承受轴向载荷 F 的情况进行分析。

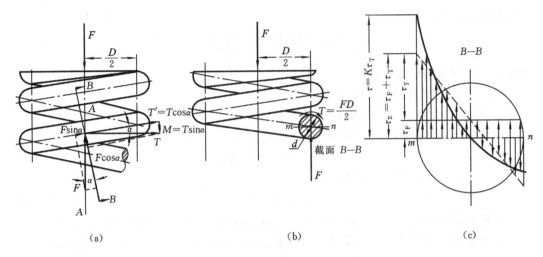

图 12-10　圆柱螺旋弹簧的受力及应力分析

由图 12-10(a)(图中弹簧下部断去,未示出)可知,由于弹簧丝具有螺旋升角 α,故在通过弹簧轴线的截面上,弹簧丝的截面 A—A 呈椭圆形,该截面上作用有力 F 及转矩 $T=FD/2$。因而在弹簧丝的法向截面 B—B 上则作用有横向力 $F\cos\alpha$、轴向力 $F\sin\alpha$、弯矩 $M=T\sin\alpha$ 及转矩 $T'=T\cos\alpha$。

由于弹簧的螺旋升角 α 一般取为 $5°\sim9°$,故 $\sin\alpha\approx0$;$\cos\alpha\approx1$(见图 12-10(b)),则截面 B—B 上的应力(见图 12-10(c))可近似地取为

$$\tau_\Sigma = \tau_F + \tau_T = \frac{F}{\pi d^2/4} + \frac{FD/2}{\pi d^3/16} = \frac{4F}{\pi d^2}\left(1 + \frac{2D}{d}\right) = \frac{4F}{\pi d^2}(1 + 2C) \qquad (12\text{-}5)$$

式中:$C=D/d$ 称为旋绕比(或弹簧指数)。

为了使弹簧本身较为稳定,不致颤动和过软,C 值不能太大;但是为了避免卷绕时弹簧丝受到强烈弯曲,C 值又不应太小。C 值的范围为 $4\sim16$(见表 12-6),常用值为 $5\sim8$。

表 12-6　常用旋绕比 C 值

d/mm	$0.2\sim0.5$	$>0.5\sim1.1$	$>1.1\sim2.5$	$>2.5\sim7.0$	$>7\sim16$	>16
$C=D/d$	$7\sim14$	$5\sim12$	$5\sim10$	$4\sim9$	$4\sim8$	$4\sim16$

为了简化计算,通常在式(12-5)中取 $1+2C\approx2C$(因为当 $C=4\sim16$ 时,$2C\gg1$,实质上略去了 τ_F),由于弹簧丝升角和曲率的影响,弹簧丝截面中的应力分布将如图12-10(c)中的粗实线所示。由图 12-10(c)可知,最大应力产生在弹簧丝截面内侧的 m 点。实践证明,弹簧的破坏也大多由这点开始。为了考虑弹簧丝的升角和曲率对弹簧丝中应力的影响,现引进一个曲度系数 K,则弹簧丝内侧的最大应力及强度条件可表示为

$$\tau = K\tau_T = K\frac{8CF}{\pi d^2} = K\frac{8F_0 D}{\pi d^3} \leqslant [\tau] \qquad (12\text{-}6)$$

式中的曲度系数 K,对于圆截面弹簧丝可按下式计算:

$$K \approx \frac{4C-1}{4C-4} + \frac{0.615}{C} \qquad (12\text{-}7)$$

圆柱螺旋压缩(拉伸)弹簧受载后的轴向变形量 λ 可根据材料力学关于圆柱螺旋弹簧

变形量的公式求得，即

$$\lambda = \frac{8FD^3 n}{Gd^4} = \frac{8FC^3 n}{Gd}$$ (12-8)

式中：n——弹簧的有效圈数；

  G——弹簧材料的切变模量，见表 12-2。

如果以 F_2 代替 F，则最大轴向变形量如下。

（1）对于压缩弹簧和无预应力的拉伸弹簧。

$$\lambda_2 = (8F_2 C^3 n)/(Gd)$$ (12-9)

（2）对于有预应力的拉伸弹簧。

$$\lambda_2 = 8(F_2 - F_0)C^3 n/(Gd)$$ (12-10)

拉伸弹簧的初拉力（或初应力）取决于材料、弹簧丝直径、弹簧旋绕比和加工方法。

用不需淬火的弹簧钢丝制成的拉伸弹簧，均有一定的初拉力。如果不需要初拉力，各圈间应有间隙。经淬火的弹簧，没有初拉力。当选取初拉力时，推荐初应力 τ_0' 值在图 12-11的阴影区内选取。

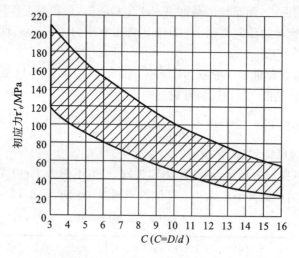

图 12-11　弹簧初应力的选择范围

初拉力 F_0（单位为 N）按下式计算，即

$$F_0 = \frac{\pi d^3 \tau_0}{8KD}$$ (12-11)

使弹簧产生单位变形所需的载荷 k_F 称为弹簧刚度，即

$$k_F = \frac{F}{\lambda} = \frac{Gd}{8C^3 n} = \frac{Gd^4}{8D^3 n}$$ (12-12)

弹簧刚度是表征弹簧性能的主要参数之一。它表示使弹簧产生单位变形时所需的力，刚度愈大，需要的力愈大，则弹簧的弹力就愈大。但影响弹簧刚度的因素很多，由式（12-12）可知，k_F 与 C 的三次方成反比，即 C 值对 k_F 的影响很大。所以，合理地选择 C 值就能控制弹簧的弹力。另外，k_F 还和 G、d、n 有关。在调整弹簧刚度 k_F 时，应综合考虑这些因素的影响。

12.3.4　承受静载荷的圆柱螺旋压缩(拉伸)弹簧的设计

弹簧的静载荷是指载荷不随时间变化,或虽有变化但变化平稳,且总的重复次数不超过 10^3 次。在这些情况下,弹簧是按静载强度来设计的。

在设计时,通常根据弹簧的最大载荷、最大变形量及结构要求(如安装空间对弹簧尺寸的限制)等来决定弹簧丝直径、弹簧中径、工作圈数、弹簧的螺旋升角和长度等。

具体设计方法和步骤如下。

(1) 根据工作情况及具体条件选定材料,并查取其力学性能数据。

(2) 选择旋绕比 C,通常可取 $C \approx 5 \sim 8$(极限状态下不小于 4 或超过 16),并按式(12-7)算出曲度系数 K 值。

(3) 根据安装空间初设弹簧中径 D,根据 C 值估取弹簧丝直径 d,并由表 12-2 查取弹簧丝的许用应力。

(4) 试算弹簧丝直径 d',由式(12-6)可得

$$d' \geqslant 1.6 \sqrt{\frac{F_2 KC}{[\tau]}} \qquad (12\text{-}13)$$

必须注意,如弹簧选用表 12-2 中所列的三种弹簧钢丝制造时,因钢丝的许用应力取决于其 σ_b,而 σ_b 是随着钢丝的直径 d 变化的(见表 12-3);又因式(12-13)的 $[\tau]$ 是按估取的 d 值查得的 σ_b 计算得来的,所以此时由式(12-13)试算所得的 d' 值,必须与原来估取的 d 值相比较,如果两者相等或者很接近,即可按表 12-5 圆整为邻近的标准弹簧钢丝直径 d,并按 $D=Cd$ 求出 D;如果两者相差较大,则应参考计算结果重估 d 值,再查其 σ_b 而计算 $[\tau]$,代入式(12-13)进行试算,直至满意后才能计算 D。计算出来的 D 值也要按表 12-5 进行圆整。

(5) 根据变形条件求出弹簧工作圈数。由式(12-9)、式(12-10)得

对于有预应力的拉伸弹簧

$$n = \frac{Gd}{8(F_{max} - F_0)C^3} \lambda_{max}$$

对于压缩弹簧或无预应力的拉伸弹簧

$$n = \frac{Gd}{8F_{max}C^3} \lambda_{max} \qquad (12\text{-}14)$$

(6) 求出弹簧的尺寸 D、D_1、H_0,并检查其是否符合安装要求等。如果不符合,则应改选有关参数(例如 C 值)重新设计。

(7) 验算稳定性。对于压缩弹簧,如果其长度较大时,则受力后容易失去稳定性(见图 12-12(a)),这在工作中是不允许的。为了便于制造及避免失稳现象,建议压缩弹簧的长径比 $b=H_0/D$ 按下列情况选取:

① 当两端固定时,取 $b < 5.3$;

② 当一端固定,另一端自由转动时,取 $b < 3.7$;

③ 当两端自由转动时,取 $b < 2.6$。

当 b 大于上述数值时,要进行稳定性验算,并应满足

$$F_c = C_u k_F H_0 > F_2 \qquad (12\text{-}15)$$

式中:F_c——稳定时的临界载荷;

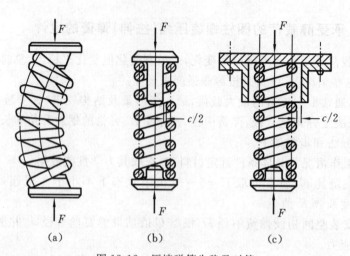

图 12-12　压缩弹簧失稳及对策

（a）失稳；（b）加装导杆；（c）加装导套

C_u——不稳定系数，可从图 12-13 中查得；

F_2——弹簧的最大工作载荷。

如果 $F_2 > F_c$ 时，要重新选取参数，改变 b 值，提高 F_c 值，使其大于 F_2 值，以保证弹簧的稳定性。如果条件受到限制而不能改变参数时，则应加装导杆（见图 12-12(b)）或导套（见图 12-12(c)）。导杆（导套）与弹簧间的间隙 c 值（直径差）按表 12-7 的规定选取。

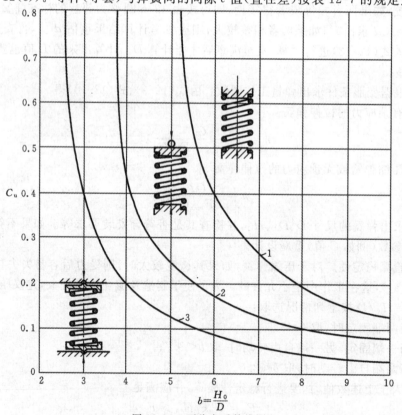

图 12-13　不稳定系数线图

1—两端固定；2—一端固定，另一端自由；3—两端自由转动

表 12-7 导杆(导套)与弹簧间的间隙

中径 D/mm	≤5	>5~10	>10~18	>18~30	>30~50	>50~80	>80~120	>120~150
间隙 c/mm	0.6	1	2	3	4	5	6	7

(8) 进行弹簧的结构设计。如对拉伸弹簧确定其钩环类型等,并按表 12-4 计算出全部有关尺寸。

(9) 绘制弹簧工作图。

例 12-1 设计一普通圆柱螺旋拉伸弹簧。已知该弹簧在一般载荷条件下工作,并要求中径 $D \approx 16$ mm,外径 $D_2 \leqslant 20$ mm。当弹簧拉伸变形量 $\lambda_1 = 6$ mm 时,拉力 $F_1 = 160$ N;拉伸变形量 $\lambda_2 = 15$ mm 时,拉力 $F_2 = 300$ N。

解 (1) 根据工作条件选择材料并确定其许用应力。

因弹簧在一般载荷条件下工作,可以按第Ⅲ类弹簧来考虑。现选用碳素弹簧钢丝 SL 型(GB/T 4357—2009),并根据 $D_2 - D \leqslant (20-16)$ mm $= 4$ mm,估取弹簧钢丝直径为 3.0 mm。由表 12-3 暂选 $\sigma_b = 1\,410$ MPa,则根据表 12-2 可知

$$[\tau] = 0.8 \times 0.45\sigma_b = 507.6 \text{ MPa}$$

(2) 根据强度条件计算弹簧钢丝直径。

试取旋绕比 $C = 5$,则由式(12-7)得

$$K = \frac{4C-1}{4C-4} + \frac{0.615}{C} = \frac{4 \times 5 - 1}{4 \times 5 - 4} + \frac{0.615}{5} \approx 1.31$$

根据式(12-13)得

$$d' \geqslant 1.6 \sqrt{\frac{F_2 KC}{[\tau]}} = 1.6 \times \sqrt{\frac{300 \times 1.31 \times 5}{507.6}} \text{ mm} = 3.15 \text{ mm}$$

改取 $d = 3.2$ mm,查得 $\sigma_b = 1\,390$ MPa,重新计算得 $[\tau] = 500.4$ MPa,取 $D = 16$ mm,$C = D/d = 16/3.2 = 5.0$,恰与试选值一致,K 值不变,于是

$$d' \geqslant 1.6 \times \sqrt{\frac{300 \times 1.31 \times 5}{500.4}} \text{ mm} = 3.17 \text{ mm}$$

此值与原估取值相近,取弹簧钢丝标准直径 $d = 3.2$ mm。此时 $D = 16$ mm,为标准值,则

$$D_2 = D + d = (16 + 3.2) \text{ mm} = 19.2 \text{ mm} < 20 \text{ mm}$$

所得尺寸与题中的限制条件相符,合适。

(3) 根据刚度条件,计算弹簧圈数 n。

由式(12-12)得弹簧刚度为

$$k_F = F/\lambda = (F_2 - F_1)/(\lambda_2 - \lambda_1) = (300 - 160)/(15 - 6) \text{ N/mm} = 15.56 \text{ N/mm}$$

由表 12-2 取 $G = 78\,500$ MPa,则弹簧圈数 n 为

$$n = \frac{Gd^4}{8D^3 k_F} = \frac{78\,500 \times 3.2^4}{8 \times 16^3 \times 15.56} = 16.14$$

取 $n = 16$ 圈。

此时弹簧的刚度为

$$k_F = 15.56 \times 16.14/16 \text{ N/mm} = 15.70 \text{ N/mm}$$

（4）计算弹簧的初拉力和初应力。

初拉力

$$F_0 = F_1 - k_F\lambda_1 = (160 - 15.70 \times 6) \text{ N} = 65.8 \text{ N}$$

初应力 τ_0' 按式(12-6)得

$$\tau_0' = K\frac{8F_0D}{\pi d^3} = 1.31 \times \frac{8 \times 65.8 \times 16}{\pi \times 3.2^3} \text{ MPa} = 107.18 \text{ MPa}$$

按照图 12-11，当 $C=5$ 时，初应力 τ_0' 的推荐值为 90～170 MPa，故此初应力值合适。

（5）进行结构设计选定两端钩环，并计算出全部尺寸(略)。

（6）绘制工作图(略)。

12.3.5　承受变载荷的圆柱螺旋压缩(拉伸)弹簧的设计

对于承受变载荷的弹簧，应按最大载荷及变形仿前进行设计外，还应视具体情况进行如下的强度验算。

承受变载荷的弹簧一般应进行疲劳强度的验算，但如果变载荷的作用次数 $N \leqslant 10^3$，或载荷变化的幅度不大时，通常只进行静强度验算。如果上述两种情况不能明确区别时，则需同时进行两种强度的验算。

（1）疲劳强度验算。图 12-14 所示为弹簧在变载荷作用下的应力变化状态。图 12-14 中 H_0 为弹簧的自由长度，F_1 和 λ_1 为安装载荷和预压变形量，F_2 和 λ_2 为工作时的最大载荷和最大变形量。当弹簧所受载荷在 F_1 和 F_2 之间不断循环变化时，则根据式(12-6)可得弹簧材料内部所产生的最大和最小循环切应力为

$$\tau_{\max} = \frac{8KD}{\pi d^3} \cdot F_2$$

$$\tau_{\min} = \frac{8KD}{\pi d^3} \cdot F_1$$

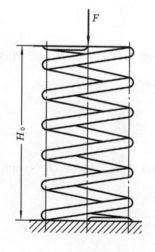
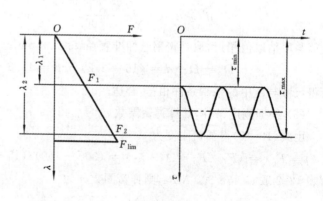

图 12-14　弹簧在变载荷作用下的应力变化状态

对应于上述变应力作用下的普通圆柱螺旋压缩弹簧,应力循环次数 $N > 10^6$ 时,疲劳强度计算安全系数 S_{ca} 的计算公式及强度条件为

$$S_{ca} = (\tau_0 + 0.75\tau_{min})/\tau_{max} \geqslant [S] \tag{12-16}$$

式中:τ_0——弹簧材料的脉动循环剪切疲劳强度,按变载荷作用次数 N,在表 12-8 中查取;

    $[S]$——弹簧疲劳强度的许用安全系数,当弹簧的设计计算和材料的力学性能数据精确性高时,取 $[S] = 1.3 \sim 1.7$;当精确性低时,取 $[S] = 1.8 \sim 2.2$。

表 12-8   弹簧材料的脉动循环剪切疲劳强度

变载荷作用次数 N	10^4	10^5	10^6	10^7
τ_0	$0.45\sigma_b$	$0.35\sigma_b$	$0.33\sigma_b$	$0.3\sigma_b$

(2)静强度验算。静强度计算安全系数 S_{Sca} 的计算公式及强度条件为

$$S_{Sca} = \tau_s/\tau_{max} \geqslant [S_s] \tag{12-17}$$

式中:τ_s——弹簧材料的剪切屈服强度;

    $[S_s]$——弹簧静强度的许用安全系数,其取值与 $[S]$ 相同。

本章重点、难点和知识拓展

本章重点是掌握圆柱螺旋拉伸、压缩弹簧的结构、受力分析、强度计算、刚度计算和几何尺寸计算。本章难点是弹簧的特性曲线及圆柱螺旋拉伸、压缩弹簧的设计计算。

多数机械设备离不开弹簧。弹簧在受载后产生较大变形,当外载卸除后,变形消失而弹簧将恢复原状。弹簧在产生变形和恢复原状时,能够把机械功或动能转变为变形能,或把变形能转变为机械功或动能,弹簧主要用于控制机构的运动、减振和缓冲、储存及输出能量等。

在机械设计中,经常遇到各种弹簧,有些超出了教科书的范围,为此可以参考各种机械设计手册。本章参考文献[1]是作者在实际工作中把经常参考的国外有关弹簧的专著结合我国生产实际编成的,有大量的图表、公式和资料,可供设计师参考。本章参考文献[2]收集了国内外弹簧的失效实例及其失效原因分析,介绍了预防措施和延长弹簧使用寿命的途径,可供弹簧设计、制造和使用者参考。本章参考文献[3]介绍了美国 SAE(汽车工程师协会)的弹簧设计资料,包括板弹簧、螺旋弹簧、扭转弹簧、空气弹簧等。本章参考文献[4]是作者鉴于汽车离合器的弹簧已经由螺旋弹簧改为膜片弹簧和碟形弹簧进行了多年研究的成果,对从事这两种弹簧设计和制造的人员,有较大参考价值。本章参考文献[5]是关于空气弹簧的专著。

对于深入研究弹簧设计的读者,可以把本章参考文献[6]作为一本很好的入门参考书,该书在总结国内外弹簧设计的先进理论和生产技术的基础上,对弹簧设计理论和设计方法进行了系统的阐述。其中介绍了不等螺距螺旋弹簧、涡卷弹簧、多股螺旋弹簧、碟形弹簧、盘形弹簧、橡胶弹簧、空气弹簧和板弹簧等。本章参考文献[7]是弹簧应力松弛及其预防方面的专著,有较高的学术水平,对弹簧设计和制造有指导作用。

本章参考文献

[1] 汪曾祥,魏先英,刘祥至.弹簧设计手册[M].上海:上海科学技术出版社,1986.

[2] 苏德达,李忆莲.弹簧的失效分析[M].北京:机械工业出版社,1988.

[3] 吴宗泽.机械设计学习指南[M].北京:机械工业出版社,2002.

[4] 林世裕.膜片弹簧与碟形弹簧离合器的设计与制造[M].南京:东南大学出版社, 1995.

[5] 朱德库,刘晓杰,马平.空气弹簧及其控制系统[M].济南:山东科学技术出版社, 1989.

[6] 张英会.弹簧[M].北京:机械工业出版社,1982.

[7] 苏德达.弹簧(材料)应力松弛及预防[M].天津:天津大学出版社,2002.

[8] 闻邦椿.机械设计手册(第3卷)[M].6版.北京:机械工业出版社,2018.

[9] 秦大同.现代机械设计手册(第2卷)[M].2版.北京:化学工业出版社,2019.

[10] 濮良贵,陈国定,吴立言.机械设计[M].10版.北京:高等教育出版社,2019.

[11] 张策.机械原理与机械设计(下册)[M].3版.北京:机械工业出版社,2018.

思考题与习题

问答题

12-1 找出实际中使用的三个不同的弹簧,说明它们的类型、结构和功用。

12-2 弹簧材料应具备什么性质,为什么弹簧的表面质量特别重要?

12-3 座椅上的弹簧和列车底盘上承载的弹簧,要求有什么不同,反映在旋绕比的选择上,又有什么不同?

12-4 增大圆柱螺旋弹簧中径 D 和弹簧丝直径 d,对弹簧的强度和刚度有什么影响? 如果弹簧强度不够,增加弹簧圈数行不行?

设计计算题

12-5 试设计一个在静载荷、常温下工作的阀门圆柱螺旋压缩弹簧。已知:最大工作载荷 $F_{max}=220$ N,最小工作载荷 $F_{min}=150$ N,工作行程 $h=5$ mm,弹簧外径不大于 16 mm,工作介质为空气,两端固定支承。

12-6 某牙嵌式离合器用的圆柱螺旋压缩弹簧(见图 12-3)的参数如下:$D=36$ mm, $d=3$ mm,$n=5$,弹簧材料为碳素弹簧钢丝(DM 型),最大工作载荷 $F_{max}=100$ N,载荷性质为 Ⅱ 类,试校核此弹簧的强度,并计算其最大变形量 λ_{max}。

12-7　设计一具有预应力的圆柱螺旋拉伸弹簧(见图 12-5)。已知:弹簧中径 $D \approx$ 10 mm,外径 $D_2 < 15$ mm。要求:当弹簧变形量为 6 mm 时,拉力为 160 N;变形量为 15 mm时,拉力为 320 N。

12-8　有一圆柱螺旋拉伸弹簧,测得弹簧外径 $D_2 = 44$ mm,弹簧钢丝直径 $d = 4$ mm, 有效圈数 $n = 8$ 圈,并已知材料为碳素弹簧钢丝 SL 型,载荷性质属于 III 类,试求此弹簧可承受的最大工作载荷和相应的变形量。